"十二五"普通高等教育本科规划教材

祁红志 主编

模具制造工艺

第二版

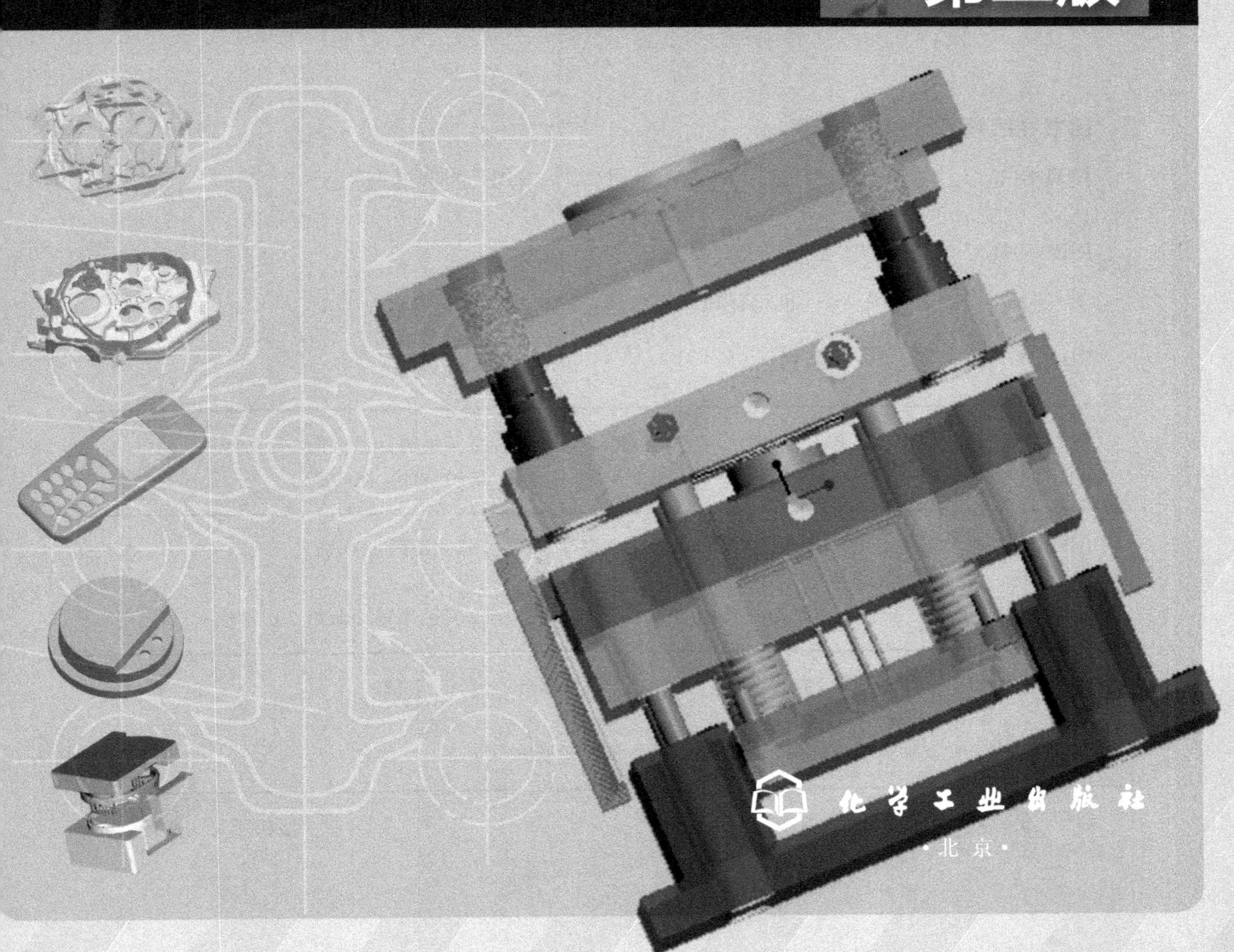

化学工业出版社
·北京·

本书较为系统、全面地论述了模具制造工艺，主要内容包括模具制造工艺规程；模具材料及热处理；模具零件的机械加工；模具零件的精密加工；模具数控加工；模具特种加工；模具表面加工与处理技术；模具快速成型加工；其他模具制造新技术简介；典型模具制造工艺；典型模具的装配与调试。本书在编写上力图适应模具制造技术的发展，体现教学改革和课程建设的成果，内容上注重系统性、实用性和新颖性。

本书可作为高等院校机械类、材料工程类专业本科生的教材，亦可作为高职高专相关专业的教材，还可作为模具行业入门的自学、培训教材，并可供有关工程技术人员、工人和管理人员参考。

图书在版编目（CIP）数据

模具制造工艺/祁红志主编．—2版．—北京：化学工业出版社，2015.3（2025.2重印）

ISBN 978-7-122-22781-2

Ⅰ．①模… Ⅱ．①祁… Ⅲ．①模具-制造-生产工艺 Ⅳ．①TG760.6

中国版本图书馆CIP数据核字（2015）第008804号

责任编辑：杨 菁 李玉晖　　文字编辑：徐雪华
责任校对：吴 静　　装帧设计：张 辉

出版发行：化学工业出版社（北京市东城区青年湖南街13号 邮政编码100011）
印　　装：北京虎彩文化传播有限公司
787mm×1092mm 1/16 印张19½ 字数504千字 2025年2月北京第2版第7次印刷

购书咨询：010-64518888　　售后服务：010-64518899
网　　址：http://www.cip.com.cn
凡购买本书，如有缺损质量问题，本社销售中心负责调换。

定　　价：43.00元

前言

本书依据教育部颁布的本科专业目录，为满足高等教育教学改革与教材建设的需要，适应近年来模具制造技术的发展，培养急需的应用型人才而编写。

《模具制造工艺》（第一版）自2009年出版发行以来，经过众多院校的教学实践检验，相关专家和使用者一致认为该书理论严谨、内容丰富、重点突出、特色鲜明，并获2010年中国石油和化学工业优秀出版物（教材奖）二等奖；获2011年常州大学精品教材奖。

本书在第一版基础上，总结了5年教学实践的经验，汲取了使用该教材院校提出的建设性意见，并根据专业技术的发展需要，对内容进行了必要的增删完善，修改了第1版中的不妥之处。

本书针对培养应用型人才的要求，突出应用性和针对性，旨在使学生掌握模具制造的基本理论和常规工艺，了解先进模具制造技术及发展趋势，注重培养学生的实际工艺分析能力，使学生能通过正确地分析设计资料来选择工艺方法，确保加工的质量、效率和成本，同时从设计、设备、材料和工艺等全方位考虑问题，寻求工艺设计的整体优化；注重实用性，通过典型的工程实例和实用的工程方法，来增强学生的工程意识，并使学生能间接地获取一定的工程经验。

参加本书编写的有：常州大学祁红志（编写第1章，第2章，第4章，第5章，第7章，第11章，第12章），朱小蓉（编写第6章，7.2.3），常州工学院沈洪雷（编写第3章，第8章，第9章，第10章）。本书由祁红志担任主编，沈洪雷、朱小蓉任副主编，参加编写的还有部分其他院校老师。全书由祁红志负责统稿和定稿。

本书在编写过程中，得到了常州大学的有关领导和同行们的大力支持和帮助，在此表示衷心感谢。

限于编者水平，书中不足之处在所难免，敬请专家、同仁和广大读者批评指正，以便今后改正。

编者

2014年11月于常州

第一版前言

本书是材料成型及控制工程专业（模具方向）的专业教材。内容上在满足本专业的课程教学大纲的前提下，兼顾其他相关专业选修课需要，亦可供有关工程技术人员参考。

本书针对培养应用型人才的要求，突出应用性和针对性，旨在使学生掌握模具制造的基本理论和常规工艺，了解先进模具制造技术及发展趋势，注重培养学生的实际工艺分析能力，使学生能通过正确地分析设计资料来选择工艺方法，确保加工的质量、效率和成本，同时从设计、设备、材料和工艺等全方位考虑问题，寻求工艺设计的整体优化；注重实用性，通过典型的工程实例和实用的工程方法，来增强学生的工程化意识，并使学生能间接地获取一定的工程经验。

本教材与以往同类教材相比有以下特点：

（1）内容新：介绍近几年冷冲模、塑料模制造技术的最新变化，充分反映模具标准化和专业化、加工设备数控化、设计制造智能化和自动化的发展趋势。

（2）取材有详有简：常规机械加工从简，数控加工、精密加工、特种加工、新工艺新技术详述。

（3）内容丰富，系统完整，重点突出，便于教学。

（4）编入了许多取自生产实践的具有参考价值的实例。

书中各章后均附有一定量的习题，供教学使用。

参加本书编写的有：江苏工业学院祁红志（编写第1章，第2章，第5章，第7章，第11章，第12章），朱小蓉（编写第6章，7.2.3），施昱（编写第4章），常州工学院沈洪雷（编写第3章，第8章，第9章，第10章）。由祁红志担任主编，沈洪雷、朱小蓉、施昱任副主编。全书由祁红志负责统稿和定稿。

本书在编写过程中，得到了江苏工业学院的有关领导和同行们的大力支持和帮助，在此表示衷心感谢。

限于作者的水平，书中难免有不妥之处，敬请专家、同仁和广大读者批评指正。

编者

2008 年 12 月

目录

1.1 模具制造技术的发展

1.1.1 模具工业在现代化生产中的作用及地位

模具是制造业的重要基础工艺装备。它以其特定的形状通过一定的方式使原材料成型。用模具生产制件所达到的高精度、高复杂程度、高一致性、高生产率和低耗能、低耗材，使模具工业在制造业中的地位越来越重要。美国工业界认为“模具工业是美国工业的基石”；日本称模具工业为“进入富裕社会的原动力”；德国给模具工业冠之以“金属加工业中的帝王”称号；欧盟一些国家称“模具就是黄金”；新加坡则把模具工业作为“磁力工业”；国内也将模具工业称为“永不衰亡的工业”、“点铁成金的行业”、“无与伦比的效益放大器”等。可见，模具工业在世界各国经济发展中所具有的重要地位，模具技术已成为衡量一个国家产品制造水平的重要标志之一，没有高水平的模具就没有高水平的产品已成为共识。

近年来，全球制造业正以垂直整合的模式向亚太地区转移，我国正成为世界制造业的重要基地。据权威报告，中国已成为世界第一制造大国。作为产品制造的重要工艺装备，国民经济基础工业之一的模具工业将直面竞争的第一线。“十五”规划指出，模具是工业生产的基础工艺装备，国民经济的五大支柱产业——机械、电子、汽车、石化、建筑都要求模具工业的发展与之相适应。模具因其生产效率高、产品质量好、材料消耗低、生产成本低而获得广泛应用，这是其他加工制造业所无法比拟的。模具是现代工业，特别是汽车、摩托车、航空、仪表、仪器、医疗器械、电子通信、兵器、家用电器、五金工具、日用品等工业必不可少的工艺装备。据资料统计，利用模具制造的零件数量，在飞机、汽车、摩托车、拖拉机、电机、电器、仪器仪表等机电产品中占80%以上；在电脑、电视机、摄像机、照相机、录像机等电子产品中占85%以上；在电冰箱、洗衣机、空调、电风扇、自行车、手表等轻工业产品中占90%以上；在子弹、枪支等兵器产品中占95%以上。

我国加入WTO以后，各行业产品的品种和数量不断增加，换型加快，对产品质量、样式和外观也不断提出新要求，致使模具需求量增加，对模具的质量要求也越来越高，因此，迅速提高模具技术水平已成为当务之急。例如，日本汽车、计算机、电视机、手机等产品的品种、数量、质量在国际市场占有优势地位，其重要原因之一就是日本模具技术居于世界领先水平。从资料获悉，目前，美国、日本、德国等发达国家的模具总产值都已超过机床总产值。模具技术的进步极大地促进了工业产品的发展，模具是“效益放大器”，用模具生产的最终产品的价值将超过模具自身价格的几十倍乃至上百倍、上千倍。

1.1.2 我国模具技术的发展

模具属于边缘科学，它涉及机械设计制造、塑性加工、铸造、金属材料及其热处理、高分子材料、金属物理、凝固理论、粉末冶金、塑料、橡胶、玻璃等诸多学科、领域和行业。从起步到现在，我国模具工业经历了半个多世纪的发展，已有了较大的提高，与国外的差距正在进一步缩小。纵观我国的模具工业，既有高速发展的良好势头，又存在精度低、结构欠合理、寿命短等一系列不足，无法满足整个工业迅速发展的迫切要求。

中国虽然在很早以前就制造模具和使用模具，但一直未形成产业。由于长期以来模具制造一直作为保证企业产品生产的手段被视为生产后方，因此一直发展缓慢。1984 年成立了中国模具工业协会，1987 年模具首次被列入机电产品目录，当时全国共有生产模具的厂点约 6000 家，总产值约 30 亿元。随着中国改革开放的日益深入，市场经济进程的加快，模具及其标准件、配套件作为产品，制造生产的企业大量出现，模具产业得到快速发展。在市场竞争中，企业的模具生产技术提高很快，规模不断发展，提高很快。1988 年至 1992 年，国家委托中国模协和机械院在全国范围内组织了上百个模具企业和有关科研单位、大专院校，共同对模具关键技术进行攻关，取得了丰硕成果。这些成果主要有：冲压模具的设计制造技术、塑料模具的设计制造技术、铸压模具的设计制造技术、锻造模具的设计制造技术、模具表面处理技术、模具材料、模具计算机辅助设计与制造（CAD/CAM）技术、模具标准件、模具加工关键设备、模具寿命研究等方面。由于这些成果的取得及推广应用，使中国模具技术前进了一大步。“七五”后期与“八五”期间，国家为模具工业加大了投入，分批分期改造了一批具有特色专长的专业模具厂和模具标准件厂，引进了一大批模具加工关键设备及精密塑料模、级进模、精冲模等设计制造技术。这对提高中国模具技术及生产水平起到了推动作用。同时，许多大专院校开始设立模具专业，由前联邦德国和日本援建及中国自己投资兴办的模具技术培训中心也陆续建立，模具技术发展及技术工人的培养开始步入轨道。1989 年国家在华中理工大学成立了“塑性成型模拟及模具技术国家重点实验室”，其主要研究方向为模具 CAD/CAE/CAM 和新型模具材料。“八五”期间，国家对模具技术的发展采用“重点企业技术开发项目”的方式进行支持。“精密多工位级进模”、“大型复杂锻造模、压铸模”和“塑料注射具设计制造技术”三个项目被列入“大型精密模具设计制造技术”国家重点项目，项目实施后都通过了鉴定，达到了目标，使中国模具设计制造技术又前进了一大步。

20 世纪 90 年代以来，中国在汽车行业的模具设计制造中开始采用 CAD/CAM 技术。国家科委“863”计划将东风汽车公司作为 CIMS 应用示范点，由华中理工大学作为技术依托单位，开发了汽车车身与覆盖件模具 CAD/CAM 软件系统，在模具和设计制造中得到了实际应用，取得显著效益。现在，吉林大学和湖南大学也成功地开发出了汽车覆盖件模具的 CAD/CAE 系统，并达到了较高水平，在生产中得到应用，收到良好效果。1994 年，国家在上海交通大学建立了模具 CAD 国家工程研究中心，在郑州工学院建立了橡塑模具国家工程研究中心，使中国模具 CAD/CAE/CAM 研究、开发和应用工作得到了进一步发展，新的成果不断出现。由于 CAD/CAE/CAM 的应用，特别是 20 世纪 80 年代开始中国许多模具制造厂从国外引进了许多软件，包括冲压模、级进模、塑料模、压铸模、橡胶模、玻璃模、挤压模等相应软件，使中国模具设计制造水平有很大提高，也产生了较大的经济技术和社会效益。但由于人才缺乏和基础工作较差，引进的软件未能很好应用及发挥其应有的效益现象普遍存在，这是今后应十分重视和有待解决的问题。

现在，中国已能生产精度达到 2μm 的多工位级进模，寿命可达 2 亿冲次以上。在大型塑料模具方面，中国已能生产 34 英寸大屏幕彩电和 65 英寸背投式电视的塑壳模具、10kg 大容量洗衣机全套塑料件模具及汽车保险杠、整体仪表板等塑料模具。在精密塑料模具方面，中国已能生产照相机塑料件模具、多型腔小模数齿轮模具及精度达 5μm 的 2560 腔塑封模具等。在大型精密复杂压铸模方面，国内已能生产自动扶梯整体踏板压铸模和汽车后桥齿轮箱压铸模及汽车发动机壳体的铸造模具。在汽车覆盖件模具方面，国内已能生产中高档新型轿车的部分覆盖件模具。子午线轮胎活络模具、铝合金和塑料门窗异型材挤出成型模、精铸或树脂快速成型拉延模等，也已达到相当高的水平，可与进口模具媲美。

目前，我国模具总量虽然已达到相当大的规模，模具水平也已有了很大提高，但设计制造水平在总体上要比德、美、日、法、意等工业发达国家落后许多，也要比加拿大、英国、西班牙、葡萄牙、韩国、新加坡等国落后。存在的问题和差距主要表现在下列 5 个方面。

（1）总量供不应求，国内的模具自配率只有 70%左右。其中中低档模具供过于求，中高档模具自配率只有 50%左右。

（2）企业组织结构、产品结构、技术结构和进出口结构都不合理。我国模具生产厂点中多数是自产自配的工模具车间（分厂），自产自配比例高达 60%左右，而国外 70%以上是商品模具。国内专业模具厂大多数是“大而全”、“小而全”的组织形式，而国外大多是“小而专”、“小而精”。国内模具总量中，属大型、精密、复杂、长寿命模具的比例不足 30%，而国外在 50%以上。进出口之比 2004 年为 3.7∶1，进出口相抵后的净进口达 13.2 亿美元，为净进口量最大的国家。

（3）模具产品水平要比国际水平低许多，而许多模具的生产周期却要比国际水平长。产品水平低主要表现在模具的精度、型腔表面粗糙度、寿命及结构等方面。

（4）开发能力较差，经济效益欠佳。我国模具企业技术人员比例低，水平也较低，不重视产品开发，在市场经济中常处于被动地位。我国模具企业每个职工平均每年创造模具产值约合 1 万美元，国外模具工业发达国家大多为 15 万～20 万美元，有的达到 25 万～30 万美元，随之而来的是我国模具企业经济效益差，大都微利，缺乏后劲。

（5）与国际水平相比，模具企业的管理落后更甚于技术落后。技术落后易被发现，管理落后易被忽视。国内许多模具企业还沿用过去作坊式管理模式，真正实现现代化企业管理的还不多。造成上述差距的原因很多，除了历史上长期以来未将模具作为产品得到应有的重视以及多数国有企业机制仍不能适应市场经济之外，还有下列几个主要原因。

① 人才严重不足，科研开发及技术攻关方面投入太少。模具行业是技术密集、资金密集、劳动密集的产业，随着时代的进步和技术的发展，能掌握和运用新技术的人才异常短缺，高级模具钳工及企业管理人才也非常紧缺。由于模具企业效益欠佳及对科研开发和技术攻关不够重视，因而总体来看模具行业在科研开发和技术攻关方面投入太少，致使科技进步的步伐不大，进展不快。

② 工艺装备水平低，且配套性不好，利用率低。近年来我国机床行业进步较快，已能提供比较成套的高精度加工设备，但与国外装备相比，仍有较大差距。虽然国内许多企业已引进不少国外先进设备，但总的来看装备水平仍比国外企业落后许多，特别是设备数控率和 CAD/CAM 应用覆盖率要比国外企业低得多。由于体制和资金等方面原因，引进设备不配套、设备与附配件不配套现象十分普遍，设备利用率低的问题长期得不到较好解决。

③ 专业化、标准化、商品化的程度低，模具企业之间协作差。由于长期以来受“大而全”“小而全”影响，模具专业化生产水平低，专业化分工不细，商品化程度也低。目前国

内每年生产的模具，商品模具只占40%左右，其余为自产自用。模具企业之间协作不好，难以完成较大规模的模具成套任务。与国际水平相比要落后许多。模具标准化水平低，模具标准件使用覆盖率低也对模具质量、成本有较大影响，特别是对模具制造周期有很大影响。

④ 模具材料及模具相关技术落后。模具材料性能、质量和品种问题往往会影响模具质量、寿命及成本，国产模具钢与国外进口钢相比有较大差距。塑料、板材、设备等性能差，也直接影响模具水平的提高。

1.1.3 模具技术的发展趋势

（1）模具CAD/CAE/CAM正向集成化、三维化、智能化和网络化方向发展

① 模具软件功能集成化。模具软件功能的集成化要求软件的功能模块比较齐全，同时各功能模块采用同一数据模型，以实现信息的综合管理与共享，从而支持模具设计、制造、装配、检验、测试及生产管理的全过程，达到实现最佳效益的目的。集成化程度较高的软件还包括：Pro/E、UG和CATIA等。

② 模具设计、分析及制造的三维化。传统的二维模具结构设计已越来越不适应现代化生产和集成化技术要求。模具设计、分析、制造的三维化、无纸化要求新一代模具软件以立体的、直观的感觉来设计模具，所采用的三维数字化模型能方便地用于产品结构的CAE分析、模具可制造性评价和数控加工、成型过程模拟及信息的管理与共享。

③ 模具软件应用的网络化趋势。随着模具在企业竞争、合作、生产和管理等方面的全球化、国际化，以及计算机软硬件技术的迅速发展，模具软件应用的网络化的发展趋势是使CAD/CAE/CAM技术跨地区、跨企业、跨院所在整个行业中推广，实现技术资源的重新整合，使虚拟设计、敏捷制造技术成为可能。

（2）模具检测、加工设备向精密、高效和多功能方向发展

① 模具向着精密、复杂、大型的方向发展，对检测设备的要求越来越高。目前国内厂家使用较多的有意大利、美国、日本等国的高精度三坐标测量机，并具有数字化扫描功能。实现了从测量实物→建立数学模型→输出工程图纸→模具制造全过程，成功实现了逆向工程技术的开发和应用。

② 数控电火花加工机床。日本沙迪克公司采用直线电机伺服驱动的AQ325L、AQ550LLS-WEDM具有驱动反应快、传动及定位精度高、热变形小等优点。瑞士夏米尔公司的NCEDM具有P-E3自适应控制、PCE能量控制及自动编程专家系统。另外有些EDM还采用了混粉加工工艺、微精加工脉冲电源及模糊控制（FC）等技术。

③ 高速铣削机床（HSM）。铣削加工是型腔模具加工的重要手段。而高速铣削具有工件温升低、切削力小、加工平稳、加工质量好加工效率高（为普通铣削加工的5～10倍）及可加工硬材料（<60HRC）等诸多优点。因而在模具加工中日益受到重视。HSM主要用于大、中型模具加工，如汽车覆盖件模具、压铸模、大型塑料模等曲面加工。

④ 模具自动加工系统的研制和发展。随着各种新技术的迅速发展，国外已出现了模具自动加工系统，这也是我国长远发展的目标。模具自动加工系统应有如下特征：多台机床合理组合；配有随行定位夹具或定位盘；有完整的机具、刀具数控库；有完整的数控柔性同步系统；有质量监测控制系统。

（3）快速经济制模技术的广泛应用　缩短产品开发周期是赢得市场竞争的有效手段之一。与传统模具加工技术相比，快速经济制模技术具有制模周期短、成本较低的特点，精度和寿命又能满足生产需求，是综合经济效益比较显著的模具制造技术。

快速原型制造（RPM）技术是集精密机械制造、计算机技术、NC技术、激光成型技术

和材料科学于一体的新技术，是当前最先进的零件及模具成型方法之一。RPM技术可直接或间接用于模具制造，具有技术先进成本较低、设计制造周期短、精度适中等特点。从模具的概念设计到制造完成仅为传统加工方法所需时间的1/3和成本的1/4左右。

现在是多品种、少批量生产的时代，这种生产方式占工业生产的比例达75%以上。一方面是制品使用周期短，品种更新快；另一方面制品的花样变化频繁，均要求模具的生产周期越快越好。因此，开发快速经济模具越来越引起人们的重视。例如，研制各种超塑性材料（环氧、聚酯等）制造（或其中填充金属粉末、玻璃纤维等）的简易模具、中、低熔点合金模具、喷涂成型模具、快速电铸模、陶瓷型精铸模、陶瓷型吸塑模、叠层模及快速原型制造模具等快速经济模具将进一步发展。快换模架、快换凸模等也将日益发展。另外，采用计算机控制和机械手操作的快速换模装置、快速试模技术也会得到发展和提高。

（4）模具材料及表面处理技术的研究　因选材和用材不当，致使模具过早失效，大约占失效模具的45%以上。在整个模具价格构成中，材料所占比重不大，一般在20%～30%，因此，选用优质钢材和应用表面处理技术来提高模具的寿命就显得十分必要。对于模具钢来说，要采用电渣重熔工艺，努力提高钢的纯净度、等向性、致密度和均匀性及研制更高性能或有特殊性能的模具钢，如采用粉末冶金工艺制造的粉末高速钢等。粉末高速钢解决了原来高速钢冶炼过程中产生的一次碳化物粗大和偏析，从而影响材质的问题。其碳化物微细，组织均匀，没有材料方向性，因此，它具有韧性高、磨削工艺性好、耐磨性高、长年使用尺寸稳定等特点，特别对形状复杂的冲件及高速冲压的模具，其优越性更加突出，是一种很有发展前途的钢材。模具钢品种规格多样化、产品精细化、制品化，尽量缩短供货时间亦是重要发展趋势。

热处理和表面处理是能否充分发挥模具钢材性能的关键环节。模具热处理的主要趋势是：由渗入单一元素向多元素共渗、复合渗（如TD法）发展；由一般扩散向CVD、PVD、PCVD、离子渗入、离子注入等方向发展；可采用的镀膜有：TiC、TiN、TiCN、TiAlN、CrN、Cr7C3、W2C等，同时热处理手段由大气热处理向真空热处理发展。另外，目前对激光强化、辉光离子氮化技术及电镀（刷镀）防腐强化等技术也日益受到重视。

（5）模具研磨抛光将向自动化、智能化方向发展　模具表面的精加工是模具加工中未能很好解决的难题之一。模具表面的质量对模具使用寿命、制件外观质量等方面均有较大的影响，我国目前仍以手工研磨抛光为主，不仅效率低（约占整个模具制造周期的1/3，且工人劳动强度大，质量不稳定，制约了我国模具加工向更高层次发展。因此，研究抛光的自动化、智能化是模具抛光的发展趋势。日本已研制了数控研磨机，可实现三维曲面模具研磨抛光的自动化、智能化。另外，由于模具型腔形状复杂，任何一种研磨抛光方法都有一定局限性。应发展特种研磨与抛光，如挤压衍磨、电化学抛光、超声波抛光以及复合抛光工艺与装备，以提高模具表面质量。

（6）模具标准件的应用将日渐广泛　使用模具标准件不但能缩短模具制造周期，而且能提高模具质量和降低模具制造成本。因此，模具标准件的应用必将日渐广泛。为此，首先要制订统一的国家标准，并严格按标准生产；其次要逐步形成规模生产，提高标准件质量、降低成本；再次是要进一步增加标准件规格品种，发展和完善联销网，保证供货迅速。

（7）压铸模、挤压模及粉末锻模比例增加　随着汽车、车辆和电机等产品向轻量化发展，压铸模的比例将不断提高，对压铸模的寿命和复杂程度也将提出越来越高的要求。同时挤压模及粉末锻模比例也将有不同程度的增加，而且精度要求也越来越高。

（8）模具工业新工艺、新理念和新模式　在成型工艺方面，主要有冲压模具多功能复合化、超塑性成型、塑性精密成型技术、塑料模气体辅助注射技术及热流道技术、高压注射成型技术等。另一方面，随着先进制造技术的不断发展和模具行业整体水平的提高，在模具行业出现了一些新的设计、生产、管理理念与模式。具体主要有：适应模具单件生产特点的柔性制造技术；创造最佳管理和效益的团队精神，精益生产；提高快速应变能力的并行工程、虚拟制造及全球敏捷制造、网络制造等新的生产哲理；广泛采用标准件、通用件的分工协作生产模式；适应可持续发展和环保要求的绿色设计与制造等。

1.2 模具的类型

通常，模具按尺寸大小可分为大型、中型、小型模具；按生产批量可分为大量、成批和单件小批；按精度要求可分为高精度、中等精度和低精度。表 1-1 为按产品零件成型方法对模具进行的分类。

表 1-1 模具的分类

类　别	成型方法	成型加工材料	模具材料
冲压模	冲裁 弯曲 拉伸 压缩	金属 金属 金属 金属	工具钢、硬质合金 工具钢、铸铁 工具钢、铸铁 工具钢、硬质合金
塑料模	压制成型 注射成型 挤出成型 吹塑成型 真空成型	热固性塑料 热塑性塑料 热塑性塑料 热塑性塑料 热塑性塑料	硬钢 硬钢 硬钢 硬钢、铸铁 铝
压铸模	压铸成型	低熔点合金、锌合金、铝合金、镁铜合金	耐热钢
锻模	模锻成型	金属	锻模钢
粉末冶金模	压力成型	金属	合金工具钢、硬质合金
陶瓷模	压力成型	陶瓷粉末	合金工具钢、硬质合金
橡胶模	压力成型 注射成型	橡胶 橡胶	钢 钢、铸铁、铝
玻璃模	压模 吹模	玻璃 玻璃	铸铁、耐热钢 铸铁
铸造模	砂型铸造 壳型铸造 失蜡铸造 压力铸造 金属铸造	砂 树脂、混合砂 石蜡、塑料 熔融合金、铝 熔融合金、铝	铝、钢、铸铁 铸铁、铸铜 钢 铸铁 铸铁

由表 1-1 可知，按制品成型的方法和模具结构的不同，可将模具分为两大类：一类为贯通式模具，包括冲裁模、拉延模、拉拔模、挤压模、粉末合金压模等；另一类为型腔式模具，包括压弯模、锻模、压铸模、塑料注射模和压制模、玻璃模、橡胶模等。

1.3 模具制造的特点及基本要求

1.3.1 模具制造的特点

模具生产具有一般机械产品生产的共性，同时又具有其特殊性。与一般机械制造相比，通常模具制造难度较大。作为一种专用工艺装备，模具生产和工艺主要有以下几个方面特点。

（1）制造质量要求高　模具制造不仅要求加工精度高，而且还要求加工表面质量好。一般来说，模具工作部分的制造公差都应控制在±0.011mm以内，有的甚至要求在微米级范围内，模具加工后的表面缺陷要求非常严格，而且工作部分的表面粗糙度要求$Ra<0.8\mu m$。

（2）形状复杂　模具的工作部分一般都是二维或三维的复杂曲面（尤其型腔模具），而不是一般机械加工的简单几何形面。

（3）模具生产为单件、多品种生产　每副模具只能生产某一特定形状、尺寸和精度的制件。在制造工艺上尽量采用通用机床、通用刀量具和仪器，尽可能地减少专用工具的数量。在制造工序安排上要求工序相对集中，以保证模具加工的质量和进度，简化管理和减少工序周转时间。

（4）材料硬度高　模具实际上是一种机械加工工具，其硬度要求较高，一般都是用淬火合金工具钢或硬质合金等材料制成，若用传统的机械加工方法制造，往往比较困难，所以模具加工方法有别于一般机械加工。

（5）生产周期短　由于新产品更新换代的加快和市场竞争的日趋激烈，要求模具生产周期越来越短。模具的生产管理、设计和工艺工作都应该适应这一要求。提高模具的现代设计、制造和标准化水平，以缩短制造周期。

（6）成套性生产　当某个制件需要多副模具加工时，前一模具所制造的产品是后一模具的毛坯，模具之间相互牵连制约，只有最终制件合格，这一系列模具才算合格。因此在模具的生产和计划安排上必须充分考虑这一特点。

1.3.2 模具制造的基本要求

研究模具制造的过程，就是研究探讨模具制造的可能性和如何制造的问题，进而研究怎样以较低的成本、较短的周期制造较高质量模具的问题。成本、周期和质量是模具制造的主要技术经济指标。严格地讲，寻求这三个指标的最佳值，单从模具制造的角度考虑是不够的，应综合考虑设计、制造和使用这三个环节，三者要协调。“设计”除考虑满足使用功能外，还要充分考虑制造的可行性；“制造”要满足设计要求，同时也制约设计，并指导用户使用。设计与制造也要了解“使用”，使得设计在满足使用功能等前提下便于制造，为达到较好的技术经济指标奠定基础。

应用模具的目的在于保证产品质量，提高生产率和降低成本等。为此，除了正确进行模具设计，采用合理的模具结构之外，还必须以先进的模具制造技术作为保证。模具制造应满足以下基本要求。

（1）制造精度高　模具精度主要是由其制品精度和模具结构的要求来决定的。为了保证制品精度，模具的工作部分精度通常要比制品精度高2～4级；模具结构对上、下模之间配合有较高的要求，为此组成模具的零部件都必须有足够高的制造精度，否则将不可能生产出合格的制品，甚至会使模具损坏。

（2）使用寿命长　模具是相对比较昂贵的工艺装备，其使用寿命长短将直接影响产品的成本。因此，除了小批量生产和新产品试制等特殊情况外，一般都要求模具有较长的使用寿命，在大批量生产的情况下，模具的使用寿命更加重要。

（3）制造周期短　模具制造周期的长短主要取决于设计上的模具标准化程度、制造技术和生产管理水平的高低。为了满足产品市场的需要，提高产品的竞争能力，必须在保证质量的前提下尽量缩短模具制造周期。

（4）模具成本低　模具成本与模具结构的复杂程度、模具材料、制造精度等要求及加工方法有关。必须根据制品要求合理设计和制订其加工工艺，降低成本。

1.4 模具的技术经济指标

模具也是一种商品。模具的技术经济指标概括起来可以归纳为：模具的精度和刚度、模具的生产周期、模具的生产成本和模具的寿命4个基本方面。在模具生产过程的各个环节都应该根据客观生产对模具4个方面的要求综合考虑。4个指标是相互关联、相互影响的，而且影响因素也是多方面的。片面追求模具精度和使用寿命必然会导致制造成本的增加。在设计与制造模具时，应根据实际情况做全面的考虑，即应在保证制品质量的前提下，选择与制品生产量相适应的模具结构和制造方法，使模具成本降低到最低限度，求得最佳的经济效益。模具的技术经济指标是衡量一个国家、地区和企业模具生产技术水平的重要标志。

1.4.1 模具的精度和刚度

（1）模具精度　为了生产合格的产品和发挥模具的效能，设计、制造的模具必须具有较高的精度。模具的精度主要体现在模具工作零件的精度和相关部位的配合精度上。为了保证制品精度，模具的工作部分精度通常要比制品精度高2～4级，如冲裁模刃口尺寸的精度要高于产品制件的精度。冲裁凸模和凹模间冲裁间隙的数值大小和均匀一致性也是主要的精度参数之一。平时测量出的精度都是在非工作状态下进行的（如冲裁间隙），即静态精度。而在工作状态时，受到工作条件的影响，其静态精度数值发生了变化，这时称为动态精度，这种动态冲裁间隙才是真正有实际意义的。一般模具的精度也应与产品制件的精度相协调，同时也受模具加工技术手段的制约。随着模具加工技术手段的进步，模具精度将会有大的提高，模具工作零件的互换性生产将成为现实。

影响模具精度的主要因素有以下几方面。

① 产品制件精度。产品制件的精度越高，模具工作零件的精度就越高。模具精度的高低不仅对产品制件的精度有直接影响，而且对模具的生产周期、生产成本都有很大的影响。

② 模具加工技术手段的水平。模具加工设备的加工精度如何、设备的自动化程度如何，是保证模具精度的基本条件。今后模具精度将会更大地依赖模具加工技术手段的高低。

③ 模具装配钳工的技术水平。模具的最终精度很大程度依赖装配调试来完成，模具光整表面的表面粗糙度主要依赖模具钳工来完成，因此模具钳工的技术水平是影响模具精度的重要因素。

④ 模具制造的生产方式和管理水平。模具工作刃口尺寸在模具设计和生产时，是采用“实配法”，还是“分别制造法”是影响模具精度的重要方面。对于高精度模具只有采用“分别制造法”才能满足高精度的要求和实现互换性生产。

（2）模具刚度　对于高速冲压模、大型件冲压成型模、精密塑料模和大型塑料模，不仅要求精度高，还要求有良好的刚度。这类模具工作负荷较大，当出现较大的弹性变形时，不仅要影响模具的动态精度，而且关系到模具能否继续正常工作。因此在模具设计中，在满足强度要求时，模具刚度也应得到保证，同时在制造时也要避免由于加工不当造成的附加变形。

1.4.2 模具的生产周期

模具的生产周期是从接受模具订货任务开始到模具试模鉴定后交付合格模具所用的时间。模具生产周期的长短主要取决于制模技术和生产管理水平的高低。当前，模具使用单位要求模具的生产周期越来越短，以满足市场竞争和更新换代的需要。因此，模具生产周期长短是衡量一个模具企业生产能力和技术水平的综合标志之一。

(1) 模具技术和生产的标准化程度　模具标准化程度是一个国家模具技术和生产发展到一定水平的产物。目前，我国模具技术的标准化已有良好的基础，有模具基础技术标准、各种模具设计标准、模具工艺标准、模具毛坯和半成品件标准以及模具检验和验收标准等。由于我国企业小而全和大而全的状况，使得模具标准件的商品化程度还不高，这是影响模具生产周期的重要因素。

(2) 模具企业的专门化程度　现代工业发展的趋势是企业分工越来越细。企业产品的专门化程度越高，越能提高产品的质量和经济效益，并有利于缩短产品生产周期。目前，我国模具企业的专门化程度还较低，各模具企业只生产自己最擅长的模具类型，有明确和固定的服务范围，所以各模具企业只有互相配合搞协作化生产，才能缩短模具生产周期。

(3) 模具生产技术手段的现代化　模具设计、生产、检测手段的现代化也是影响模具生产周期的因素之一。只有大力推广和普及模具CAD/CAM技术；促进粗加工向高效率发展，毛坯下料采用高速锯床、阳极切割和砂轮切割等高效设备，粗加工采用高速铣床、强力高速磨床；精密加工采用高精度的数控机床，如数控仿形铣床、数控光学曲线磨床、高精度数控电火花线切割机床、数控连续轨迹坐标磨床……；推广先进快速制模技术等，才能使模具生产技术手段提高到一个新水平。

(4) 模具生产的经营和管理水平　管理上要讲效率，研究模具企业生产的规律和特点，采用现代化的管理手段和制度管理企业，也是影响模具的生产周期的重要因素。

1.4.3 模具的生产成本

模具生产成本是指企业为生产和销售模具所支付费用的总和。模具生产成本包括原材料费、外购件费、外协件费、设备折旧费、经营开支等。从性质上分，模具生产成本分为生产成本、非生产成本和生产外成本，这里所讲的模具生产成本是指与模具生产过程有直接关系的生产成本。

影响模具生产成本的主要因素有以下几方面。

(1) 模具结构的复杂程度和模具功能的高低　现代科学技术的发展使得模具向高精度和多功能自动化方向发展，相应也使得模具生产成本提高。

(2) 模具精度的高低　模具的精度和刚度越高，模具的生产成本也高。模具精度和刚度应该与客观需要的产品制件的要求、生产批量的要求相适应。

(3) 模具材料的选择　在模具费用中，材料费在模具生产成本中约占25%～30%，特别是因模具工作零件材料类别的不同，材料费也相差较大。所以应该正确地选择模具材料，使模具工作零件的材料类别首先和要求的模具寿命相协调，同时应采取各种措施充分发挥材料的效能。

(4) 模具加工设备　模具加工设备向高效、高精度、高自动化、多功能发展，这使得模具成本也相应提高。但是，这些是维持和发展模具生产所必需的，所以应该充分发挥这些设备的效能，提高设备的使用效率。

(5) 模具的标准化程度和企业生产的专门化程度　这些都是制约模具成本和生产周期的重要因素，应通过模具工业体系的改革有计划、有步骤地解决。

1.4.4 模具寿命

模具的寿命是指模具在保证产品零件质量的前提下，所能加工的制件的总数量，它包括工作面的多次修磨和易损件更换后的寿命。

模具寿命＝工作面的一次寿命×修磨次数×易损件的更换次数

模具是比较昂贵的工艺装备，目前模具制造费约占产品成本的10%～30%，其使用寿命的长短将直接影响产品的成本高低。在大批量生产的情况下，模具的使用寿命尤为重要。一般在模具设计阶段就应明确该模具所适用的生产批量类型或者模具生产制件的总次数，即模具的设计寿命。不同类型的模具正常损坏的形式也不一样，但总的来说工作表面损坏的形式有摩擦损坏、塑性变形、开裂、疲劳损坏和啃伤等。

影响模具寿命的主要因素有如下几种。

(1) 模具结构　合理的模具结构有助于提高模具的承载能力，减轻模具承受的热-机械负荷水平。例如，模具可靠的导向机构，对于避免凸模和凹模间的互相啃伤是有帮助的。又如，承受高强度负荷的冷墩和冷挤压模具，对应力集中十分敏感，当承力件截面尺寸变化时，最容易由于应力集中而开裂。因此，对截面尺寸变化的处理是否合理，对模具寿命的影响较大。

(2) 模具材料　应根据产品零件生产批量的大小，选择模具材料。生产的批量越大，对模具的寿命要求也越高，所以应选择承载能力强、服役寿命长的高性能模具材料。另外应注意模具材料的冶金质量可能造成的工艺缺陷及工作时承载能力的影响，同时应采取必要的措施来弥补冶金质量的不足，以提高模具寿命。

(3) 模具加工质量　模具零件在机械加工、电火花加工，以及锻造、预处理、淬火硬化，表面处理时的缺陷都会对模具的耐磨性、抗咬合能力、抗断裂能力产生显著的影响。例如模具表面粗糙度、残存的刀痕、电火花加工的显微裂纹、热处理时的表层增碳和脱碳等缺陷都会对模具的承载能力和寿命带来影响。

(4) 模具工作状态　模具工作时，使用设备的精度与刚度、润滑条件、被加工材料的预处理状态、模具的预热和冷却条件等都会对模具寿命产生影响。例如，薄料的精密冲裁对压力机的精度、刚度尤为敏感，所以必须选择高精度、高刚度的压力机，才能获得良好的效果。

1.5　本课程的性质、任务和学习方法

本课程为材料成型与控制工程专业的主要专业课之一。通过本课程的学习，使学生掌握模具制造的基本专业知识和常用工艺方法，了解和掌握先进模具制造技术，具有分析模具结构工艺性的能力，提高模具设计的综合水平；使学生具有较强的从事模具制造工艺技术工作和组织模具生产管理的能力。

由于现代工业生产的发展和材料成型新技术的应用，对模具制造技术的要求越来越高。模具的制造方法已不再只是过去意义上的传统的一般机械加工，而是广泛采用了现代加工技术和现代管理模式。通过本课程的学习，要求学生掌握各种现代模具加工方法的基本原理、特点及加工工艺，掌握各种制造方法对模具结构的要求，以提高学生分析模具结构工艺性的能力。

由于模具制造工艺发展迅速，同时本课程的实践性很强，涉及的知识面较广。因此，学生在学习本课程时，除了重视其中必要的工艺原理与特点等理论学习外，还应密切关注模具制造的新发展，特别注意实践环节，尽可能参观有关展览及模具制造和使用工厂，认真参加现场教学和实验，以增加感性认识，提高动手能力。

习　题

1-1　我国模具工业的发展经历了哪几个阶段？

1-2　简述模具制造技术的发展趋势。

1-3　影响模具精度的主要因素有哪些？

1-4　模具寿命的含义是什么？

2 模具制造工艺规程

2.1 模具制造工艺规程编制

模具加工工艺规程是规定模具零部件机械加工工艺过程和操作方法等的工艺文件。模具生产工艺水平的高低及解决各种工艺问题的方法和手段都要通过机械加工工艺规程来体现，在很大程度上决定了能否高效、低成本地加工出合格产品。因此，模具加工工艺规程编制是一项十分重要的工作。

模具机械加工与其他机械产品的机械加工相比较，有其特殊性：模具一般是单件小批生产，模具标准件则是成批生产；成型零件加工精度较高；所采取的加工方法往往不同于一般机械加工方法。所以，模具加工工艺规程具有与其他机械产品同样的普遍性，同时还具有其特殊性。

2.1.1 基本概念

2.1.1.1 生产过程

制造模具时，将原材料转变为成品的全过程称为生产过程。具体地讲，模具制造是在一定的工艺条件下，改变模具材料的形状、尺寸和性质，使之成为符合设计要求的模具零件，再经装配、试模和修整而得到整副模具产品的过程。广义的模具制造过程包括生产技术准备、零件成型加工和模具装配等阶段。

（1）生产技术准备　生产技术准备阶段的主要任务是分析模具图样，制订工艺规程；编制数控加工程序；设计和制造工装夹具；制定生产计划，制定并实施工具、材料、标准件等外购和零件外协加工计划。

（2）零件成型加工　在模具加工中，加工的工艺方法非常多，基本可以概括为以下3类。

① 传统的切削加工，如车、钳、刨、铣、磨等。

② 非切削加工，如各种特种加工方法、冷挤压、铸造等。

③ 数控加工，如数控铣削、加工中心加工等。

零件成型加工按加工对象可以分为两种。

① 非成型零件加工，即模板类、结构件类等零件加工。这些零件大多具有国家或行业

标准，部分实现了标准化批量生产。在模具工艺规划中，根据设计的实际要求和企业的平衡生产选择外购或由本企业加工。

② 成型零件加工，即型腔类零件的加工。如注射模具的成型零件，一般结构比较复杂，精度要求高，有些模具型腔表面要求有纹饰图案。其加工过程主要由成型加工、热处理和表面加工等环节构成。特种加工、数控加工在模具成型零件加工中应用非常普遍。

(3) 模具装配　模具装配是根据模具装配图样要求的质量和精度，将加工好的零件组合在一起构成一副完整模具的过程。除此之外，装配阶段的任务还有清洗、修配模具零件、试模及修整等。

2.1.1.2　工艺过程

在模具制造过程中，直接改变工件形状、尺寸、物理性质和装配过程等称为工艺过程。按照完成零件制造过程中采用的不同工艺方法，工艺过程可以分为铸造、锻造、冲压、焊接、热处理、机械加工、表面处理和装配等。以机械加工方法（主要是切削加工方法）直接改变毛坯的形状、尺寸和表面质量，使其成为合格零件的过程，称为机械加工工艺过程。规定模具零部件机械加工工艺过程和操作方法等的工艺文件，即为模具机械加工工艺规程。

2.1.1.3　机械加工工艺过程

机械加工工艺过程是比较复杂的。在这个过程中，根据被加工零件的结构特点和技术要求，常需要采用各种不同的加工方法和设备，并通过这一系列加工步骤，才能将毛坯变成所需的零件。为了科学地研究工艺过程，必须深入分析工艺过程的组成。机械加工工艺过程是由一个或若干个工序组成，而工序又分为工步、走刀、安装和工位。

(1) 工序　一个或一组工人在同一个工作地点，对一个或同时对几个工件所连续完成的那一部分工艺过程称为工序。

工序不仅是组成工艺过程的基本单元，也是组织生产、核算成本和进行检验的基本单元。工序划分的基本依据是加工对象或加工地点是否变更，加工内容是否连续。工序的划分与生产批量、加工条件和零件结构特点有关。例如，如图 2-1 所示的有肩导柱，如果数量很少或单件生产时，其工序的划分见表 2-1。

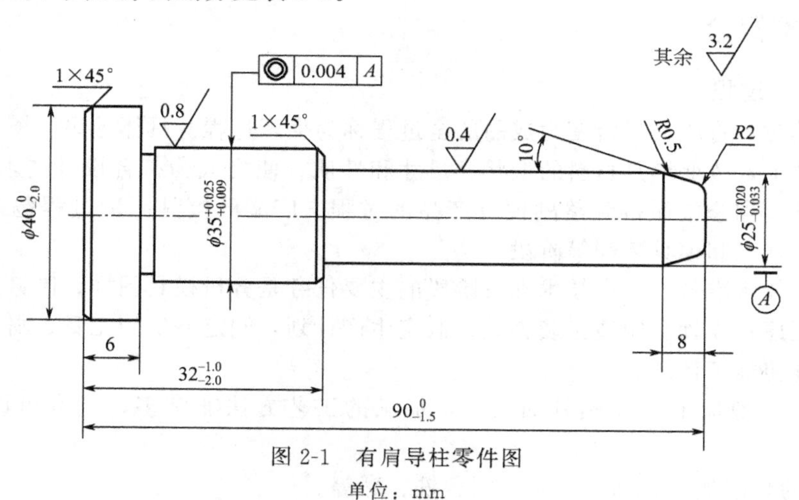

图 2-1　有肩导柱零件图

单位：mm

表 2-1　导柱加工工艺过程　　单位：mm

序号	工序	工艺要求
1	锯	切割 $\phi40\times94$ 棒料
2	车	车端面至长度 92，钻中心孔，掉头车端面，长度至 90，钻中心孔

续表

序号	工序	工艺要求
3	车	车外圆 $\phi40\times6$ 至尺寸要求；粗车外圆 $\phi25\times58$，$\phi35\times26$ 留磨量，并倒角，切槽，10°角等
4	热	热处理 55～60HRC
5	车	研中心孔，调头研另一中心孔
6	磨	磨 $\phi35$，$\phi25$ 至尺寸要求

而当批量生产时，各工序内容可划分得更细，如表 2-1 工序 3 中的倒角和切槽，都可在专用车床上进行，从而成为独立的工序。

(2) 工步　在加工表面、切削工具和切削用量中的转速与进给量均不变的情况下，所连续完成的那部分工序称为工步。

如果上述两项中有一项改变，就成为另一工步。一个工序可包含一个或几个工步。如表 2-1 工序 3 包括车外圆、倒角、切槽等几个工步。

(3) 走刀（行程）　在一个工步中，由于余量较大或其他原因，需要用同一把刀具对同一表面进行多次切削，则刀具对工件每进行一次切削就称为一次走刀（行程）。一个工步可包括一次或几次走刀。

(4) 安装　确定工件在机床或夹具上占有一个正确位置的过程，称为定位。工件定位后将其固定，使其在加工过程中保持定位位置不变，即夹紧。工件的定位和夹紧过程称为装夹。在某一工序中，有时需要对工件进行多次装夹加工，工件经一次装夹后所完成的那部分工序称为安装。

例如，表 2-1 工序 2 中，先装夹工件一端，车端面至长度 92mm，钻中心孔，称为安装 1；再掉头装夹工件，车端面，长度至 90mm，钻中心孔，称为安装 2。加工过程中，应尽量减少安装次数，以减少安装误差和辅助时间。

(5) 工位　为了减少工件安装的次数，常采用各种回转工作台，回转夹具或移位夹具，使工件在一次安装中先后处于几个不同位置进行加工，即多工位加工，这样不仅缩短了装夹工件的时间，而且提高了生产效率。为完成一定的工序内容，一次装夹工件后，工件与夹具或机床的可动部分相对刀具或机床的固定部分所占据的每一个加工位置，称为工位。多工位加工如图 2-2 所示。

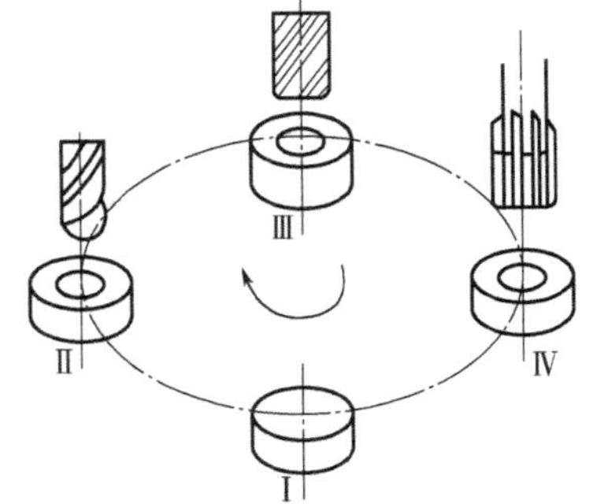

图 2-2　多工位加工

为简化工艺过程，习惯上将那些一次安装中连续进行的若干相同的工步看作是一个工步。例如图 2-3 所示的零件，在同一工序中连续钻四个 $\phi15$mm 的孔，就可看成是一个工步。

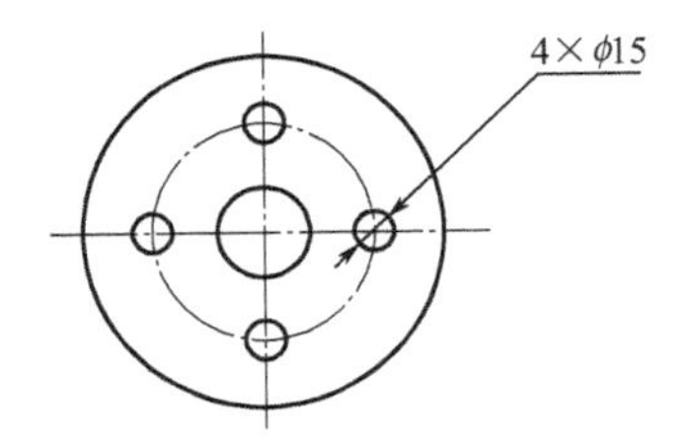

图 2-3　简化相同工步的实例

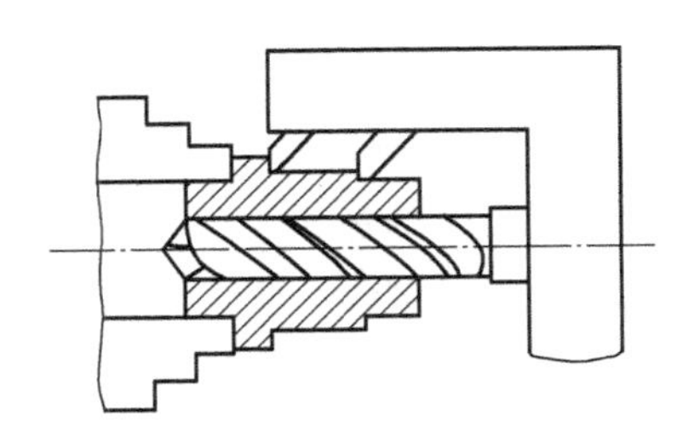
图 2-4　复合工步实例

为了提高生产率，用几把刀具同时加工几个表面的工步，称为复合工步，如图 2-4 所示。在工艺文件中，复合工步应视为一个工步。

2.1.1.4　生产纲领与生产类型

（1）生产纲领　工厂制造产品（或零件）的年产量，称为生产纲领。在制订工艺规程时，一般按产品（或零件）的生产纲领来确定生产类型。

零件的生产纲领可按下式计算

$$N=Qn(1+a+b)$$

式中　N——零件的生产纲领，件/年；

Q——产品的生产纲领，台/年；

n——每台产品中该零件的数量，件；

a——该零件的备品率，%；

b——该零件的废品率，%。

（2）生产类型　根据产品的生产纲领的大小和品种的多少，模具制造业的生产类型主要可分为单件生产和成批生产两种类型（对于特大批量生产的情况，模具制造业中很少出现）。

① 单件生产。生产的产品品种较多，每种产品的产量很少，同一个工作地点的加工对象经常改变，且很少重复生产。如新产品试制用的各种模具和大型模具等都属于单件生产。

② 成批生产。产品的品种不是很多，但每种产品均有一定的数量。工作地点的加工对象周期性的更换，这种生产称为成批生产。例如模具中常用的标准模板、模座、导柱、导套等零件及标准模架等多属于成批生产。

同一产品（或零件）每批投入生产的数量称为批量。根据产品的特征和批量的大小，成批生产可分为小批生产、中批生产和大批生产。

不同的生产类型，在生产组织、生产管理、工艺装备、加工或装配方法及对工人的技术要求等方面均有所不同。因此，制订模具的机械加工工艺过程和模具的装配工艺过程时，都必须考虑不同生产类型的特点，以取得最大的经济效益。

2.1.2　工艺规程制订的原则和步骤

（1）机械加工工艺规程的作用　机械加工工艺规程是规定产品或零部件制造工艺过程和操作方法等的工艺文件。

合理的机械加工工艺规程是在总结长期的生产实践和科学实验的基础上，依据科学理论和必要的工艺试验而制订的，并通过生产过程的实践不断得到改进和完善。机械加工工艺规程的作用主要有以下3个方面。

① 机械加工工艺规程是指导生产的技术文件。机械加工工艺规程是在实际生产经验和先进技术的基础上，依照科学的理论来制订的，对于保证产品质量和提高生产效率是不可缺少的。

② 机械加工工艺规程是生产组织和管理的依据。机械加工工艺规程中规定了毛坯的设计、设备和工艺装备的占用、工人安排和工时定额等，所以，企业的生产组织和管理者依据工艺规程来安排生产准备和生产规划。

③ 机械加工工艺规程是加工检验的依据。工艺设计者必须在本单位的生产加工条件（如拥有的设备、工人技术水平、各种规章制度等）下，根据待生产模具的生产纲领、模具的装配图样、零件图样、交货期限等来具体确定机械加工工艺规程。工艺设计的目标应当是在保证模具质量的前提下，追求加工的高效率和低成本。优良的工艺设计具有生产上的经济

性、技术上的先进性和工艺上的合理性等特点。因此，机械加工工艺规程是模具制造最主要的技术文件之一。

（2）制订机械加工工艺规程的原则　制订机械加工工艺规程的原则是在一定的生产条件下，所编制的机械加工工艺规程能以最少的劳动量和最低的费用，可靠地加工出符合图样及技术要求的零件。工艺规程首先要保证产品质量，同时要争取最好的经济效益。在制订机械加工工艺现程时，要体现以下三个方面的要求。

① 技术上的先进性。在制订机械加工工艺规程时，要了解国内外本行业工艺技术的发展。通过必要的工艺试验，优先采用先进工艺和工艺装备，同时，还要充分利用现有生产条件。

② 经济上的合理性。在一定的生产条件下，可能会出现几个保证工件技术要求的工艺方案。此时，应全面考虑，并通过核算或评比选择经济上最合理的方案，使产品的成本最低。

③ 有良好的劳动条件。制订机械加工工艺规程时，要注意保证工人具有良好、安全的劳动条件，通过机械化、自动化等途径，把工人从笨重的体力劳动中解放出来。

制订机械加工工艺规程时，工艺人员必须认真研究原始资料，如产品图样、生产纲领、毛坯资料及生产条件的状况等。参照同行业工艺技术的发展，综合本部门的生产实践经验和现有条件，进行工艺文件的编制。

（3）制订机械加工工艺规程的步骤　制订机械加工工艺规程的原始资料主要是产品图样、生产纲领、现场加工设备及生产条件等，有了这些原始资料并由生产纲领确定了生产类型和生产组织形式之后，即可着手机械加工工艺规程的制订，其内容和顺序如下。

① 对产品装配图和零件图的分析与工艺审查。

② 确定生产类型。

③ 确定毛坯的种类和尺寸。

④ 选择定位基准和主要表面的加工方法，拟订零件加工工艺路线。

⑤ 确定各工序余量，计算工序尺寸、公差，提出其技术要求。

⑥ 确定机床、工艺装备、切削用量及时间定额。

⑦ 填写工艺文件。

（4）工艺文件的格式及应用　机械加工工艺规程的内容主要包括零件加工的工艺路线、各道工序的具体加工内容、切削用量、工时定额、所选用的设备与工艺装备及毛坯设计等。编制机械加工工艺规程时，应根据生产类型的不同来决定需要把机械加工工艺过程分解到什么程度。对于模具制造这种单件小批量生产一般只要分解到工序即可。

机械加工工艺规程确定后，用表格的形式制成工艺文件，作为生产准备和加工的依据和技术指导文件。在我国，各企业机械加工工艺规程表格不尽一致，但是其基本内容是相同的，常见的有以下几种。

① 机械加工工艺过程卡片（图 2-5）。用于单件小批生产，它的主要作用是概略地说明机械加工的工艺路线。实际生产中，工艺过程卡片内容的简繁程度也不一样，最简单的只列出各工序的名称和顺序，较详细的则附有主要工序的加工简图等。

② 机械加工工序卡片（图 2-6）。大批量生产中，要求工艺文件更加完整和详细，每个零件的各加工工序都要有工序卡片。它是针对某一工序编制的，要画出该工序的工序图，以表示本工序完成后工件的形状、尺寸及其技术要求，还要表示出工件的装夹方式、刀具的形状及其位置等。工序卡片的格式和填写要求可参阅原机械工业部指导性技术文件“工艺规程格式及填写规则”（JB/Z 187.3—82）。生产管理部门可以按零件将工序卡片汇装成册，以便

	机械加工工艺过程卡片		产品型号		零(部)件图号			
			产品名称		零(部)件名称		共( )页	第( )页
材料牌号		毛坯种类		毛坯外形尺寸		每个毛坯可制件数		每台件数	备注

工序号	工序名称	工序内容	车间	工段	设备	工艺装备	工时	
							准终	单件
描图								
描校								
底图号								
装订号								

										设计(日期)	审核(日期)	标准化(日期)	会签(日期)	
标记	处数	更改文件号	签字	日期	标记	处数	更改文件号	签字	日期					

图 2-5 机械加工工艺过程卡片

随时查阅。

③ 机械加工工艺（综合）卡片。主要用于成批生产，它比工艺过程卡片详细，比工序卡片简单且较灵活，是介于两者之间的一种格式。工艺卡片既要说明工艺路线，又要说明各工序的主要内容。

2.1.3 模具零件的工艺分析

模具零件图是制订机械加工工艺规程最主要的原始资料。在制订工艺时，必须首先对零件进行认真分析。为了更深刻地理解零件结构上的特征和主要技术要求，通常还要研究模具的总装图、部件装配图及验收标准。从中了解零件的功用和相关零件间的配合，以及主要技术要求制订的依据，以便从加工制造的角度来分析零件的工艺性是否良好，为合理制订工艺规程作好必要的准备。

（1）零件结构的工艺分析　零件结构的工艺性，是指所设计的零件在满足使用要求的前提下制造的可行性和经济性。零件结构的工艺性好是指零件的结构形状在满足使用要求的前提下，按现有的生产条件能用较经济的方法方便地加工出来。

模具零件的结构，由于使用要求不同而具有各种形状和尺寸。但是，如果从形体上加以分析，各种零件都是由一些基本表面和特殊表面组成的。基本表面有内、外圆柱表面、圆锥

机械加工工序卡片	产品型号		零(部)件图号			
	产品名称		零(部)件名称		共( )页	第( )页

车间	工序号	工序名称	材料牌号
毛坯种类	毛坯外形尺寸	每个毛坯可制件数	每台件数
设备名称	设备型号	设备编号	同时加工件数

夹具编号	夹具名称	切削液	
工位器具编号	工位器具名称	工序工时	
		准终	单件

	工步号	工步内容	工艺装备	主轴转速 /r·min^{-1}	切削速度 /m·min^{-1}	进给量 /mm·r^{-1}	切削深度 /mm	进给次数	工步工时	
									机动	辅助
描图										
描校										
底图号										
装订号										

											设计(日期)	审核(日期)	标准化(日期)	会签(日期)	
	标记	处数	更改文件号	签字	日期	标记	处数	更改文件号	签字	日期					

图 2-6 机械加工工序卡片

表面和平面等，特殊表面主要有螺旋面、渐开线形表面及其他一些成型表面等。

在研究具体零件的结构特点时，首先要分析该零件是由哪些表面组成的，因为表面形状是选择加工方法的基本因素。例如，外圆表面一般是由车削和磨削加工出来，内孔则多通过钻、扩、铰、镗和磨削等加工方法获得。除表面形状外，表面尺寸对工艺也有重要的影响，以内孔为例，大孔与小孔、深孔与浅孔在工艺上均有不同的特点。

在分析零件的结构时，不仅要注意零件的各个构成表面本身的特征，而且还要注意这些表面的不同组合。正是这些不同的组合才形成零件结构上的特点。例如，以内、外圆为主的表面，既可组成盘、环类零件，也可构成套筒类零件。对于套筒类零件，既可是一般的轴套，也可以是形状复杂的薄壁套筒。上述不同结构的零件在工艺上往往有着较大的差异。在模具制造中，通常还是按照零件结构和加工工艺过程的相似性，将各种零件大致分为轴类零件、套类零件、板类零件和腔类零件。

（2）零件的技术要求分析　零件的技术要求包括：主要加工表面的尺寸精度；主要加工表面的几何形状精度；主要加工表面之间的相互位置精度；零件表面质量；零件材料、热处理要求及其他要求。这些要求对制订工艺方案有重要的影响。

根据零件结构特点，在认真分析了零件主要表面的技术要求之后，对零件加工工艺即可有一初步的轮廓。

首先，根据零件主要表面的精度和表面质量的要求，初步确定为达到这些要求所需的最终加工方法，然后再确定相应的中间工序及粗加工工序所需的加工方法。例如，对于孔径不大的IT7级精度的内孔，最终加工方法取精铰时，则精铰孔之前，通常要经过钻孔、扩孔和粗铰孔等加工。

加工表面之间的相对位置要求，包括表面之间的尺寸联系和相对位置精度。认真分析零件图上尺寸的标注及主要表面的位置精度，即可初步确定各加工表面的加工顺序。

零件的热处理要求影响加工方法和加工余量的选择，对零件加工工艺路线的安排也有一定的影响。例如，要求渗碳淬火的零件，热处理后一般变形较大。对于零件上精度要求较高的表面，工艺上要安排精加工工序（多为磨削加工），而且要适当加大精加工的工序加工余量。

在研究零件图时，如发现图样上的视图、尺寸标注、技术要求有错误或遗漏、或结构工艺性不好时，应提出修改意见。但修改时必须征得设计人员的同意，并经过一定的审批手续。必要时，与设计者协商改进，以确保在保证产品功用的前提下，更容易将其制造出来。

2.1.4 毛坯设计

毛坯是根据零件所要求的形状、工艺尺寸等而制成的供进一步加工用的生产对象。模具零件的毛坯设计是否合理，对于模具零件加工的工艺性以及模具质量和寿命都有很大的影响。在毛坯设计中，首先考虑的是毛坯的形式，决定毛坯形式时主要考虑以下两个方面。

2.1.4.1 模具材料的类别

在模具设计中规定的模具材料类别，可以确定毛坯形式。例如精密冲裁模的上、下模座多为铸钢材料，大型覆盖件拉深模的凸模、凹模和压边圈零件为合金铸铁时，这类零件的毛坯形式必然为铸件。又如非标准模架的上、下模座材料多为45钢，毛坯形式应该是厚钢板的原型材。对于模具结构中的工作零件，例如精密冲裁模和重载冲压模的工作零件，多为高碳高合金工具钢，毛坯形式应该为锻造件。对于高寿命冲裁模的工作零件材料多为硬质合金材料，毛坯形式为粉末冶金件。对于模具结构中的一般结构件，则多选择原型材毛坯形式。

2.1.4.2 模具零件几何形状特征和尺寸关系

当模具零件的不同外形表面尺寸相差较大时，如大型凸线式模柄零件，为了节省原材料和减少机械加工工作量，应该选择锻件毛坯形式。

模具零件的毛坯形式主要分为原型材、锻件、铸件和半成品件四种。

(1) 原型材　原型材是指利用冶金材料厂提供的各种截面的棒料、丝料、板料或其他形状截面的型材，经过下料以后直接送往加工车间进行表面加工的毛坯。

(2) 锻件　经原型材下料，再通过锻造获得合理的几何形状和尺寸的坯料，称为锻件毛坯。

模具零件毛坯的材质状态，对于模具加工的质量和模具寿命都有较大的影响。特别是模具的工作零件，由于大量使用了高碳高铬工具钢，如果这类材料的冶金质量存在缺陷将会导致模具使用寿命的降低。例如存在大量共晶网状碳化物，由于这种碳化物很硬也很脆，而且分布不均匀，从而降低了材质的力学性能，恶化了热处理工艺性能，降低了模具的使用寿命。

综上所述，锻造的主要目的如下。

① 通过锻造得到合理的几何形状和机械加工余量，节省原材料和减少机械加工工作量，并使圆棒料的疏松和气泡等缺陷得到改善，提高了材料的致密度，并得到良好的机械加工性能。

② 通过锻造改善材料碳化物分布不合理的状态，改善由于碳化物分布不均匀，造成热处理易开裂、硬度不均、脆性加大、冲击韧度降低以及碳化物堆聚或呈网状出现在模具刃口，容易产生崩刃、折断和剥落等现象，提高了材质的热处理性能和模具的使用寿命。

③ 改善坯料的纤维方向，使纤维方向分布合理，满足不同类型模具的要求，提高了模具零件的承载能力，同时通过合理的纤维方向，使模具零件的各向淬火变形趋向一致，提高了材料的力学性能和使用性能。

通过锻造和预处理可以获得机械加工和热处理加工需要的金相组织状态，从而提高了模具零件的机械加工和热处理的工艺性。

模具锻件毛坯的设计包括以下内容：

① 根据零件图，计算出体积、质量。由于模具生产大多属于单件或小批生产，模具零件锻件的锻造方式多为自由锻造。模具零件锻造的几何形状多为圆柱形、圆板形、矩形，也有少数为T形、L形、Π形等形状。

a. 锻件加工余量　如果锻件机械加工的加工余量过大，则不仅浪费了材料，而且还会造成机械加工工作量过大，增加了机械加工工时；如果锻件的加工余量过小，会使锻造过程中产生的锻造夹层、表层裂纹、氧化层、脱碳层和锻造不平现象不能消除，无法得到合格的模具零件。

b. 锻件下料尺寸的确定　合理地选择圆棒料的尺寸规格和下料方式，对于保证锻件质量和方便锻造操作都有直接的影响。在圆棒料的下料长度（L）和直径（d）的关系上，应满足$L=(1.25\sim2.5)d$。在满足上述关系的前提下，尽量选用小规格的圆棒料。关于下料方式，对于模具钢材料原则上采用锯床切割下料。应避免锯一个切口后打断，这样易生成裂纹。如采用热切法下料，应注意将毛刺除尽，否则易生成折叠，造成锻件废品。

c. 锻件毛坯下料尺寸的确定（见表2-2）。锻件在锻造过程中的总损耗量包括烧损量、切头损耗、芯料损耗三部分。为了计算方便，总损耗量可按锻件质量的5%～10%选取。在加热1～2次锻成，基本无鼓形和切头时，总损耗取5%。在加热次数较多和有一定鼓形时，总损耗取10%。

表2-2　锻件下料尺寸计算步骤和公式

计算步骤	计算公式	说　明
计算坯料体积$V_{坯}$	$V_{坯}=KV_{锻}$	$V_{锻}$——锻件体积，根据零件形状和加工余量确定锻件图，即可计算出$V_{锻}$ K——系数，一般为1.05～1.10，1～2次锻成，基本无余面，鼓形时取1.05，有余面鼓形时取1.10，火次增加时，K取大值
计算圆棒料直径$D_{计}$	$D_{计}=\sqrt[3]{0.637V_{坯}}$	①因需改锻，材料的长径比应不大于2.5 ②$D_{料}$应取现有棒料直径规格中与$D_{计}$最接近的
确定实用圆棒料的直径$D_{料}$	$D_{料}\geqslant D_{计}$	
计算锯料长度$L_{料}$	$L_{料}=1.273V_{坯}/D_{料}^2$	

② 根据计算出的体积与质量，依据材料库现有钢材的直径，换算出所需钢材的长度，并留有加工余量。

（3）铸件　在模具零件中常见的铸件有冲压模具的上模座和下模座，大型塑料模的框架等，材料为灰铸铁HT200和HT250；精密冲裁模的上模座和下模座，材料为铸钢ZG270～ZG500；大、中型冲压成型模的工作零件，材料为球墨铸铁和合金铸铁；另外，吹塑模具和注射模具中的铸造铝合金，如铝硅合金ZL102等。

对于铸件的质量要求主要有：

① 铸件的化学成分和力学性能应符合图样中材料牌号标准的规定；

② 铸件的形状和尺寸要求应符合铸件图的规定；

③ 铸件的表面应进行清砂处理，去除结疤、飞边和毛刺，其残留高度应小于1～3mm；

④ 铸件内部，特别是靠近工作面处不得有气孔、砂眼、裂纹等缺陷，非工作面不得有严重的疏松和较大的缩孔；

⑤ 铸件应及时进行热处理，铸钢件依据牌号确定热处理工艺，一般以完全退火为主，退火后硬度不大于229HBS；铸铁件应进行时效处理，以消除内应力和改善加工性能，铸铁件热处理后的硬度不大于269HBS。

（4）半成品件　随着模具专业化和专门化的发展以及模具标准化的提高，以商品形式出现的冷冲模架、矩形凹模板、矩形模板、矩形垫板等零件（GB/T 2851—1990，GB/T 2852—1990，JB/T 8049—1995，JB/T 7642～7644—1994），以及塑料注射模标准模架的应用日益广泛。若选用半成品件毛坯，可直接采购这些半成品件后，再进行成型表面和相关部位的加工，将有效地降低模具成本和缩短模具制造周期。这种毛坯形式应该成为模具零件毛坯的主要形式。

2.1.5　定位基准的选择

在制订零件加工的工艺规程时，正确地选择工件定位基准有着十分重要的意义。定位基准选择的好坏，不仅影响零件加工的位置精度，而且对零件各表面的加工顺序也有很大的影响。下面，首先介绍有关基准和定位的概念，然后着重讨论定位基准选择的原则。

2.1.5.1　基准的概念

零件总是由若干表面组成，各表面之间有一定的尺寸和相互位置要求。模具零件表面间的相对位置包括两方面要求：表面间的距离尺寸精度和相对位置精度（如同轴度、平行度、垂直度和圆跳动等）。研究零件表面间的相对位置关系是离不开基准的。基准就其一般意义来讲，就是零件上用以确定其他点、线、面的位置所依据的点、线、面。基准按其作用不同，可分为设计基准和工艺基准。

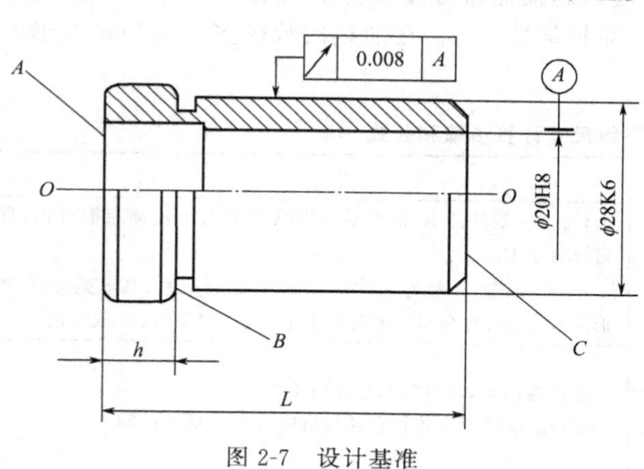

图2-7　设计基准

（1）设计基准　在设计图样上所采用的基准称为设计基准。如图2-7所示的导套零件，其轴心线 $O—O$ 是外圆和内孔的设计基准。端面 A 是端面 B 和 C 的设计基准，内孔 ϕ20H8 的轴心线是 ϕ28K6 外圆柱面径向圆跳动的设计基准。这些基准是从零件使用性能和工作条件要求出发，适当考虑零件结构工艺性而选定的。

（2）工艺基准　在工艺过程中采用的基准称为工艺基准。工艺基准按用途不同又分为工序基准、定位基准、测量基准和装配基准。

① 工序基准。在工序图上用来确定本工序被加工表面加工后的尺寸、形状、位置的基准称为工序基准，所标注的被加工表面位置尺寸称为工序尺寸。如图2-8为钻孔工序的工序基准和工序尺寸。

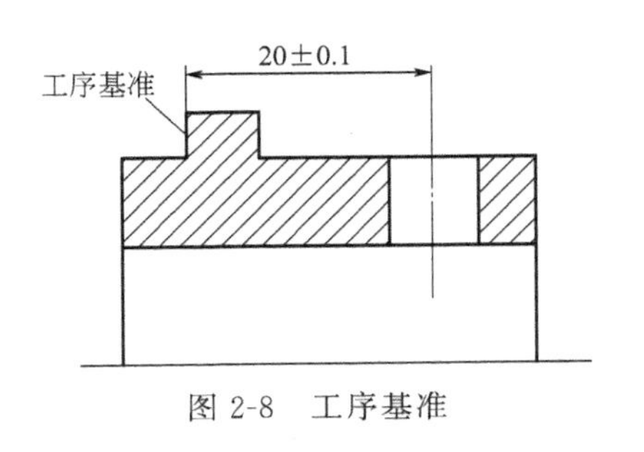

图 2-8　工序基准

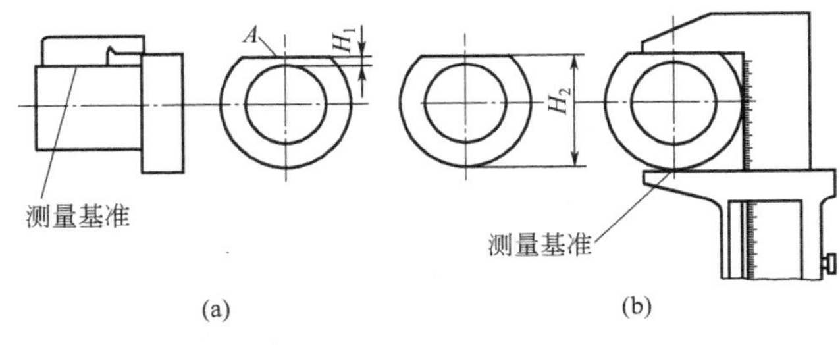

(a)　(b)

图 2-9　测量基准

② 定位基准。在加工时，为了保证工件相对于机床和刀具之间的位置正确（即将工件定位）所使用的基准称为定位基准。关于定位基准将在后文中作详细的叙述。

③ 测量基准。在加工中或加工后需要测量工件已加工表面尺寸及位置，测量时所采用的基准，称为测量基准。图 2-9 所示是两种测量平面 A 的方案。图 2-9(a) 是以小圆柱面的上母线为测量基准；图 2-9(b) 是以大圆柱面的下母线为测量基准。

④ 装配基准。装配时用来确定零件或部件在产品中的相对位置所采用的基准称为装配基准。装配基准通常就是零件的主要设计基准。例如，图 2-10 所示的定位环孔 D（H7）的轴线是设计基准，在进行模具装配时又是模具的装配基准。

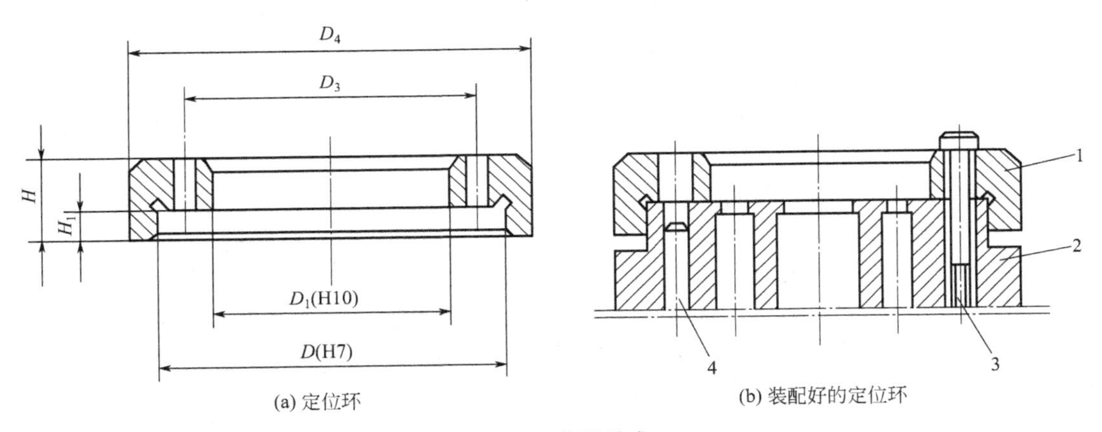

(a) 定位环　(b) 装配好的定位环

图 2-10　装配基准

1—定位环；2—凹模；3—螺钉；4—销钉

2.1.5.2　工件定位的基本原理

在机械加工中，工件被加工表面的尺寸、形状和位置精度，取决于工件相对于刀具和机床的正确位置和运动。工件在加工之前，确定工件在机床上或夹具中占有正确位置的过程称为定位。

(1) 六点定位原理　众所周知，一个自由刚体在空间直角坐标系中，有六个自由度，即沿三个坐标轴的移动，记作$\vec{x}$、$\vec{y}$、$\vec{z}$；绕三个坐标轴的转动，记作$\overset{\frown}{x}$、$\overset{\frown}{y}$、$\overset{\frown}{z}$。要使工件在空间处于相对固定不变的位置，就必须限制其六个自由度。限制方法如图 2-11 所示，用相当于六个支承点的定位元件与工件的定位基面接触来限制。此时：

在 xoy 平面内，用三个支承点限制了$\overset{\frown}{x}$、$\overset{\frown}{y}$、$\vec{z}$三个自由度，该平面也称支承面；

在 yoz 平面内，用两个支承点限制了$\vec{x}$、$\overset{\frown}{z}$两个自由度，该平面又称为导向面；

在 xoz 平面内，用一个支承点限制了$\vec{y}$一个自由度，该平面又称为承挡面。

上述用六个支承点限制工件六个自由度的方法，称为六点定位原理。

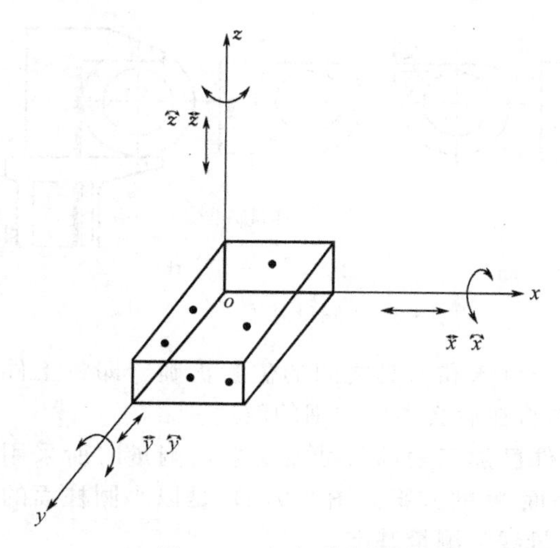

图 2-11　六点定位原理

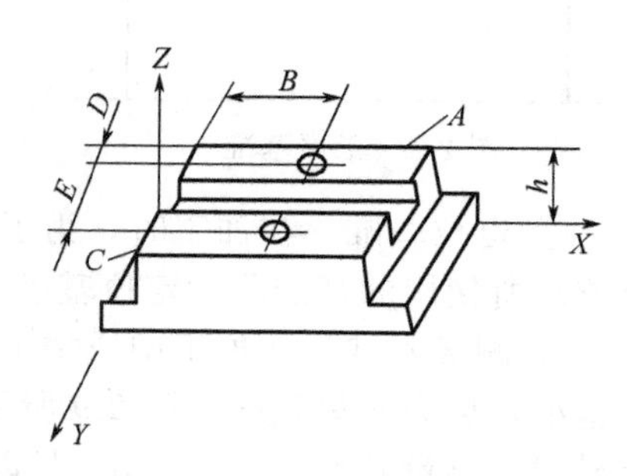

图 2-12　工件的定位要求

工件定位时应限制的自由度数，完全由工件在该工序的加工要求所决定。如图 2-12 所示的工件，要求其顶面加工后与底面的距离为 h，则按此要求只须限制$\widehat{x}$、$\widehat{y}$、$\vec{z}$三个自由度。如果要求在顶面铣一个槽，要求其侧面和底面平行于工件的侧面和底面，且此槽与侧面和底面还有一定的距离要求，那么除了消除以上三个自由度外，还须限制$\vec{y}$、$\widehat{z}$两个自由度。若在工件上钻两个孔，就必须限制工件的六个自由度。

当工件的六个自由度全部被限制时，该定位称为完全定位，当限制的自由度数少于六个时，则称为不完全定位。

根据工件加工要求必须限制的自由度没有得到限制的定位，称为欠定位。欠定位是不允许的。但是如果工件的某一自由度同时被两个或两个以上的支承点限制的定位，称为过定位或重复定位。过定位是否允许，应根据具体情况分析。一般情况下，以毛坯面作为定位面时，过定位是不允许的。如果工件的定位面经过了机械加工，并且定位面和定位元件的尺寸、形状和位置都较准确，则过定位不但对工件加工面的位置尺寸影响不大，反而可以增加加工时的刚性，这时出现过定位是允许的。例如，在车床上加工长轴时，为了减少因工件的自重而引起的变形，通常采用中心架定位，也属于过定位，这是生产中允许的。

（2）工件的安装　工件定位以后，为防止在加工过程中因受切削力、重力、惯性力等的作用破坏定位，工件定位后应将其固定，使其在加工过程中保持定位位置不变的操作称为夹紧。将工件在机床上或夹具中定位、夹紧的过程称为装夹。制定零件的机械加工工艺规程时，必须选择工件上一组（或一个）几何要素（点、线、面）作为定位基准，将工件装夹在机床或夹具上以实现正确定位。工件正确定位应使工件相对于机床处于一个正确的位置。如图 2-13 所示，为了保证导套被加工表面（ϕ45r6）相对于内圆柱面的同轴度要求，工件定位时必须使设计基准内圆柱面的轴心线 O—O 与机床主轴的回转轴线重合，这样加工后内、外圆柱面的同轴度方能达到要求。

图 2-14 所示为凸模固定板，在加工凸模固定孔时为了保证孔和Ⅰ面垂直，必须使Ⅰ面与机床的工作台面平行。为了保证尺寸 a、b、c，应使Ⅱ、Ⅲ侧面分别和机床工作台的纵向和横向运动方向平行。当工件处于这样的理想状态时即认为工件相对于机床处于了正确位置（定位）。

事实上，定位和夹紧是同时进行的。工件安装好以后，也就确定了工件加工表面相对于机床或刀具的位置，因此，工件加工表面的加工精度与安装的准确程度有直接关系，换句话说，工件的安装精度是影响加工精度的重要因素，所以必须给予足够重视。

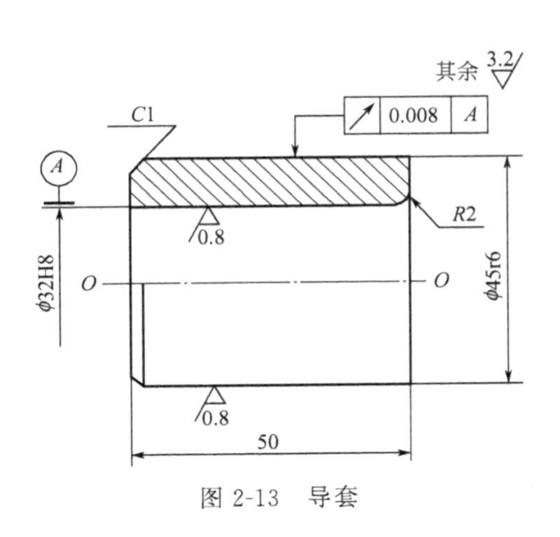

图 2-13　导套

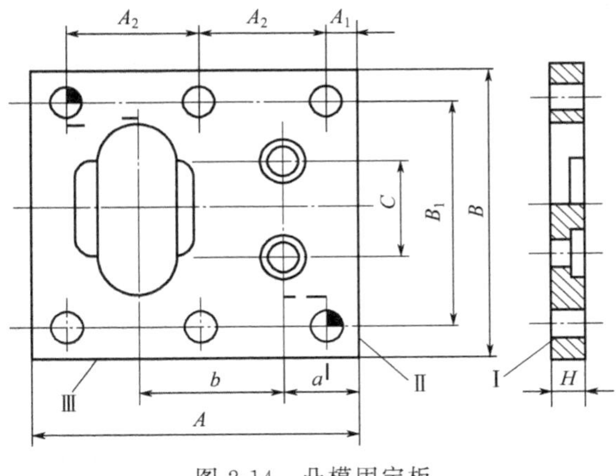

图 2-14　凸模固定板

不同的生产类型，工件的结构与尺寸不同，工件的安装方式也不相同，也必然影响到工件的加工精度及劳动生产率。一般把工件的安装方式概括为以下三种形式，即直接装夹、找正装夹和专用夹具装夹。

① 直接装夹。这种装夹方法是直接利用机床上的装夹面来对工件定位，只要工件的定位基准面紧靠在机床的装夹面上并紧密贴合，不需找正即可完成定位。此后，夹紧工件，就能获得工件相对于刀具及成型运动的正确位置。如图 2-15 所示即为此种装夹方法的示例。

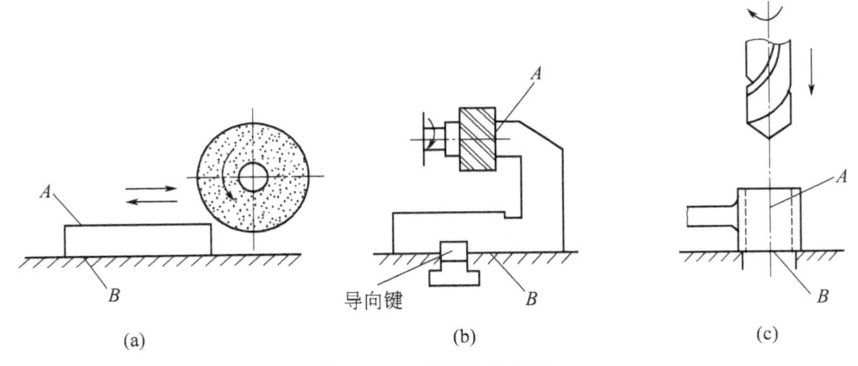

图 2-15　直接装夹方法

② 找正装夹。找正装夹分为直接找正法和划线找正法。

a. 直接找正法。采用这种方法时，工件在机床上应占有的正确位置，是通过一系列的尝试而获得的。具体的方式是在工件直接装在机床上后，用千分表或划针，以目测法校正工件的正确位置，一边校验，一边找正，直至合乎要求。

如图 2-16(a) 所示，在车床上加工偏心轴上与小外圆 A 同轴的孔。因工件安装以偏心轴的大外圆 B 定位，加工孔时，必须保证所加工孔的中心线与小外圆 A 的中心线同轴。这样，在定位时，如图 2-16(b) 所示，要用划线盘或百分表直接找正，使偏心轴小外圆 A 的中心线与主轴中心线重合，以保证加工孔与偏心轴小外圆 A 的同轴度要求。图 2-16(b) 偏心轴孔加工时，使用四爪单动卡盘，以工件外圆 B 定位，以便直接找正。

应用直接找正法时，要求工件上有可供直接找正且精度较高的加工表面，同时又受工人经验及技术水平的影响，故直接找正法一般安装精度不高（0.1～0.5mm），若使用精密的

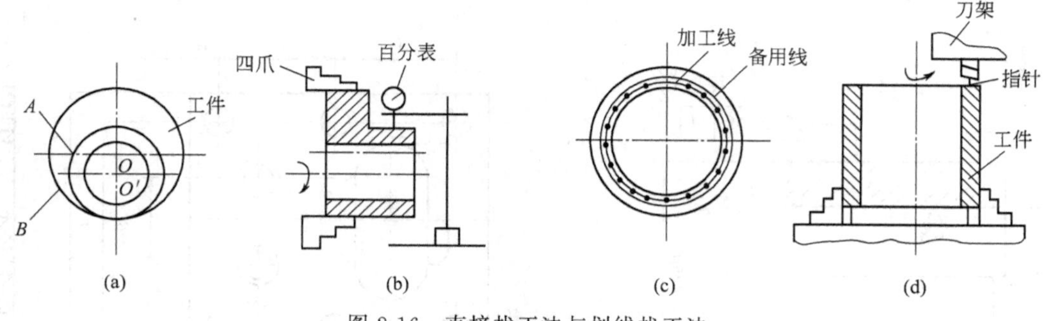

图 2-16　直接找正法与划线找正法

量具和技术熟练的工人，可提高安装精度，找正时间较长，生产效率不高，此种方法只适用于单件小批生产中。

b. 划线找正法。划线找正法是指工件安装时依据事先在工件上划好的找正线进行找正的方法。如图 2-16(c)、(d) 所示，在立式车床上加工工件内孔。当工件安装时，在刀架（或刀具）上固定一个指针，使工作台低速旋转，指针对准工件上事先划好加工线（一般还有备用线），如图 (c) 所示，凭工人的经验认定找正精度，即安装完毕。

这种找正方法，需要事先在工件上划线，即增加了划线工序，安装精度不高，且受工人技术熟练程度影响；另外，由于线条具有一定宽度，一般安装精度仅在 0.3～1mm，所以划线找正只适用单件小批量生产。在成批生产中，对形状复杂或尺寸较大的工件，也常采用划线法找正。

③ 专用夹具装夹。以上介绍的两种安装方法共同的缺点是安装精度不高，所以在成批生产或大量生产中广泛采用专用夹具进行安装，如图 2-17 所示。使用专用夹具时，由于采用了专用的定位元件和夹紧装置，可以快速定位和夹紧，且保证安装精度。

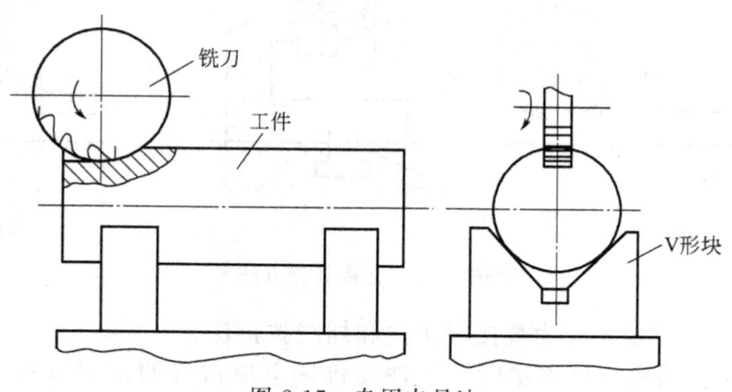

图 2-17　专用夹具法

如图 2-17 所示，加工轴上的键槽时，因有较高的对称度要求，此时用 V 形块，以工件外圆定位，只要事先调整好铣刀与 V 形块的位置精度，就可以实现工件的快速安装，且保证加工精度。

综上所述，在不同的生产条件下，工件的安装方式是不同的，因此，必须认真分析工件的结构、尺寸及加工精度，选用与不同生产条件相适应的工件安装方法。

2.1.5.3　定位基准的选择

设计基准已由零件图给定，而定位基准可以有多种不同的方案。在编制工艺规程时，正确地选择各道工序的定位基准，对保证零件的加工质量、提高生产率、改善劳动条件和简化夹具结构等都有重大的影响。定位基准有粗基准和精基准之分，在工件加工的第一道工序中，只能用毛坯上未加工过的表面作定位基准，这种定位基准称为粗基准；用加工过的表面作为定位基准，这种定位基准称为精基准。下面讨论定位基准的选择原则。

（1）粗基准的选择　粗基准一般情况下也就是第一道工序的定位基准，往往是为了加工后续工序的精基准。在选择粗基准时，重点考虑两方面：一是加工表面的余量分配；二是保证加工面与不加工面间的相互位置精度。因此，粗基准选择要遵循下列原则。

① 选不加工面为粗基准。对于同时具有加工表面与不加工表面的工件，为了保证加工面与不加工面间的相互位置要求，则应以不加工表面为粗基准。

图 2-18 所示的毛坯零件。毛坯在铸造时内外圆有偏心，若加工后的内孔与外圆 A 有同轴度要求，则选不需加工的外圆 A 作为粗基准镗削内孔 B。这样镗孔时，虽加工余量不均匀，但可使镗孔后的内孔和外圆具有较好的同轴度，即壁厚均匀，外形对称。

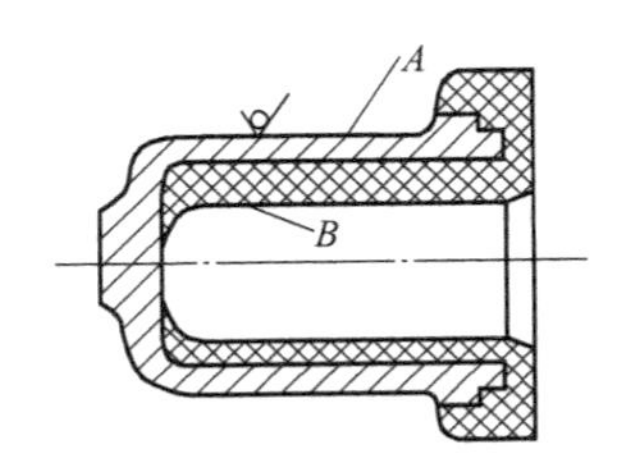

图 2-18　粗基准选择的实例

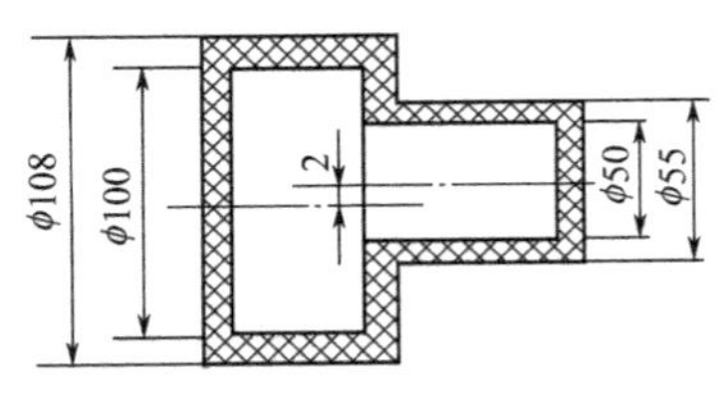

图 2-19　阶梯轴加工的粗基准选择

② 选余量最小的面为粗基准。若工件上有几个不需加工的表面，则应以其中与加工表面间的位置精度要求较高者作为粗基准。若工件上每个表面都要加工，则应以余量最小者为粗基准，以保证该表面在后续工序中不会因余量不足而报废。例如，图 2-19 所示阶梯轴中，ϕ50mm 外圆的余量比 ϕ100mm 外圆的余量小，所以应选余量小的小端外圆为粗基准先加工 ϕ100mm 外圆，然后再以 ϕ100mm 外圆为精基准加工出 ϕ50mm 外圆，这样可使小端外圆有足够而均匀的余量。反之，则可能使小端外圆余量不足。

③ 选重要表面为粗基准。若首先要保证重要表面的加工余量均匀，则应以该表面为粗基准。例如，图 2-20 所示为大型冲压模具的下模座。其下平面是重要表面，希望在加工时只切去一层薄而均匀的余量，且达到较高的加工精度。此时，应以下表面为粗基准，即首先以下表面为定位基准，加工上表面与模座的其他部位，最后再以上表面为精基准加工下表面，这样就能保证下平面的加工余量比较均匀且比较小，还能保证上、下平面的平行度要求。

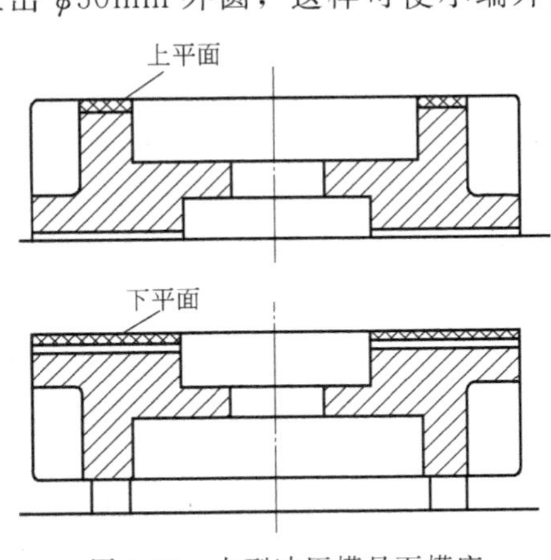

图 2-20　大型冲压模具下模座粗基准的选择

④ 尽量选用位置可靠、平整光洁的表面作粗基准。应避免选用有飞边、浇口、冒口或其他缺陷的表面作粗基准，以保证定位准确，夹紧可靠。

⑤ 粗基准一般不重复使用。这是因为粗基准比较粗糙，重复使用会产生很大的基准位置误差，影响加工精度，但是若采用精化毛坯，而相应的加工要求不高，重复安装的定位误差在允许范围内，则粗基准可灵活使用。

（2）精基准的选择　选择精基准应考虑的主要问题是保证加工精度，特别是加工表面的相互位置精度，以及实现装夹的方便、可靠、准确。其选择的原则如下：

① 基准重合原则。直接选用设计基准为定位基准，称为基准重合原则。采用基准重合原则可以避免由定位基准与设计基准不重合引起的定位误差（称为基准不重合误差），尺寸精度和位置精度能可靠地得到保证。如图 2-21 所示，零件 A 面是 B 面的设计基准；B 面是 C 面的设计基准。在用调整法铣削 B 面和 C 面时，若分别用 A 面和 B 面定位，二者均符合基准重合原则。以 A 面为定位基准用调整法来加工 C 面，零件图上的设计尺寸 $C_0^{+\delta_c}$ 则为间接保证的尺寸，这时工序尺寸 b 的公差是：$\delta_b=\delta_c-\delta_a$。

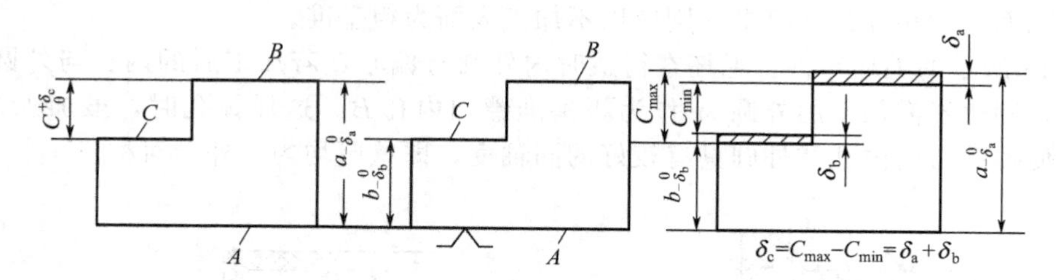

图 2-21　设计基准与定位基准的关系

显然，工序尺寸的公差 δ_b 小于设计尺寸 C 的公差 δ_c，增加了加工的难度。

② 基准统一原则。同一零件的多数工序尽可能选择同一组精基准定位，称为基准统一原则。这样可保证各加工表面间的相互位置精度，避免或减少因基准转换而引起的误差，并且简化了夹具的设计和制造工作，降低了成本，缩短了生产准备周期。例如，导柱、复位杆、拉杆等轴类零件大多数工序都采用顶尖孔为定位基准；圆盘和齿轮零件常用内孔和一端面为精基准。

基准重合和基准统一原则是选择精基准的两个重要原则，但有时会遇到两者相互矛盾的情况。这时对尺寸精度较高的加工表面应服从基准重合原则，以免使工序尺寸的实际公差减小，给加工带来困难；除此以外，主要考虑基准统一原则。

③ 自为基准原则。精加工或光整加工工序要求余量小而均匀，用加工表面本身作为精基准，这称自为基准原则，该加工表面与其他表面之间的相互位置精度则由先行工序保证。如图 2-22 所示在导轨磨床上磨削床身导轨。工件安装后用百分表对其导轨表面找正，此时的床身底面仅起支承作用。此外，用浮动铰刀铰孔，用圆拉刀拉孔，用无心磨床磨外圆，研磨等都是自为基准的例子。

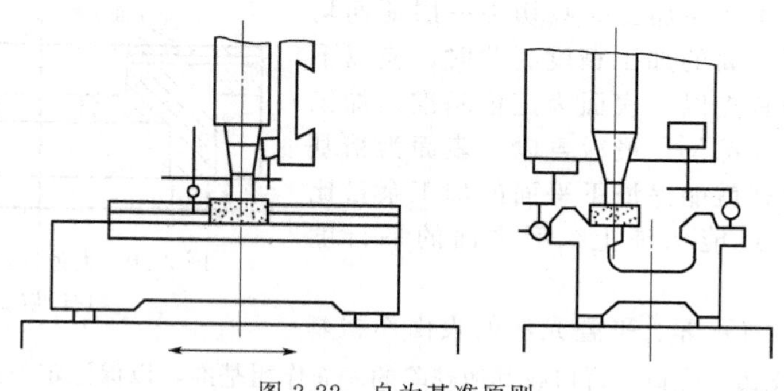

图 2-22　自为基准原则

④ 互为基准原则。当两个被加工表面之间位置精度较高，要求加工余量小而均匀时，多以两表面互为基准进行加工。如图 2-23(a) 所示，导套在磨削加工时，为保证 ϕ32H8 与 ϕ42k6 的内外圆柱面间的同轴度要求，可先以 ϕ42k6 的外圆柱面作定位基准，在内圆磨床

上加工 ϕ32H8 的内孔，如图 2-23(b) 所示。然后再以 ϕ32H8 的内孔作定位基准，在心轴上磨削 ϕ42k6 的外圆，则容易保证各加工表面都有足够的加工余量，达到较高的同轴度要求，如图 2-23(c) 所示。

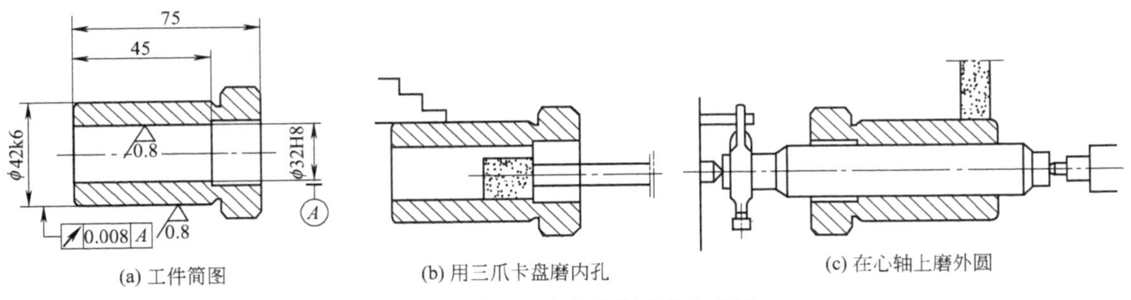

图 2-23　采用互为基准磨内孔和外圆

⑤ 便于装夹原则。所选精基准应能保证工件定位准确、稳定，装夹方便可靠，夹具结构简单适用。定位基准应有足够大的接触面及分布面积，才能承受较大的切削力，使定位稳定可靠。

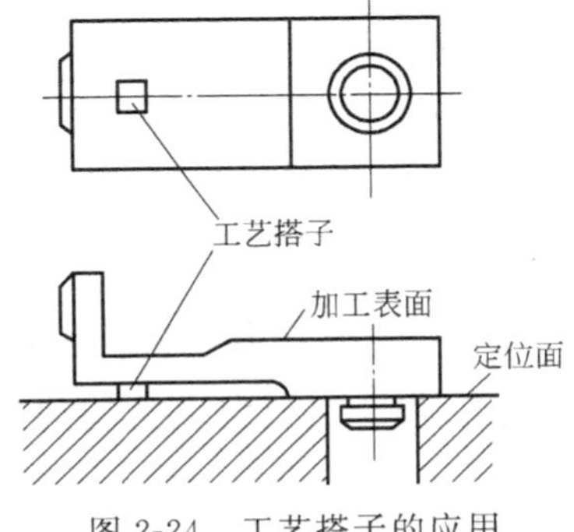

图 2-24　工艺搭子的应用

(3) 辅助基准的应用　零件上的工艺搭子（如图 2-24 所示），轴加工用的顶尖孔，活塞加工用的止口和中心孔都是典型的辅助基准。作为辅助基准的结构，在零件工作时没有用处，只是出于工艺上的需要而设计的，有些可在加工完毕后从零件上切除。

定位基准的选择原则是从生产实践中总结出来的。上述每一个原则往往只说明了一个方面的问题，在实际应用时有可能出现相互矛盾的情况，因此，应根据具体的加工对象和加工条件，全面考虑，灵活地运用。

必须指出，定位基准选择不能仅考虑本工序定位、夹紧是否合适，而应结合整个工艺路线进行统一考虑，使先行工序为后续工序创造条件，使每个工序都有合适的定位基准和夹紧方式。

2.1.6　零件工艺路线分析与拟订

工艺路线的拟订是制订工艺规程的关键，其主要任务是选择各个表面的加工方法和加工方案，确定各个表面的加工顺序以及工序集中与分散等。关于工艺路线的拟订，目前还没有一套普遍而完善的方法，而多是采取经过生产实践总结出的一些综合性原则。在应用这些原则时，要结合具体的生产类型及生产条件灵活处理。

2.1.6.1　加工方法的选择

加工方法选择的原则是保证加工质量和生产率与经济性。为了正确选择加工方法，应了解各种加工方法的特点和掌握加工经济精度及经济粗糙度的概念。

(1) 经济精度与经济粗糙度　加工过程中，影响精度的因素很多。每种加工方法在不同的工作条件下所能达到的精度是不同的。例如，在一定的设备条件下，操作精细、选择较低的进给量和切削深度，就能获得较高的加工精度和较低的表面粗糙度值。但是，这必然会使生产率降低，生产成本增加。反之，提高了生产率，虽然成本降低，但会增大加工误差，降低加工精度。

加工经济精度是指在正常的加工条件下（采用符合质量的标准设备、工艺装备和标准技术等级的工人，不延长加工时间）所能保证的加工精度。

经济粗糙度的概念类同于经济精度的概念。

各种加工方法所能达到的经济精度和经济粗糙度等级，以及各种典型的加工方案均已制成表格，在机械加工的各种手册中均能查到。表 2-3～表 2-8 中摘录了其中的一部分，供选用时参考。

表 2-3　外圆表面加工方案

序号	加工方案	经济精度等级	表面粗糙度值 $Ra/\mu m$	适用范围
1	粗车	IT11 以下	50～12.5	适用于淬火钢以外的各种金属
2	粗车-半精车	IT10～IT8	6.3～3.2	
3	粗车-半精车-精车	IT8～IT7	1.6～0.8	
4	粗车-半精车-精车-滚压(或抛光)	IT8～IT7	0.2～0.025	
5	粗车-半精车-磨削	IT8～IT7	0.8～0.4	主要用于淬火钢，也可用于未淬火钢，但不宜加工有色金属
6	粗车-半精车-粗磨-精磨	IT7～IT6	0.4～0.1	
7	粗车-半精车-粗磨-精磨-超精加工(或轮式超精磨)	IT5	0.1～0.012	
8	粗车-半精车-精车-金刚石车	IT7～IT6	0.4～0.025	主要用于要求较高的有色金属的加工
9	粗车-半精车-粗磨-精磨-超精磨或镜面磨	IT5 以上	0.025～0.006	极高精度的外圆加工
10	粗车-半精车-粗磨-精磨-研磨	IT5 以上	0.1～0.006	

表 2-4　孔加工方案

序号	加工方案	经济精度等级	表面粗糙度值 $Ra/\mu m$	适用范围
1	钻	IT13～IT11	12.5	加工未淬火钢及铸铁的实心毛坯，也可用于加工有色金属(但表面粗糙度稍大，孔径小于 15～20mm)
2	钻-铰	IT10～IT8	6.3～1.6	
3	钻-粗铰-精铰	IT8～IT7	1.6～0.8	
4	钻-扩	IT11～IT10	12.5～6.3	同上，但是孔径大于 15～20mm
5	钻-扩-铰	IT9～IT8	3.2～1.6	
6	钻-扩-粗铰-精铰	IT7	1.6～0.8	
7	钻-扩-机铰-手铰	IT7～IT6	0.4～0.1	
8	钻-扩-拉	IT9～IT7	1.6～0.1	大批大量生产(精度由拉刀的精度而定)
9	粗镗(或扩孔)	IT13～IT11	12.5～6.3	除淬火钢外各种材料，毛坯有铸出孔或锻出孔
10	粗镗(粗扩)-半精镗(精扩)	IT10～IT8	3.2～1.6	
11	粗镗(扩)-半精镗(精扩)-精镗(铰)	IT8～IT7	1.6～0.8	
12	粗镗(扩)-半精镗(精扩)-精镗-浮动镗刀精镗	IT7～IT6	0.8～0.4	
13	粗镗(扩)-半精镗-磨孔	IT8～IT7	0.8～0.4	主要用于淬火钢，也用于未淬火钢，但不宜用于有色金属加工
14	粗镗(扩)-半精镗-粗磨-精磨	IT7～IT6	0.2～0.1	

续表

序号	加工方案	经济精度等级	表面粗糙度值 $Ra/\mu m$	适用范围
15	粗镗-半精镗-精镗-金刚镗	IT7～IT6	0.4～0.05	主要用于精度要求高的有色金属加工
16	钻-(扩)-粗铰-精铰-珩磨 钻-(扩)-拉-珩磨 粗镗-半精镗-精镗-珩磨	IT7～IT6	0.2～0.025	精度要求很高的孔
17	以研磨代替上述方案中的珩磨	IT6 以上	0.1～0.006	

表 2-5 平面加工方案

序号	加工方案	经济精度等级	表面粗糙度值 $Ra/\mu m$	适用范围
1	粗车-半精车	IT10～IT8	6.3～3.2	端面
2	粗车-半精车-精车	IT8～IT7	1.6～0.8	
3	粗车-半精车-磨削	IT8～IT6	0.8～0.2	
4	粗刨(或粗铣)-精刨(或精铣)	IT10～IT8	6.3～1.6	一般不淬硬平面(端铣的表面粗糙度值可较小)
5	粗刨(或粗铣)-精刨(或精铣)-刮研	IT7～IT6	0.8～0.1	精度要求较高的不淬硬平面,批量较大时宜采用宽刃精刨方案
6	粗刨(或粗铣)-精刨(或精铣)-宽刃精刨	IT7	0.8～0.2	
7	粗刨(或粗铣)-粗刨(或精铣)-磨削	IT7	0.8～0.2	精度要求较高的淬硬平面或不淬硬平面
8	粗刨(或粗铣)-精刨(或精铣)-粗磨-精磨	IT6～IT5	0.4～0.025	
9	粗刨-拉	IT9～IT7	0.8～0.2	大量生产,较小的平面(精度视拉刀的精度而定)
10	粗铣-精铣-磨削-研磨	IT5 以上	0.1～0.006	高精度平面

表 2-6 外圆与内孔的几何形状加工经济精度 单位：mm

机床类型			圆度误差	圆柱度误差
卧式车床	最大直径	≤400	0.02(0.01)	100∶0.015(0.01)
		≤800	0.03(0.015)	300∶0.05(0.03)
		≤1600	0.04(0.02)	300∶0.06(0.04)
高精度车床			0.01(0.005)	150∶0.02(0.01)
外圆车床	最大直径	≤200	0.006(0.004)	500∶0.011(0.007)
		≤400	0.008(0.005)	1000∶0.02(0.01)
		≤800	0.012(0.007)	0.025(0.015)
无心磨床			0.01(0.005)	100∶0.008(0.005)
珩磨机			0.01(0.005)	300∶0.02(0.01)
卧式镗床	镗杆直径	≤100	外圆 0.05(0.025) 内孔 0.04(0.02)	200∶0.04(0.02)
		≤160	外圆 0.05(0.03) 内孔 0.05(0.025)	300∶0.05(0.03)
		≤200	外圆 0.06(0.04) 内孔 0.05(0.03)	400∶0.06(0.04)

续表

机床类型			圆度误差	圆柱度误差
内圆磨床	最大孔径	≤50	0.008(0.005)	200∶0.008(0.005)
		≤200	0.015(0.008)	200∶0.015(0.008)
		≤800	0.02(0.01)	200∶0.02(0.01)
立式金刚镗			0.008(0.005)	300∶0.02(0.01)

注：括号内的数字是新机床的精度标准。

表 2-7　平面的几何形状和相互位置精度　　单位：mm

机床类型			平面度误差		平行度误差	垂直度误差	
						加工面对基面	加工面相互间
卧式铣床			300∶0.06(0.04)		300∶0.06(0.04)	150∶0.04(0.02)	300∶0.05(0.03)
立式铣床			300∶0.06(0.04)		300∶0.06(0.04)	150∶0.04(0.02)	300∶0.05(0.03)
插床	最大插削长度	≤200	300∶0.05(0.025)			300∶0.05(0.025)	300∶0.05(0.025)
		≤500	300∶0.05(0.03)			300∶0.05(0.03)	300∶0.05(0.03)
平面磨床	卧轴矩台				1000∶0.025(0.015)		
	高精度平磨				500∶0.009(0.005)		100∶0.01(0.005)
	卧轴圆台				0.02(0.01)		
	立轴圆台				1000∶0.03(0.02)		
牛头刨床	最大刨削长度		加工上面	加工侧面			
	≤250		0.02(0.01)	0.04(0.02)	0.04(0.02)		0.06(0.03)
牛头刨床	≤500		0.04(0.02)	0.06(0.03)	0.06(0.03)		0.08(0.05)
	≤1000		0.06(0.03)	0.07(0.04)	0.07(0.04)		0.12(0.07)

注：括号内的数字是新机床的精度标准。

表 2-8　孔的相互位置精度　　单位：mm

加工方法	工件的定位	两孔中心线间或孔中心线到平面的距离误差/mm	在 100mm 长度上孔中心线的垂直度误差/mm
立式钻床上钻孔	用钻模	0.1～0.2	0.1
	按划线	1.0～3.0	0.5～1.0
车床上钻孔	按划线	1.0～2.0	
	用带滑座的角尺	0.1～0.3	
铣床上镗孔	回转工作台		0.02～0.05
	回转分度头		0.05～0.10
坐标镗床上钻孔	光学仪器	0.004～0.015	
卧式镗床上钻孔	用镗模	0.05～0.08	0.04～0.20
	用块规	0.05～0.10	
	回转工作台	0.06～0.30	
	按划线	0.4～0.5	0.5～1.0

(2) 选择加工方法应考虑的因素　从表中可以看出满足同样精度要求的加工方法有几种，因而在选择加工方法时，还应注意以下几个问题。

① 零件的结构形状和尺寸。例如对于加工精度要求为IT7级的孔，采用镗削、铰削、拉削、磨削均可达到要求。但箱体上的孔，一般不宜选用拉孔和磨孔，而宜选择镗孔（大孔）或铰孔（小孔）。

② 生产类型。不同的加工方法和加工方案，采用的设备和刀具不同，生产率和经济性也大不相同。大批大量生产时，应选用高效率和质量稳定的加工方法。例如，平面和孔可采用拉削加工；采用组合铣、镗等进行几个表面的同时加工。在单件小批生产中，对于平面和孔多采用通用机床、通用工艺装备及常规的加工方法。

由于大批大量生产能选用精密毛坯（如用粉末冶金制造的油泵齿轮、精锻锥齿轮等），故可以简化机械加工，毛坯制造后，直接进入磨削加工。

③ 零件材料可加工性。硬度很低而韧性较大的金属材料（如有色金属）用磨削加工很困难，一般都采用金刚镗或高速精密车削的方法进行加工；而淬火钢、耐热钢等因硬度很高，必须用磨削的方法加工。

④ 现有设备与技术条件。应该充分利用现有设备和工艺手段，挖掘企业潜力，发挥工程技术人员和工人的积极性与创造性。同时，积极应用新工艺和新技术，不断提高工艺水平。

⑤ 特殊要求。如表面纹路方向的要求，铰削及镗削的纹路方向与拉削的纹路方向不同，应根据设计的特定要求选择相应的加工方法。

2.1.6.2　加工阶段的划分

为保证零件加工质量和合理地使用设备、人力，机械加工工艺过程一般可分为粗加工、半精加工、精加工、光整加工四个阶段。

(1) 粗加工阶段　主要任务是切除毛坯的大部分加工余量，使毛坯在形状和尺寸上尽可能接近成品。因此，此阶段应采取措施尽可能提高生产率。

(2) 半精加工阶段　减小粗加工后留下的误差和表面缺陷层，使被加工表面达到一定的精度，为主要表面的精加工做好准备，同时完成一些次要表面的加工。

(3) 精加工阶段　保证各主要表面达到图样的全部技术要求，此阶段的主要目标是保证加工质量。

(4) 光整加工阶段　对于零件上精度和表面粗糙度要求很高（IT6级以上，表面粗糙度 Ra 在0.2μm以下）的表面，应安排光整加工阶段。此阶段的主要目标是减小表面粗糙度或进一步提高尺寸精度，一般不用以纠正形状误差和位置误差。

通过划分加工阶段，首先可以逐步消除粗加工中由于切削热和内应力引起的变形，消除或减少已产生的误差，减小表面粗糙度。

其次，可以合理使用机床设备。粗加工时余量大，切削用量大，可在功率大、刚性好、效率高而精度一般的机床上进行，充分发挥机床的潜力；精加工时在较为精密的机床上进行，既可以保证加工精度，也可延长机床的使用寿命。

此外，通过划分加工阶段，便于安排热处理工序，充分发挥每一次热处理的作用；消除粗加工时产生的内应力、改变材料的力学、物理性能；还可以及时发现毛坯的缺陷，及时报废或修补，以免因继续盲目加工而造成工时浪费。

工艺过程划分阶段随加工对象和加工方法的不同而变。对于刚性好的重型零件，可在同一工作地点，一次安装完成表面的粗、精加工。为减少夹紧变形对加工精度的影响，可在粗加工后松开夹紧机构，然后用较小的力重新夹紧工件，继续进行精加工。对批量较小、形状简单及毛坯精度高而加工要求低的零件，也可不必划分加工阶段。

2.1.6.3 加工顺序的安排

机械加工工艺规程是由一系列有序安排的加工方法所组成的。在加工方法选定后，机械加工工艺规程设计的主要内容就是合理安排这些加工方法的顺序，及其与热处理、表面处理（如镀铬、镀铜、磷化等）工序间以及与辅助工序（如清洗、检验等）的相互顺序。

（1）机械加工顺序的安排　主要取决于基准的选择与转换。在设计时遵循以下原则。

① 先粗后精。当零件需要分阶段进行加工时，各个表面先进行粗加工，再进行半精加工，最后进行精加工和光整加工。从而逐步提高表面的加工精度与表面质量。

② 基面先行。在每一个加工阶段中，总是先安排基面的加工。例如，在加工轴类零件时，一般是以外圆为粗基准来加工中心孔，再以中心孔为精基准来加工外圆、端面等。

③ 先主后次。零件的主要工作表面、装配基面应先加工，从而能及早发现毛坯中主要表面存在的缺陷。次要表面的加工可穿插进行，放在主要表面加工到一定的精度之后，最终精加工之前进行。一些与主要表面有相互位置要求且加工面又较小的表面，如紧固用的光孔和螺栓孔等，其加工一般都安排在粗加工或半精加工与精加工之间进行。在工序集中的情况下，同一工序内各工步的加工顺序更应遵循先主后次的原则。

④ 先面后孔。对于箱体、支架等类零件，平面的轮廓尺寸较大，一般先加工平面以作精基准，再加工孔和其他表面。对于模座、凸模和凹模固定板、型腔固定板和推料板类的模具零件，应先加工平面再加工孔。

有些表面的最后精加工安排在部装或总装过程中进行，以保证较高的配合精度。

（2）热处理工序的安排　热处理工序在工艺路线中的安排主要取决于零件的材料及热处理的目的。

① 预备热处理。主要目的是改善切削加工性能，消除毛坯制造时的残余应力。常用的方法有退火、正火和调质。预备热处理一般安排在粗加工之前，但调质通常安排在粗加工之后。

② 消除残余应力处理。主要是消除毛坯制造或机械加工过程中产生的残余应力。常用的方法有时效和退火，最好安排在粗加工之后精加工之前。对精度要求一般的零件，在粗加工之后安排一次时效或退火，可同时消除毛坯制造和粗加工的残余应力，减小后续工序的变形；对精度要求较高的复杂铸件，在加工过程中通常安排两次时效处理：铸造—粗加工—时效—半精加工—时效—精加工。对于高精度的零件，如精密丝杠、精密主轴等，应安排多次时效处理。甚至采用冰冷处理稳定尺寸。

③ 最终热处理。主要目的是提高零件的强度、表面硬度和耐磨性。常用淬火+回火以及各种化学处理（渗碳淬火、渗氮、液体碳氮共渗等）。最终热处理一般安排在半精加工之后、精加工工序（磨削加工）之前进行，氮化处理由于氮化层硬度很高，变形很小，因此安排在粗磨和精磨之间。

（3）辅助工序的安排　辅助工序主要包括：检验、清洗、去毛刺、去磁、倒棱边、涂防锈油等。其中检验工序是主要的辅助工序，是保证产品质量的主要措施。它一般安排在：粗加工全部结束以后精加工开始以前，零件在不同车间之间转移前后，重要工序之后和零件全部加工结束之后。

有些重要零件，不仅要进行几何精度和表面粗糙度的检验，还要进行如X射线、超声波探伤等材料内部质量的检验以及荧光检验、磁力探伤等材料表面质量的检验。此外，清洗、去毛刺等辅助工序，也必须引起高度重视，否则将会给最终的产品质量产生不良的甚至严重的后果。

2.1.6.4 工序的集中与分散

在选定了零件上各个表面的加工方法及其加工顺序以后，可以采用工序集中原则或工序分散原则，把各表面的各次加工组合成若干工序。

（1）工序集中及其特点　工序集中就是将工件的加工集中在少数几道工序内完成，每道工序的加工内容较多。工序集中可采用技术上的措施集中，如多刃、多刀加工和多轴机床、自动机床、数控机床加工等；也可采用人为的组织措施集中，称为组织集中，如普通车床的顺序加工。工序集中有以下特点：

① 采用高效的专用设备和工艺装备，生产率高；

② 工序数目少，可减少机床设备数量、操作工人数及生产所需的面积，还可简化生产计划工作和生产组织工作；

③ 工件装夹次数少，易于保证各个加工表面间的相互位置精度，还能减少辅助时间，缩短生产周期；

④ 较多采用结构复杂的专用设备和工艺装备，投资大、生产准备周期较长、调整维修复杂，产品变换困难。

（2）工序分散及其特点　工序分散就是将工件的加工分散在较多的工序内进行，每道工序的加工内容很少，最少时每道工序仅完成一个简单的工步。工序分散的特点是：

① 每台机床完成较少的加工内容，机床、工具、夹具结构简单，调整方便，对工人的技术水平要求低，生产适应性强，转换产品较容易；

② 便于选择更合理的切削用量，减少基本时间；

③ 所需设备及工人人数多，生产周期长，生产所需面积大，运输量也较大。

这两种方法各有优缺点，在制定机械加工工艺路线时应根据生产纲领、零件本身的结构和技术要求、实际生产条件等进行综合分析。单件小批生产采用工序集中，以便简化生产组织工作。大批大量生产时，若使用多刀、多轴的自动或半自动高效机床、加工中心，可按工序集中原则组织生产；若在由组合机床组成的自动线上进行，一般按工序分散原则组织生产。对一些结构较简单的产品，如轴承生产，也可采用分散原则组织生产。对于重型零件，为了减少工件装卸和运输的劳动量，工序应适当集中；对于刚性差且精度高的精密工件，则工序应适当分散。对于模具来说，模座类零件的外形结构较为复杂，往往有一些尺寸精度和位置精度要求较高的孔系分布在各表面，在这种情况下，就应使加工工序相对集中一些，不仅精加工集中在一台机床上，而且粗加工也最好集中在一台机床上进行，这样可以使精加工时余量分布均匀，有利于保证孔距尺寸及位置公差。对于批量较大、结构形状简单的模板类和导柱、导套类等具有标准化结构的零件，一般宜采用工序分散的方式加工。模具零件大多属于少件生产类型，一般都采用工序集中的方式加工。

2.1.7 加工余量与工序尺寸的确定

2.1.7.1 加工余量的概念

在机械加工工序中，每一工序加工质量的标准是各个加工表面的工序加工尺寸及其公差。确定工序尺寸，首先要确定加工余量。

加工余量是指加工过程中从加工表面切除的金属层厚度。

（1）总加工余量和工序加工余量　在零件从毛坯到成品的切削加工过程中，某一表面被切除的金属层总厚度，即某一表面的毛坯尺寸与零件设计尺寸之差，称为该表面的加工总余量（总加工余量）。某一表面在一道工序中被切除的金属层厚度，即相邻工序的工序尺寸之差，称为该表面的工序余量（工序加工余量）。显然，某一表面的加工总余量等于该表面各

工序余量的总和，即

$$Z_0=\sum_{i=1}^{n}Z_i$$

式中　Z_0——加工总余量（毛坯余量）；

Z_i——各工序余量；

n——工序数。

（2）公称加工余量、最大加工余量和最小加工余量　由于工序尺寸有公差，故实际切除的余量会在一定的范围内变动。因此，加工余量又可分为公称加工余量、最大加工余量、最小加工余量。通常所说的加工余量是指公称加工余量，其值等于前后工序的基本尺寸之差（图 2-25）

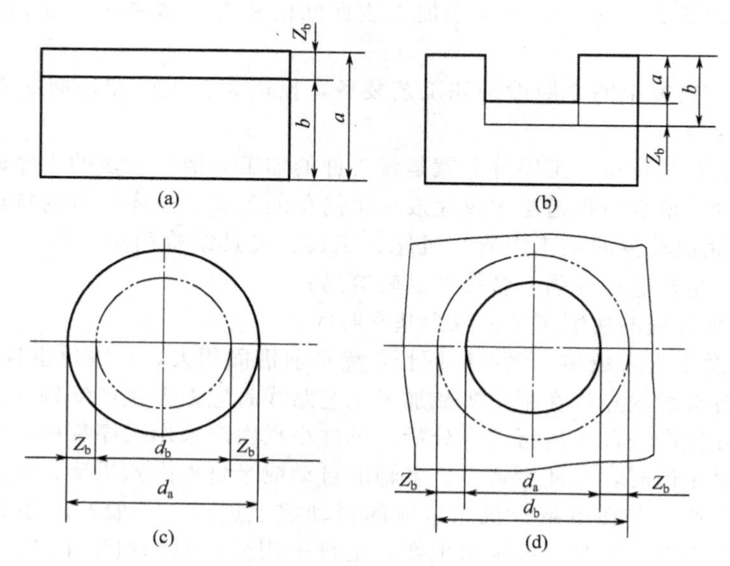

图 2-25　加工余量

$$Z_b=|a-b|$$

式中　Z_b——本工序的加工余量；

a——前工序的工序尺寸；

b——本工序的工序尺寸。

根据零件的不同结构，加工余量有单边和双边之分。对于平面等非回转表面的加工余量指单边余量，它等于实际切削的金属层厚度。对于外圆和内孔等回转表面，加工余量指双边余量，即以直径方向计算，实际切削的金属层厚度为加工余量的 1/2。

图 2-25 表示工序余量与工序尺寸的关系。

对于被包容面　$Z_b=a-b$　　[图 2-25(a)]

对于包容面　$Z_b=b-a$　　[图 2-25(b)]

对于外圆表面　$2Z_b=d_a-d_b$　　[图 2-25(c)]

对于内孔表面　$2Z_b=d_b-d_a$　　[图 2-25(d)]

对于最大余量和最小余量的计算（图 2-26），因加工内外表面的不同而计算方法也不同。

对于外表面：

$$Z_{max}=a_{max}-b_{min}$$
$$Z_{min}=a_{min}-b_{max}$$

$$T_z = Z_{max} - Z_{min} = T_b + T_a$$

式中 Z_{max}——最大工序余量；

Z_{min}——最小工序余量；

T_z——本工序余量公差；

T_b——本工序尺寸公差；

T_a——上工序尺寸公差。

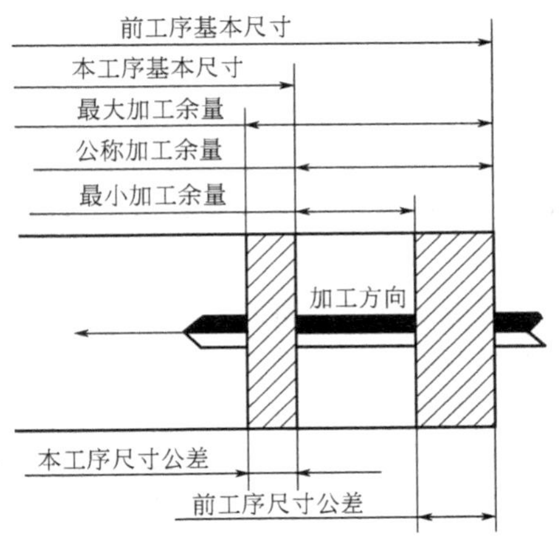

图 2-26 加工余量及其公差

工序尺寸的公差带，一般规定在零件的“入体”方向，即对于被包容面（轴）的工序尺寸取上偏差为零（h），工序基本尺寸等于最大极限尺寸；对于包容面（孔）的工序尺寸取下偏差为零（H），工序基本尺寸等于最小极限尺寸。毛坯尺寸的公差一般采用双向标注 JS$\left(\pm\frac{T}{2}\right)$。图 2-27 分别表示被包容面和包容面的工序余量与毛坯余量（加工总余量）及其公差带之间的关系。

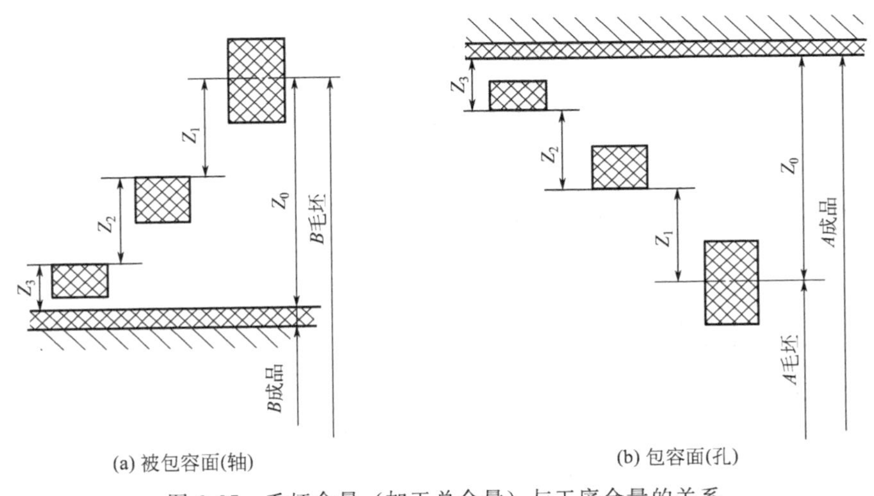

图 2-27 毛坯余量（加工总余量）与工序余量的关系

2.1.7.2 加工余量的确定

加工余量的大小及其均匀性对模具零件的加工质量和生产率有较大的影响。加工余量过小，将不足以切除零件上有误差和缺陷的表面，达不到加工要求，甚至会造成废品。加工余量过大，不但增加了机械加工劳动量，也增加了材料、工具和电力的消耗，从而增加了模具零件的成本。此外，加工余量的不均匀，还会影响加工精度。因此。确定加工余量的基本原则是在保证加工质量的前提下，尽可能减小余量。在确定时应考虑以下因素：

① 上工序的各种表面缺陷和误差因素。本工序的加工余量应能修正上工序的表面粗糙度和缺陷层以及上工序的尺寸公差和上工序的形位误差。

② 本工序加工时的装夹误差。它包括定位误差、夹紧误差（夹紧变形）和夹具本身的误差。

在实际生产中，确定加工余量的方法有以下几种。

（1）经验估计法　此法是根据工艺人员的实际经验确定加工余量的。为了防止因余量不够而产生废品，所估计的加工余量一般偏大。此法常用于单件小批量生产。

（2）查表法　此法是以工厂生产实践和实验研究积累的有关加工余量的资料数据为基

础，先制成表格，再汇集成手册。确定加工余量时，查阅这些手册，再结合工厂的实际情况进行适当修改后确定。目前，这种方法使用比较广泛。

(3) 分析计算法　此法是根据一定的试验资料和计算公式，对影响加工余量的各项因素进行综合分析和计算来确定加工余量的方法，这种方法确定的加工余量最经济合理，但必须有比较全面和可靠的试验资料。目前，只在材料十分贵重，以及军工生产或少数大量生产的工厂中采用。

在确定加工余量时，要分别确定总加工余量（毛坯余量）和工序加工余量。总加工余量的大小与毛坯制造精度有关。用查表法确定工序加工余量时，粗加工工序余量不能用查表法得到，而是由总余量减去其他各工序加工余量之和而得。

模具零件的加工常采用查表修正法确定工序的基本余量。表 2-9 中列出了中、小尺寸模具零件工序余量，可供参考使用。

表 2-9　中、小尺寸模具零件工序余量

上道工序	本道工序	本工序表面粗糙度 Ra/μm	本工序单面余量/mm
锻	车、刨、铣	3.2～12.5	锻圆柱形为 2～4 锻六方为 3～6
车、刨、铣	粗磨 精磨	0.8～1.6 0.4～0.8	0.2～0.3 0.12～0.18
刨、铣、粗磨	外形线切割	0.4～1.6	装夹处为大于 10 非装夹处为 5～8
精铣、插、仿铣	钳工锉修打光	1.6～3.2	0.05～0.15
铣、插	电火花	0.8～1.6	0.3～0.5
精铣、钳修、精车、精镗、磨、电火花线切割	研抛	0.4～1.6	0.005～0.01

2.1.7.3　确定工序尺寸及其公差

生产上绝大部分加工面都是在基准重合（工艺基准和设计基准重合）的情况下进行加工的，基准重合情况下工序尺寸与公差的确定过程如下：

① 确定各加工工序的加工余量；

② 从终加工工序开始，即从设计尺寸开始，到第一道加工工序，逐次加上每道工序的加工余量，可分别得到各工序基本尺寸（包括毛坯尺寸）；

③ 除终加工工序以外，其他各加工工序按各自所采用加工方法的经济精度确定工序尺寸公差（终加工工序的公差按设计要求确定）；

④ 填写工序尺寸并按“入体原则”标注工序尺寸公差。

例 2.1　某轴直径为 ϕ60mm，其尺寸精度要求为 IT5，表面粗糙度要求为 Ra 0.04μm，并要求高频淬火，毛坯为锻件。其工艺路线为：粗车—半精车—高频淬火—粗磨—精磨—研磨。现在来计算各工序的工序尺寸及公差。

解　① 先用查表法确定加工余量。由工艺手册查得：研磨余量为 0.01mm，精磨余量为 0.1mm，粗磨余量为 0.3mm，半精车余量为 1.1mm，粗车余量为 4.5mm，可得加工总余量为 6.01mm，

取加工总余量为 6mm，把粗车余量修正为 4.49mm。

② 计算各加工工序基本尺寸。研磨后工序基本尺寸为 60mm（设计尺寸）；其他各工序基本尺寸依次为：

精磨：60＋0.01＝60.01（mm）

粗磨：60.01＋0.1＝60.11（mm）

半精车：60.11＋0.3＝60.41（mm）

粗车：60.41＋1.1＝61.51（mm）

毛坯：61.51＋4.49＝66（mm）

③ 确定各工序的加工经济精度和表面粗糙度。由有关手册可查得：研磨后精度为 IT5，$Ra0.04\mu m$（零件的设计要求）；精磨后选定为 IT6，$Ra0.16\mu m$；粗磨后选定为 IT8，$Ra1.25\mu m$；半精车后选定为 IT11，$Ra2.5\mu m$；粗车后选定为 IT13，$Ra16\mu m$。

根据上述经济精度查公差表，将查得的公差数值按“入体原则”标注在工序基本尺寸上。查工艺手册可得锻造毛坯公差为±2mm。

为清楚起见，把上述计算和查表结果汇总于表 2-10 中，供参考。

表 2-10 工序尺寸及其公差的计算

工序名称	工序间余量/mm	经济精度	工序间尺寸/mm	工序间	
				尺寸、公差/mm	表面粗糙度 $Ra/\mu m$
研磨	0.01	h5	60	$\phi 60_{-0.013}^{0}$	0.04
精磨	0.1	h6	60.01	$\phi 60.01_{-0.019}^{0}$	0.16
粗磨	0.3	h8	60.11	$\phi 60.11_{-0.046}^{0}$	1.25
半精车	1.1	h11	60.41	$\phi 60.41_{-0.190}^{0}$	2.5
粗车	4.49	h13	61.51	$\phi 61.51_{-0.460}^{0}$	16
锻造		±2	66	$\phi 66\pm 2$	

在工艺基准无法同设计基准重合的情况下，确定了工序余量之后，需通过工艺尺寸链进行工序尺寸和公差的换算。具体换算方法将在工艺尺寸链中介绍。

2.1.7.4 工艺尺寸链的概念及计算

（1）工艺尺寸链的概念

① 尺寸链的定义。在机器装配或零件加工过程中，由相互连接的尺寸形成的封闭链环，称为尺寸链。如图 2-28 所示，用零件的表面 1 来定位加工表面 2，得尺寸 A_1。仍以表面 1 定位加工表面 3，保证尺寸 A_2，于是 A_1、A_2、A_0 连接成了一个封闭的尺寸链。

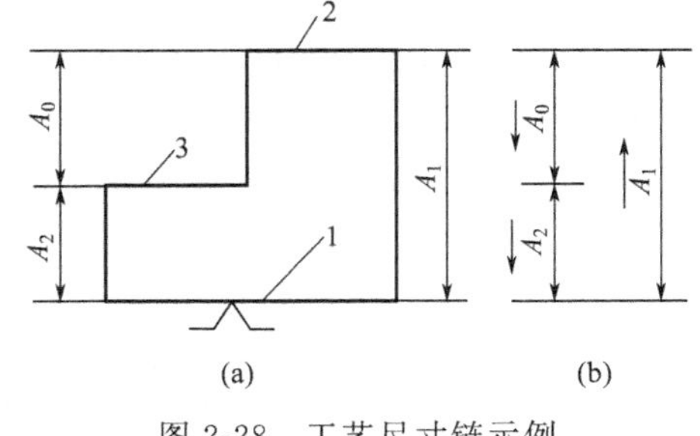

图 2-28 工艺尺寸链示例

在机械加工过程中，同一工件的各有关工艺尺寸所组成的尺寸链，称为工艺尺寸链。

② 工艺尺寸链的组成。组成尺寸链的各个尺寸称为尺寸链的环。图 2-28 中的 A_1、A_2、A_0 都是尺寸链的环，它们可分为：

a. 封闭环。加工（或测量）过程中最后自然形成（或间接获得）的一环称为封闭环，如图 2-28 中的 A_0。每个尺寸链只有一个封闭环。

b. 组成环。加工（或测量）过程中直接获得的环称为组成环。尺寸链中，除封闭环外的其他环都是组成环。组成环按其对封闭环的影响又可分为：

a）增环。尺寸链的组成环中，由于该环的变动引起封闭环的同向变动，则该组成环称为增环（图 2-28 中的 A_1），用 $\vec{A}$ 表示。

b）减环。尺寸链的组成环中，由于该环的变动引起封闭环的反向变动，则该组成环称为减环（图 2-28 中的 A_2），用$\overleftarrow{A}$表示。

同向变动是指该组成环增大时封闭环也增大，该组成环减小时封闭环也减小；反向变动是指该组成环增大时封闭环减小，该组成环减小时封闭环增大。

③ 增、减环的判定方法。为了正确地判定增环与减环，可在尺寸链图上，先给封闭环任意定出方向并画出箭头，然后沿此方向环绕尺寸链回路，顺次给每一个组成环画出箭头。此时，凡箭头方向与封闭环相反的组成环为增环，相同的则为减环（图 2-29）

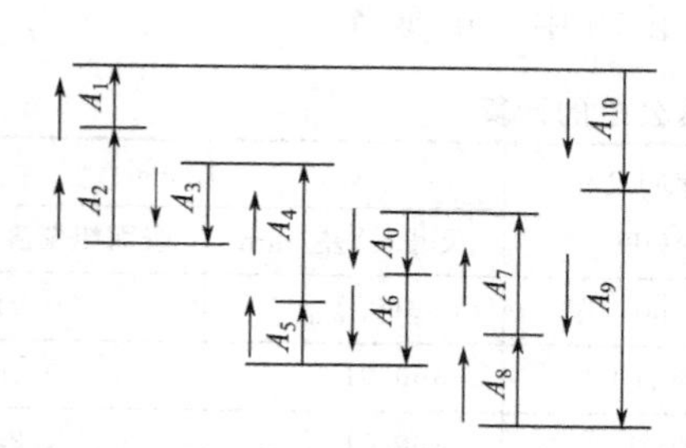

图 2-29　增、减环的简易判定图

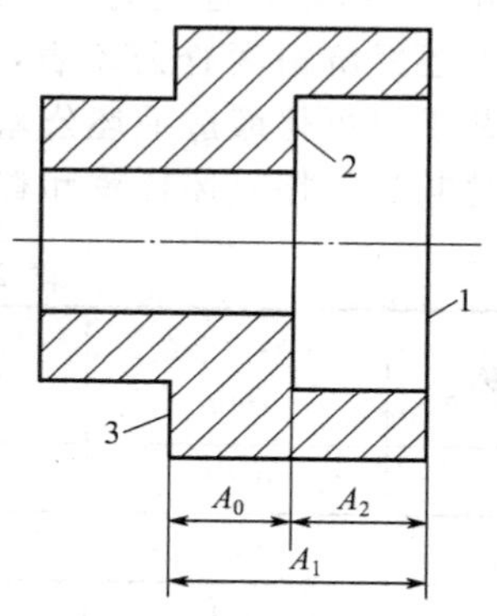

图 2-30　封闭环的判定示例

（2）工艺尺寸链的建立　工艺尺寸链的计算并不复杂，但在工艺尺寸链的建立中，封闭环的判定和组成环的查找却应引起初学者的足够重视。因为封闭环判定错了，整个尺寸链的解算将得出错误的结果；组成环查找不对，将得不到最少链环的尺寸链，解算出来的结果也是错误的。下面分别予以讨论。

① 封闭环的判定。在工艺尺寸链中，封闭环是加工过程中自然形成（或间接获得）的尺寸，如图 2-28 中的 A_0。但是，在同一零件的工艺尺寸链中，封闭环是随着零件加工方案的变化而变化的。仍以图 2-28 为例，若以 1 面定位加工 2 面得尺寸 A_1，然后以 2 面定位加工 3 面，则 A_0 为直接获得的尺寸，而 A_2 为自然形成的尺寸，即为封闭环。又如图 2-30 所示零件，当以表面 3 定位加工表面 1 而获得尺寸 A_1，然后以表面 1 为测量基准加工表面 2 而直接获得尺寸 A_2，则自然形成的尺寸 A_0 即为封闭环。但是，如果以加工过的表面 1 作测量基准加工表面 2，直接获得尺寸 A_2，再以 2 面为定位基准加工 3 面，直接获得尺寸 A_0，此时，尺寸 A_1 便为自然形成而成为封闭环。

所以，封闭环的判定必须根据零件加工的具体方案，紧紧抓住“自然形成（或间接获得）”这一要领。

② 组成环的查找。组成环的查找方法是：从构成封闭环的两表面开始，同步地按照工艺过程的顺序，分别向前查找该表面最近一次加工的尺寸，之后再进一步向前查找此尺寸的工序基准的最近一次加工的尺寸，如此继续向前查找，直到两条路线最后得到的加工尺寸的工序基准重合（即两者的工序基准为同一表面），至此上述尺寸系统即形成封闭的尺寸链，从而构成了工艺尺寸链。

查找组成环必须掌握的基本特点为：组成环是加工过程中“直接获得”的，而且对封闭环有影响。

（3）工艺尺寸链计算的基本公式　工艺尺寸链的计算方法有两种：极值法和概率法。目前生产中多采用极值法计算，下面仅介绍极值法计算的基本公式。

① 封闭环基本尺寸。封闭环的基本尺寸等于所有组成环基本尺寸的代数和，即

$$A_{\Sigma}=\sum_{i=1}^{m}\overrightarrow{A}_{i}-\sum_{j=m+1}^{n-1}\overleftarrow{A}_{j} \tag{2-1}$$

式中 A_{Σ}——封闭环的基本尺寸；

$\overrightarrow{A}_{i}$——增环的基本尺寸；

$\overleftarrow{A}_{j}$——减环的基本尺寸；

m——增环的数目；

n——尺寸链的总环数。

② 封闭环的极限尺寸

$$A_{\Sigma\max}=\sum_{i=1}^{m}\overrightarrow{A}_{i\max}-\sum_{j=m+1}^{n-1}\overleftarrow{A}_{j\min} \tag{2-2}$$

$$A_{\Sigma\min}=\sum_{i=1}^{m}\overrightarrow{A}_{i\min}-\sum_{j=m+1}^{n-1}\overleftarrow{A}_{j\max} \tag{2-3}$$

③ 封闭环的极限偏差

$$\text{上偏差}\quad ES_{A_{\Sigma}}=\sum_{i=1}^{m}ES_{\overrightarrow{A_i}}-\sum_{j=m+1}^{n-1}EI_{\overleftarrow{A_j}} \tag{2-4}$$

$$\text{下偏差}\quad EI_{A_{\Sigma}}=\sum_{i=1}^{m}EI_{\overrightarrow{A_i}}-\sum_{j=m+1}^{n-1}ES_{\overleftarrow{A_j}} \tag{2-5}$$

④ 封闭环公差。封闭环的公差等于其上偏差减去下偏差，即等于各组成环公差之和。

$$T_{A_{\Sigma}}=ES_{A_{\Sigma}}-EI_{A_{\Sigma}}=\sum_{i=1}^{n-1}T_{i} \tag{2-6}$$

显然，在极值算法中，封闭环的公差大于任一组成环的公差。当封闭环的公差一定时，若组成环数目较多，各组成环的公差就会过小，造成工序加工困难。因此，在分析尺寸链时，应使尺寸链的组成环数为最少，即遵循尺寸链最短原则。在大批量生产或封闭环公差较小、组成环较多的情况下，可采用概率算法，其计算公式为：

$$T_{A_{\Sigma}}=\sqrt{\sum_{i=1}^{n-1}T_{i}^{2}} \tag{2-7}$$

(4) 工艺尺寸链的应用实例　工艺尺寸链是揭示零件加工过程中加工尺寸间内在联系的重要手段，而应用尺寸链公式确定工序尺寸和公差是工艺尺寸链应解决的主要问题。解尺寸链的步骤是：画尺寸链图；确定封闭环、增环和减环；进行尺寸链计算。下面通过几个实例介绍工艺尺寸链的具体应用。

例 2-2　设计基准与测量基准不重合时的工艺尺寸链计算

如图 2-31(a) 所示零件，内孔端面 C 的设计基准是 B 面，设计尺寸为"$30_{-0.2}^{\ 0}$"。为便于加工时测量，采用以 A 面为基准，测量尺寸 A_2 来间接保证设计尺寸。这样，设计尺寸"$30_{-0.2}^{\ 0}$"就成为间接保证的尺寸。工艺尺寸链如图 2-31(b) 所示。

由图中可知，尺寸 A_1 为减环，A_2 为增环。由尺寸链计算公式可知：

$$A_2=A_{\Sigma}+A_1=(30+10)=40\text{mm}$$

$$ES_{A_2}=ES_{A_{\Sigma}}+EI_{A_1}=[0+(-0.1)]=-0.1\text{mm}$$

$$EI_{A_2}=EI_{A_{\Sigma}}+ES_{A_1}=(-0.2+0)=-0.2\text{mm}$$

由此求得工序测量尺寸为：

$$A_2=(40_{-0.2}^{-0.1})\text{mm}$$

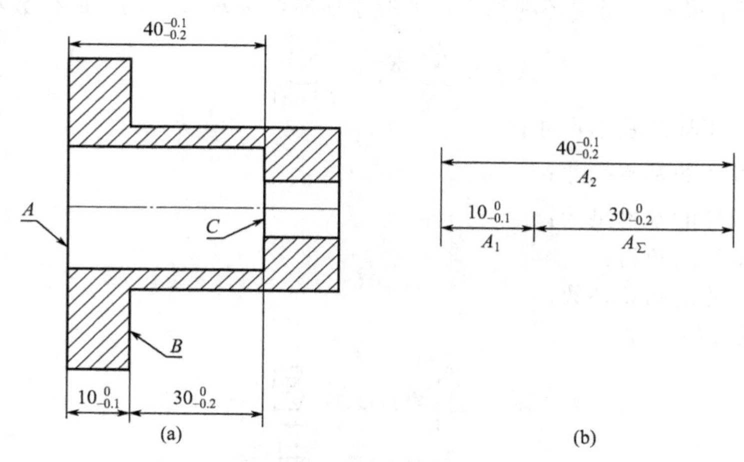

图 2-31　测量基准与设计基准不重合

例 2-3　一次加工后要保证多个设计尺寸时的工艺尺寸链的计算

如图 2-32(a) 所示，阶梯轴两段轴径的长度设计为"$40^{+0.1}_{0}$"和"80 ± 0.15"。加工时，首先以精车后的 A 面为基准，车削 ϕd 和 B 面，保证工序尺寸 A_1，再以 B 面为基准，精车 C 面，保证工序尺寸 A_2；然后磨削 ϕD 外圆和端面 A，保证尺寸"$40^{+0.1}_{0}$"，同时间接保证尺寸"80 ± 0.15"。显然，工序尺寸 A_2 将影响最终工序对间接获得的尺寸"80 ± 0.15"的保证。

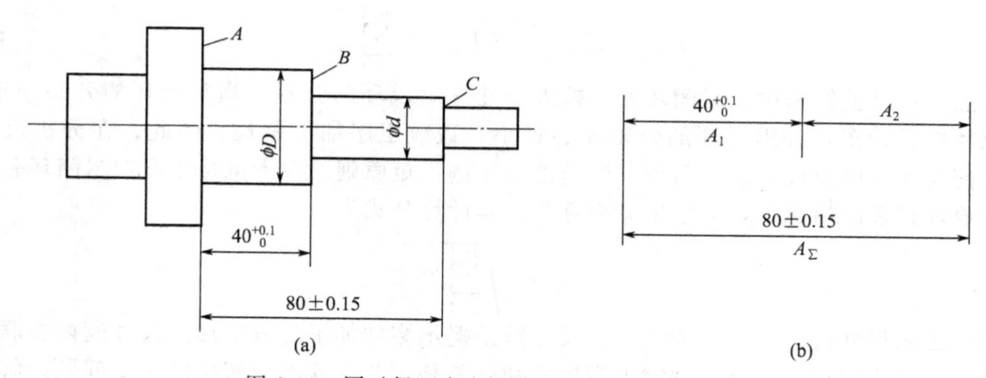

图 2-32　同时保证多个设计尺寸时的工艺尺寸链

分析后得 A_1、A_2 和 A_Σ 组成的工艺尺寸链如图 2-32(b) 所示，尺寸 A_Σ 为封闭环，A_1、A_2 为组成环，在此均为增环。A_1 作为工序尺寸，加工时可直接保证，需要确定组成环 A_2，以保证 A_1 的要求。

由尺寸链计算公式可得：

$$A_2=A_\Sigma-A_1=80-40=40\text{mm}$$

$$ES_{A_2}=ES_{A_\Sigma}-ES_{A_1}=0.15-0.1=0.05\text{mm}$$

$$EI_{A_2}=EI_{A_\Sigma}-EI_{A_1}=-0.15-0=-0.15\text{mm}$$

由此求得：$A_2=(40^{+0.05}_{-0.15})\text{mm}$。

(5) 孔系坐标尺寸及其公差的确定　在某些模具零件或其他机器零件上，常常要加工一些有相互位置精度要求的孔，这些孔称为孔系。孔之间的相互位置关系有时以孔的中心距及两孔连心线与基准间的夹角来表示（即采用极坐标表示）。对位置精度要求较高的孔，为了便于在坐标镗床或坐标磨床上加工，有时要将孔中心距尺寸及其公差换算到相互垂直的两个方向上，用直角坐标尺寸标注。

图 2-33(a) 所示为某工件上一孔系，该孔系由孔Ⅰ和孔Ⅱ组成。工件的侧平面 A 和 B 为孔Ⅰ的设计基准，其基本尺寸分别为 48mm 和 52mm。孔Ⅱ的位置用两孔的中心距（100±0.05）mm 和中心连线与 A 面的 30°夹角来确定。在坐标镗床（或坐标磨床）上加工两孔时，如用直角坐标确定孔的位置尺寸，首先应使工件正确定位，使平面 A、B 分别与工作台的纵、横移动方向平行。然后以 A、B 为基准按尺寸 48mm、52mm 移动工作台，当孔Ⅰ的中心与机床主轴轴线重合时便可镗孔Ⅰ。镗孔Ⅱ时，则必须将零件图上的中心距（100±0.05)mm 换算成坐标尺寸 L_x、L_y，如图 2-33(b) 所示，以便于调整机床进行孔Ⅱ的加工。尺寸 L_x、L_y 和尺寸（100±0.05)mm 构成如图 2-31(c) 所示的尺寸链，L_x、L_y 为组成环，孔心距为封闭环。在该尺寸链中既有直线尺寸，又有角度尺寸，这些尺寸均处于同一平面内，称为平面尺寸链。这种平面尺寸链的特点是 L_x 与 L_y 之间的夹角为 90°。

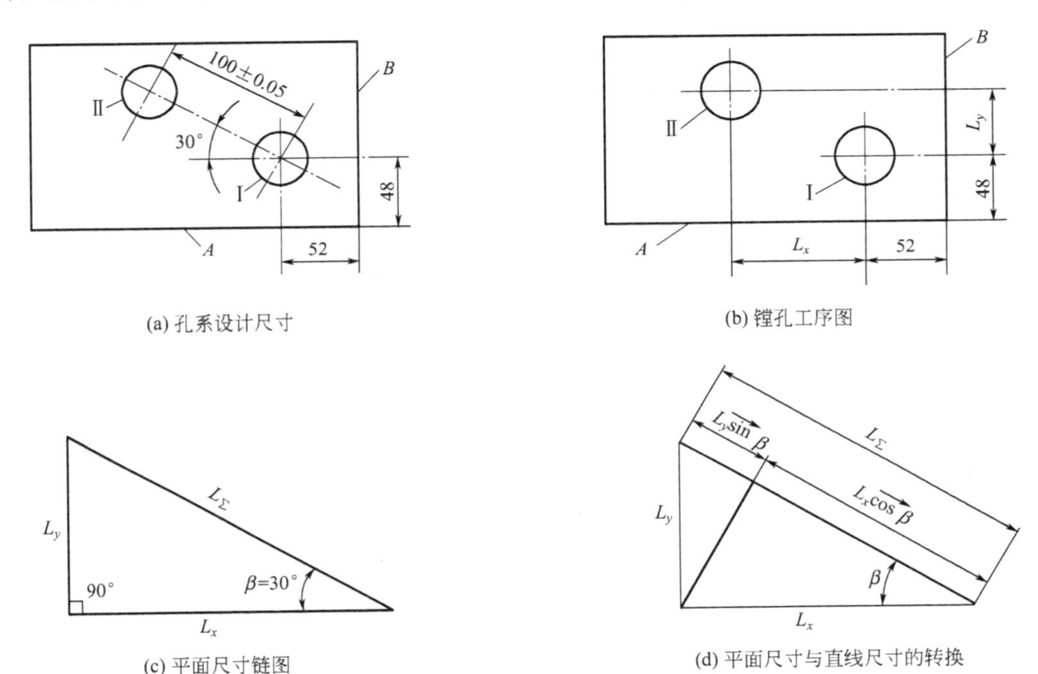

(a) 孔系设计尺寸 (b) 镗孔工序图

(c) 平面尺寸链图 (d) 平面尺寸与直线尺寸的转换

图 2-33 孔系设计尺寸与坐标尺寸换算

将 L_x、L_y 分别投影到中心距 L_Σ 的方向上，这样，就可将平面尺寸链转换成直线尺寸链进行计算了，如图 2-33(d) 所示。因为 L_Σ 为封闭环，$L_x\cos\beta$ 和 $L_y\sin\beta$ 为组成环，所以，该尺寸链的基本尺寸计算公式为

$$L_\Sigma = L_x\cos\beta + L_y\sin\beta \tag{2-8}$$

为使计算过程简化，计算时各尺寸及角度均取平均值（$L_{\Sigma m}$、L_{xm}、L_{ym} 和 β_m），于是由式(2-8) 可得各环平均尺寸间的关系为

$$L_{\Sigma m} = L_{xm}\cos\beta_m + L_{ym}\sin\beta_m \tag{2-9}$$

各环平均公差间的关系为

$$T_\Sigma = T_{xm}\cos\beta_m + T_{ym}\sin\beta_m \tag{2-10}$$

在此例中，已知封闭环极限偏差，需确定两个组成环的公差和极限偏差，这种计算属于

公差设计计算。在公差设计计算时，为保证加工精度，必须满足尺寸链各组成环公差之和不得大于封闭环所要求的公差，即

$$T_{xm}\cos\beta_m + T_{ym}\sin\beta_m \leqslant T_{\Sigma} \tag{2-11}$$

由于组成环数目有两个，所以式(2-11)为不定方程，其解不是唯一确定的。工程上确定组成环公差有等公差法和等精度法等多种方法。在此采用等精度法进行计算。

设坐标尺寸L_x、L_y的平均公差为T_{Lm}，与平均公差等级系数a_m及公差单位i_{Lm}之间的关系为

$$T_{Lm} = a_m i_{Lm} \tag{2-12}$$

将式(2-12)代入式(2-10)，即

$$T_{\Sigma} = T_{xm}\cos\beta_m + T_{ym}\sin\beta_m = a_m i_{L_x}\cos\beta_m + a_m i_{L_y}\sin\beta_m = a_m(i_{L_x}\cos\beta_m + i_{L_y}\sin\beta_m)$$

亦即

$$a_m = T_{\Sigma}/(i_{L_x}\cos\beta_m + i_{L_y}\sin\beta_m) \tag{2-13}$$

图 2-33(c) 中

$$L_x = L_{\Sigma}\cos\beta = 100\times0.866 = 86.6\text{mm}$$

$$L_y = L_{\Sigma}\sin\beta = 100\times0.5 = 50\text{mm}$$

当基本尺寸≤500mm 时，公差单位可按表 2-11 查取。由表 2-11 可查得，在 86.6mm 和 50mm 所在的尺寸段中，公差单位分别为：$i_{L_x}=2.17\mu\text{m}$，$i_{L_y}=1.56\mu\text{m}$，代入式(2-13)，得

$$a_m = 0.1\times1000/(2.17\cos30° + 1.56\sin30°) = 37$$

表 2-11　尺寸≤500mm 时各尺寸分段的公差单位

尺寸分段/mm	1～3	>3～6	>6～10	>10～18	>18～30	>30～50	>50～80
i/μm	0.54	0.73	0.90	1.08	1.31	1.56	1.86
尺寸分段/mm	>80～120	>120～180	>180～250	>250～315	>315～400	>400～500	
i/μm	2.17	2.52	2.90	3.23	3.54	3.89	

由表 2-12 查得两组成环L_x、L_y的公差等级在 IT8～IT9 之间。为保证封闭环尺寸公差，取 IT8 为两组成环L_x、L_y的公差等级，L_x、L_y与 IT8 相对应的公差值则为

$$T_{L_x} = ai_{L_x} = 25\times2.17 = 54\mu\text{m}$$

$$T_{L_y} = ai_{L_y} = 25\times1.56 = 39\mu\text{m}$$

T_{L_x}和T_{L_y}值在确定了L_x、L_y的公差等级之后，也可以直接由标准公差表查得。L_x、L_y的极限偏差分别为

$$\pm T_{L_x}/2 = \pm54/2 = \pm27\mu\text{m}$$

$$\pm T_{L_y}/2 = \pm39/2 = \pm19.5\mu\text{m}$$

即镗孔Ⅱ时，坐标尺寸为

$$L_x = (86.6\pm0.027)\text{mm}$$

$$L_y = (50\pm0.0195)\text{mm}$$

表 2-12　尺寸≤500mm 的 IT5～IT8 级标准公差计算

公差等级	IT5	IT6	IT7	IT8	IT9	IT10	IT11
公差值	7i	10i	16i	25i	40i	64i	100i
公差等级	IT12	IT13	IT14	IT15	IT16	IT17	IT18
公差值	160i	250i	400i	640i	1000i	1600i	2500i

2.1.8 工艺装备的选择

在拟定工艺路线过程中，对设备及工装的选择也是很重要的。它对保证零件的加工质量和提高生产率有着直接的作用。

（1）机床的选择 在选择机床时，应注意以下几点。

① 机床的主要规格尺寸应与零件的外廓尺寸相适应。即小零件应选小的机床，大零件应选大的机床，做到机床的合理使用。

② 机床的精度应与工序要求的加工精度相适应。对于高精度的零件加工，在缺乏精密机床时，可通过机床改造“以粗干精”。

③ 机床的生产率与加工零件的生产类型相适应。单件小批生产选择通用机床，大批量生产选择高生产率的专用机床。

④ 机床选择还应结合现场的实际情况。例如，机床的类型、规格及精度状况、机床负荷的平衡状况以及设备的分布排列情况等。

在中小批量生产和模具零件的加工中，应充分利用现有的机床设备，但为了保证被加工表面的精度要求，对一些重要零件的重要表面，也可选用某些专用机床（设备）加工。

（2）夹具的选择 单件小批生产，应尽量选用通用夹具，如各种卡盘、台钳和回转台等。为提高生产率，应积极推广使用组合夹具。大批量生产，应采用高生产率的气、液传动的专用夹具。夹具的精度应与加工精度相适应。由于模具的生产大都属于单件小批生产，所以一般情况下不使用专用的高效夹具。但当零件结构形状较复杂，且各表面间的相互位置精度要求较高时，也可采用专用机床夹具或考虑采用成组夹具。

（3）刀具的选择 一般采用标准刀具，必要时也可采用各种高生产率的复合刀具及其他一些专用刀具。刀具的类型、规格及精度等级应符合加工要求，特别是对刀具耐用度要求是一项重要指标。

（4）量具选择 单件小批生产中应尽量采用通用量具，如游标卡尺、百分表等。大批量生产中应采用量规和高生产率的专用检具，如极限量具等。量具的精度必须与加工精度相适应。

2.2 模具制造精度分析

2.2.1 概述

模具的制造精度主要体现在模具工作零件的精度和相关零部件的配合精度。模具零件的加工质量是保证产品质量的基础。零件的机械加工质量包括零件的机械加工精度和加工表面质量两个方面，本节主要讨论模具零件的机械加工精度问题。

机械加工精度是指零件加工后的实际几何参数与理想（设计）几何参数的符合程度。符合程度越高，加工精度就越高。在机械加工过程中，由于各种因素的影响，使得加工出的零件，不可能与理想（设计）的要求完全符合。

零件的加工精度包含三方面的内容：尺寸精度、形状精度和位置精度。这三者之间是有联系的。通常形状公差应限制在位置公差之内，而位置误差一般也应限制在尺寸公差之内。当尺寸精度要求高时，相应的位置精度、形状精度也应提高要求，但形状精度要求高时，相应的位置精度和尺寸精度有时不一定要求高，这要根据零件的功能要求来决定。

零件的加工精度越高加工成本就越高，生产效率就越低。因此设计人员应根据零件的使用要求，合理地规定零件的加工精度。

如前所述，模具工作部位的精度高于产品制件的精度，例如冲裁模刃口尺寸的精度要高于产品制件的精度。在工作状态下，受到工作条件的影响，其静态精度数值往往发生了变化，这时的精度称为动态精度。一般模具的精度应与产品制件的精度相协调，同时也受模具加工技术手段、条件的制约。

影响模具精度的主要因素有如下几点。

(1) 制件的精度　产品制件的精度越高，模具工作零件的精度就越高。模具精度的高低不仅对产品制件的精度有直接影响，而且对模具的生产周期、生产成本以及使用寿命都有很大的影响。

(2) 模具加工技术手段的水平　模具加工设备的加工精度和自动化程度，是保证模具精度的基本条件。今后模具零件精度将更大地依赖于模具加工技术手段的高低。

(3) 模具装配钳工的技术水平　模具的最终精度在很大程度上依赖于装配调试，模具光整表面的表面粗糙度大小也主要依赖于模具钳工的技术水平，因此模具装配钳工技术水平是影响模具精度的重要因素。

(4) 模具制造的生产方式和管理水平　模具制造的生产方式和管理水平同样在很大程度上影响模具制造精度水平。例如模具工作刃口尺寸在模具设计和生产时，是采用“实配法”，还是“分别制造法”是影响模具精度的重要方面。

2.2.2　影响零件制造精度的因素

在机械加工中，零件的尺寸、几何形状和表面间相对位置的形成，取决于工件和刀具在切削运动过程中相互位置的关系，而工件和刀具，又安装在夹具和机床上，并受到夹具和机床的约束。因此，在机械加工时，机床、夹具、刀具和工件就构成了一个完整的系统，称之为工艺系统，加工精度问题也就牵涉到整个工艺系统的精度问题。工艺系统中的种种误差，在不同的具体条件下，以不同的程度和方式反映为加工误差。工艺系统的误差是“因”，是根源，加工误差是“果”，是表现。因此，把工艺系统的误差称之为原始误差。

加工中可能产生的原始误差综合如图 2-34 所示。

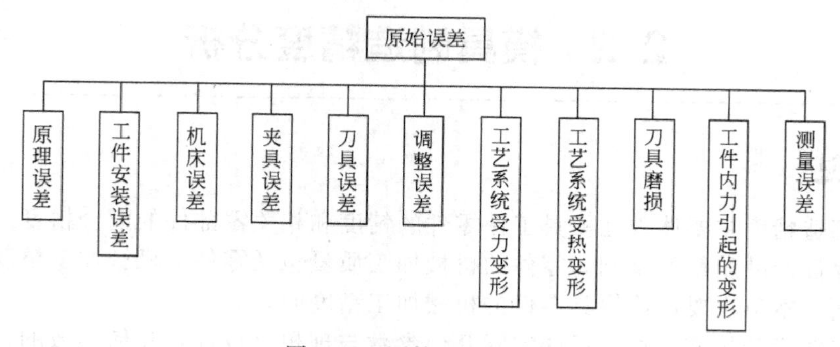

图 2-34　原始误差的组成

2.2.2.1　工艺系统的几何误差对加工精度的影响

(1) 加工原理误差　加工原理误差是因采用了近似的加工运动或近似的切削刃轮廓而产生的。例如，滚切渐开线齿轮有两种原始误差：①用阿基米德基本蜗杆滚刀或法向直廓基本蜗杆滚刀，代替渐开线基本蜗杆滚刀，由于滚刀切削刃形状误差引起的加工误差；②由于滚刀切削刃数有限，滚切出的齿形不是连续光滑的渐开线，而是由若干短线组成的折线。又如，在三坐标数控铣床上铣削复杂形面零件时，通常要用球头刀并采用“行切法”加工。由于数控铣床一般只具有空间直线插补功能，所以即便是加工一条平面曲线，也必须用许多很短的折线段去逼近它。当刀具连续地将这些小线段加工出来，也就得到了所需的曲线形状。逼近的精度可由每根线段的长度来控制。因此，在曲线或曲面的数控加工中，刀具相对于工件的成型运动是近似的。

在生产实际中，采用近似的加工方法，可以简化机床结构和刀具的形状，并能提高生产率，降低加工成本。因此，只要把原理误差限制在规定的范围内，采用近似的加工方法是完全允许的。

(2) 机床误差　机床误差是由机床的制造误差、安装误差和磨损等引起的，它是影响工件加工精度的重要因素之一。机床误差的项目很多，下面着重分析对工件加工精度影响较大的误差：如导轨导向误差、主轴回转误差和传动链误差等。

① 机床导轨导向误差。导轨导向精度是指机床导轨副的运动件实际运动方向与理想运动方向的符合程度，这两者之间的偏差值称为导向误差。机床导轨是机床各主要部件相对位置和运动的基准，它的精度直接影响工件的加工精度。它包括：导轨在水平面内的直线度误差；导轨在垂直面内的直线度误差；两导轨在垂直方向上的平行度误差。不同方向的导向误差均会使刀具在相应方向产生与工件的相对位移而引起加工误差，但加工误差的大小，则取决于原始误差的大小和方向。原始误差所引起的切削刃与工件间的相对位移，若产生在加工表面的法线方向，则对加工精度有直接影响；若产生在切线方向，就可以忽略不计。因此，一般把通过切削点的已加工表面的法线方向，称为误差敏感方向，切线方向为非敏感方向。这个概念在分析加工精度问题时经常要用到它。

② 机床主轴回转误差。机床主轴是用来装夹工件或刀具，并传递主切削运动的关键零件。它的误差直接影响着工件的加工精度。机床主轴的回转精度是机床主要精度指标之一。其在很大程度上决定着工件加工表面的形状精度。主轴的回转误差主要包括径向跳动、轴向窜动和角度摆动三种基本形式。主要影响零件加工表面的几何形状精度、位置精度和表面粗糙度。

必须指出，实际上主轴工作时其回转轴线的漂移运动总是几种误差运动的合成，故不同横截面内轴心的误差运动轨迹既不相同，又不相似，既影响所加工工件圆柱面的形状精度，又影响端面的形状精度。

(3) 夹具的制造误差与磨损　夹具的误差主要有：①定位元件、刀具导向元件、分度机构、夹具体等的制造误差；②夹具装配后，以上各种元件工作面间的相对尺寸误差；③夹具在使用过程中工作表面的磨损。

夹具误差将直接影响工件加工表面的位置精度或尺寸精度。一般来说，夹具误差对加工表面的位置误差影响最大。在设计夹具时，凡影响工件精度的尺寸应严格控制其制造误差，精加工用夹具的尺寸公差一般可取工件上相应尺寸或位置公差的1/2～1/3，粗加工用夹具则可取为1/5～1/10。

(4) 刀具的制造误差与磨损　刀具制造误差对加工精度的影响，根据刀具的种类、材料等的不同而异。

① 采用定尺寸刀具（如钻头、铰刀、键槽铣刀、镗刀块及圆拉刀等）加工时，刀具的尺寸精度直接影响工件的尺寸精度。

② 采用成型刀具（如成型车刀、成型铣刀、成型砂轮等）加工时，刀具的形状精度将直接影响工件的形状精度。

③ 展成刀具（如齿轮滚刀、花键滚刀、插齿刀等）的刀刃形状必须是加工表面的共轭曲线。因此，刀刃的形状误差会影响加工表面的形状精度。

④ 对于一般刀具（如车刀、铣刀、镗刀），其制造精度对加工精度无直接影响，但这类刀具的耐用度较低，刀具容易磨损。

任何工具在切削过程中都不可避免地要产生磨损，并由此引起工件尺寸和形状误差。刀具的尺寸磨损是指刀刃在加工表面的法线方向（亦即误差敏感方向）上的磨损量，它直接反映出刀具磨损对加工精度的影响。

（5）调整误差　在机械加工的每一道工序中，总要对工艺系统进行各种调整工作。由于调整不可能绝对地准确，因而会产生调整误差。

工艺系统的调整有试切法和调整法两种基本方式，不同的调整方式有不同的误差来源。

① 试切法。加工时先在工件上试切，根据测得的尺寸与要求尺寸的差值，用进给机构调整刀具与工件的相对位置，然后再进行试切、测量、调整，直至符合规定的尺寸要求时再正式切削出整个待加工表面。采用试切法时引起调整误差的因素有：测量误差、机床进给机构的位移误差、试切与正式切削时切削层厚度变化等。

模具生产中普遍采用试切法加工。

② 调整法。在成批、大量的生产中，广泛采用试切法（或样件样板）预先调整好刀具与工件的相对位置，并在一批零件的加工过程中保持这种相对位置不变，来获得所要求的零件尺寸。与采用样件（或样板）调整相比，采用试切调整比较符合实际加工情况，可得到较高的加工精度，但调整较费时。因此实际使用时可先根据样件（或样板）进行初调，然后试切若干工件，再据之做精确微调。这样既缩短了调整时间，又可得到较高的加工精度。

2.2.2.2　工艺系统受力变形引起的加工误差

切削加工时，由机床、刀具、夹具和工件组成的工艺系统，在切削力、夹紧力以及重力等的作用下，将产生相应的变形，使刀具和工件在静态下调整好的相互位置，以及切削成型运动所需要的正确几何关系发生变化，从而造成加工误差（图 2-35）。

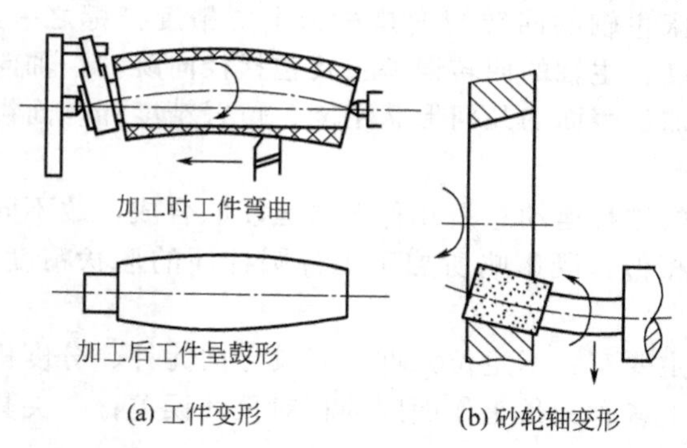

图 2-35　工艺系统受力变形引起的加工误差

工艺系统的受力变形是加工中一项很重要的原始误差。事实上，它不仅严重地影响工件加工精度，而且还影响加工表面质量，限制加工生产率的提高。

工艺系统受力变形通常是弹性变形。一般来说，工艺系统抵抗弹性变形的能力越强，则加工精度越高。工艺系统抵抗变形的能力，用刚度来描述。所谓工艺系统刚度，是指工件加工表面切削力的法向分力 F_P（单位为 N），与刀具相对工件在该力的方向上非进给位移 y_{xt}（单位为 mm）的比值（单位为 N/mm）。

$$k_{xt}=F_P/y_{xt} \tag{2-14}$$

以上所指的 k_{xt} 是在静态条件下力与位移的关系，则称 k_{xt} 为静刚度，简称刚度。切削加工时，机床的有关部件、刀具、夹具和工件在各种外力作用下，都会产生程度不同的变形。因此，工艺系统在某处的法向总变形 y_{xt} 必然是工艺系统中各个环节在同一处的法向变形的叠加。因此，整个工艺系统的刚度则为：

$$k_{xt}=\frac{1}{\dfrac{1}{k_{机床}}+\dfrac{1}{k_{刀具}}+\dfrac{1}{k_{夹具}}+\dfrac{1}{k_{工件}}} \tag{2-15}$$

显然，只要知道工艺系统各组成环节的刚度，就可以求出工艺系统的总刚度。

(1) 工艺系统刚度对加工精度的影响

①切削力作用点位置变化对加工精度的影响。切削过程中，工艺系统的刚度会随着切削力作用点位置的变化而变化，工艺系统的受力变形亦随之变化，而引起工件形状误差。例如在卧式车床上（工件在两顶点间）车削短而粗的光轴［图 2-36(a)］，由于工件的刚度很高，工件的变形比机床、夹具、刀具的变形小到可以忽略不计，工艺系统的总位移完全取决于头架、尾座（包括顶尖）和刀架（包括刀具）的位移。由此可见，工艺系统的刚度在沿工件轴向的不同位置是不同的，即工件在各个截面上的直径尺寸也不相同，因而加工后必然会反映出工件的形状误差（圆柱度误差）。该情况下，加工出的工件呈马鞍形［图 2-36(c)］。

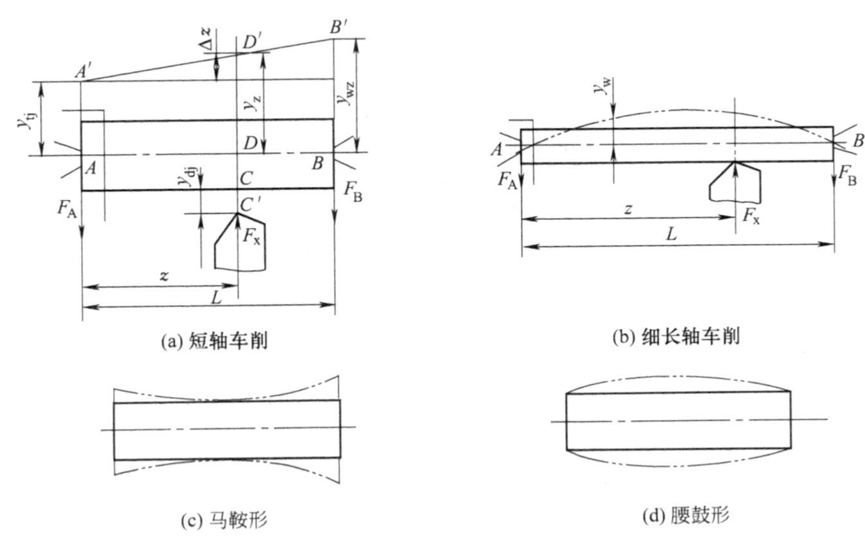

图 2-36　受力点变化引起的变形

又如车削细长轴，由于工件刚度很低，机床、夹具、刀具在受力下的变形可以忽略不计，则工艺系统的位移完全取决于工件的变形，工件在切削力作用下会发生弯曲变形如图 2-36(b) 所示。在此情况下，加工出的工件呈腰鼓形［图 2-36(d)］。

② 切削力大小变化引起的加工误差。当毛坯加工余量和材料硬度不均匀时，会引起切削力的变化，进而会引起工艺系统受力变形的变化而产生加工误差。

图 2-37 为车削某一有较大圆度误差的毛坯，当刀尖调整到要求尺寸的虚线位置时，在工件转一转过程中，背吃刀量在 a_{p1} 与 a_{p2} 之间变化；切削力也相应地在 F_{max} 到 F_{min} 之间变化，工艺系统的变形也在最大值 y_1 到最小值 y_2 之间变化。由于工艺系统受力变形的变化，会使工件产生与毛坯形状误差（$\Delta_m = a_{p1} - a_{p2}$）相似的形状误差（$\Delta_{gj} = y_1 - y_2$），这种现象称为误差复映规律。

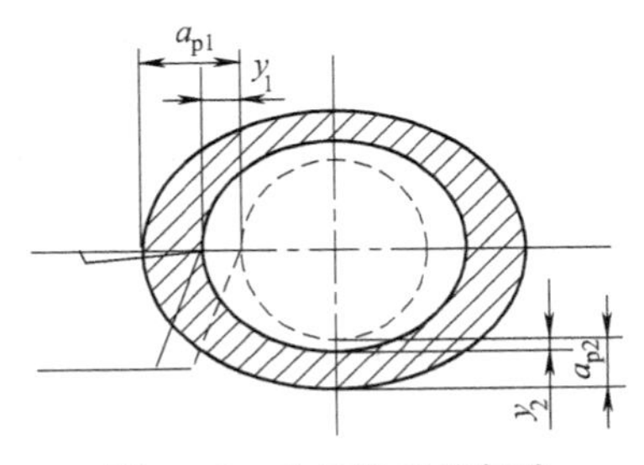

图 2-37　毛坯误差的复映

令：$\Delta_{gj}/\Delta_m = \varepsilon$

得：$\Delta_{gj} = \varepsilon\Delta_m$

式中，ε 为误差复映系数。它定量地反映了毛坯误差经加工后减小的程度。当工艺系统刚度越高，ε 越小，毛坯复映到工件上的误差也越小。

当毛坯的误差较大，一次走刀不能满足加工精度要求时，需要多次走刀来消除 Δ_m 复映到工件上的误差。多次走刀总 ε 值计算如下：

$$\varepsilon_{\Sigma}=\varepsilon_1\varepsilon_2\varepsilon_3\cdots\varepsilon_n$$

由于ε是远小于1的系数，所以经过多次加工后，ε已降到很小的数值，加工误差也可得到逐渐减小而达到零件的加工精度要求（一般经过2～3次走刀即可达到IT7的精度要求）。

③ 夹紧力和重力的影响。当加工刚性较差的工件时，若夹紧不当，会引起工件变形而产生形状误差。例如用三爪卡盘夹紧薄壁筒车孔［图2-38(a)］，夹紧后工件呈三棱形［图2-38(b)］，车出的孔为圆［图2-38(c)］，但松夹后套筒的弹性变形恢复，孔就形成了三棱形［图2-38(d)］。所以，生产实践中，常在套筒外面加上一个厚壁的开口过渡套［图2-38(e)］或采用专用夹盘［图2-38(f)］，使夹紧力均匀地分布在套筒上。

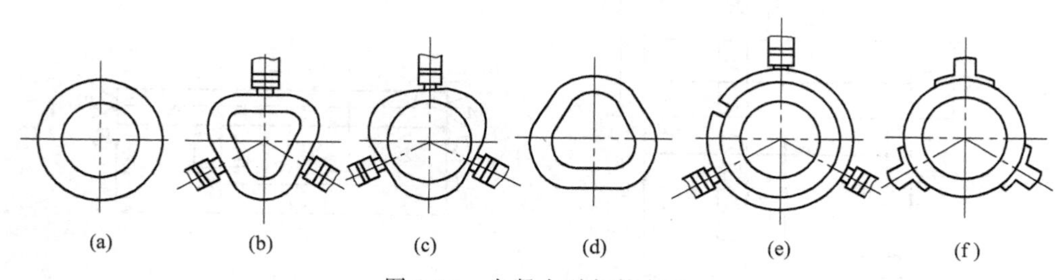

图2-38　夹紧力引起的变形

④ 传动力和惯性力对加工精度的影响，主要有以下两点。

a. 机床传动力对加工精度的影响。主要取决于传动件作用于被传动件上的力学分析情况。当存在有使工件及定位件产生变形的力时，刀具相对于工件发生误差位移，从而引起加工误差。

b. 惯性力的影响。如当高速切削时，如果工艺系统中有不平衡的高速旋转构件存在，就会产生离心力，它和传动力一样，在工件的每一转中不断变更方向，引起工件几何轴线作摆动而引起加工误差。

周期变化的惯性力还常常引起工艺系统的强迫振动。

因此，机械加工中若遇到这种情况，可采用“对重平衡”的方法来消除这种影响，即在不平衡质量的反向加装重块，使两者的离心力相互抵消。

(2) 减小工艺系统受力变形对加工精度影响的措施　减小工艺系统受力变形是保证加工精度的有效途径之一。在生产实际中，常从三个主要方面采取措施来予以解决。

① 提高工艺系统的刚度。主要考虑：合理的结构设计；提高连接表面的接触刚度；采用合理的装夹和加工方式。

② 减小载荷及其变化。采取适当的工艺措施，如合理选择刀具几何参数和切削用量以减小切削力，就可以减少受力变形。

③ 减小工件残余应力引起的变形。残余应力也称内应力，是指在没有外力作用下或去除外力后工件内存留的应力。具有残余应力的零件处于一种不稳定的状态，其内部组织有强烈地要恢复到一个稳定的、没有内应力状态的倾向。在常温下、特别是在外界条件发生变化，如环境温度变化、继续进行切削加工、受到撞击等，内应力的暂时平衡就会被打破而进行重新分布，这时工件将产生变形，甚至造成裂纹等现象，使原有的加工精度丧失。

残余应力是由于金属内部相邻组织发生了不均匀的体积变化而产生的。促成这种变化的因素主要来自冷、热加工。

要减少残余应力、一般可采取下列措施。

a. 合理设计零件结构。在设计零件的结构时，尽量简化零件结构，减小壁厚差，使壁厚均匀，提高零件的刚度等，均可减少毛坯在制造中产生的内应力。

b. 合理安排工艺过程。例如将粗、精加工分开，使粗加工后有充足时间让内应力重新分布，保证工件充分变形，再经精加工后，就可减少变形误差。又如，在加工大件时，如果粗、精加工在一个工序内完成，这时应在粗加工后松开工件，使其消除部分应力，然后以较小的夹紧力夹紧工件后再对其进行精加工。

c. 对工件进行热处理和时效处理。如对铸、锻、焊件进行退火和回火；零件淬火后进行回火；粗加工后进行时效处理；对精度要求高的零件，如床身、丝杠、主轴等，往往在加工过程中多次进行时效处理。

2.2.2.3 工艺系统的热变形对加工精度的影响

在机械加工中，工艺系统受到各种热的作用而引起的变形叫热变形。这种变形同样会破坏刀具与工件间相对位置和相对运动的准确性，造成工件的加工误差。

热变形对加工精度影响较大，特别是在精密加工中，由热变形引起的加工误差约占总加工误差的40%～70%。

引起工艺系统热变形的热源可分为内部热源和外部热源两大类，见图2-39。

工艺系统热源
- 内部热源
  - 切削热
  - 摩擦热（电动机、轴承、齿轮副、液压系统等）
- 外部热源
  - 环境温度（气温变化、室内局部温差等）
  - 辐射热（阳光、照明灯、暖气设备等）

图2-39 工艺系统热源的分类

（1）工件热变形对加工精度的影响 工件热变形的热源主要是切削热，在热膨胀的状态下达到的加工尺寸，冷却后会收缩变小，甚至超过公差范围。对工件和刀具来说，热源比较简单。因此，工件和刀具的热变形常可用解析法进行估算和分析。

工件热变形对加工精度的影响，与加工方式、工件的结构尺寸及工件是否均匀受热等因素有关。轴类零件在车削或磨削时，一般是均匀受热，温度逐渐升高，其直径也逐渐胀大，胀大部分将被刀具切去，待工件冷却后则形成圆柱度和直径尺寸的误差。

一般轴类零件在长度上的精度要求不高，常不考虑其受热伸长，但细长轴在顶尖间车削时，其受热伸长较大，两端受顶尖限位而导致弯曲变形，加工后将产生圆柱度误差。这时，可采用弹性或液压尾顶尖。

精密丝杠磨削时，工件的受热伸长会引起螺距的积累误差。

在铣、刨、磨平面时，工件都是单面受热，由于上下两表面受热不均匀而使工件向上凸起，中间切去的材料较多，冷却后被加工表面呈凹形。这种现象对于加工薄片类零件尤为突出。

（2）刀具热变形对加工精度的影响 刀具热变形主要也是由切削热引起的。虽然传入刀具的热量不多，但因刀具体积小，热容量小，故仍会有很高的温升。

连续切削时，刀具热变形开始比较快，随后变得较缓慢，经过不长的一段时间后（约10～20min）便趋于热平衡状态。此后，热变形变化量就非常小。通常刀具总的热变形量可达0.03～0.05mm。

间断切削时，由于刀具有短时间的冷却，故其热变形量比连续切削时要小一些。最后趋于稳定在较小范围内波动。

为了减小工件、刀具的热变形，可通过合理选择刀具角度、切削用量，并使粗、精加工分开，采用切削液等方法，降低切削热，保证加工精度。

(3) 机床热变形对加工精度的影响　机床在工作过程中，受到内外热源的影响，各部分的温度将逐渐升高。由于各部件的热源不同，分布不均匀以及机床结构的复杂性，导致各部件的温升不同，而且同一部件不同位置的温升也不相同，进而形成不均匀的温度场，使机床各部件之间的相互位置发生变化，从而破坏了机床在静态时的几何精度，造成加工误差。由于各类机床的结构、加工方式和热源的不同，对精度影响程度也不同，应对具体情况做具体分析。

(4) 减小热变形的主要措施

① 减少工艺系统热源的发热。为了减少机床的热变形，凡是可能分离出去的热源，如电动机、变速箱、液压系统等应尽可能移出。对于不能分离的热源，如主轴轴承、高速运动的导轨副等可从结构、润滑等方面改善其摩擦特性，减少发热。例如，采用静压轴承、低黏度润滑油等。

对发热大的热源，若既不能从机床中移出，又不便隔热，则可采用有效的冷却措施，如增加散热面积，采用强制的风冷、水冷等。

目前，大型数控机床、加工中心机床普遍采用冷冻机对润滑油、切削液进行强制冷却，以提高冷却效果。

② 保持工艺系统的热平衡。工艺系统受各种热源的影响，其温度会逐渐升高。与此同时，它们也通过各种传热方式向周围散发热量。当单位时间内传入和散发的热量相等时，则认为工艺系统达到了热平衡。机床开动后，其温度将缓慢升高，经过一段时间温度便趋于稳定，当机床温度达到稳定值后，则被认为处于热平衡阶段，此时温度场处于稳定，其热变形也趋于稳定。由开始升温至达到热平衡之前的这一段时间，称为预热阶段。预热阶段热变形较大，因此，对于精密机床，特别是大型机床，可预先高速空转一段时间，达到热平衡后再进行加工；或设置控制热源，人为地给机床加热，使之较快达到热平衡状态，然后再进行加工。基于同样原因，加工过程中应尽量避免中途停车。

③ 控制环境温度。如车间安装的供暖设备和加热器，要保证其热流在各个方向上均匀散发，不要使精密机床受到阳光的直接照射，以免引起不均匀受热。

对于精密零件的加工及装配，一般在恒温室进行。恒温室温度一般取为 20℃，冬季可取 17℃，夏季可取 23℃，对恒温精度应严格控制，一般控制在±1℃内，精密级为±0.5℃，超精密级为±0.01℃，这样不但可以减小加工及装配中的热变形，还可以减少恒温设备的能源消耗。

2.2.2.4　提高加工精度的途径

机械加工误差是由工艺系统中的原始误差引起的。在对某一特定条件下的加工误差进行分析时，首先要列举出其原始误差，即要了解所有原始误差因素及对每一原始误差的数值和方向定量化。其次要研究原始误差与零件加工误差之间的数据转换关系。最后，用各种测量手段实测出零件的误差值，进而采取一定的工艺措施消除或减少加工误差。

生产实际中尽管有许多减少误差的方法和措施，但从消除或减少误差的技术上看，可将它们分成以下两大类。

(1) 误差预防技术　指减小原始误差或减少原始误差的影响，亦即减少误差源或改变误差源与加工误差之间的数量转换关系。但实践与分析表明，精度要求高于某一程度后，利用误差预防技术来提高加工精度所花费的成本将成指数规律增长。

(2) 误差补偿技术　指在现存的原始误差条件下，通过分析、测量，进而建立数学模型，并以这些原始误差为依据，人为地在工艺系统中引入一个附加的误差源，使之与工艺系统原有的误差相抵消，以减少或消除零件的加工误差。从提高加工精度考虑，在现有工艺系统条件下，误差补偿技术是一种行之有效的方法，特别是借助计算机辅助技术，可达到很好的实际效果。

2.3 模具机械加工表面质量

2.3.1 模具零件表面质量

2.3.1.1 模具零件表面质量

机械加工表面质量也称表面完整性，主要包含两个方面的内容。

（1）表面的几何特征　表面的几何特征主要由以下几部分组成。

① 表面粗糙度。即加工表面上具有的由较小间距和峰谷所组成的微观几何形状特征。它主要与刀刃的形状、刀具的进给以及切屑的形成等因素有关，其波高与波长的比值一般大于1∶50。

② 表面波度。即介于宏观几何形状误差与表面粗糙度之间的中间几何形状误差。它主要是由切削刀具的偏移和振动造成的，其波高与波长的比值一般为1∶(50～1000)。

③ 表面加工纹理。即表面微观结构的主要方向。它取决于形成表面所采用的机械加工方法，即主运动和进给运动的关系。

④ 伤痕。在加工表面上一些个别位置上出现的缺陷。它们大多是随机分布的，如砂眼、气孔、裂痕和划痕等。

（2）表面层力学物理性能　表面层力学物理性能的变化，主要有三个方面的内容：表面层加工硬化；表面层金相组织的变化；表面层残余应力。

2.3.1.2 零件表面质量对零件使用性能的影响

（1）零件表面质量对零件耐磨性的影响　零件的耐磨性与摩擦副的材料、润滑条件和零件表面质量等因素有关。特别是在前两个条件已确定的前提下，零件表面质量就起着决定性的作用。

当两个零件相互接触时，实质上只是两个零件接触表面上一些凸起的顶部相互接触，由这些相互接触的顶部所构成的实际接触面积明显要比名义接触面积小得多。由此可以看出：

① 两零件相互接触的表面愈粗糙，实际接触面积也就愈少。

② 当两零件间有力传递时，相互接触的凸起顶部就会产生相应的压强，表面愈粗糙压强也就愈大，使得接触面间出现变形和位移。

③ 当两零件间有相对运动时，由于凸起部分如同刀具切削一样，相互之间产生弹性变形、塑形变性及剪切现象，使得相互接触的表面之间出现磨损。表面愈粗糙，磨损就愈快。即使在有润滑油润滑的情况下，因接触点处压强超过润滑油膜存在的临界值，而形成干摩擦，同样会加剧接触面间的磨损。

但并不是表面粗糙度值越小，耐磨性就越好。因为表面粗糙度值过小，紧密接触的两个光滑表面间的储油能力很差，接触面间产生分子的亲和力，甚至产生分子黏合，使摩擦阻力增大，磨损量也会增加。因此，一对相互接触的表面在一定的工作条件下通常有一最佳粗糙度配合，从图2-40所示的曲线可知，初期磨损量Δ_0存在一个最低值，所对应的是零件最耐磨的表面粗糙度值，零件摩擦表面的粗糙度偏离此值太大，无论是过小还是过大，都会对产品耐磨性的影响构成不良影响。

在不同的工作条件下，零件的最优表面粗糙度值是不同的。重载荷情况下零件的最优表

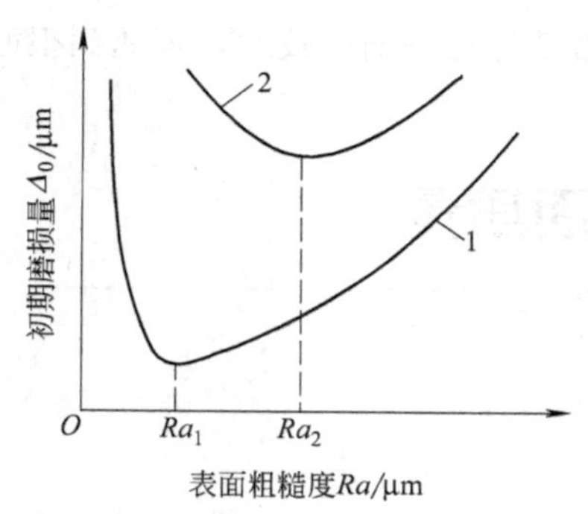

图 2-40　初期磨损量与表面粗糙度的关系

1—轻载荷；2—重载荷

面粗糙度值要比轻载荷时的大。表面粗糙度的轮廓形状和表面加工纹理对零件的耐磨性也有影响，因为表面轮廓形状、表面加工纹理影响零件的实际接触面积与润滑情况。

表面层的加工硬化使零件的表面层硬度提高，从而使表面层的弹性和塑性变形减小，磨损减少，使零件的耐磨性提高。但硬化过度，会使零件的表面层金属变脆，磨损会加剧，甚至出现剥落现象，所以零件的表面硬化层必须控制在一定范围内。

(2) 零件表面质量对模具配合质量的影响　由以上分析可知，对于间隙配合零件的表面，如果粗糙度值较大，初期磨损量也相应较大，配合性质将被改变。对于过盈配合或过渡配合零件的表面，也会由于粗糙度值较大而使得在装配后仅部分凸峰被挤平，而使实际过盈量比预定的要小，影响了过盈配合的可靠性。所以，对有配合要求的表面，必须规定较小的粗糙度值。

(3) 零件表面质量对零件疲劳强度的影响　零件在交变载荷的作用下，其表面微观上不平的凹谷处和表面层的缺陷处容易引起应力集中而产生疲劳裂纹，造成零件的疲劳破坏。试验表明，减小表面粗糙度值可以使零件的疲劳强度有所提高。

表面层的残余应力性质对疲劳强度的影响极大。当残余应力为拉应力时，在拉应力作用下，会使表面的裂纹扩大，而降低零件的疲劳强度，减少了产品的使用寿命。相反，残余压应力可以延缓疲劳裂纹的扩展，可提高零件的疲劳强度。

加工硬化对零件的疲劳强度影响也很大。表面层的加工硬化可以在零件表面形成一个冷硬层，因而能在一定程度上阻碍表面层疲劳裂纹的出现，从而使零件疲劳强度提高。但零件表面层冷硬程度过大，反而易产生裂纹，故零件的冷硬程度与硬化深度应控制在一定范围内。

(4) 零件的表面质量对零件耐蚀性能的影响　零件的耐腐蚀性在很大程度上取决于零件的表面粗糙度。零件表面越粗糙，越容易积聚腐蚀性物质，凹谷越深，渗透与腐蚀作用越强烈，因此，降低零件的表面粗糙度值可以提高零件的耐蚀性能。

表面残余应力对零件的耐蚀性能也有较大影响。零件表面的残余压应力使零件表面紧密，腐蚀性物质不易进入，可增强零件的耐蚀性，而表面残余拉应力则降低零件的耐蚀性。

2.3.2　影响表面质量的因素及改善措施

2.3.2.1　影响加工表面几何特征的因素及其改进措施

由上所述，加工表面几何特征包括表面粗糙度、表面波度、表面加工纹理、伤痕四个方面内容，其中表面粗糙度是构成加工表面几何特征的基本单元。

(1) 切削加工后的表面粗糙度　国家标准规定，表面粗糙度等级用轮廓算术平均偏差 Ra、微观平面度十点高度 Rz 或轮廓最大高度 Ry 的数值大小表示，并要求优先采用 Ra。

影响表面粗糙度的因素主要有刀具几何因素、切削用量、工件材料性能、切削液、工艺系统刚度和抗振性等。

刀具的几何因素中对表面粗糙度影响最大的是切削层的残留面积。如图 2-40 所示，在实际切削过程中，切削层的金属并未被完全切除掉，而仍有部分残留在工件表面上，这部分面积称为残留面积。

图 2-41 给出了车削、刨削时残留面积高度的计算示意图。图 2-41(a) 是用尖刀切削的情况，切削残留面积的高度为

$$H=\frac{f}{\cot\kappa_r+\cot\kappa'_r}$$

图 2-41(b) 是用圆弧刀刃切削的情况，切削残留面积的高度为

$$H=\frac{f^2}{8r_\varepsilon}$$

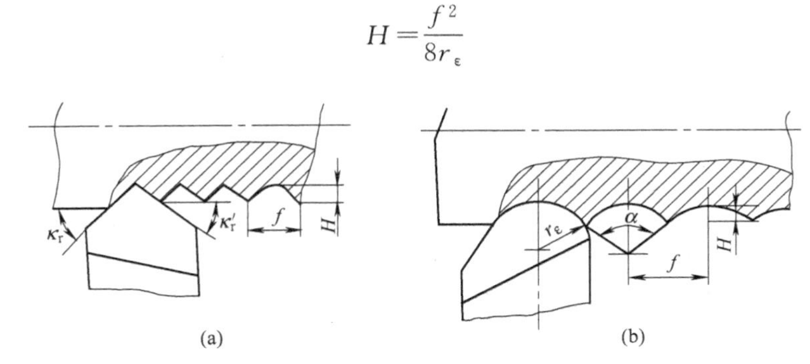

图 2-41　车削、刨削时残留面积的高度

从图中可以清楚地看出：当进给量一定时，减小主偏角 κ_r 和副偏角 κ'_r 或增大刀尖圆弧半径 r_ε，可降低表面粗糙度值。

从图中还可知，减小进给量可有效地降低表面粗糙度值。切削速度对表面粗糙度的影响也很大。通常切削速度越高，切削过程中的塑性变形程度就越小，相应的表面粗糙度值也就越小。

在一定的切削速度范围内，切削塑性材料时容易产生积屑瘤和鳞刺，使表面粗糙度增大。因此，在精加工钢件时，常用低速（如铰孔、拉孔）或高速（精车、精镗）切削。

对于韧性较大的塑性材料，加工后表面粗糙度较大；而脆性材料由于其切屑为碎粒状，加工后表面粗糙度也较大。对于同样的材料，晶粒组织愈粗大，加工后的表面粗糙度也愈大。通常在切削加工前进行预备热处理，使晶粒组织均匀细致，材料硬度适中，以减小表面粗糙度。

此外，合理选择刀具角度和切削液，可以减小切削过程中材料的变形与摩擦，并抑制积屑瘤和鳞刺的生成，有利于减小表面粗糙度。

(2) 磨削加工后的表面粗糙度　正像切削加工时表面粗糙度的形成过程一样，磨削加工表面粗糙度的形成也是由几何因素和表面层金属的塑性变形（物理因素）决定的，但磨削过程要比切削过程复杂得多。

① 几何因素的影响。磨削表面是由砂轮上大量的磨粒刻划出的无数极细的沟槽形成的。单纯从几何因素考虑，可以认为在单位面积上刻痕越多，即通过单位面积的磨粒数越多，刻痕的等高性越好，则磨削表面的粗糙度值越小。

② 表面层金属的塑性变形（物理因素）的影响。砂轮的磨削速度远比一般切削加工的速度高，且磨粒大多为负前角，磨削比压大，磨削区温度很高，工件表层温度有时可达 900℃，表层金属容易产生相变而烧伤。因此，磨削过程的塑性变形要比一般切削过程大得多。

由于塑性变形的缘故，被磨表面的几何形状与单纯根据几何因素所得到的原始形状大不相同。在力和热等因素的综合作用下，被磨工件表层金属的晶粒在横向被拉长了，有时还产生细微的裂纹和局部的金属堆积现象。影响磨削表层金属塑性变形的因素，往往是影响表面粗糙度的决定性因素。

影响工件产生塑性变形的因素主要有：磨削用量；砂轮的粒度、硬度、组织和材料以及磨削液的选择，如何选择各因素的参数，应视具体情况而定。

a. 磨削用量。砂轮的速度高，就有可能使表层金属来不及变形，致使表层金属的塑性变形减小，磨削表面的粗糙度值也明显减小。

磨削深度对表层金属塑性变形的影响很大。增大磨削深度，塑性变形将随之增大，被磨表面的表面粗糙度值增大。

b. 砂轮的选择。砂轮的粒度、硬度、组织和材料的选择，对被磨工件表层金属的塑性变形都会产生影响，进而影响表面粗糙度，单纯从几何因素考虑，砂轮的粒度越细，磨削的表面粗糙度越小。但磨粒太细，不仅砂轮易被磨屑堵塞，若导热情况不好，则会在加工表面产生烧伤等现象，反而使表面粗糙度增大。因此，砂轮的粒度常取为46～60号。

砂轮的硬度是指磨粒在磨削力作用下从砂轮上脱落的难易程度。砂轮选得太硬，磨粒不易脱落，磨钝了的磨粒不能及时被新磨粒替代，使工件表面的粗糙度增大。砂轮选得太软，磨粒易脱落，磨削作用减弱，也会使表面粗糙度增大，一般常选用中软砂轮。

砂轮的组织是指磨粒、黏合剂和气孔的比例关系。紧密组织中的磨粒比例大，气孔小，在成型磨削和精密磨削时，能获得较高精度和较小的表面粗糙度。疏松组织的砂轮不易堵塞，适于磨削软金属、非金属软材料和热敏性材料（磁钢、不锈钢、耐热钢等），可获得较小的表面粗糙度。一般情况下应选用中等组织的砂轮。

砂轮材料的选择也很重要。砂轮材料选择适当，可获得满意的表面粗糙度。氧化物（刚玉）砂轮适于磨削钢类零件；碳化物（碳化硅、碳化硼）砂轮适于磨削铸铁、硬质合金等材料；用高硬磨料（人造金刚石、立方氮化硼）砂轮磨削，可获得极小的表面粗糙度，但加工成本很高。

此外，磨削液的作用也十分重要。对于磨削加工来说，由于磨削温度很高，热因素的影响往往占主导地位。因此，必须采取切实可行的措施，将磨削液送入磨削区。

2.3.2.2 影响表层金属力学物理性能的工艺因素及其改进措施

由于受到切削力和切削热的作用，表面金属层的力学物理性能会产生很大的变化，最主要的变化是表层金属显微硬度的变化、金相组织的变化以及在表层金属中产生残余应力等。

（1）加工表面层的冷作硬化

① 冷作硬化的产生。机械加工过程中产生的塑性变形，使晶格发生扭曲、畸变，晶粒间产生滑移，晶粒被拉长，这些都会使表面层金属的硬度增加，这种现象统称为冷作硬化（或称为强化、加工硬化）。表层金属冷作硬化的结果，会增大金属变形的抗力，减小金属的塑性，使金属的物理性质（如密度、导电性、导热性等）有所变化。

金属冷作硬化的结果是使金属处于高能位不稳定状态，只要有条件，金属的冷硬结构会向比较稳定的结构转化。这种现象统称为弱化。机械加工过程中产生的切削热，将使金属在塑性变形中产生的冷硬现象得到一定的恢复。

由于金属在机械加工过程中同时受到力因素和热因素的作用，机械加工后表面层金属的性质取决于强化和弱化两个过程的综合。

评定冷作硬化的指标有：表层金属的显微硬度 HM；硬化层深度 h（μm）；硬化程度 N。硬化程度与显微硬度的关系如下：

$$N=\frac{HM-HM_0}{HM_0}\times 100\%$$

② 影响表面冷作硬化的因素。金属切削加工时，影响表面层冷作硬化的因素可从以下四个方面来分析。

a. 切削力越大，塑性变形越大，硬化程度越大，硬化层深度也越大。因此，增大进给量和切削深度，减小刀具前角，都会增大切削力，以便加工冷作硬化严重。

b. 当变形速度很快（即切削速度很高）时，塑性变形将不充分，冷作硬化层的深度和硬化程度都会减小。

c. 切削温度高，回复作用会增大，硬化程度减小，如高速切削或刀具钝化后切削，都会使切削温度上升，硬化程度减小。

d. 工件材料的塑性越大，冷作硬化程度也越严重。碳钢中含碳量越大，强度越高，其塑性越小，冷作硬化程度也越小。

金属磨削时，影响表面冷作硬化的因素主要有以下几点。

a. 磨削用量。加大磨削深度，磨削力随之增大，磨削过程的塑性变形加剧，表面的冷硬倾向增大。加大纵向进给速度，每颗磨粒的切削厚度会随之增大，磨削力加大，冷作硬化程度会增大。因此加工表面的冷硬状况要综合考虑上述两种因素的作用。提高工件转速会缩短砂轮对工件热作用的时间，使软化倾向减弱，因而表面层的冷硬程度增大。提高磨削速度，每颗磨粒切除的切削厚度变小，减弱了塑性变形程度，而磨削区的温度增高，弱化倾向会增大。所以，高速磨削时加工表面的冷硬程度总比普通磨削时低。

b. 砂轮粒度。砂轮的粒度越大，每颗磨粒的载荷越小，冷硬程度也越小。

③ 冷作硬化的测量方法。冷作硬化的测量主要是指表面层的显微硬度 HM 和硬化层深度 h 的测量，硬化程度 N（如前述）可由表面层的显微硬度 HM 和工件内部金属原来的显微硬度 HM_0 计算求得。

表面层显微硬度 HM 的常用测定方法是用显微硬度计来测量。它的测量原理与维氏硬度（HV）计相同，都是采用顶角为136°的金刚石压头在试件表面上打印痕，根据印痕的大小决定硬度值。所不同的只是测定显微硬度时显微硬度计所用的载荷很小，一般都在2N以内，印痕也极小。加工表面冷硬层很薄时，可在斜截面上测量显微硬度。对于平面试件可按图2-42(a)磨出斜面，然后逐点测量其显微硬度，并将测量结果绘制成如图2-42(b)所示的图形。斜角 α 常取为0°30′～2°30′。采用斜截面测量法，不仅可测量显微硬度，还能较为准确地测出硬化层深度 h，由图2-42(a)可知：

$$h = L\sin\alpha + R_Z$$

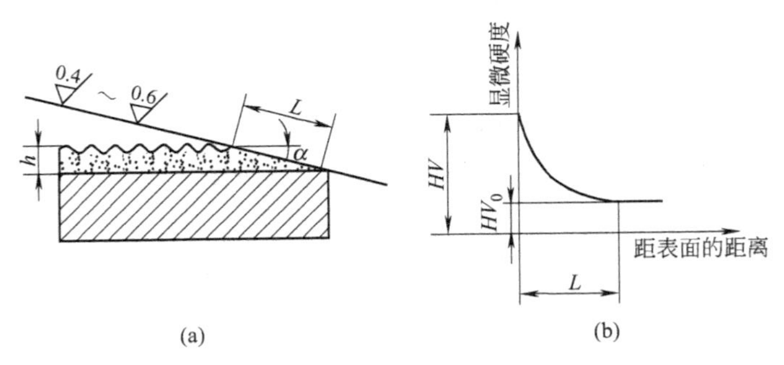

图2-42　在斜截面上测量显微硬度

（2）表层金属的金相组织变化

① 磨削加工表面金相组织的变化。机械加工过程中，在工件的加工区及其邻近的区域，温度会急剧升高。当温度升高到超过工件材料相变的临界点时，就会发生相变。对于一般的切削加工方法，通常不会上升到如此高的温度。但在磨削加工时，磨粒在高速下以很大的负前角切削薄层金属，在工件表面引起很大的摩擦和塑性变形，其单位切削功率消耗远远大于

一般切削加工。由于消耗能量的绝大部分都要转化为热，这些热量中的大部分（约 80%）将传给被加工表面，使工件表面具有很高的温度。对于已淬火的钢件，很高的磨削温度往往会使表层金属的金相组织产生变化，使表层金属的硬度下降，并伴随出现残余应力甚至产生裂纹，大大降低零件的物理机械性能，这种现象称为磨削烧伤。磨削加工是一种典型的容易产生加工表面金相组织变化的加工方法，磨削加工中的烧伤现象会严重影响零件的使用性能。

磨削淬火钢时，由于磨削条件不同，在工件表面层产生的磨削烧伤有三种形式。

a. 淬火烧伤。磨削时，如果工件表面层温度超过相变临界温度，则马氏体转变为奥氏体。若此时有充分的冷却液，工件最外层的金属会出现二次淬火马氏体组织，其硬度比原来的回火马氏体高，但很薄（只有几个微米厚），其下层为硬度较低的回火索氏体和屈氏体。由于二次淬火层极薄，表面层总的硬度是降低的，这种现象称为淬火烧伤。

b. 回火烧伤。磨削时，如果工件表面层温度未超过相变临界温度，但超过马氏体的转变温度，这时表层原来的回火马氏体组织将产生回火现象而转变为硬度较低的过回火组织（回火索氏体和屈氏体），此现象称为回火烧伤。

c. 退火烧伤。在磨削时，如果工件表面层温度超过相变临界温度，则马氏体转变为奥氏体，如果此时无冷却液，表层金属因空冷冷却比较缓慢而形成退火组织，硬度和强度均大幅度下降。这种现象称为退火烧伤。

磨削烧伤时，表面会出现黄、褐、紫、青等烧伤色，这是工件表面在瞬时高温下产生的氧化膜的颜色。不同烧伤色表示烧伤程度的不同。对于较深的烧伤层，虽然可在加工后期采用无进给磨削除掉烧伤色，但烧伤层并未除掉，成为将来使用中的隐患。

② 影响磨削烧伤的因素及改善途径。磨削烧伤与温度有着十分密切的关系。一切影响温度的因素都在一定程度上对烧伤有影响。因此，研究磨削烧伤问题可以从切削时的温度入手，通常从以下三方面考虑。

a. 合理选用磨削用量。现以平磨为例来分析磨削用量对烧伤的影响。磨削深度 a_P对磨削温度影响极大；在矩台平面磨床磨削中，加大横向进给量 f_t对减轻烧伤有利，但增大 f_t 会导致工件表面粗糙度变大，这时可采用较宽的砂轮来弥补；在圆台平面磨床磨削中，加大工件的回转速度 v_W，磨削表面的温度升高，但其增长速度与磨削深度 a_P的影响相比小得多。从要减轻烧伤而同时又要尽可能保持较高的生产率方面考虑，在选择磨削用量时，应选用较大的工件速度和较小的磨削深度。

b. 正确选择砂轮。磨削导热性差的材料（如耐热钢、轴承钢及不锈钢等），容易产生烧伤现象，应特别注意合理选择砂轮的硬度、黏合剂和组织。硬度太高的砂轮，磨粒钝化之后不易脱落，容易产生烧伤。因此，为避免产生烧伤，应选择较软的砂轮。选择具有一定弹性的黏合剂（如橡胶黏合剂、树脂黏合剂），有助于避免烧伤现象的产生。此外，为了减少砂轮与工件之间的摩擦热，在砂轮的孔隙内浸入石蜡之类的润滑物质，对降低磨削区的温度，防止工件烧伤也有一定效果。

c. 改善冷却条件。磨削时磨削液若能直接进入磨削区，对磨削区进行充分冷却，能有效地防止烧伤现象的产生。水的比热容和汽化热都很高，在室温条件下，1mL 的水变成 100℃以上的水蒸气至少能带走 2512J 的热量，而磨削区的热源每秒的发热量，在一般磨削用量下都在 4187J 以下。据此推测，只要设法保证在每秒内有 2mL 的冷却水进入磨削区，将有相当可观的热量被带走，就可以避免产生烧伤。然而，目前通用的冷却方法（见图 2-43）效果很差，实际上没有多少磨削液能够真正进入磨削区 AB。因此，须采取切实可行的措施改善冷却条件，防止烧伤现象产生。

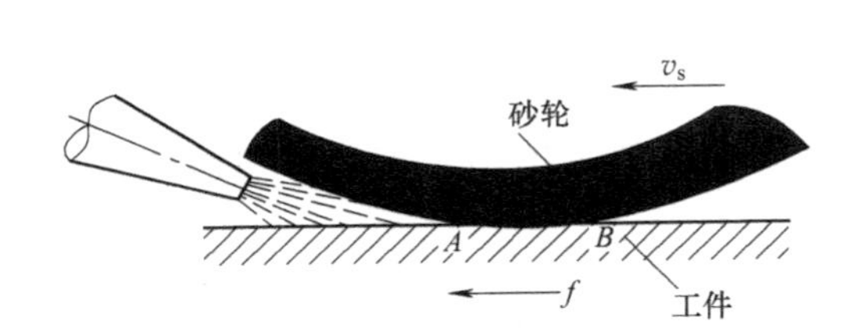

图 2-43　常用的冷却方法

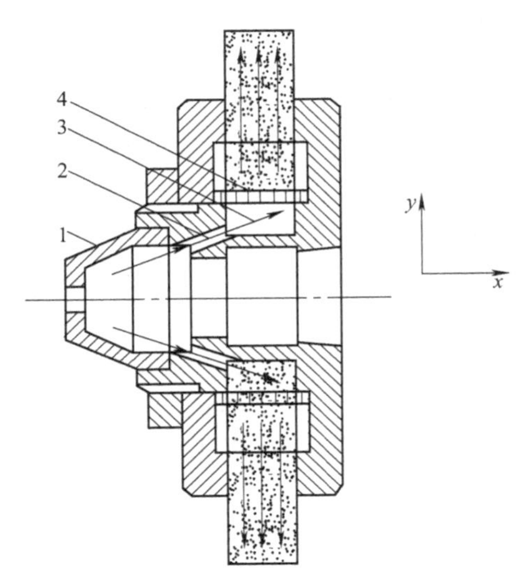

图 2-44　内冷却砂轮结构

1—锥形盖；2—切削液通孔；3—砂轮中心腔；4—有径向小孔的薄壁套

内冷却是一种较为有效的冷却方法，如图 2-44 所示。其工作原理是：经过严格过滤的冷却液通过中空主轴法兰套引入砂轮中心腔 3 内，由于离心力的作用，这些冷却液就会通过砂轮内部的孔隙向砂轮四周的边缘甩出，因此冷却水就有可能直接注入磨削区。目前，内冷却装置尚未得到广泛应用，其主要原因是使用内冷却装置时，磨床附近有大量水雾，操作工人的劳动条件差，且在精磨加工时无法通过观察火花试磨对刀。

(3) 表层金属的残余应力　在机械加工过程中，当表层金属组织发生形状变化、体积变化或金相组织变化时，将在表面层的金属与其基体间产生相互平衡的残余应力。表面残余压应力可提高工件表面的耐磨性和疲劳强度，表面残余拉应力则使耐磨性和疲劳强度降低，若拉应力值超过工件材料的疲劳强度极限时，则使工件表面产生裂纹，加速工件的损坏。引起表层金属产生残余应力的原因有以下三方面。

① 冷态塑性变形。切削加工时，由于切削力的作用使工件表面受到很大的冷塑性变形，当刀具从被加工表面上切除金属时，表层金属的纤维被拉长，刀具后刀面与已加工表面的摩擦又加大了这种拉伸作用。刀具切离之后，拉伸弹性变形将逐渐恢复，而拉伸塑性变形则不能恢复。表面层金属的拉伸塑性变形，受到与它相连的里层未发生塑性变形金属的阻碍，因此就在表层金属产生残余压应力。

② 热塑性变形。切削加工时，由于切削热的作用使工件表面局部温度比里层的温度高得多，因此表面层金属产生热膨胀变形比里层大。当切削过后，表面温度下降也快，故冷收缩变形比里层大，但受到里层金属的阻碍，于是工件表层金属产生残余拉应力。若切削温度越高，则表层残余拉应力也越大，甚至出现裂纹。

③ 金相组织的影响。不同的金相组织，其密度（ρ）是不同的。马氏体密度 $\rho_M \approx 7.75\mathrm{g/cm^3}$；珠光体密度 $\rho_P = 7.78\mathrm{g/cm^3}$；奥氏体密度 $\rho_A = 7.96\mathrm{g/cm^3}$；铁素体密度 $\rho_F = 7.88\mathrm{g/cm^3}$。切削加工时产生的高温有可能使工件表层的金相组织发生变化，从而导致表层比热容变化。若表层比热容增大时其体积膨胀，则受到里层金属的阻碍而产生残余压应力；反之则产生残余拉应力。以磨削淬火钢为例，淬火钢原来的组织是马氏体，磨削加工后，若表层出现回火烧伤，即马氏体变为回火屈氏体或索氏体（密度接近珠光体），密度增大而体

积减小，表层体积收缩受到里层金属的阻碍，故工件表面产生残余拉应力。如果工件表面层温度超过相变临界温度，冷却又充分，则表面层将又成为马氏体（一薄层二次淬火层），表层体积膨胀受阻，产生残余压应力。

综上所述，机械加工后表面层的残余应力，是由冷态塑性变形、热塑性变形和金相组织变化这三方面原因引起的综合结果。在一定的条件下，其中某一种或两种原因可能起主导作用。如果切削加工时切削热不高，表层以冷态塑性变形为主，此时表面层产生残余压应力；在磨削时起主导作用的是“热”，常以热塑性变形和相变为主，所以表面层产生残余拉应力。

（4）表面强化工艺　这里所说的表面强化工艺是指通过冷压加工方法使表面层金属发生冷态塑性变形，以降低表面粗糙度，提高表面硬度，并在表面层产生压缩残余应力的表面强化工艺。冷压加工强化工艺是一种既简便又有明显效果的加工方法，因而应用十分广泛。

① 喷丸强化。喷丸强化是利用大量快速运动的珠丸打击被加工工件的表面，使工件表面产生冷硬层和残余压应力，从而提高零件的疲劳强度和使用寿命。

珠丸可以是铸铁的珠丸，也可以是切成小段的钢丝（使用一段时间之后自然变成球状）。对于铝质工件，为避免表面残留铁质微粒而引起电解腐蚀，宜采用铝丸或玻璃丸。珠丸的直径一般为 0.2～4mm，对于尺寸较小、要求表面粗糙度值较小的工件，应采用直径较小的珠丸。

喷丸强化主要用于强化形状复杂或不宜用其他方法强化的工件，例如板弹簧、螺旋弹簧、连杆、齿轮、焊缝等。

② 滚压加工。滚压加工是利用经过淬硬和精细研磨过的滚轮或滚珠，在常温状态下对金属表面进行挤压，将表层的凸起部分向下压，凹下部分往上挤（见图 2-45），这样逐渐将前工序留下的波峰压平，从而修正工件表面的微观几何形状的方法。此外，它还能使工件表面的金属组织细化，形成残余压应力。

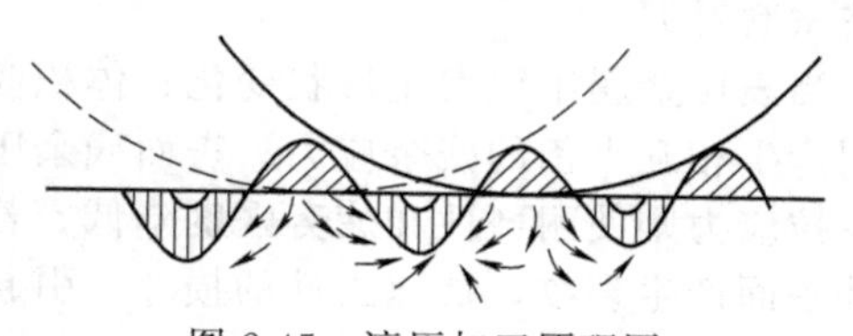
图 2-45　滚压加工原理图

③ 挤压加工。挤压加工是将经过研磨的、具有一定形状的超硬材料（金刚石或立方氮化硼）作为挤压头，安装在专用的弹性刀架上，在常温状态下对金属表面进行挤压的方法。挤压后的金属表面粗糙度下降，硬度提高，表面形成残余压应力，从而提高了表面的抗疲劳强度。

习　　题

2-1　什么是模具加工工艺规程？在模具制造过程中，它主要有哪些作用？

2-2　制定模具加工工艺规程的基本原则是什么？合理的机械加工工艺规程应体现出哪些基本要求？

2-3　模具零件的工艺性分析主要包括哪两个内容？分析的目的是什么？

2-4　什么是定位基准？工件上的定位基准往往是如何体现的？试举例说明。

2-5　在零件的机械加工工艺过程中，选择粗基准和精基准时应分别遵循哪几项原则？

2-6　在选择加工方法时，重点要考虑的问题有哪些？

2-7　在排列零件在加工中各道工序的先后顺序时应遵循哪几项原则？

2-8　在模具零件的加工中，工序集中与工序分散两种方式各有何特点？哪些零件适合采用工序集中的方式，哪些零件适合采用工序分散的方式？

2-9 试分析计算图 2-46 所示的某工艺尺寸链。

① 判断组成环中的增、减环。

② 用极值法计算封闭环的基本尺寸、公差及极限偏差。

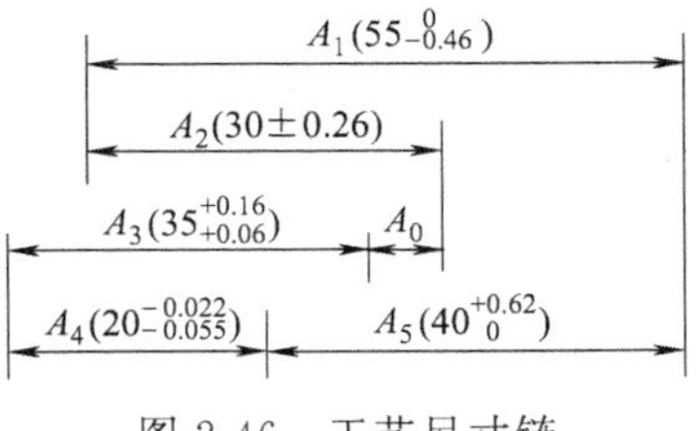

图 2-46 工艺尺寸链

2-10 图 2-47(a) 所示的零件图的有关工艺过程如下。

① 车外圆至工序尺寸 A_1，如图 2-47(b) 所示，预留磨量 $Z=0.6$mm。

② 铣轴端小平台，工序尺寸为 A_2，如图 2-47(c) 所示。

③ 磨外圆，保证工序尺寸 $A_3=28_{-0.021}^{\ 0}$mm。试确定各工序尺寸及其偏差。

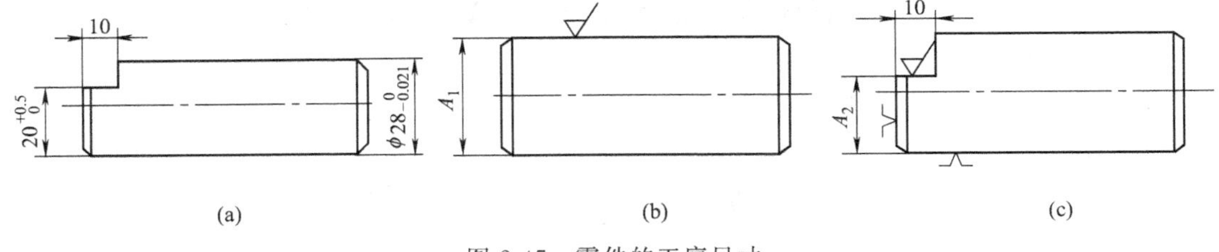

图 2-47 零件的工序尺寸

2-11 影响模具精度的主要因素有哪些?

2-12 工艺系统热变形是如何影响加工精度的? 减小热变形的措施有哪些?

2-13 影响工件表面粗糙度的工艺因素有哪些?

3 模具材料及热处理

3.1 热处理的基本概念

模具材料与热处理的关系非常密切。热处理是模具制造过程中不可或缺的加工工艺之一，它对模具的质量和成本有很大的影响。通常所说的模具热处理包括模具材料的热处理和模具零件的热处理两部分，前者指为符合国家或行业标准规定要求或满足特定用户要求（如基本力学性能、金相组织等）于钢厂内完成的，其特点是在大型工业炉中大批量生产，对象是轧件、锻件及模块等。而后者是在模具制造厂或热处理专业厂完成的，其特点是小批量或单件生产，工艺多样复杂，设备精良，相对而言是精工细作。通常情况下统称模具热处理，不作严格区别。

3.1.1 普通热处理

模具材料的普通热处理主要包括：退火、正火、淬火和回火。

（1）退火　退火是将模具钢加热到高于临界温度以上20～30℃，保温一段时间后缓冷到室温，以获得接近于平衡组织的工艺过程。退火组织一般是铁素体基体上分布碳化物。退火的目的在于：降低硬度；消除内应力；均化钢中成分、细化晶粒、改善组织，为后续加工工序作准备。

模具钢常见退火工艺有如下几种。

① 扩散退火。将钢加热到1000℃以上，并长时间保温，使钢中元素进行扩散，使之均匀分布并消除偏析，从而提高钢的质量，此工序通常在钢厂进行。

② 完全退火。将钢加热到A_{c3}以上30～50℃，使其完全奥氏体化，然后随炉缓慢冷却，以获得接近平衡的组织。其目的是为后续热处理做组织准备，是一种预备热处理工艺。另外完全退火可以达到改善钢的切削加工性能的目的。

③ 不完全退火。不完全退火的加热温度介于上下临界温度之间，通常稍高于下临界温度。对于亚共析钢而言，不完全退火的加热温度在A_{c1}～A_{c3}之间，而过共析钢则在A_{c1}～A_{ccm}之间。不完全退火的目的与完全退火近似，但由于在加热温度下不能完全重结晶，所以细化晶粒方面不如完全退火的好。不完全退火的优点是加热温度低，所以使用较广。

④ 等温退火。将需退火的钢加热到临界温度以上（亚共析钢加热到A_{c3}以上，共析钢

和过共析钢加热到 A_{c1} 以上）保持一定时间，使其奥氏体化和奥氏体均匀化。然后放入另一温度稍低于 A_{r1} 的炉中，或在原加热炉中使钢迅速随炉冷至稍低于 A_{r1} 的温度进行等温。在等温过程中奥氏体将随所采用等温温度的高低而转变成所需的层片厚薄适宜的珠光体。当转变完成后，即可从炉中取出空冷。

⑤ 球化退火。使钢获得球化体的工艺方法。球化体是指呈球状小颗粒的碳化物（或渗碳体）均匀地分布在铁素体基体中的金相组织。

球化退火的成功与否，与奥氏体化温度有关。例如，将钢加热到 A_1 以上使其奥氏体化，然后将其冷至稍低于 A_1 的温度并保温的退火工艺过程，从原则上讲，奥氏体化的温度愈高，愈不容易得到球化体；而只有奥氏体化温度接近 A_1 时，因奥氏体晶粒很小，浓度又不均匀，且有大量的未溶解的碳化物作为质点存在，在随后稍低于 A_1 保温过程中，才容易得到球化体。

⑥ 去应力退火。又称低温退火，是将钢件加热到 A_{c1} 以下适当温度，保温一段时间后缓慢冷却的退火工艺。主要用来消除铸件、锻件、焊接件、热轧件及冷拉件等的内应力。

去应力退火的加热温度要低于再结晶退火的加热温度。钢在去应力退火过程中也不发生组织变化，但去应力退火是利用金属材料的回复现象，使变形金属在消除内应力的同时又保持较高的强度和硬度。在加热温度不太高时，金属原子扩散能力较低，因此，显微组织无明显变化，但由于原子可以进行短距离的扩散，使晶格畸变程度减轻，如异号位错互相抵消、空位与其他晶体缺陷相结合等，这些变化使金属的强度和硬度稍有下降，塑性略有提高，而内应力则大大降低。通常用冷拉钢丝卷制的弹簧在卷成之后都要进行一次 250～300℃ 的退火，以消除内应力，使其定形。

（2）正火　正火是把钢加热到 A_{c3}（对于亚共析钢）或 A_{ccm}（对于共析钢和过共析钢）以上 30～50℃，保温适当时间后在空气中冷却的热处理工艺。正火的目的与退火基本相同，即细化晶粒、均匀组织和减少内应力。正火和退火属同一类型的热处理（正火实质上是退火的一种特殊工艺），区别是正火冷却速度快些，得到的珠光体组织细小些，故同一工件正火后的强度和硬度高于退火。

对于低、中碳钢来说，经正火后，晶粒细化、碳化物分布更加均匀，切削性能良好；如改用退火，不但费时间，而且退火后的硬度偏低，切削加工时容易粘刃、切屑不易断开，切削性能不好。所以低、中碳钢常用正火取代完全退火，只有对含碳量大于 0.5%以上的碳钢才采用完全退火。

高碳钢因正火后硬度高，故需采用球化退火来改善切削性能并为最终热处理做好组织准备。不过为便于球化退火，先以正火来消除网状渗碳体。由于正火的加热温度高，能够使二次渗碳体完全消除，而且冷却速度较快，故过共析钢在球化退火前，往往先进行一次正火。

（3）淬火　淬火是将钢加热到临界温度（A_{c3} 或 A_{c1}）以上某一温度，并保温一段时间，然后以适当速度冷却获得马氏体或贝氏体组织的工艺过程。模具钢淬火温度均较高，主要使合金元素尽可能多地溶解。而当回火时，处于过饱和状态的马氏体会析出弥散、细小、均匀分布的碳化物，达到所需的性能及耐磨性。淬火是模具最终热处理的重要工艺，其关键是控制加热速度、淬火温度、保温时间和冷却速度。根据加热或冷却的方式方法和介质的不同，常用的淬火方法有单液淬火、双液淬火、分级淬火、等温淬火等。

① 单液淬火。是将加热保温后的钢件投入到一种淬火冷却介质中连续冷却至室温。这种方法操作简便，但只适合于形状简单的碳钢与合金钢零件。碳钢的淬透性较差，油淬难以淬透，因此在水中淬火；合金钢在油中淬火。

② 双液淬火。是将已经奥氏体化的钢件先浸入一种冷却能力强的介质中冷却至 300℃ 左

右，取出并马上浸入另一种冷却能力弱的介质中冷却，如先水后油、先水后空气等。碳素工具钢就常采用水淬油冷的操作方法，这样产生的工件应力小、变形小，缺点是从水中取出的时机难以掌握，过早会淬不上火，过晚又失去了双液淬火的意义。此法广泛应用于大截面钢件的淬火。

③ 分级淬火。是将加热好的钢件浸入温度稍高于 M_s 点（马氏体转变开始点）的液态介质中冷却（盐浴或碱浴），待钢件的内、外层都达到介质温度后取出空冷，使奥氏体转变为马氏体。这种方法同样能减少淬火内应力和变形、开裂的倾向，而且克服了双液淬火时时间不好掌握的缺点。但由于分级淬火是在盐浴或碱浴槽中冷却，因此，只适用于小尺寸的钢件。

④ 等温淬火。是将已经加热好的钢件浸入温度在下贝氏体转变温度区间的液态介质冷却槽（盐浴或碱浴）中并等温保持，使奥氏体转变为下贝氏体，待钢件的内、外层都达到介质温度后取出空冷。所获得的下贝氏体不仅硬度高且韧性也好，综合性能高于马氏体，适用于形状复杂而且要求具有较高硬度和冲击韧性的零件。由于和分级淬火一样，一般在盐浴或碱浴槽中进行，故也只能应用于尺寸较小的零件。

(4) 回火　回火是淬火的后续工序，是将淬火后的钢加热到 A_{c1} 以下某一温度（根据回火要求的金相组织和性能而定），充分保温（使转变完成）后冷却的工艺过程。回火可以降低或消除淬火内应力，稳定钢件的尺寸，并获得一定的强度和韧性的良好配合，以达到所要求的综合性能。按回火加热温度的不同，回火工艺可以分为低温回火、中温回火、高温回火。

① 低温回火的加热温度一般在250℃以下，得到具有高硬度、高耐磨性的回火马氏体。低温回火的目的是在减小淬火内应力的同时能够保持钢在淬火后所得到的高硬度和高耐磨性，如各种刀具、量具、轴承及渗碳后的零件等都采用低温回火。低温回火后的硬度约为56～64HRC。

② 中温回火的加热温度一般为350～500℃，得到具有高强度、高弹性极限的回火屈氏体。中温回火的目的是在消除淬火内应力的同时获得一定的弹性和韧性，主要用于各种弹簧处理。中温回火后的硬度为40～48HRC。

③ 高温回火的加热温度一般为500～650℃，得到既有一定强度、又有较高塑性和冲击韧性的回火索氏体。高温回火的目的是在消除淬火内应力的同时使钢获得强度、韧性都较好的综合力学性能。高温回火后的硬度为25～35HRC。淬火加高温回火的处理叫做调质处理，主要用于要求综合力学性能优良的零件，如齿轮、连杆、曲轴等。调质用钢通常是含碳量在0.25%～0.50%的中碳钢。

模具钢常用的是低温回火和高温回火。

3.1.2　表面热处理

(1) 火焰表面淬火　利用可燃气体与氧气混合燃烧的火焰产生的高温，将工件表面加热到淬火温度，随后用水和其他冷却介质急速进行冷却的工艺过程，通过火焰表面淬火，可以大大提高工件表面的硬度、耐磨性和力学性能等。

火焰表面淬火由于只对表面局部淬硬，所以保持了工件其他部位的韧性；减少加工工序，提高加工效率；另外可以降低热处理费用，节约能源。但由于火焰表面淬火一般由手工操作完成，所以需要较熟练的操作技能，另外还需要选用合理的模具材料。

目前用于火焰表面淬火的钢有：45、55、40Cr、40CrV、5CrMnMo，近年我国已研制成专用火焰加热空冷淬硬冷作模钢7CrSiMnMoV (CH-1)。

（2）高频表面加热淬火　将模具放在由空心铜管绕制的感应器中，然后向感应器通入一定频率的交流电，以产生交变磁场，使工件内产生频率相同的感应电流，使工件表面加热到淬火温度，而心部温度仍接近于室温，随后喷冷却介质或把加热后的工件放入冷却介质中快速冷却，就能达到模具表面加热淬火的目的。模具加热时间越短淬硬层深度越浅，热处理后变形更小。高频表面淬火的特点是加热速度快、淬火组织细、硬度比普通淬火高2～3HRC，耐磨性提高，表面氧化、脱碳极微。

高频表面加热淬火对模具原始组织有一定的要求，应预正火或调质处理，以使模具基体有较好的综合力学性能。高频表面加热淬火后的模具需要低温回火，以降低淬火产生的内应力。

（3）电解液表面加热淬火　电解液的加热是以直流电为电源在电解液中进行的，适用于表面加热淬火的电解液很多，一般采用 Na_2CO_3 水溶液（质量分数为8%～10%）。

电解液表面加热淬火原理是将工件置于电解液中作为阴极，金属电解槽作为阳极。电路接通后，电解液发生电离，在阳极上放出氧，在阴极上放出氢。氢围绕工件形成气膜，产生很大的电阻，通过的电流转化为热能将工件表面迅速加热到临界点以上温度。电路断开，气膜消失，加热的工件在电解液中即实现淬火冷却。此方法使用的设备简单，淬火变形小，适用于形状简单、小工件的批量生产。

另外也有利用高能束技术（激光、电子束和离子束等）来进行表面热处理，具体内容可参见后面相关章节。

3.1.3　特殊热处理

（1）可控气氛热处理　可控气氛热处理是工件在炉气成分可以控制的炉内进行热处理，其目的是减少和防止工件在加热时的氧化和脱碳；控制渗碳时渗碳层的碳浓度，而且可以使脱碳的工件重新复碳。主要用于渗碳、碳氮共渗、保护气氛淬火和退火等。

（2）真空热处理　真空热处理是将工件放在低于1atm（1atm＝101325Pa）的环境中进行热处理，包括真空退火、真空淬火和真空化学热处理等。真空热处理的特点是：工件在热处理过程中不氧化、不脱碳，表面光洁；减少氢脆、提高韧性；工件升温缓慢，截面温差小，热处理后变形小。

（3）形变热处理　形变热处理是将塑性变形和热处理有机结合在一起以提高材料力学性能的复合工艺。这种方法能同时收到形变强化与相变强化的综合效果，除可提高钢的强度外，还能在一定程度上提高钢的塑性和韧性。

形变热处理包括低温形变热处理与高温形变热处理。低温形变热处理是将钢件加热至奥氏体状态，保持一定时间后急速冷却至 A_{r1} 以下、M_s 以上某温度进行塑性变形，并随即进行淬火和回火；高温形变热处理是将钢件加热至奥氏体状态，保持一定时间后进行塑性变形，并随即进行淬火和回火，锻热淬火、轧热淬火均属于高温形变热处理，钢件经高温形变热处理后，塑性和韧性、抗拉强度和疲劳强度均有显著提高。

3.2　模具材料的基本性能要求

3.2.1　常规力学性能要求

模具材料的性能是由模具材料的成分和热处理后的组织所决定的。模具钢的基本组织是由马氏体基体以及基体上分布着的碳化物和金属间化合物等构成。

对各类模具钢提出的性能要求主要包括：硬度、强度、塑性和韧性等，以下分别予以介绍。

3.2.1.1 硬度

硬度表征了钢对变形和接触应力的抗力。硬度与强度有一定的关系，可通过硬度强度换算关系得到材料硬度值。按硬度范围划定的模具类别，如高硬度（52～60HRC），一般用于冷作模具，中等硬度（40～52HRC），一般用于热作模具。

钢的硬度与成分和组织均有关系，通过热处理，硬度可以在很宽范围内改变。如新型模具钢 012Al 和 CG-2 分别采用低温回火处理后硬度为 60～62HRC，采用高温回火处理后硬度为 50～52HRC，因此可用来制作硬度要求不同的冷、热作模具。因而这类模具钢可称为冷作、热作兼用型模具钢。

模具钢中除马氏体基体外，还存在更高硬度的其他相，如碳化物、金属间化合物等。表 3-1 为常见碳化物及合金相的硬度值。

表 3-1 常见碳化物及合金相的硬度值

合金相		硬度(HV)
铁素体		约 100
马氏体	w_C0.2%	约 530
	w_C0.4%	约 560
	w_C0.6%	约 920
	w_C0.8%	约 980
渗碳体(Fe_3C)		850～1100
氮化物		1000～3000
金属间化合物		500

模具钢的硬度主要取决于马氏体中溶解的碳量（或含氮量），马氏体中的含碳量取决于奥氏体化温度和时间。当温度和时间增加时，马氏体中的含碳量增多，马氏体硬度会增加，但淬火加热温度过高会使奥氏体晶粒粗大，淬火后残留奥氏体量增多，又会导致硬度下降。因此，为选择最佳淬火温度，通常要先作出该钢的淬火温度-晶粒度-硬度关系曲线。

马氏体中的含碳量在一定程度上与钢的合金化程度有关，尤其当回火时表现更明显。随回火温度的增高，马氏体中的含碳量在减少，但当钢中合金含量越高时，由于弥散的合金碳化物析出及残余奥氏体向马氏体的转变，所发生的二次硬化效应越明显，硬化峰值越高。

常用硬度测量方法有以下几种。

(1) 洛氏硬度（HR）是最常用的一种硬度测量方法，测量简便、迅速，数值可以从表盘上直接读出。洛氏硬度常用三种刻度，即 HRC、HRA、HRB，三种刻度所用硬度头、试验力及适用范围见表 3-2。

表 3-2 洛氏硬度试验范围

硬度符号	硬度头规格	试验力/N	应用范围
HRC	120°金刚石圆锥	1471	20～70
HRA	120°金刚石圆锥	588.4	20～88
HRB	ϕ1.588mm 钢球	980.6	20～100

(2) 布氏硬度（HB）用淬硬钢球或硬质合金钢球作硬度头，加上一定试验力压入工件表面，试验力卸掉以后测量压痕直径大小，再查表或计算，便得出相应的布氏硬度值，用符

号“HBS”（压头为钢球）或“HBW”（压头为硬质合金球）表示。布氏硬度测试主要用于退火、正火、调质等模具钢的硬度测定。

(3) 维氏硬度（HV）采用的压头是具有正方形底面的金刚石角锥体，锥体相对两面间的夹角为136°，硬度值等于试验力 F 与压痕表面积之比值。此法可以测试任何金属材料的硬度，但最常用于测定显微硬度，即金属内部不同组织的硬度。

三种硬度大致有如下的关系：HRC≈（1/10）HB，HV≈HB（当硬度小于400HBS时）。

3.2.1.2 强度

强度即钢材在服役过程中，抵抗变形和断裂的能力，对于模具来说则是整个截面或某个部位在服役过程中抵抗拉伸力、压缩力、弯曲力、扭转力或综合力的能力。

衡量钢材强度常用的方法是进行拉伸试验。对于模具钢，特别是含碳量高的冷作模具钢，因塑性很差，一般不用抗拉强度而是以抗弯强度作为使用指标，抗弯试验甚至对极脆的材料也能反映出一定的塑性。而且，弯曲试验产生的应力状态与许多模具工作表面产生的应力状态极相似，能比较精确地反映出材料的成分及组织因素对性能的影响。对于在压缩条件下工作的模具，还经常给出抗压强度。

在拉伸曲线图上有一个特殊点，当拉力达到这一点时，试棒在拉力不增加或有所下降的情况下发生明显伸长变形，称为屈服现象。呈现屈服现象的材料不用增加外力仍能继续伸长时的应力称为这种材料的屈服点。而当外力去除后不能恢复原状的变形，这部分变形被保留下来，称为永久变形或塑性变形。屈服点是衡量模具钢塑性变形抗力的指标。对模具材料要求具有高的屈服点，如果模具产生了塑性变形，那么模具加工出来的零件尺寸和形状就会发生变化，产生废品，模具也就失效了。

3.2.1.3 塑性

模具钢塑性较差，尤其是冷变形模具钢，在很小的塑性变形时即发生脆断。通常采用断后伸长率和断面收缩率两个指标来衡量模具钢塑性的好与差。

断后伸长率是指拉伸试样拉断以后长度增加的相对百分数，以 δ（或 A）表示。断后伸长率 δ 数值越大，表明钢材塑性越好。热模钢的塑性明显高于冷模钢。

断面收缩率是指拉伸试棒经拉伸变形和拉断以后，断裂部分截面的缩小量与原始截面之比，以 ψ（或 Z）表示。塑性材料拉断以后有明显的缩颈，所以 ψ 值较大。而脆性材料拉断后，截面几乎没有缩小，即没有缩颈产生，ψ 值很小，说明塑性很差。

3.2.1.4 韧性

韧性是模具钢的一种重要性能指标，韧性决定了材料在冲击试验力作用下对破裂的抗断能力。材料的韧性越高，脆断的危险性越小，热疲劳强度也越高。

为了提高钢的韧性，必须采取合理的锻造及热处理工艺。锻造时应使碳化物尽量打碎，并减少或消除碳化物偏析，热处理淬火时防止晶粒过于长大，冷却速度不要过高，以防内应力产生。模具使用前或使用过程中应采取一些措施减少内应力。

3.2.2 特殊性能要求

如前面所述，由于模具种类繁多，工作条件差别很大，因此模具的常规性能及相互配合要求也各不相同，而且某种模具实际性能与试样在特定条件下测得的数据也不一致。所以，除测定材料的常规性能外，还必须根据所模拟的实际工况条件，对模具使用特性进行测量，并对模具的特殊性能提出要求，建立起正确评价模具性能的体系。

对热作模具除要求室温及高温条件下的硬度、强度、韧性外，还要求具有某些特殊性能如热稳定性、回火稳定性、热疲劳抗力及断裂韧度、高温磨损与抗氧化性能、耐磨性能、断裂抗力、抗咬合能力及抗软化能力等，这里不再一一赘述。

3.3 模具常用钢及其化学成分

根据用途一般模具材料可分为三大类：塑料模具钢、冷作模具（主要有冷冲压、冷挤压模具等）钢和热作模具（主要有压铸模具等）钢。

3.3.1 塑料模具常用钢及其化学成分

按钢种类型，塑料模具钢一般包括：低碳低合金钢、碳素结构钢、合金结构钢、合金工具钢、析出硬化钢和马氏体时效钢等。

3.3.1.1 低碳低合金钢

这类钢的退火硬度较低，经冷挤压成型后进行渗碳及淬火处理，使模具具有一定的硬度、强度和耐磨性，表面性能接近4Cr5MoSiV热模钢的水平。

由于这类模具系冷挤压成型，无须再进行切削加工，故具有制模周期短，便于批量加工、精度高等优点。国外常用低合金塑料模具钢的牌号及成分见表3-3。

表3-3 国外塑料制品模具用低合金钢化学成分 单位：%（质量分数）

国别	钢号	C	Mn	Si	Cr	Ni	Mo	V
美国	P1	0.10	0.3	0.3				
	P2	0.07	0.3	0.3	2.0	0.2	0.2	
	P4	0.07	0.3	0.3	5.0			
	P6	0.10	0.3	0.3	1.5	3.5		
德国	WEExtra	0.10	0.4	0.3				
	WES	0.06	0.3	0.2	5.0			
	CNS2H	0.20	0.2	0.3	1.2	3.8	0.2	
日本	CH_1	<0.06	<0.3	<0.2				<0.10
	CH_2	0.07	0.3	0.2	2.0	0.5	0.2	
	CH_{41}	<0.06	<0.3	<0.2	5.0		0.9	0.3

3.3.1.2 碳素结构钢

国外通常采用含碳质量分数为0.5%～0.6%的碳素钢（如日本的S55C），国内常采用45钢，适用于批量生产一般热塑性塑料制品的模具。

随着塑料制品精密化，形状复杂及大型化，成型方法的高速化，碳素结构钢日益被合金钢及高合金钢所替代。如日本爱知钢厂为了改善S55C碳素结构刚的淬透性，在钢中添加w_{Cr}1%而研制成功一种AUK1钢。

3.3.1.3 调质预硬钢及易切削预硬钢

这类钢碳质量分数w_C在0.3%～0.5%之间，并含有一定量的Cr、Mn、V、Ni等合金元素，以保证钢具有较高的淬透性。这类钢经淬火、回火调质预处理后，可获得均一的组织和所需硬度。

预硬钢是指以预硬态供货，一般不需进行热处理的一类塑料模具钢。调质预硬钢4Cr5MoSiV1（H13），较其他预硬钢有较高的耐热性能，适用于聚缩醛、聚酰胺（尼龙）树脂制品件的注射成型模具，经预处理后，硬度为45～50HRC。

为改善钢的切削加工性能，在钢中加入S、Se、Ca等易切削元素，研制成易切削塑料模具钢，如日本在DKA（相当SKD61）钢中加入w_{Se}0.10%～0.15%而研制成功DKA-F钢，既保持了钢经调质后的高硬度（39～43HRC），又具备了良好的切削加工性能，适用于对尺寸精度有要求的大型塑料模具。典型钢号见表3-4。

表3-4 塑料模具用合金调质预硬钢化学成分 单位：%（质量分数）

类型	钢号	C	Mn	Si	Cr	Ni	Mo	V	S
SCM440 SCM445 系	P20	0.30～0.35	1.0	0.3	1.25		0.35	0.15	
	PDS3	0.45	0.9	0.25	1.10		0.25		
	CM4	0.38～0.43	0.6～0.85	0.15～0.35	0.9～1.2		0.2～0.4		
	HPM2	专利(相当AISIP20改良钢)							
	AUK11	C0.4-Mn-Cr-Mo							
SKT4系	6F5	0.5～0.6	0.7～1.0	<0.35	1.0～1.4	1.7～2.0	0.25～0.50	0.1～0.3	
	A.M.S.	0.55	0.70	0.20	1.1	1.7	0.50	0.10	
	EMD	0.5～0.6	0.6～1.0	<0.35	0.7～1.0	1.5～2.0	0.2～0.5	0.1～0.2	
	PMF	0.48～0.58	0.7～1.3	0.15～0.35	0.8～1.3	1.6～2.3	0.2～0.4	<0.2	0.05～0.10
	KTV	0.5～0.6	0.7～1.0	<0.35	1.0～1.4	1.3～2.0	0.25～0.50	0.1～0.3	
SKD61 系	E38	0.38	0.4	1.0	5.0		1.1	0.4	
	DKA	0.35～0.42	0.2～0.5	0.9～1.2	4.75～5.25		0.85～1.3	0.4～0.8	
	KDA	0.32～0.42	0.3～0.5	0.8～1.2	4.5～5.5		1.0～1.5	0.8～1.2	
	8407	0.37	0.4	1.0	5.3		1.1	1.0	
	PFG	0.35～0.40	0.25～0.50	0.8～1.1	5.0～5.5		1.2～1.5	0.9～1.1	0.10～0.15
	DAC	0.30～0.40	<0.75	<1.5	4.8～5.5		1.2～1.6	0.5～1.0	
	TD3	0.45～0.55	0.6～0.8	0.2～0.4	3.0～3.5		0.8～1.2	0.2～0.4	

我国也研制成功一些含硫易切削预硬塑料模具钢，如8Cr2MnWMoVS（简称8Cr2S）、S-Ca复合易切削塑料模具钢5CrNiMnMoVSCa（简称5NiSCa）。表3-5为一些易切削预硬塑料模具钢的化学成分。

表3-5 一些易切削预硬塑料模具钢的化学成分 单位：%（质量分数）

钢号	C	Mn	Si	Cr	Ni	Mo	V	其他
PMF(日)	0.52	1.00	0.25	1.05	2.00	0.3	<0.20	S0.05～0.10
DKA-F(日)	0.38	0.80	<0.50	5.00		1.10	0.60	S0.08～0.13 Se0.10～0.15
PFG(日)	0.38	0.65	1.00	5.25		1.35	1.00	S0.10～0.15
40CrMnMoS86	0.40	1.50	0.30	1.90		0.2		S0.05～0.10
40CrMnMo7	0.40	1.50	0.30	1.90		0.2		Ca0.002
8Cr2MnWMoVS	0.80	1.50	≤0.40	2.45	W0.9	0.65	0.18	S0.08～0.15
5NiSCa	0.55	1.00	≤0.40	1.00	1.00	0.45	0.22	S0.06～0.15 Ca0.002～0.008

3.3.1.4 合金工具钢

为了提高模具型腔表面的抗剥落能力，对模具材料不仅要求具有一定的压缩强度，还要求高硬度、高耐磨性及一定的韧性。对于形状不太复杂的一般精度的塑料模具，通常采用含碳量高的合金工具钢，如 CrWMn（SKS31）、Cr12MoV（SKD11）等钢制造，这类钢的成分见表 3-6。

表 3-6 塑料模具用合金工具钢化学成分 单位：%（质量分数）

类型	钢号	C	Mn	Si	Cr	Ni	Mo	V	W
SKS31（相当 AISI O_1）系	Veresta	1.0	1.0	0.2	1.0				0.5～1.0
	GSS1	0.95～1.05	0.9～1.2	<0.35	0.9～1.2	<0.25			0.5～1.0
	KS3	0.9～1.0	0.9～1.2	<0.35	0.5～1.0				0.5～1.0
	GoA	0.9～0.95	1.15	0.32	0.5		0.2～0.3	Nb 0.04～0.10	0.5
	Eo-Super	0.9	1.2		0.5			0.2	0.5
	DF-2	0.9	1.2	0.3	0.5			1.0	0.5
SKD12（相当 AISI A_2）系	NR2	0.95～1.05	0.6～0.9	<0.40	4.0～5.0		0.8～1.2	0.2～0.5	
	KD12	0.95～1.05	0.6～0.9	0.2～0.4	4.5～5.5		0.8～1.2	0.2～0.5	
	XW-10	1.0	0.6	0.2	5.3		1.1	0.2	
SKD11（AISI D_2）系	NR1	1.4～1.6	<0.6	<0.4	11.0～13.0		0.8～1.2	0.2～0.5	
	AUD11								
	DC11	1.4～1.6	<0.6	<0.4	12.0		1.0	0.35	
	SLD	1.5			12.0		1.0	0.4	
	KD11V	1.45～1.60	0.3～0.6	<0.4	11.0～13.0		0.8～1.2	0.2～0.5	

3.3.1.5 时效硬化钢

时效硬化钢是指机械加工之后需再经时效处理才能进一步强化的一类塑料模具钢。时效硬化钢分马氏体时效钢和低镍时效钢两类，某些钢种的化学成分见表 3-7。

表 3-7 时效硬化钢的化学成分 单位：%（质量分数）

钢号	C	Mn	Si	Cr	Ni	Mo	Al	其他
MASI	<0.03	<0.1	<0.10	<0.10	18.5	4.95	0.10	Ti0.5～0.7 B0.003 Zr0.02 Co9
N3M	0.26	0.65	0.30	1.40	3.5	0.25	1.25	
N5M	0.23	0.45	0.30	1.40	5.5	0.75	2.25	V0.10～0.20
NAK55	0.15	1.55	≤0.3		3.25	0.3	1.05	Cu1.0
HPM1	0.15	1.00	<0.4	1.05	3.00		0.04	S0.10～0.15 Se0.006 Cu1.85
25CrNi3MoAl	0.25	0.65	0.35	1.60	3.50	0.30	1.30	
PMS	0.13	1.65	≤0.35		3.10	0.35	0.95	Cu1.0

MASI 是一种典型的马氏体时效钢，经 815℃固溶处理后，硬度为 28～32HRC，可进行

机械加工，再经 480℃时效，时效时析出 Ni_3Mo、Ni_3Ti 等金属间化合物，使硬度达到 48～52HRC。钢的强韧性高、时效时尺寸变化小、焊补性能好，但钢的价格昂贵，我国极少使用。

25CrNi3MoAl 是我国研制的一种低镍时效钢，成分与 N3M 相近，经 880℃淬火和 680～700℃高温回火后，硬度为 20～25HRC，可进行机械加工，再经 520～540℃时效，硬度达到 38～42HRC，时效是靠析出与基体共格的有序金属间化合物 NiAl 而得到强化。

我国研制的 PMS 钢成分与日本的 NAK55 相近，Cu 可起时效强化作用。为改善切削加工性，可加入 S0.1%。固溶处理温度为 850～900℃，硬度为 30～32HRC，经 490～510℃时效，硬度可达 40～42HRC。

时效硬化钢适于制作高精度塑料模具，透明塑料用模具等。

我国研制的新型低合金马氏体时效钢 06Ni6CrMoVTiAl 热处理变形小、研磨表面粗糙度低、固溶硬度低、切削加工性能好、改锻方便、热处理工艺简单、操作方便。还具有良好的综合力学性能、渗氮性能、焊接性能和一定的耐蚀性能。

3.3.1.6 耐蚀塑料模具钢

以聚氯乙烯（PVC）及 ABS 加抗燃树脂为原料的塑料制品，在成型过程中分解产生腐蚀性气体，会腐蚀模具，因此，要求塑料模具钢具有很好的耐蚀性能。国外常用耐蚀塑料模具钢有马氏体不锈钢和析出硬化型不锈钢两类。典型耐蚀塑料模具钢的化学成分见表 3-8 所示。

表 3-8 塑料模具用耐蚀钢的化学成分 单位：%（质量分数）

钢号	C	Mn	Si	Cr	Ni	Mo	Cu	备注
U630	≤0.07	<1.0	<1.0	15.5～17.5	3.0～5.0		3.0～5.0	Nb+Ta=0.15～0.45
PSL	≤0.07			17.0	4.5		3.0	Nb+Ta=0.3（添加特殊元素）
CT17-4PH	<0.07	<1.0	<1.0	15.5～17.5	3.0～5.0		3.0～5.0	Nb+Ta=0.15～0.45
KTS6UL（HRC29-34）	0.05			13.0	1.5			
STB	0.95～1.20	<1.0	<1.0	16.0～18.0				
SM3	0.95～1.20	<1.0	<1.0	16.0～18.0	<0.6	<0.75		
HPM38	Cr13%型+Mo 不锈钢							
Stavax	0.38	0.5	0.5	13.6				
U420	0.26～0.40	<1.0	<1.0	12.0～14.0				
STO	0.26～0.40	<1.0	<1.0	12.0～14.0				

3.3.2 冲压模具常用钢及其化学成分

冲压模具在工作中受到压力、磨损和冲击等，所以常用冲压模具钢一般碳的质量分数在 0.7%以上，有时达 2%，经适当处理后可获得较高的硬度（60HRC）并具有良好的耐磨性。按照化学成分、工艺性能及承载能力可以分为以下几类。

3.3.2.1 碳素工具钢

碳素工具钢的钢号及化学成分见表 3-9。

表 3-9 碳素工具钢的钢号及化学成分

序号	钢号	化学成分/%(质量分数)				
		C	Mn	Si	S	P
				≤		
1	T7	0.65～0.74	≤0.40	≤0.35	0.030	0.035
2	T8	0.75～0.84				
3	T8Mn	0.80～0.90	0.40～0.60			
4	T9	0.85～0.94	≤0.40			
5	T10	0.95～1.04				
6	T11	1.05～1.14				
7	T12	1.15～1.24				
8	T13	1.25～1.34				

若在钢号后面加 A，则代表高级优质钢，其中 S 含量≤0.02%，P 含量≤0.03%。模具钢常用的碳素工具钢为 T7A、T8A、T10A、T12A。

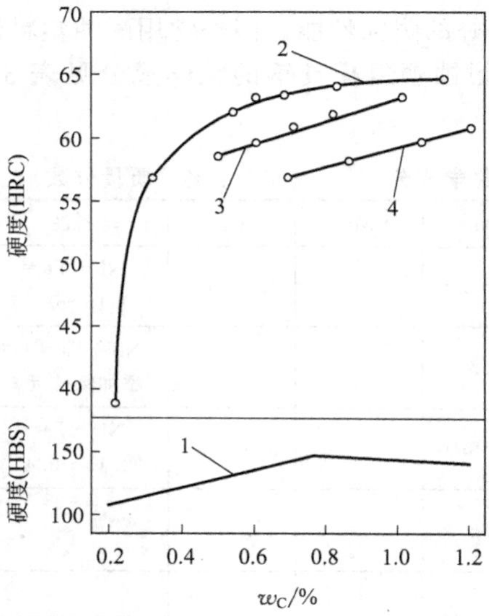

钢的硬度主要由含碳量决定，含碳越高硬度越高，如图 3-1 所示。

钢的耐磨性取决于硬度，当碳素工具钢硬度在 60～62HRC 以下时，耐磨性急剧下降。耐磨性也与钢中残余奥氏体量、形态及分布有关，一般情况下，含碳越高，耐磨性越好，如 T12 钢比 T10 钢耐磨性稍高。钢的韧性随含碳量的增加而逐渐下降，钢的强度随含碳量的增加而增加，当碳质量分数为 0.6%～0.7%时达最大值，随后降低，接近共析成分时，强度最低。含碳量继续增加，强度再次提高，但当含碳量超过 1.2%时，因渗碳体分布不均匀，强度又下降。

图 3-1 碳素工具钢硬度与含碳量关系
1—球化退火；2—ϕ5mm 工件 780～790℃水淬；3—ϕ15mm 工件 780～790℃水淬；4—ϕ5mm 工件 780～790℃加热，在 160～170℃盐浴炉等温停留 3min 后空冷

3.3.2.2 高碳低合金钢

高碳低合金钢是在碳素工具钢的基础上加入了适量的铬、钼、钨、钒、硅、锰等合金元素，但合金元素（总质量分数）一般在 5%以下。合金元素的加入提高了过冷奥氏体的稳定性，因此，可以降低淬火冷却速度，减少热应力和组织应力，减少淬火变形及开裂倾向，钢的淬透性也明显提高。常用钢号有：CrWMn、9Mn2V、9SiCr、GCr15、7CrSiMnMoV（CH-1）、6CrNiSiMnMoV（GD）等（表 3-10）。

表 3-10 高碳低合金钢的钢号及化学成分

序号	钢号	化学成分/%(质量分数)								
		C	Cr	Si	Mn	Ni	Mo	W	V	P、S
1	CrWMn	0.90～1.05	0.90～1.20	≤0.40	0.80～1.10			1.20～1.60		≤0.03
2	9Mn2V	0.85～0.95		≤0.40	1.70～2.00				0.10～0.25	≤0.03

续表

序号	钢号	化学成分/%(质量分数)								
		C	Cr	Si	Mn	Ni	Mo	W	V	P、S
3	9SiCr	0.85～0.95	0.95～1.25	1.20～1.60	0.30～0.60					≤0.03
4	7CrSiMnMoV (CH-1)	0.65～0.75	0.90～1.20	0.85～1.15	0.65～1.05		0.20～0.50		0.15～0.30	≤0.03
5	6CrNiSiMnMoV (GD)	0.64～0.74	1.00～1.30	0.50～0.90	0.70～1.00	0.70～1.00	0.30～0.60		约0.20	≤0.03

3.3.2.3 高耐磨模具钢

高耐磨模具钢主要包括Cr12型钢和高耐磨、高强韧性钢。主要有Cr12、Cr12MoV、Cr12MoV1（D2）、9Cr6W3Mo2V2（GM）、Cr8MoWV3Si（ER5）等几种（表3-11）。

表3-11 高耐磨模具钢的钢号及化学成分

序号	钢号	化学成分/%(质量分数)							
		C	Cr	Si	Mn	Mo	W	V	P、S
1	Cr12	2.00～2.30	11.50～13.00	≤0.40	0.80～1.10				≤0.03
2	Cr12MoV	1.45～1.70	11.00～12.50	≤0.40	1.70～2.00	0.40～0.60		0.15～0.30	≤0.03
3	Cr12MoV1(D2)	1.40～1.60	11.00～13.00	≤0.60	0.30～0.60	0.70～1.20		≤1.10	≤0.03
4	9Cr6W3Mo2V2 (GM)	0.86～0.96	5.60～6.40	≤0.40	≤0.40	2.00～2.50	2.80～3.20	1.70～2.20	≤0.03
5	Cr8MoWV3Si (ER5)	0.95～1.10	7.00～8.00	0.90～1.20	0.30～0.60	1.40～1.80	0.80～1.20	2.20～2.70	≤0.03

3.3.2.4 高强韧性模具钢

高耐磨模具钢具有较好的耐磨性、抗压强度、硬度等力学性能，但其韧性比较低，对于如中厚板冷冲模等要求高强韧性的模具使用中可能会发生脆断，影响模具寿命。高强韧性模具钢具有较佳的强韧性配合，此类钢包括基体钢、低合金高强度钢、降碳减钒的M2钢、马氏体时效钢等（表3-12）。

表3-12 高强韧性模具钢的钢号及化学成分

序号	钢号	化学成分/%(质量分数)								
		C	Cr	Si	Mn	Nb/Al/Ni	Mo	W	V	P、S
1	65Cr4W3Mo2VNb	0.60～0.70	3.80～4.40	≤0.35	≤0.40	0.20～0.35 (Nb)	2.00～2.50	2.50～3.00	0.80～1.10	≤0.03
2	7Cr7Mo2V2Si	0.68～0.78	6.50～7.50	0.70～1.20	≤0.40		1.90～2.50		1.70～2.20	≤0.03
3	5Cr4Mo3SiMnVAl	0.47～0.57	3.80～4.30	0.80～1.10	0.80～1.10	0.30～0.70 (Al)	2.80～3.40		0.80～1.20	≤0.03
4	7CrSiMnMoV	0.65～0.75	0.90～1.20	0.85～1.15	0.65～1.05		0.20～0.50		0.15～0.30	≤0.03
5	6CrNiSiMnMoV	0.64～0.74	1.00～1.30	0.50～0.90	0.70～1.00	0.70～1.00/ (Ni)	0.30～0.60		约0.20	≤0.03

3.3.2.5 其他类型模具钢

由于高速钢具有较高的硬度、抗压强度和耐磨性，采用低温淬火、快速加热淬火等工艺措施可以有效地改善其韧性。因此，高速钢越来越多地应用于要求高载荷、高寿命的冷作模具。常用的钢号有 W18Cr4V（18-4-1）、W6Mo5Cr4V2（6-5-4-2）、W12Mo3Cr4V3N（V3N）、6W6Mo5Cr4V（6W6）等（表 3-13）。

表 3-13 几种高速钢的化学成分

钢号	化学成分/%(质量分数)					
	C	Cr	W	Mo	V	其他
W18Cr4V	0.70～0.80	3.80～4.40	17.50～19.00		1.00～1.40	
W6Mo5Cr4V2	0.80～0.90	3.80～4.40	5.55～6.75	4.50～5.50	1.75～2.20	
W12Mo3Cr4V3N	1.10～1.25	3.50～4.10	11.00～12.50	2.50～3.50	2.50～3.10	w_N0.04～0.10
6W6Mo5Cr4V	0.55～0.65	3.70～4.30	6.00～7.00	4.50～5.50	0.70～1.10	

3.3.3 压铸模具常用钢及其化学成分

3.3.3.1 分类

压铸模具分锌合金压铸模具、铝合金压铸模具、铜合金压铸模具、黑色金属压铸模具。各类模具分别用于压铸锌合金（或镁合金）、铝合金、铜合金或黑色金属（钢铁）铸件。压铸件中以铝合金压铸件需求量最大，锌合金及铜合金次之。

锌合金的熔点为 400～430℃，铝合金的熔点为 580～740℃，镁合金的熔点为 630～680℃，铜合金的熔点为 900～1000℃，钢的熔点为 1450～1540℃。由于被压铸材料的温度相差很大，因而选用模具材料也不相同。

3.3.3.2 国外压铸模具用钢

表 3-14、表 3-15、表 3-16 分别列出了美国、德国、俄罗斯压铸模用钢的化学成分及应用范围，由表可见，对于铜合金压铸模镶块材料，国外大多采用 3Cr2W8V 钢，也有采用附加钴 2%～5%、或镍 2%的钢；对铝镁合金压铸模镶块，大多采用铬钼系热模钢，如美国的 H-11、H-12、H-13，德国的 X38CrMoV51，日本的 SKD6 和 SKD61。俄罗斯采用铬钨系热模钢 4Cr5W2VSi。

表 3-14 美国压铸模用钢的化学成分和用途

类别	钢号	化学成分/%(质量分数)						用途	相应钢号
		C	Cr	Mo	V	W	其他元素		
Ⅰ	P-20 P-3	0.30 0.10	0.75 0.60	0.25			1.25Ni	压铸锌合金镶块	30CrMo 10CrNi
Ⅱ	H-11 H-12 H-13 H-14 P-4	0.35 0.35 0.35 0.40 0.07	5.0 5.0 5.0 5.0 5.0	1.50 1.50 1.50	0.40 0.40 0.10	1.50 5.0		压铸铝镁合金的镶块 P-4 钢用于经受挤压的镶块	4Cr5MoVSi 4Cr5MoWVSi 4Cr5MoVSi 4Cr5W5 0Cr5
Ⅲ	H-20 H-21 CO-W	0.35 0.35 0.30	2.0 3.5 4.0		1.0	9.0 9.0 4.0	5.0Co	压铸铜合金镶块	3Cr2W8 3Cr2W9V 3Cr4W4CO5V
Ⅳ	H-26 H-42 氮化钢 4140	0.50 0.60 0.35 0.40	4.0 4.0 1.25 0.90	5.0 2.0 0.25	1.0 2.0	18.0 6.0	1.25Al 0.90Si	推杆、型芯、滑块、座板	5W18Cr4V 6Cr4Mo5W6V2 35CrMoAl 40CrSiMo

表 3-15 德国压铸模用钢的钢号、用途以及硬度和强度

钢号	用途	硬度（HBS）	σ_b/MPa	相应钢号	备注
1740 2311	座板、圈套等	205～250 265～320	700～850 900～1000	60 4Cr2Mn2V	适用于高载荷
2323 2343 2341 2567	压铸锌合金镶块	320～455 320～455 235～320 375～455	1100～1400 1100～1400 800～1100 1300～1600	4Cr5MoV 4Cr5MoVSi 10Cr4Mo 3Cr2W4V	1. 2343 钢和 2567 钢用于细型芯 2. 2341 钢用于经受冷挤压的镶块
2343 2606 2567 2365 2581	压铸铝、镁合金镶块	405～455 405～455 375～430 450～455 375～430	1400～1600 1400～1600 1300～1500 1400～1600 1300～1500	4Cr5MoVSi 4Cr5MoWVSi 3Cr2W4V 3Cr3Mo3V 3Cr2W9V	2365 钢和 2581 钢用于直径 15mm 的型芯

表 3-16 俄罗斯压铸模零件所采用的钢号

压模零件名称	在压铸下列材料时采用的钢号			
	锡铅合金	锌合金	铝镁合金	铜合金
凹模	y8A～y10A	5XHM 5XHB	5XHM 3X2B8Φ 4X2B8Φ 716	3X2B8Φ 4X2B8Φ ∋$_H$121
具有镶块的凹模	y8A～y10A	5XHM 7X3	3X2B8Φ 4XBC 5XHM	3X2B8Φ 4XBC 5XBC
镶块	y8A～y10A	5XHM 4XHM	3X2B8Φ ∋$_H$121 4X2B8Φ	3X2B8Φ 4XBC X12M
分流器	4X2B8Φ	4X2B8Φ	3X2B8Φ 4X2B8Φ 4XBC	X12M 3X2B8Φ
型芯	y8A～y10A	4X2B8Φ 5XHM	4XBC 4X2B8Φ	3X2B8Φ X12M
推杆 衬套	y8A～y10A	y8A～y10A	y10A 3X2B8Φ	10A 3X2B8Φ

3.4 模具常用钢的热处理规范

3.4.1 塑料模具专用钢的热处理规范

塑料模具按生产方式可分为注塑成型模、挤出成型模、热压成型模等。根据塑料的类型及对成型塑料制品的尺寸、精度、质量、数量的要求，并考虑已有的生产条件，可以选用不同类型的塑料模具钢。

我国目前用于塑料模具的钢种可按照钢材特性和使用时的热处理状态分类见表 3-17。

表 3-17 塑料模具用钢分类

序号	类别	主要钢种
1	碳素型	SM45、SM50S、M55
2	渗碳型	20、20Cr、20Mn、12CrNi3A、20CrNiMo、DT1、DT2、0Cr4NiMoV
3	调质型	45、50、55、40Cr、40Mn、4Cr5MoSiV、38CrMoAlA
4	淬硬型	T7A、T8A、T10A、5CrNiMo、9SiCr、GCr15、3Cr2W8V、Cr12MoV、45Cr2NiMoVSi、6CrNiSiMnMo(GD)
5	预硬型	3Cr2Mo、Y20CrNi3AlMnMo（SM2）、5NiSCa、Y55CrNiMnMoV（SM）、4Cr5MoSiVS、8Cr2MnWMoVS(8CrMn)
6	耐蚀性	3Cr13、2Cr13、Cr16Ni4Cu3Nb(PCR)、1Cr18Ni9、3Cr17Mo、0Cr17NiCu4Nb(74PH)
7	时效硬化型	18Ni140 级、18Ni170 级、18Ni210 级、10Ni3MnCuAl（PMS）、18Ni9Co、06Ni16MoVTiAl、25CrNi3MoAl

从模具制造所要求的工艺性能和模具的使用性能考虑，塑料模具钢与冷作、热作模具钢有一定的区别，因此近年来，国外已经形成一个专用的塑料模具钢系列，国内也正向这个方向发展。下面介绍几种最常用塑料模具钢的热处理规范。

3.4.1.1 3Cr2Mo（P20）钢

P20 钢是我国引进的美国塑料模具常用钢，这种钢在国际上得到了广泛的应用，其综合力学性能较好、淬透性高，可以使截面尺寸较大的钢材获得较均匀的硬度。P20 钢具有很好的抛光性能，制成模具的表面粗糙度值低。用该钢制造模具时一般先进行调质处理，硬度为 28～35HRC（即预硬化），再经冷加工制成模具后可直接使用，这样既保证了模具的使用性能，又避免了热处理引起模具的变形。因此，该钢种适于制造大、中型和精密塑料模具以及低熔点合金（如锡、锌、铅合金）压铸模具等。

（1）热加工　3Cr2Mo 钢锻造工艺规范见表 3-18。

表 3-18 3Cr2Mo 钢锻造工艺规范

项目	加热温度/℃	始锻温度/℃	终锻温度/℃	冷却方式
钢锭	1180～1200	1130～1150	≥850	坑冷
钢坯	1120～1600	1070～1100	≥850	砂冷或缓冷

（2）预备热处理

① 等温退火。加热温度为 840～860℃，保温 2h；等温温度 710～730℃，保温 4h，炉冷至 500℃以下出炉空冷，硬度≤229HBS。

② 高温回火。加热温度为 720～740℃，保温 2h；炉冷至 500℃以下出炉空冷。

（3）淬火和回火

① 推荐的淬火工艺规范：淬火温度为 850～880℃，油冷，硬度为 50～52HRC。

② 推荐的回火工艺规范：回火温度为 580～640℃，空冷，硬度为 28～36HRC。

（4）化学热处理　P20 钢经渗碳、渗氮、氮碳共渗或离子渗氮后抛光，表面粗糙度值 *Ra* 可以降低到 0.03μm 左右，模具表面光亮度可以进一步提高，且模具的使用寿命也将得到很大提高。

3.4.1.2 Y55CrNiMnMoVS（SM1）钢

SM1 钢是我国研制的含 S 系易切削塑料模具钢，其特点是预硬态交货，预硬硬度为 35～40HRC，在此硬度下仍具有较好的切削加工性，模具加工后不再进行热处理，可直接使用。

另外此钢还具有耐蚀性好和可渗碳等优点。

SM1 钢中加入 Ni，起固溶强化作用并增强韧性；加入 Mn 与 S 形成切削相 MnS；加入 Cr、Mo、V，增强钢的淬透性，同时能起强化作用。

目前含 S 易切削预硬钢在印刷电路板凸凹模、胶木线路板孔模、精密冲压导向板及热固性塑料模具等方面的应用已取得了良好的效果。实践证明，SM1 模具钢镜面抛光性能良好，表面粗糙度值 *Ra* 可达 0.1μm 以下，模具的精度较高，可以取得并已部分取代了日本和瑞士进口的塑料模具钢。

(1) 热加工　SM1 钢锻造工艺规范见表 3-19。

表 3-19　SM1 钢锻造工艺规范

加热温度/℃	始锻温度/℃	终锻温度/℃	冷却方式
1150	1050～1100	≥850	缓冷，需球化退火

(2) 预备热处理　等温球化退火：加热温度 810℃，保温 2～4h；等温温度为 680℃，保温 4～6h；炉冷至 550℃出炉空冷，退火后硬度为不超过 235HRS。

(3) 淬火及回火　淬火温度为 800～860℃，油冷，硬度为 57～59HRC。回火温度为 620～650℃，硬度为 40HRC。

(4) 力学性能　SM1 钢 840℃油淬、620℃回火后的力学性能见表 3-20。

表 3-20　SM1 钢 840℃油淬、620℃回火后的力学性能

性能	测试值	性能	测试值
硬度(HRC)	35～40	磨削应力/MPa	7.11
σ_b/MPa	1049～1176	磨削比	19.43
σ_s/MPa	1020～1156	表面粗糙度 *Ra*/μm	0.27
δ/%	14.5～15.8	抛光阻应力/MPa	0.84
Ψ/%	40.3～53	抛光表面粗糙度 *Ra*/μm	0.029
a_k/J·cm^{-2}	62～67.6		

(5) 实际应用　SM1 钢生产工艺简便易行，性能优越稳定、使用寿命长。部分模具的使用寿命见表 3-21。

表 3-21　部分模具的使用寿命

模具名称	原用材料	寿命	选用材料	寿命
量角器，三角尺模	38CrMoAl	5 万件，报废	SM1	30 万次，尚完好无损
长命牌牙刷模	45	43 万件，报废	SM1	259 万支，开始修模
纱管模	CrWMn、45	10 万件，报废	SM1	40 万次，开始修模
出口玩具模	718、8407	—	SM1	满足出口要求
出口向日牌保温瓶模	45	5 万件	SM1	30 万次，满足出口要求
出口香港玩具模具	指定用预硬钢	—	SM1	满足出口要求
电路板冲模	CrWMn	—	SM1	用户满意

3.4.1.3　8Cr2MnWMoVS (8Cr2S)、38CrMoAl 钢

8Cr2S 钢属易切削精密塑料模具钢，主要用于精密塑料模和薄板无间隙精密冲裁模。其成分设计采用了高碳多元少量合金化原则，以 S 作为易切削元素，8Cr2S 钢作为预硬钢适于

制造各种类型的塑料模具，配合精度较其他合金工具钢模具高1～2个数量级，表面粗糙度水平高1～2级，使用寿命普遍高2～3倍，有的模具使用寿命高十几倍。

38CrMoAl钢属超高强度钢，具有高的耐磨性和抗疲劳强度，但淬透性不高，只能淬透30mm，冷变形塑性低、焊接性差。38CrMoAl钢为高级渗氮钢，有很好的渗氮性能和力学强度，渗氮处理后有较高的表面强度，即使过热也难软化，并有高的抗疲劳强度，这种钢在高的渗氮温度保温和缓冷过程中也没有回火脆性，并有良好的耐磨性以及好的耐腐蚀性。

这种钢适宜以预硬状态制造模具（25～40HRC），然后进行渗氮处理，这样既保证了模具基体的综合力学性能又提高了模具表面的耐磨性，而且钢的渗氮层还有良好的抗疲劳强度、抗擦伤能力和抗咬合性，并有一定的耐磨性。

38CrMoAl钢适宜制作要求高的耐磨性、抗疲劳强度以及处理后尺寸精确的渗氮零件，一般在调质及渗氮后使用。

（1）热加工　38CrMoAl钢锻造工艺规范见表3-22。

表3-22　38CrMoAl钢锻造工艺规范

加热温度/℃	始锻温度/℃	终锻温度/℃	冷却方式
1200	1180	≥850	＞ϕ75mm缓冷

（2）预备热处理

① 退火。加热温度为840～870℃，炉冷，硬度≤229HBS。

② 正火。加热温度为930～970℃，空冷。

③ 高温回火。加热温度为700～720℃，空冷，硬度≤229HBS。

（3）淬火及回火　淬火温度为930～950℃，油冷，硬度≥55HRC。回火温度为600～680℃，硬度为241～321HBS。回火温度与硬度的关系见表3-23。

表3-23　38CrMoAl钢回火温度与硬度的关系

回火温度/℃	淬火后	200	300	400	500	550	600	650
硬度(HRC)	56	55	51	45	40	35	31	30

注：940℃油冷。

（4）渗氮　渗氮温度为500～600℃，表面硬度≥1000HV。

3.4.1.4　0Cr16Ni4Cu3Nb（PCR）钢

PCR钢是一种马氏体沉淀硬化不锈钢，因其含碳量低，耐腐蚀性和焊接性都优于马氏体性不锈钢，而接近于奥氏体不锈钢。PCR钢热处理工艺简单，固溶处理后可获得单一的板条状马氏体组织，硬度为32～35HRC，具有良好的切削加工性能。该钢加工成型后在460～480℃进行时效处理，由于马氏体基体析出富铜相，使强度和硬度进一步提高，同时获得较好的综合力学性能。PCR钢经过时效处理后，工件仅有微量变形，抛光性能好，抛光后可在300～400℃温度下进行PVD表面离子镀处理，处理后可获得大于1600HV的表面硬度。因此，PCR钢适于制造高耐磨、高精度和耐腐蚀的塑料模具、如氟塑料或聚氯乙烯成型模。

（1）热加工　PCR钢锻造工艺规范见表3-24，PCR钢的可锻性与含铜量有关，当$w(Cu)\leqslant 3.5\%$时的可锻性良好，当$w(Cu)\geqslant 4.5\%$，锻造易开裂。该钢的锻造温度范围较窄，锻造时要充分热透。

表3-24　PCR钢锻造工艺规范

加热温度/℃	始锻温度/℃	终锻温度/℃	冷却方式
1180～1120	1100～1150	≥1000	＞ϕ75mm缓冷

(2) 固溶处理　固溶温度为1050℃，空冷，硬度为32～35HRC。基体组织为低碳马氏体，在此硬度下可进行切削加工。PCR钢的淬透性很好，在ϕ100mm断面上硬度分布均匀。

(3) 时效处理　时效温度为420～480℃，推荐时效温度460℃，时效处理硬度为42～44HRC。时效后变形率较低，径向为－0.04%～－0.05%，轴向为－0.037%～0.04%。

(4) 力学性能　PCR钢时效处理后的力学性能见表3-25。

表3-25　PCR钢时效处理后的力学性能

热处理工艺	σ_b/MPa	σ_s/MPa	σ_{sc}/MPa	δ_5/%	ψ/%	a_k/J·cm^{-2}	硬度(HRC)
950℃固熔,460℃时效	1324	1211	—	13	55	50	42
1000℃固熔,460℃时效	1334	1261	—	13	55	50	43
1050℃固熔,460℃时效	1355	1273	1424	13	56	47	43
1100℃固熔,460℃时效	1391	1298	—	15	45	41	45
1050℃固熔,460℃时效	1428	1324	—	14	38	28	46

3.4.1.5　1Ni3Mn2CuAlMo（PMS）钢

PMS钢是一种低碳的镍铜铝合金钢，是新型时效硬化型镜面塑料模具钢，具有优良的镜面加工性能，良好的冷热加工性能、电加工性能和综合力学性能。经固溶处理和时效热处理后，基体为贝氏体＋马氏体双相组织，热处理变形小，热处理工艺简便。固溶淬火后的硬度在30HRC左右，便于机械加工，在机械加工后进行时效处理，即可获得40～50HRC的较高硬度，最后进行抛光处理，模具表面得到镜面光亮度。PMS钢具有洁净耐蚀性能，图案雕刻性能佳，是理想的光学透明塑料制品的成型模具材料。

PMS钢含有一定量的Al，因此特别适于进行表面渗氮和渗碳处理，处理后模具的表面硬度可达1000HV以上，适于制造工程塑料制品的成型模具。PMS钢一般采用电炉冶炼加电渣重熔，淬透性好，具有良好的综合力学性能，适于制造高镜面光亮度的塑料模具及高外观质量的家用电器塑料模具。

(1) 热加工　PMS钢锻造工艺规范见表3-26。

表3-26　PMS钢锻造工艺规范

项目	装炉温度/℃	加热温度/℃	始锻温度/℃	终锻温度/℃	冷却方式
钢锭	<800	1140～1180	1080～1130	≥900	缓冷
钢坯	<900	1120～1160	1050～1100	≥850	空冷

锻后空冷或砂冷，不必退火即可进行机械加工。

(2) 预备热处理　钢材退火工艺：加热温度为750～770℃，保温2～4h；炉冷至600℃出炉空冷。

(3) 固溶处理　固溶温度为840～900℃，一般取870℃，保温3h；空冷，固溶硬度为28～33HRC。固溶处理的目的是为了使合金元素在基体内充分溶解，使固溶体均匀化并达到软化，便于切削加工。

(4) 时效处理　时效温度为500～520℃，时效时间为4～8h，硬度为40～43HRC。时效处理是为了保证钢的最终使用性能，通过时效处理得到40～45HRC的较高硬度，提高模具的耐磨性。表3-27为PMS钢不同温度时效处理后的硬度。

表3-27　PMS钢不同温度时效处理后的硬度

时效温度/℃	280	300	400	450	500	520	550	600
硬度(HRC)	32	33	37	40	43	40	35	30

注：870℃固溶。

（5）力学性能　不同温度及不同处理状态时PMS钢的力学性能见表3-28～表3-30。

表3-28　不同温度时PMS钢的力学性能

时效温度/℃	σ_s/MPa	σ_b/MPa	δ/%	ψ/%	a_k/J·cm^{-2}
400	1044.41	1128.75	16.2	62.9	49.25
450	1193.47	1303.3	14.6	49.7	11.82
510	1256.23	1331.74	14.7	47.8	21.67
550	1103.25	1167.0	15.7	46.6	37.43
600	835.53	943.4	18.4	64.1	94.56

注：850℃固溶。

表3-29　PMS钢高温力学性能

实验温度/℃	σ_s/MPa	σ_b/MPa	δ/%	ψ/%
300	905.15	1019.9	26.0	562
400	812.0	870.83	24.0	74.0
500	619.78	659.0	21.6	78.8

注：850℃固溶后，时效温度500℃，时效时间2h。

表3-30　PMS钢不同处理状态的力学性能

热处理工艺	σ_b/MPa	$\sigma_{0.2}$/MPa	δ_5/%	ψ/%	硬度(HRC)
(850±20)℃淬火，空冷	1017.1	839.6	15.4	551	31.5
(850±20)℃淬火，空冷，510℃回火	1300.5	1026.9	13.3	45.0	43
(850±20)℃淬火，空冷，600℃软化	798.4	699.3	21.0	60.0	25.3
(850±20)℃淬火，600℃软化，510℃回火	1095.5	991.6	17.3	49.8	39
850℃固溶，530℃回火	1292.7	1191.6	14.6	52.7	41.8
870℃固溶，510℃回火	1304.4	1169	16.0	49.2	43.5

3.4.2　冷冲压模具常用钢的热处理规范

（1）冷冲压模具的制造工艺路线　模具的成型加工和热处理工序安排对模具的质量有很大的影响，在制定与实施热处理工艺时，必须予以考虑。

通常冷冲压模具的制造工艺路线有以下几种。

① 一般成型冷作模具：锻造→球化退火→机械加工成型→淬火与回火→钳修装配。

② 成型磨削及电加工冷作模具：锻造→球化退火→机械粗加工→淬火与回火→精加工成型（凸模成型磨削，凹模电加工）→钳修装配。

③ 复杂冷作模具：锻造→球化退火→机械粗加工→高温回火与调质→机械加工成型→钳工修配。

在热处理工艺安排上要注意以下几点。

① 对于位置公差和尺寸公差要求严格的模具，为减少热处理变形，常在机械加工之后安排高温回火或调质处理。

② 对于线切割加工模具，由于线切割加工破坏了淬硬层，增加淬硬层脆性和变形开裂的危险，因而，线切割加工之前的淬火、回火常采用分级淬火或多次回火和高温回火，以使淬火应力处于最低状态，避免线切割时变形、开裂。

③ 为使线切割模具尺寸相对稳定，并使表层组织有所改善，工件经线切割后应及时进行再回火，回火温度不高于淬火后的回火温度。

（2）冷作模具的淬火　淬火是冷作模具的最终热处理中最重要的操作，它对模具的使用性能影响极大，主要的工艺问题有以下几个方面。

① 合理选择淬火加热温度。既要使奥氏体中固溶一定的碳和合金元素，以保证淬透性、淬硬性、强度和热硬性，又要有适当的过剩碳化物，以细化晶粒，提高模具的耐磨性并保证模具具有一定的韧性。

② 合理选择淬火保温时间。生产中通常采用到温入炉的方式加热，其淬火温度时间是指从仪表指示到达给定的淬火温度起，至工件出炉为止所需时间。常用以下经验公式确定：

$$t=\alpha D$$

式中　t——淬火温度时间，min 或 s；

α——加热系数，$\mathrm{min \cdot mm^{-1}}$或$\mathrm{s \cdot mm^{-1}}$，表 3-31 为常用钢的加热系数；

D——工件有效厚度，mm。

表 3-31　常用钢的加热系数

工件材料	工件直径/mm	<600℃箱式电阻炉中预热	750～850℃盐浴炉中加热或预热	800～900℃箱式或井中电阻炉中加热	1100～1300℃高温盐浴炉中加热
碳钢	≤50 >50	—	0.3～0.4 0.4～0.5	1.0～1.2 1.2～1.5	—
低合金钢	≤50 >50	—	0.45～0.50 0.50～0.55	1.2～1.5 1.5～1.8	—
高合金钢	—	0.35～0.40	0.30～0.35	—	0.17～0.20
高速钢	—	—	0.30～0.35	—	0.16～0.18

实际热处理时，必须根据具体情况分析。例如，有些模具零件要快速加热，短时保温；有些需充分加热和保温，特别是复杂模具更要综合考虑各种影响因素，并通过实验来确定淬火保温时间。

③ 合理选择淬火冷却介质。高合金冷作模具钢因其淬透性好，可用较缓的冷却介质淬火，如气冷、油冷、盐浴分级淬火等；为了保证碳素工具钢模具和低合金工具钢模具足够的淬硬层深度，同时减少淬火变形和防止开裂，常采用双介质淬火，如水-油淬火、盐水-油淬火、油-空冷淬火、硝盐-空冷淬火等。还可以采用一些新型的淬火冷却介质，如三硝水溶液（三种硝盐混合的过饱和水溶液）、氯化锌-碱溶液和氯化钙水溶液等，以简化淬火操作，提高淬火质量。

④ 采用合适的淬火加热保护措施。氧化和脱碳严重降低模具的使用性能，淬火加热时必须采用防护措施。通常防氧化、脱碳的方法有如下几种。

a. 装箱保护法。在箱内或沿箱四周填充保护剂，常用的保护剂有木炭、旧的固体渗碳剂和铸铁屑等。

b. 涂料保护法。采用刷涂、浸涂和喷涂等方法把保护涂料涂敷在模具表面，形成致密、均匀、完整的涂层。涂料配比一般为：耐火黏土 10%～30%；玻璃粉 70%～90%，再向每千克混合料中加水 50～100g，拌匀后使用。使用时，涂层厚 0.1～1mm 即可。涂料有商品可购，应用时应注意其适合温度和钢种。

c. 包装保护法。国内现用两种方法：一是将模具放入厚度约为 0.1mm 的不锈钢箔内，并加入一小包专门的保护剂，然后将袋口像信封口一样封好即可加热，淬火时将模具零件由袋内取出淬火；另一种是采用防氧化、脱碳薄膜，成分是硼酸、玻璃料和橡胶黏结剂，可以折叠，使用时只要用薄膜将工件包住，即可加热。这种薄膜在300℃左右就开始熔化变成一层黏稠状的保护膜，淬火时自动脱落，工件淬火后表面呈银白色，保护效果良好。

d. 盐浴加热法。它是模具淬火加热的主要方式之一，具有加热速度快而均匀、不易氧化脱碳的优点。

（3）冷冲压模具的热处理特点　冲压模的工作条件、失效形式、性能要求不同，其热处理特点也不同。

① 对于薄板冲裁模，应具有较高的精度和耐磨性，在工艺上应保证模具热处理变形小、不开裂和高硬度。典型薄板冲裁模的热处理工艺规范可参考表3-32。

表3-32　典型薄板冲裁模的热处理工艺规范

<table>
<tr><th>钢材及特点</th><th colspan="8">热处理工艺规范</th></tr>
<tr><td rowspan="8">碳素工具钢淬透性差、耐磨性低、热处理操作难度大、淬火变形，开裂难以控制</td><td colspan="8">1. 双液淬火工艺</td></tr>
<tr><td rowspan="2">钢号</td><td rowspan="2">淬火温度/℃</td><td rowspan="2">预冷时间/s·mm⁻¹</td><td rowspan="2">水淬规程</td><td rowspan="2">油冷规程</td><td colspan="3">下列硬度的回火温度/℃</td></tr>
<tr><td>60～62HRC</td><td>58～61HRC</td><td>54～58HRC</td></tr>
<tr><td>T7A</td><td>780～820</td><td rowspan="3">1～2</td><td rowspan="3">质量分数为5%～10%的NaCl水溶液1s/mm</td><td rowspan="3">100～120℃热油</td><td>140～160</td><td>160～180</td><td>210～240</td></tr>
<tr><td>T8A</td><td>760～800</td><td>150～170</td><td>180～220</td><td>220～260</td></tr>
<tr><td>T10A</td><td>770～810</td><td>160～180</td><td>200～220</td><td>240～270</td></tr>
<tr><td colspan="8">2. 碱浴淬火工艺
T10A：830℃加热，预冷170℃碱浴冷却1min后油冷，硬度为63～64HRC
3. 碱水-硝盐复合淬火工艺
T8A：780～800℃加热，在质量分数为10%的NaOH水溶液中冷却8s，170℃硝盐中保温7min，硬度为59～62HRC（刃口部分）</td></tr>
<tr></tr>
<tr><td>低变形冷作模具钢9Mn2V、CrWMn、9CrWMn、MnCrWV等淬火工艺易操作，淬裂和变形敏感性小、淬透性高、淬火型腔易胀大、尖角处易开裂</td><td colspan="8">1. 低温淬火工艺
CrWMn、MnCrWV淬火温度取790～810℃，9Mn2V淬火温度取750～770℃
2. 恒温预冷工艺
CrWMn在820℃加热保温后，转入700～720℃炉中保温30min后油冷，硬度为59～63HRC，160～180℃回火
3. 快速加热分级淬火工艺
CrWMn在980℃快速加热后，立即投入100℃热油中冷却30min后空冷，400℃回火，硬度为55～58HRC
4. 热油等温淬火
9Mn2V在790～800℃加热，130～140℃热油等温30min，160～170℃回火2h
5. 冷油-硝盐复合淬火
CrWMn在650℃预热，800℃加热预冷后入油冷13s、180℃硝盐等温30min，200℃回火
6. 硝盐淬火
（1）马氏体分级淬火（140～180℃）
（2）马氏体等温淬火（140～160℃）
（3）马氏体等温淬火（200～260℃）</td></tr>
<tr><td>Cr12、Cr12MoV淬透性高，变形可以调节、淬火变形、开裂倾向小</td><td colspan="8">采用贝氏体等温淬火、热浴分级淬火等方法可以减小开裂和变形</td></tr>
</table>

② 对于重载冷冲裁，其主要失效形式是崩刃和折断，因此，重载冷冲模的特点是保证

模具获得高强韧性。在此前提下，再进一步提高模具的耐磨性。通常采用的强韧性化处理方法有细化奥氏体晶粒处理、细化碳化物处理、贝氏体等温淬火处理、循环超细化处理和低温低淬等方法。

③ 对于冷剪刀，国内主要采用 5CrW2Si、9CrSi、Cr12MoV 钢制造，由于工作条件差异大，其工作硬度范围也大，通常在硬度 42～61HRC 之间。为减小淬火内应力，提高刀刃抗冲击能力，一般采用热浴淬火。大型剪刀采用热浴有困难，可以用间断淬火工艺即加热保温后先油冷至 200～250℃后转为空冷至 80～140℃，立即进行预回火（150～200℃），最后再进行正式回火。

对于成型剪刀，重载工作时硬度可取 48～53HRC，中等载荷时可取 54～58HRC。淬火工艺可采用贝氏体等温、马氏体等温或分级淬火。

冷剪刀的常用热处理工艺规范见表 3-33。

表 3-33 冷剪刀的常用热处理工艺规范

钢号	淬火温度/℃	预冷时间/$s \cdot mm^{-1}$	淬火油温度/℃	回火温度/℃		
				薄板	中板	厚板
				57～60HRC	55～58HRC	52～56HRC
9CrWMn	840～860	2～3	60～100	—	230～260	—
CrWMn MnCrWV	820～840	2～3	60～100	230～250	260～280	—
9CrSi	840～870	2～3	60～100	260～280	300～360	350～400
5CrW2Si 6CrW2Si	920～960	2～3	60～100	—	230～260	280～300
5SiMnMoV	870～900	2～3	60～100	200～240	260～300	320～360
Cr12MoV	1020～1040	2～3	60～100	250～270	400～420	—
	940～960			220～240	280～300	—
	910～930			220～240		—

④ 大多数冷冲裁模使用状态为淬火加回火，模具硬度通常在 60HRC 左右，这样的硬度使模具获得高使用寿命而又不磨损是不可能的。因此，为提高冲裁模的耐磨性和使用寿命，常进行表面强化处理，主要工艺方法有氮碳共渗、渗硼、盐浴渗钒、渗铌以及 CVD 法等。

3.4.3 压铸模具常用钢的热处理规范

前面所述，根据被压铸材料的性质，压铸模可分为锌合金压铸模、铝合金压铸模、铜合金压铸模等。压铸模工作时与高温的液态金属接触，不仅受热时间长，而且受热的温度比热锻模要高（压铸有色金属时 400～800℃，压铸黑色金属时可达 1000℃以上），同时承受很高的压力（20～120MPa）；此外还受到反复加热和冷却以及金属液流的高速冲刷而产生磨损和腐蚀。因此，热疲劳开裂、热磨损和热熔蚀是压铸模常见的失效形式。所以对压铸模的性能要求是：较高的耐热性和良好的高温力学性能，优良的耐热疲劳性，高的导热性，良好的抗氧化性和耐蚀性，高的淬透性等。

常用的压铸模用钢以钨系、铬系、铬钼系和钨钼系热作模具钢为主，也有一些其他合金工具钢或合金结构钢，用于工作温度较低的压铸模，如 40Cr、30CrMnSi、4CrSi、4CrW2Si、5CrW2Si、5CrNiMo、5CrMnMo、4Cr5MoSiV、4Cr5MoSiV1、4Cr5W2VSi、

3Cr2W8V、3Cr3Mo3W2V 等。其中 3Cr2W8V 钢是制造压铸模的典型钢种，常用于制造浇铸铝合金和铜合金的压铸模；与其性能和用途相似的还有 3Cr3Mo3W2V 钢。值得指出的是，由于 4Cr5MoSiV1 钢具有良好的韧性、耐热疲劳性和抗氧化性，其模具使用寿命高于 3Cr2W8V 钢制压铸模，且这类钢的价格较钨系钢便宜，因此在压铸模上的使用愈来愈多。

3.4.3.1　3Cr2W8V 钢

3Cr2W8V 钢含碳量虽然不高，但在其合金元素的共同作用下，共析点左移，它是共析或过共析钢。如果冶炼不当，钢锭中的元素偏析就特别严重，共析碳化物的数量会增多，易造成模具脆裂报废。高钨钢有脱碳的倾向，这是模具磨损快、粘模严重以及表面早期出现热疲劳裂纹的原因之一。

但由于 3Cr2W8V 钢抗回火能力较强，仍作为高热强热作模具钢得到广泛应用，可以用来制作高温下承受高应力，但不受冲击负荷的凸模、凹模，如平锻机上用的凸凹模、铜合金挤压模、压铸用模具，也可以用来制作同时承受较大压应力、弯应力或拉应力的模具，如反挤压的模具，还可以用来制作高温下受力的热金属切刀等。

(1) 热加工　3Cr2W8V 钢锻造工艺规范见表 3-34。

表 3-34　3Cr2W8V 钢锻造工艺规范

项目	加热温度/℃	始锻温度/℃	终锻温度/℃	冷却方式
钢锭	1150～1200	1100～1150	850～900	先空冷，后坑冷或砂冷
钢坯	1130～1160	1080～1120	850～900	先空冷，后坑冷或砂冷

锻后要在空气中较快地冷却到 A_{c1} 以下（约 700℃），随后缓冷（砂冷或炉冷）。如果条件许可，可以进行高温退火。

(2) 预热处理

① 一般退火。加热温度为 800～820℃，保温 2～4h，炉冷至 600℃以下出炉空冷，退火后硬度为 207～255HBS，组织为珠光体+碳化物。

② 等温退火。加热温度为 840～880℃，保温 2～4h，等温温度为 720～740℃，保温 2～4h，炉冷至 550℃以下出炉空冷，退火后硬度不超过 241HBS。

(3) 淬火及回火

① 3Cr2W8V 钢推荐淬火工艺规范见表 3-35。

表 3-35　3Cr2W8V 钢推荐淬火工艺规范

淬火温度/℃	冷却介质	温度/℃	延续	冷却到 20℃	硬度(HRC)
1050～1100	油	20～40	至 150～180℃	空气冷却	49～52

高温淬火：常取 1140～1150℃加热奥氏体化，油冷淬火后硬度可高达 55HRC，分级淬火硬度为 47HRC。3Cr2W8V 钢的淬火加热温度提高，马氏体合金化程度也提高，模具热强性特别好，但韧性稍差，一般用于制造铜合金和铝合金挤压模、压铸模、压型模等冲击力不太大，而要求有高热强性的模具。

② 3Cr2W8V 钢推荐回火工艺规范见表 3-36。硬度与回火温度的关系见表 3-37。

表 3-36　3Cr2W8V 钢推荐回火工艺规范

回火用途	加热温度/℃	加热设备	硬度(HRC)
消除应力，稳定组织和尺寸	600～620	电炉	40.2～47.4

表 3-37 硬度与回火温度的关系 单位：HRC

淬火温度/℃	回火温度/℃						
	20	500	550	600	650	670	700
1050	49	46	47	43	35	32	27
1075	50	47	48	44	36	33	30
1100	52	48	49	45	40	36	32
1150	55	49	53	50	45	40	34

③ 固溶超细化处理。将 3Cr2W8V 钢锻造毛坯在 1200～1250℃加热固溶，使所有碳化物基本溶入奥氏体，然后淬入热油或沸水中，并立即进行高温回火或短时间等温球化处理。等温回火温度为 720～850℃（模坯加工需选温度上限，模具已完成机械加工则选温度下限）。最终热处理可选用常规热处理工艺，1100℃加热，油冷淬火。

经过以上热处理的 3Cr2W8V 钢模具组织非常精细，未溶碳化物呈点状，碳化物不均匀分布基本消除，模具的使用寿命可成倍提高。

④ 等温淬火工艺。加热温度为 1150℃，在 350～450℃等温后油冷，组织为下贝氏体+马氏体，硬度可达 47HRC 以上。等温淬火后以低温回火为宜，温度为 340～380℃。

等温淬火后获得的贝氏体组织有较高的强韧性，回火稳定性也比常规热处理好得多，抗冲击性能也较好，模具变形小，模具等温处理后有较高的使用寿命。

(4) 力学性能 3Cr2W8V 钢淬火温度与硬度的关系见表 3-38。3Cr2W8V 钢回火温度与力学性能的关系见表 3-39。

表 3-38 3Cr2W8V 钢淬火温度与硬度的关系

淬火温度/℃	950	1050	1100	1150	1200	1250
硬度(HRC)	44	49	52	55	56	57

表 3-39 3Cr2W8V 钢回火温度与力学性能的关系

回火温度/℃	400	450	500	550	600	650
σ_b/MPa	1800	1800	1800	1760	1620	1270
$\sigma_{0.2}$/MPa	1400	1420	1450	1500	1410	—
Ψ/%	36	35.5	35	35.5	38	36
δ_5/%	18	14	13	12	8	12

注：1100℃油淬。

3.4.3.2 4Cr3Mo2MnVNbB（Y4）钢

Y4 钢是针对铜合金压铸模并结合我国矿产资源情况设计出来的新型热压铸模模具钢，接近 3Cr3Mo 类钢，但增加了微量元素 Nb 和 B。与 Y10 钢相比，Y4 钢中的 Cr 和 Si 含量下降，因此碳化物不均匀性下降，同时以 B 来提高因 Cr、Si 含量减少而降低的淬透性和高温强度。加入微量 Nb，Nb 的碳化物难溶于奥氏体，同时 Nb 的加入还可以提高 M_6C 和 MC 型碳化物的稳定性，因此能细化晶粒，降低热过敏性，提高热强度性和热稳定。Y4 钢在力学性能上，尤其是热疲劳及裂纹扩展速率方面明显优于 3Cr2W8V 钢，是比较理想的铜合金压铸模材料，模具使用寿命有较大的提高。另外，Y4 钢在热挤压模、热锻模的应用方面也取得了明显成效。

(1) 热加工 Y4 钢锻造工艺规范见表 3-40。

表 3-40 Y4 钢锻造工艺规范

项目	加热温度/℃	始锻温度/℃	终锻温度/℃	冷却方式
钢锭	1150～1200	1100～1150	850～900	缓冷
钢坯	1130～1160	1080～1120	850～900	缓冷

(2) 预备热处理 等温退火：加热温度为 840～860℃，保温 2～4h，等温温度为680℃，保温 4～6h，炉冷到 550℃出炉空冷。

(3) 淬火和回火 淬火温度为 1050～1100℃，油冷，硬度为 58～59HRC。回火温度为600～630℃，回火时间 2h，回火 2 次，硬度为 44～52HRC。

(4) 力学性能 Y4 钢的室温及室温力学性能见表 3-41。

表 3-41 Y4 钢的室温及室温力学性能

实验温度/℃	σ_b/MPa	σ_s/MPa	δ/%	ψ/%	a_k/J·cm^{-2}
室温	1455	1292	12.5	42.2	5.9
300	1494	1328	7.8	19.0	12.2
600	978	861	10	15.4	27.3
650	815	719	5.6	7.8	17.5
700	605	534	4.3	11.6	27.5

注：1100℃油淬，640℃回火 2h。

习 题

3-1 试述模具材料热处理的目的。

3-2 根据用途而言模具材料一般可以分为哪几类？

3-3 钢中的含碳量对模具材料力学性能有何影响？

3-4 简述各类常用模具对材料性能的要求？对热处理要求有什么不同？

4 模具零件的机械加工

机械加工广泛用于制造模具零件。根据模具零件的复杂程度以及精度要求不同，其机械加工方法有以下几种情况：普通精度零件用通用机床加工，然后进行必要的钳工修配后装配；精度要求较高的模具零件用精密机床加工；形状复杂的空间曲面采用数控机床加工；对特种零件可考虑其他加工方法，如挤压成型、超塑成型、快速成型等。

普通机床加工方法有车削、铣削、刨削、钻削、磨削等。这些加工方法具有对工人的技术水平要求较高、生产率低、制造周期长、成本高等特点。

4.1 车削加工

4.1.1 车削加工工艺范围

车削加工主要加工回转类零件的内外表面，如导柱、定位销等轴类零件和套类及盘类零件。尺寸精度可达到IT12～IT7，表面粗糙度值 *Ra* 可达到 12 .5～0.8μm。精细车时可达IT6～IT5，表面粗糙度值 *Ra* 可达到 0.4～0.2μm，如表 4-1 所示。

表 4-1 常用车削精度与相应表面粗糙度

加工类别	加工精度	相应表面粗糙度 *Ra*/μm	标注代号	表面特征
粗车	IT12	50～25	50 25	可见明显刀痕
	IT11	25	12.5	可见刀痕
半精车	IT10	6.3	6.3	可见加工痕迹
	IT9	3.2	3.2	微见加工痕迹
精车	IT8	1.6	1.6	不见加工痕迹
	IT7	0.8	0.8	可辨加工痕迹方向
精细车	IT6	0.4	0.4	微辨加工痕迹方向
	IT5	0.2	0.2	不辨加工痕迹方向

4.1.2　工件的定位方式

对轴类零件，一般采用轴两端中心孔作为定位基准。因为轴类零件的各外圆、锥孔、螺纹等表面的设计基准一般都是中心线，选择两端中心孔定位符合基准重合原则，加工时能达到较高的相互位置精度，且工件装夹方便。套类零件加工一般采用互为基准的原则，即加工内圆表面以外圆为基准，加工外圆表面以内圆为基准。

（1）用两中心孔定位装夹　工件以两中心孔为基准装夹在车床的前、后顶尖上，用鸡心夹和拨盘带动工件转动。

用中心孔定位的优点是：加工过程不仅基准重合，而且基准统一，有利于保证各表面间较高的位置精度。

用中心孔定位的缺点是：增加了加工中心孔的工序（或工步）；顶尖孔深度不准确时，不易保证轴向尺寸精度，为此可同时用中心孔及一个端面定位；需用鸡心夹等传递扭矩，但不能在一次安装中加工完轴的全长。

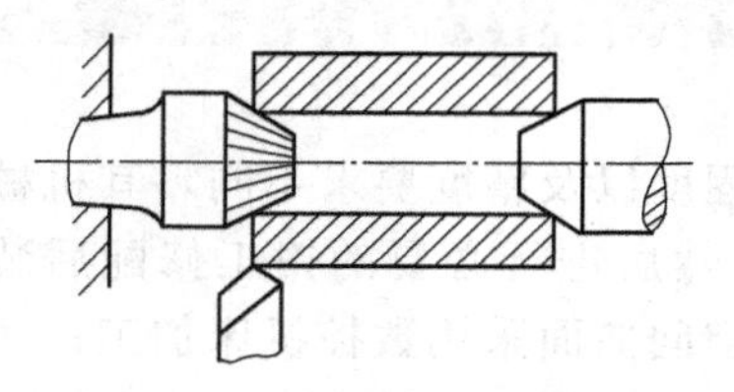

图 4-1　轴类零件的装夹

（2）用外圆柱表面定位装夹　较短的轴类零件常用三爪自定心卡盘或四爪单动卡盘定位夹紧；较长的轴类零件则要在另一端钻中心孔，利用后顶尖支承，以提高工件刚性。

（3）用两端孔定位装夹　对于粗加工后的孔用有齿的顶尖（菊花顶尖）装夹，如图 4-1 所示；当零件两端有锥孔或预先做出工艺锥孔，就可用锥套心轴或锥形堵头定位装夹，如图 4-2 所示。

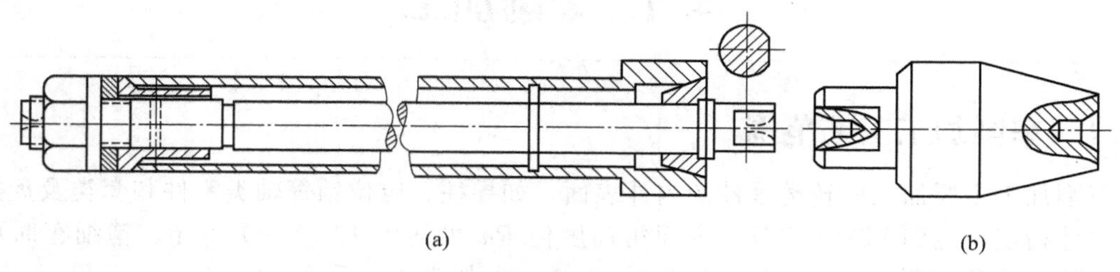

(a)　(b)

图 4-2　用两端孔定位装夹

4.1.3　车削在模具加工中的应用

（1）圆盘类、轴类零件的加工　圆盘类、轴类零件指模具的导柱、导套、顶杆、模柄等，通常这些零件的回转表面采用车削完成粗、精加工，精度可达 IT8～IT6，表面粗糙度值 Ra 可达到 1.6～0.8μm，对要求较高的工作面与配合面尚需磨削加工。

（2）局部圆弧面的加工　如图 4-3 所示分模面在模具中比较常见，为保证模具准确对合，必须保证对合面圆弧半径尺寸精度。可在花盘上找正定位后加工，精度由百分表测量控制。有时也采用先加工一个完整圆盘，再用线切割等方法取出一个或几个模块。

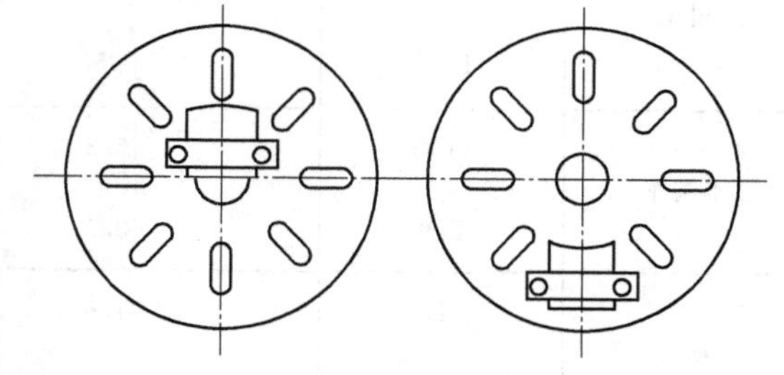

图 4-3　局部圆弧面的加工

（3）回转曲面的粗加工或半精加工　尺寸大的曲面可采用仿形加工法，如图 4-4(a) 所示；尺寸小的曲面可采用成形刀加工法，如图 4-4(b) 所示；对拼型腔在车床上加工时，为保证型腔尺寸准确对合，通常应预先将各镶件间的接合面磨平，两板用销钉定位，螺钉紧固组成一个整体后才进行车削，如图 4-4(c) 所示。

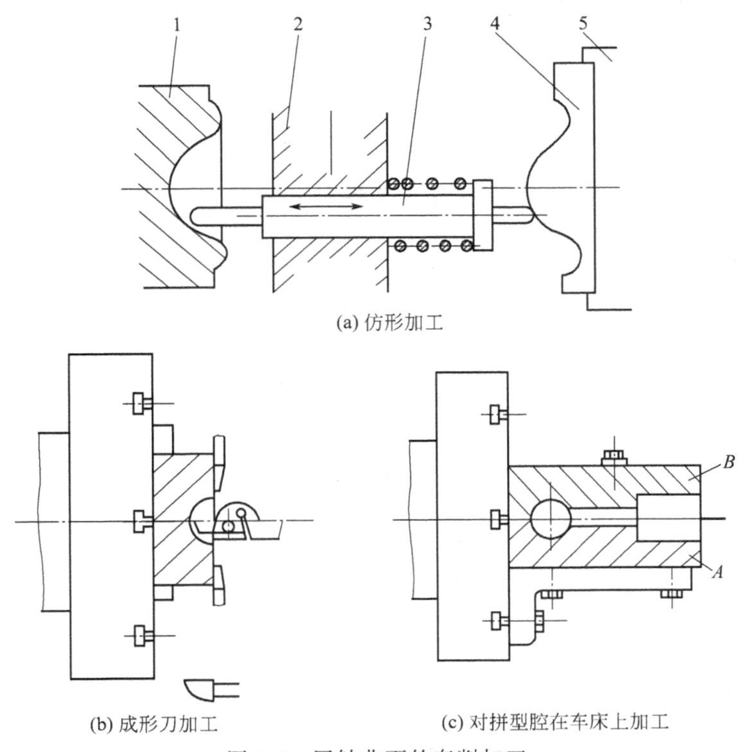

图 4-4　回转曲面的车削加工

1—工件；2—板架；3—刀架；4—靠模；5—靠模支架

4.2　铣削加工

4.2.1　铣削加工工艺范围

铣床采用不同类型形状的铣刀，配以附件分度头、回转台，可加工各种平面、斜面、沟槽、型腔，在模具成型面加工中应用很广，常用于加工模块的平面、台阶、型腔等。铣削的加工精度可达 IT10～IT9，表面粗糙度值 Ra 可达到 6.3～1.6μm，若选用高速、小用量铣削，则加工精度可达 IT8，表面粗糙度 Ra 为 0.8μm；要求更高时，铣削后再用成型磨削或电火花进行精加工。

4.2.2　工件的定位方式

模板加工常用三个相互垂直的平面作定位基准，这有利于保证孔系和各平面间的相互位置精度，定位准确可靠，夹具结构简单，工件装卸方便，在生产中应用较广。

4.2.3　铣削在模具加工中的应用

(1) 铣削成型面　在模具加工中铣削平面、斜面、沟槽、型腔的方法如图 4-5 所示，其中应用最多的是立式铣床。

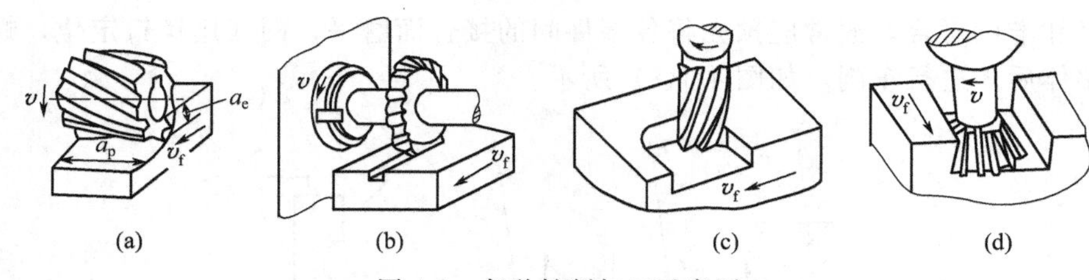

图 4-5　各种铣削加工示意图

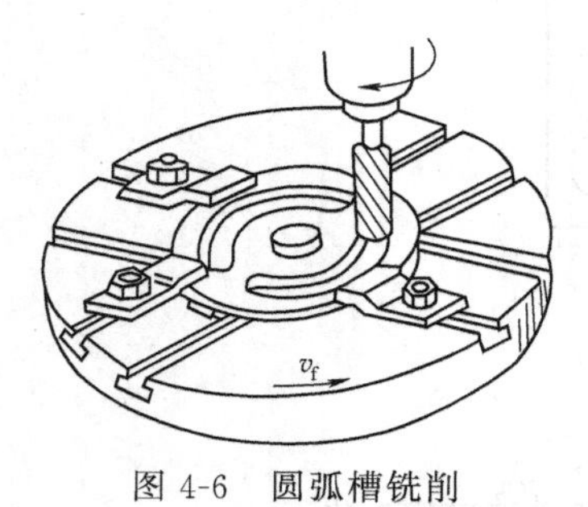

图 4-6　圆弧槽铣削

（2）加工各种带圆弧的型面与型槽　将回转台安装在铣床的工作台上，而工件则安装在回转台上可加工各种带圆弧的型面与型槽。安装工件时，必须使被加工圆弧中心与回转台的中心重合，利用回转台相对于主轴的运动实现圆弧进给。对于更复杂的型面，则可利用回转台与铣床工作台的组合运动实现进给。图 4-6 为加工圆弧槽的示意图。

（3）加工带孔间尺寸要求的孔　有些铣床可保证定位精度在 0.02mm 以内，利用此功能可加工凹模、卸料板等零件上的孔系。

4.3　刨削加工

4.3.1　刨削加工工艺范围

牛头刨床主要用于粗加工、半精加工模具零件的外形平面、斜面、垂直面和曲面。精度可达到 IT9～IT7，表面粗糙度值 Ra 可达到 6.3～1.6μm。

龙门刨床主要加工大型模具零部件，龙门刨床除了可以加工直平面以外，还可以加工斜面。在加工斜面时，水平进刀和垂直进刀可以同时进行。在精度高、刚性好的龙门刨床上也可以用宽刃刨刀作细刨以代替刮研。

4.3.2　刨削加工工艺特点

（1）加工质量中等　一般来说，刨削加工切削速度低，有冲击和振动现象，加工质量一般，但是，刨床通用性好，换刀方便，可以在一次装夹中加工几个不同的表面，用机床精度保证加工表面之间的位置精度。另外，刨削大平面时无接刀痕，表面质量较好，用宽刃细刨的加工方法，可以达到相当高的精度和相当好的表面质量。

（2）生产率低　刨削时的直线往复运动，不仅限制了切削速度的提高，而且空行程又显著降低了切削效率。因此刨削加工生产率较低。

（3）加工成本较低　刨床结构简单，调整方便。刨刀制造、刃磨容易，因此，刨削加工成本较低。

4.4　钻削与铰削加工

4.4.1　钻削加工

钻孔和扩孔统称为钻削加工。模具零件上的许多孔，如螺孔、销钉孔、工作零件的安装孔等，常用钻床加工。小直径孔常用台式钻床加工；中小型模具零件上的较大直径孔常用立式钻床加工；大中型模具零件上的孔则采用摇臂钻床加工。

钻孔与扩孔的工艺范围：钻孔属于粗加工，可作为攻螺纹、扩孔、铰孔和镗孔的预备加工；扩孔属于半精加工，也可作为孔的终加工，或作为铰孔、磨孔前的预加工。两者均适合于加工小直径孔。钻孔精度可达到IT11～IT12，表面粗糙度值 Ra 可达到 12.5～6.3μm；扩孔精度可达到IT11～IT9，表面粗糙度 Ra 值可达到 6.3～3.2μm。

4.4.2 铰削加工

铰削加工是使用铰刀从工件孔壁切除微量金属层，以提高其尺寸精度和降低表面粗糙度的方法。

(1) 铰孔的工艺范围

① 铰削适用于孔的精加工及半精加工，也可用于磨孔或研孔前的预加工。由于铰孔时切削余量小、切削厚度薄，所以铰孔后公差等级一般为IT8～IT6，表面粗糙度值 Ra 为 1.6～0.2μm，其中，手铰可达IT6，表面粗糙度 Ra 为 0.4～0.2μm。由于手铰切削速度低，切削力小，热量低，不产生积屑瘤，无机床振动等影响，所以加工质量比机铰高。

② 铰削不适合加工淬火钢和硬度太高的材料。

③ 铰削是采用定尺寸刀具，适合加工小直径孔。

(2) 铰孔时应注意的问题

① 铰削余量要适中。余量过大，会因切削热多而导致铰刀直径增大，孔径扩大；余量过小，会留下底孔的刀痕，使表面粗糙度达不到要求。粗铰余量一般为0.15～0.35mm，精铰余量一般为0.05～0.15mm。

② 铰削精度较高。铰刀齿数较多，心部直径大，导向及刚性好。铰削余量小，且综合了切削和挤光作用，能获得较高的加工精度和表面质量。

③ 铰削时采用较低的切削速度，并且要使用切削液，避免了积屑瘤对加工质量产生的不良影响。粗铰时取0.07～0.17m/s，精铰时取0.025～0.08m/s。

④ 铰刀适应性很差。一把铰刀只能加工一种尺寸、一种精度要求的孔（可调铰刀除外）。直径大于80mm的孔不适宜铰削。

⑤ 为防止铰刀轴线与主轴轴线相互偏斜而引起的孔轴线歪斜、孔径扩大等现象，铰刀与主轴之间应采用浮动连接。当采用浮动连接时，铰削不能校正底孔轴线的偏斜，孔的位置精度应由前道工序来保证。

⑥ 机用铰刀不可倒转，以免崩刃。

4.5 磨削加工

磨削加工是指用磨料磨具以较高的线速度对工件表面进行加工。模具零件经过车、铣、刨、插加工后，为了提高模具零件的表面质量，或对于淬硬钢件和高硬度特殊材料的精加工，一般都要进行磨削加工。磨削加工的主要设备是磨床，它是模具加工中不可缺少的设备之一。

4.5.1 平面磨削

零件经刨、铣及淬硬后，均需经过平面磨床磨削平面，以使其表面达到所规定的表面粗糙度等级。一般情况下，可达到IT6～IT5，表面粗糙度 Ra 值可达到 1.25～0.32μm。平面磨削方法分为圆周磨削法［图 4-7(a)］和端面磨削法［图 4-7(b)］两种，其磨削特点见表 4-2。

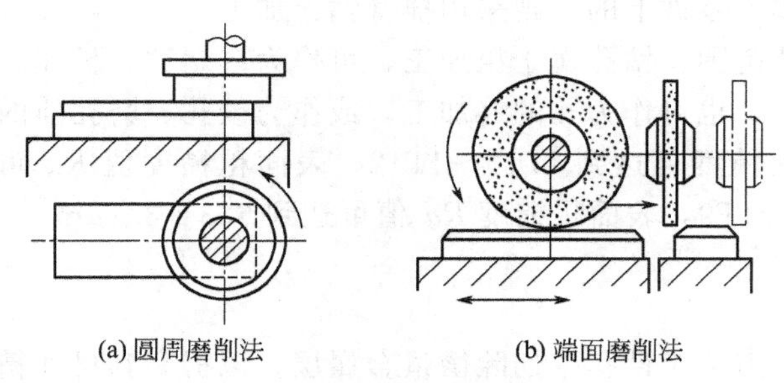

(a) 圆周磨削法　　(b) 端面磨削法

图 4-7　平面磨削方法

表 4-2　两种平面磨削方式的特点

磨削方式	磨削特点
圆周磨削法	①砂轮与零件的面积接触少，磨削时发热量小 ②磨削区的散热、排屑条件好 ③可以获得较高的磨削精度及表面质量
端面磨削法	①主轴的伸出短、刚性好，故磨头变形小，可采用较大磨削量，生产率较高 ②磨削面积较大 ③由于砂轮与零件接触面大，散热排屑条件会较差，加工精度较低

4.5.2　外圆磨削

外圆磨削是指磨削工件的外圆柱面、外圆锥面等，外圆磨削可以在外圆磨床上进行，也可以在无心磨床上进行。外圆磨削加工能切除极薄、极细的切屑；修整误差的能力较强；加工精度高，一般可达 IT6～IT5，表面粗糙度 Ra 值可达到 0.8～0.2μm，精磨时 Ra 可达 0.16～0.01μm。

在外圆磨床上磨削外圆时，工件主要有以下几种装夹方法：前后顶尖装夹，但与车削不同的是两顶尖均为死顶尖，具有装夹方便、定位精度高的特点，适用于装夹长径比大的工件，如导柱、复位杆等；用三爪或四爪卡盘装夹，适用于装夹长径比小的工件，如凸模、顶块、型芯等；用卡盘和顶尖装夹较长的工件；用反顶尖装夹，磨削细长小尺寸轴类工件，如小凸模、小型芯等；配用芯棒装夹，磨削有内外圆同轴度要求的套类工件，如凹模嵌件、导套等。

外圆磨削主要用于圆柱形型芯、凸凹模、导柱导套等具有一定硬度和粗糙度要求的零件精加工。

习　　题

4-1　车削在模具加工中的应用主要有哪些？

4-2　铣削在模具加工中的应用主要有哪些？

4-3　列举一些家用器具上宜采用某种普通切削方法加工的表面。

5 模具零件的精密加工

模具的精密加工（机械切削部分）主要采用坐标机床加工。坐标机床与普通机床的根本区别在于它们具有精密传动系统可进行准确的移动与定位。有了坐标机床，可以加工模块上有精密位置要求的孔、型腔，甚至可以加工三维空间曲面。

5.1 坐标镗床与坐标磨床加工

5.1.1 坐标镗床加工

坐标镗床是一种高精度孔加工机床，主要用于加工模具零件上的精密孔系，因为其所加工的孔不仅具有较高的尺寸和几何形状精度，而且还具有较高的孔距精度。孔的尺寸精度可达IT7～IT6，表面粗糙度 Ra 值可达到 0.8μm，孔距精度可达 0.005～0.01mm。坐标镗床可用于镗孔、扩孔、铰孔以及划线、测量。

5.1.1.1 坐标镗床的组成与结构

坐标镗床的形式很多，图 5-1 为双柱立式坐标镗床，床身 8 是基础，工作台 1 可相对于床身 8 沿纵向移动，立柱 3、6 连接在床身 8 上，横梁 2 可根据需要上下移动到一定的位置锁定，主轴箱 5 与主轴 7 可相对于横梁 2 沿 x 轴移动。

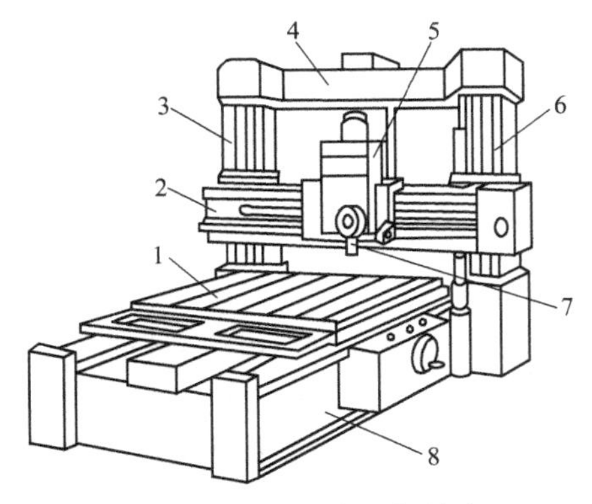

图 5-1 双柱立式坐标镗床

1—工作台；2—横梁；3,6—立柱；4—顶梁；5—主轴箱；7—主轴；8—床身

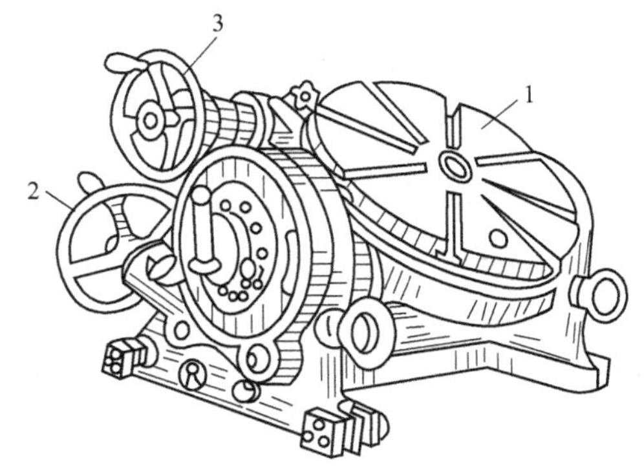

图 5-2 万能回转台

1—水平回转台；2—倾斜手轮；3—回转手轮

单柱立式坐标镗床也以床身为基础，主轴固连于立柱上，工作台安装在十字滑板上，可相对于床身沿 x、y 两轴移动。主轴的旋转由电动机驱动，通过主轴箱变速机构可实现多级转动，可满足各种孔加工的需要。

5.1.1.2 坐标镗床的附件

（1）万能回转台 万能回转台由转盘1、夹具体、水平回转副、垂直回转副组成（图 5-2）。工作时，工件安装在转盘上，通过转动手轮 3 可使转盘作水平回转，便于加工周向分布孔，转动倾斜手轮 2 可使转盘发生倾斜，便于加工斜面上的孔。

（2）光学中心找正器 光学中心找正器由锥尾和光学系统两部分组成（图 5-3），锥尾用于插入机床主轴锥孔，使光学中心找正器轴线与机床主线重合。光学系统由物镜、反光镜、目镜组成，使目镜中的视场恰为主轴下方的放大景象。为便于找正，在目镜镜片上划有一对相互垂直的细线。

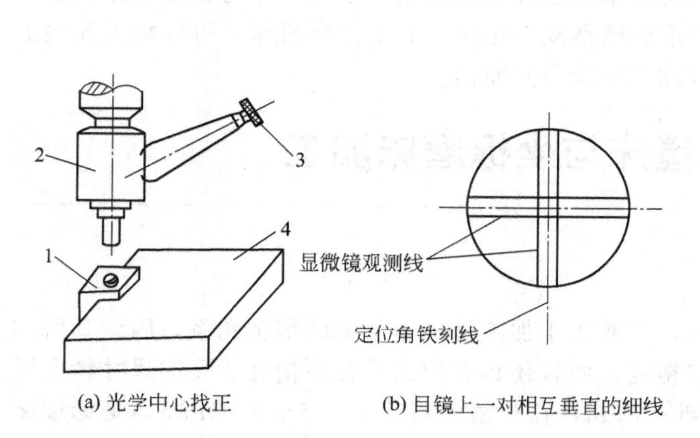

(a) 光学中心找正　　(b) 目镜上一对相互垂直的细线

图 5-3 光学中心找正器

1—定位角铁；2—光学中心测定器；3—目镜；4—工件

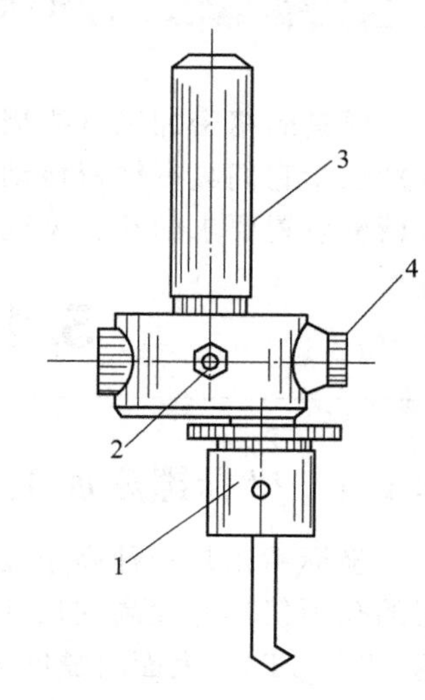

图 5-4 镗孔夹头

1—刀夹；2—紧固螺钉；3—锥尾；4—调节螺钉

（3）镗孔夹头 镗孔夹头由锥尾、调节机构、刀夹组成（图 5-4），锥尾用于插入机床主轴锥孔，使夹头轴线与机床主轴轴线重合。旋转调节机构的旋钮可调节镗孔孔径，刀夹用于固定刀具。

5.1.1.3 镗孔计算

平面镗孔计算示例见表 5-1。

5.1.2 坐标磨床加工

5.1.2.1 概述

坐标磨床磨削是将工件固定在精密的工作台上，并使工作台移动或转动到坐标位置，在高速磨头的旋转与插补运动下进行磨削的一种加工方法。它可以进行规则或不规则的内孔与外形磨削，还可以磨出锥形孔和斜面等。根据所用磨床不同，目前主要有两种磨削方法，即手动坐标磨削法和连续轨迹数控坐标磨削法。

① 手动坐标磨削是在手动坐标磨床上用点位进给法实现其对工件的内形或外形轮廓的加工。

表 5-1 平面镗孔计算示例

图 形	x 坐标尺寸/mm		y 坐标尺寸/mm
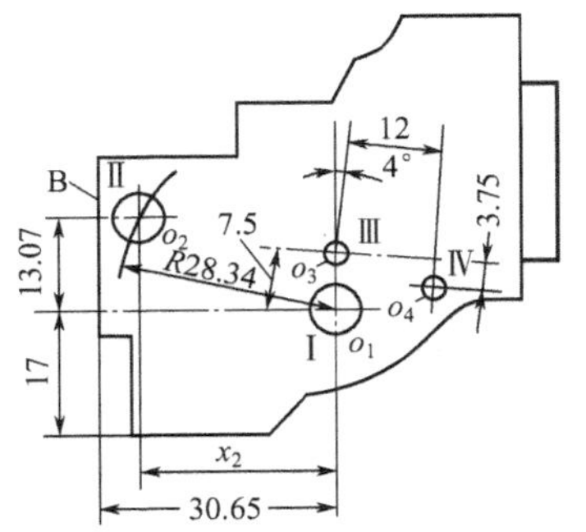	孔Ⅱ	$x_2=\sqrt{28.34^2-13.07^2}$ $=25.146$	已知 $y_2=13.07$
	孔Ⅲ	$x_3=7.5\sin4°=0.523$	$y_3=7.5\cos4°=7.482$
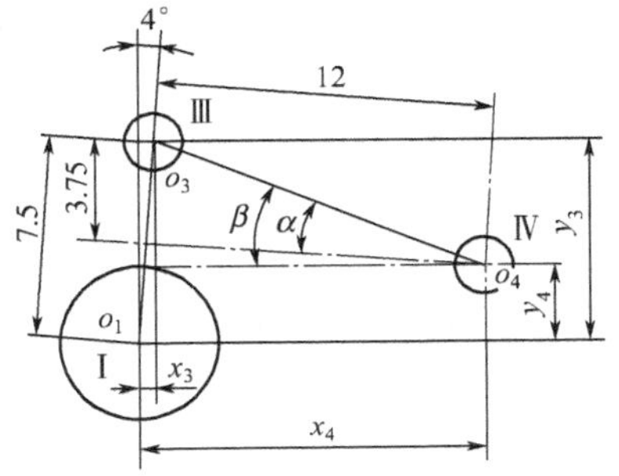	孔Ⅳ	$\overline{o_3o_4}=\sqrt{12^2+3.75^2}$ $=12.572$ $\alpha=\tan^{-1}\frac{3.75}{12}=17°21'$ $\beta=\alpha+4°=21°21'$ $x_4=x_3+\overline{o_3o_4}\cos\beta$ $=0.523+12.57\cos21°21'$ $=12.233$	$y_4=y_3-\overline{o_3o_4}\sin\beta$ $=7.482-12.572\sin21°21'$ $=2.905$

注：1. A、B 为基准面。

2. 孔Ⅰ坐标尺寸已知：$x_1=30.65$mm；$y_1=17$mm。

② 连续轨迹数控坐标磨削是在数控坐标磨床上用计算机自动控制实现其对工件型面的加工。

连续轨迹数控坐标磨削法加工效率高于手动坐标磨削法 2～10 倍，轮廓曲线接点精度高，磨削配合型孔间隙可达 2μm 左右，而且均匀一致。

5.1.2.2 常用的坐标磨床

常用 MG2932B 型单柱坐标磨床（图 5-5），上部为磨削机构，下部为精密坐标机构，可磨削具有高精度位置的圆孔、锥孔及型腔。利用分度圆台、槽磨头等附件，可以磨削直线与圆弧、圆弧与圆弧相切的内外轮廓、键槽、方孔等。

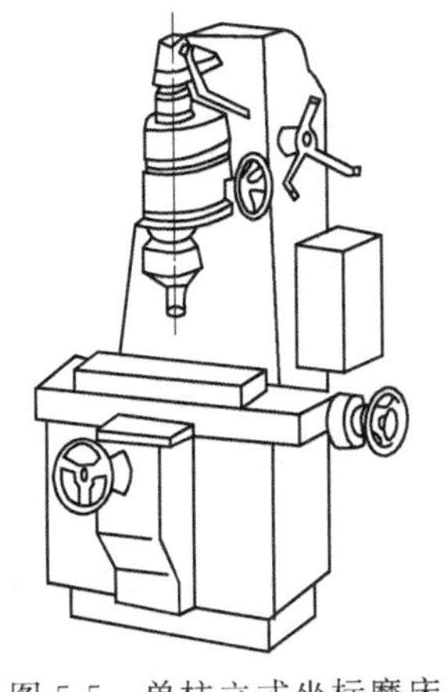

图 5-5 单柱立式坐标磨床

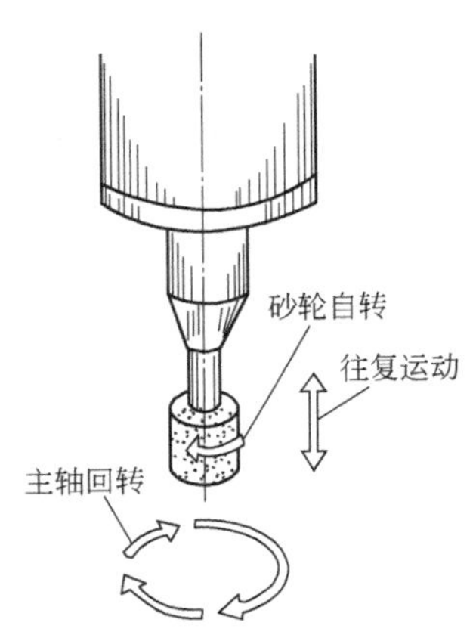

图 5-6 精密磨头的运动

G18 CNC CP3～CP4 连续轨迹数控坐标磨床，采用了微处理技术，具有存储和编辑能力，有三坐标（X、Y、C 轴即 CP3）和四坐标（X、Y、C 及受控转台 A 轴即 CP4）两种类型。

5.1.2.3　坐标磨床磨头的运动与磨削方法

（1）坐标磨床磨削机构的三向运动　坐标磨床在磨削过程中，磨削机构有三个运动可同时配合动作，见图 5-6。三个运动的特点如下。

① 砂轮的高速自转。砂轮的高速自转由高频电动机或压缩气机驱动，从低速到高速分 5～6 挡，即：900r・min^{-1}、4000r・min^{-1}、6000r・min^{-1}、8000r・min^{-1}、12000r・min^{-1}、18000r・min^{-1}。一般 4000 ～8000r・min^{-1}转速的磨头用高频电机驱动，10000r・min^{-1}以上使用压缩气机驱动，但也有些工厂从低速磨头到高速磨头都采用压缩气机驱动。气动磨头具有功率大、能直接冷却工件和自冷等优点。

② 主轴旋转运动。主轴旋转运动由电动机通过变速机构直接驱动主轴，而由另一电机带动高速磨头形成行星式运动，一般主轴转速为 25～300r・min^{-1}。

③ 主轴套筒上下往复运动。主轴套筒的上下往复运动是液压式或气压一液压式传动。上下行程由两个微动开关控制。采用先进工艺快速插磨法插磨内外轮廓时，主轴的往复运动可以达到 120 次・min^{-1}，最高达到 190 次・min^{-1}。

（2）坐标磨床上的各种磨削方法　在坐标磨床上磨削工件，必须先将工件找正定位，再利用工作台的纵横向移动使机床主轴中心与工件圆弧中心重合。在坐标磨床上可进行内圆、外圆、沉孔、锥孔等各种磨削。其基本磨削方法如图 5-7 所示。

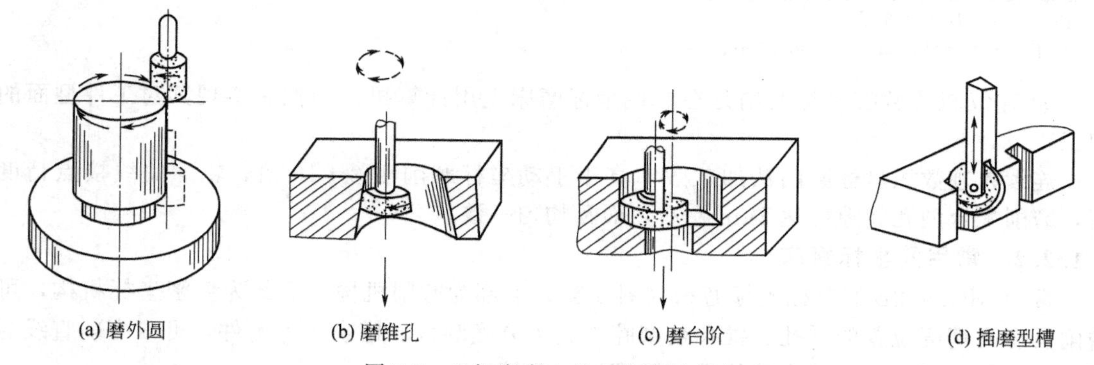

图 5-7　坐标磨床上的各种磨削方法

5.1.3　坐标尺寸换算

（1）换算的目的　一般工件尺寸按设计要求标注，与坐标机床加工要求不相一致，为此加工前要将设计尺寸换算成加工尺寸。

（2）基准选择

① 矩形件粗加工选角侧为基准，精加工选一对精密孔建立孔基准。

② 圆盘件粗精加工均以孔为基准。

（3）尺寸标注　按 ISO 标准标注，如图 5-8 所示。

① 尺寸值标在侧面。

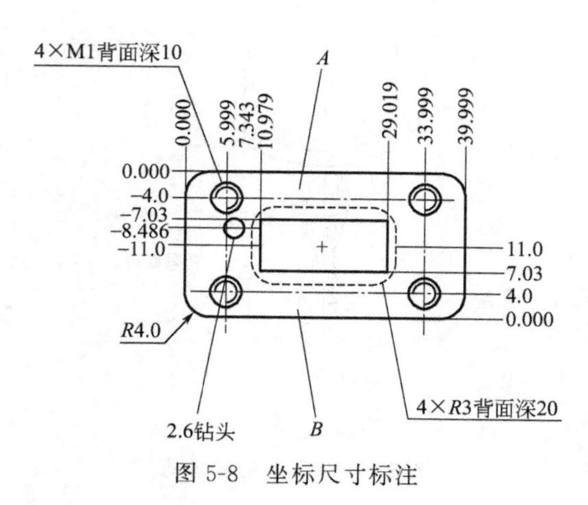

图 5-8　坐标尺寸标注

② 尺寸大小以坐标值为据。

③ 公差范围用小数点个数表达。

设计尺寸公差与坐标公差按以下原则换算：

±0.5→0.　　±0.1→0.0　　±0.01→0.00　　±0.001→0.000

如：30±0.5→30.　　30±0.1→30.0　　30±0.05→30.0　　30±0.01→30.00

5.2 成型磨削

5.2.1 概述

成型磨削是模具零件成型表面精加工的一种主要方法，具有精度高和生产效率高等优点。

模具零件的几何形状，一般都是由若干平面、斜面和圆柱面组成，即其轮廓由直线、斜线和圆弧等简单线条所组成。成型磨削的基本原理，就是把构成零件形状的复杂几何形线，分解成若干简单的直线、斜线和圆弧，然后进行分段磨削，使各线互相连接圆滑、光整，达到图面的技术要求。

成型磨削可以在成型磨床、平面磨床、万能工具磨床和工具曲线磨床上进行。但采用平面磨床加附件，是用得比较广泛的一种。常用平面磨床国内的有 MM7112，MM7120A，国外的有 618、818 等。其精度要求是：砂轮轴的轴向圆跳动≤0.005mm；砂轮轴中心线对工作台的平行度，在 200mm 测量长度上应小于 0.01mm；砂轮轴定心锥面的圆跳动≤0.005mm。台面纵向液压速度 2～24m/min。成型磨削加工精度可达 IT5，表面粗糙度 *Ra* 可达 0.1μm。

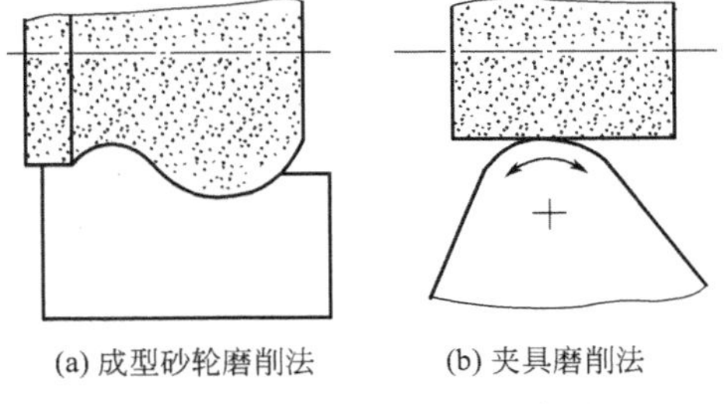

(a) 成型砂轮磨削法　　(b) 夹具磨削法

图 5-9　成型磨削加工示意图

常用的成型磨削有两种方法。

(1) 成型砂轮磨削法（仿形法）　即利用砂轮修整工具，将砂轮修整成与工件型面相吻合的相反型面，然后用此砂轮磨削工件，获得所需要的形状与尺寸，如图 5-9(a) 所示。

(2) 夹具磨削法（展成法）　即将工件装在成型磨削夹具上，在加工过程中，通过有规律地改变砂轮与工件的相对位置，实现对型面的加工，从而获得所需的形状与尺寸，如图 5-9(b)。

在模具零件制造中，上述两种方法可以综合使用。

5.2.2 成型砂轮磨削法

5.2.2.1 砂轮的选择

砂轮在磨削过程中起切削刀具的作用，它的好坏直接影响到加工精度、表面粗糙度和生产效率等。为了获得良好的磨削效果，正确选择砂轮十分重要。

砂轮的特性由磨料、粒度、结合剂、硬度、组织、强度、形状和尺寸等因素所决定。每一种砂轮根据其本身的特性，都有一定的适用范围。所以在磨削加工时，必须根据具体情况，综合考虑工件的材料、热处理方法、加工精度、表面粗糙度、形状尺寸、磨削余量等要求，选用合适的砂轮。

常用砂轮外径一般不小于 150mm，最大可至 200mm，厚度应根据工件形状决定。成型磨削常用砂轮形状见表5-2。

表5-2 成型磨削的砂轮选择

被加工面形状	简图		工件材料	磨料	粒度	硬度	结合剂
凸圆弧			淬火钢	WA	$60^{\#}\sim80^{\#}$	K,L	V
凹圆弧			未淬火钢	WA	$46^{\#}\sim60^{\#}$	L,M	V
			淬火钢	WA	$60^{\#}\sim80^{\#}$	K,L	
凸圆弧或凹圆弧			淬火钢	WA	$60^{\#}\sim80^{\#}$	K,L	V
角度面及圆弧			未淬火钢	WA	$46^{\#}\sim60^{\#}$	L,M	V
			淬火钢	WA	$60^{\#}\sim80^{\#}$	K,L	
切断或切口			未淬火钢及淬火钢	WA	$80^{\#}$	M,N,P	V
清角	R	0.2～0.3	淬火钢	WA	$80^{\#}\sim150^{\#}$	K,L	V
	R	0.1～0.2			$150^{\#}\sim180^{\#}$		
	R	0.05～0.1			$180^{\#}\sim250^{\#}$		
切窄槽	L	h	淬火钢	WA		K	V
	0.1～0.3	1			$150^{\#}\sim180^{\#}$		
	0.3～0.8	1.5			$120^{\#}\sim150^{\#}$		
	0.8～1.5	2			$100^{\#}\sim120^{\#}$		
	1.5～3	3			$80^{\#}\sim100^{\#}$		

5.2.2.2 成型砂轮的修整及磨削

（1）成型砂轮修整时的注意事项

① 被磨的工件是凸圆弧时，修整后的砂轮轮缘为凹圆弧，则修整砂轮凹圆弧半径$R_{轮}$比工件的实际尺寸R_1大0.01～0.02mm。

② 被磨的工件是凹圆弧时，修整后的砂轮轮缘为凸圆弧，则修整砂轮凸圆弧半径$R_{轮}$

比工件的实际尺寸 R_1 小 0.01～0.02mm。

③ 在夹具上用金刚石刀修整成型砂轮时，工具的回转中心必须垂直于砂轮主轴中心线，金刚石刀尖应在通过砂轮主轴轴线的垂直面或水平面内运动，如图 5-10 所示，这样才能保证修整出的砂轮形状准确。

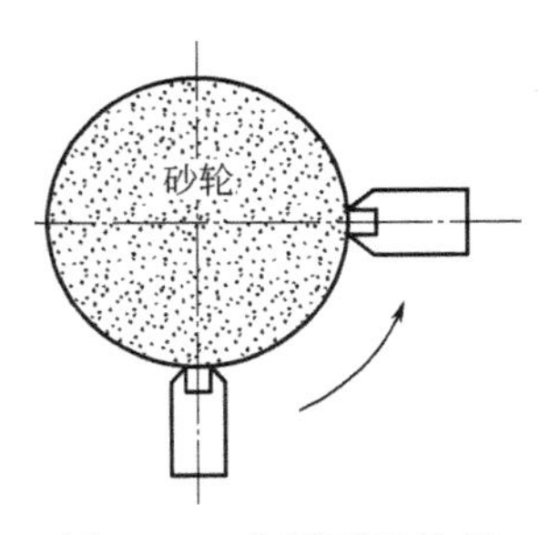

图 5-10 金刚石刀位置

④ 在修整成型砂轮时，需在修整前用碳化硅砂条作粗修整，这样不仅减少金刚石刀的损耗，同时可提高修整砂轮效率。

⑤ 使用成型砂轮磨削时，不应采用单一的砂轮来适应各种形状的磨削，应使每一砂轮固定在一种形状使用，这样可减少砂轮和金刚石刀的损耗，也可减少修砂轮时间。

（2）成型砂轮的修整 成型砂轮磨削法难点与关键是砂轮的修整，常用的方法有砂轮修整器修整、成型刀挤压、数控机床修整、电镀法。

①砂轮修整器修整

a. 砂轮角度的修整。在磨削工件斜面时采用角度砂轮。角度砂轮是由平行砂轮修整而成的圆锥部分，修整时，砂轮由磨头带动旋转，角度修整器上的金刚刀相对于砂轮轴线倾斜一定的角度来回往复移动对砂轮修整，直至修整出所需锥面。图 5-11 是结构比较完善的角度砂轮修整工具，主要由机座、倾斜机构、滑块导轨机构组成。来回旋转手轮 10，通过齿轮 5 和齿条 4 的啮合，将旋转运动转换成直线运动，使装有金刚石刀 2 的滑块 3 沿着正弦尺座 1 的导轨往复移动。根据砂轮所需修整的角度，可在正弦圆柱 9 与平板 7 之间垫块规使正弦尺座绕心轴转动一定的角度。

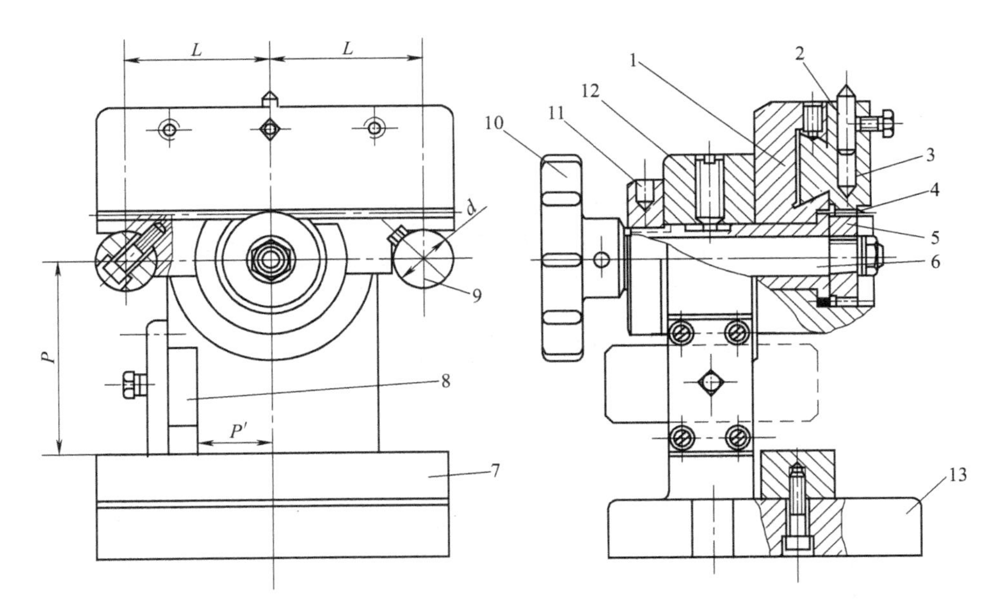

图 5-11 修整砂轮角度的夹具

1—正弦尺座；2—金刚石刀；3—滑块；4—齿条；5—齿轮；6—主轴；7—平板；8—侧板；9—正弦圆柱；10—手轮；11—螺母；12—支座；13—底座

b. 圆弧砂轮的修整。修整圆弧砂轮工具的结构虽有多种，但其原理都相同。图 5-12 为卧式砂轮修整工具，它由摆杆、滑座和支架等组成。转动手轮 8 可使固定在主轴 7 上的滑座等绕主轴中心回转，其回转的角度用固定在支架上的刻度盘 5、挡块 9 和角度标 6 来控制。

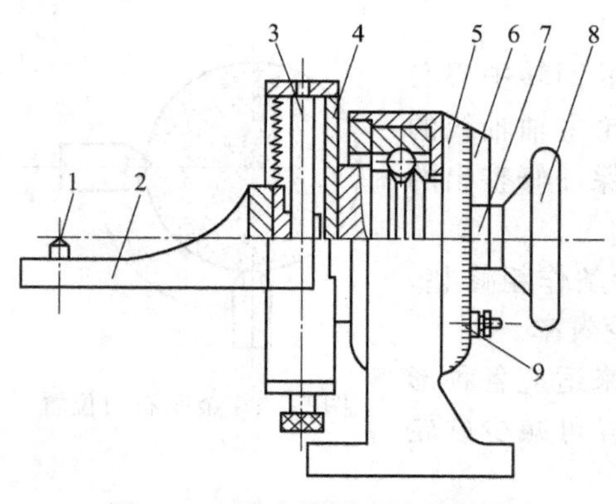

图 5-12　卧式圆弧砂轮修整器

1—金刚刀；2—摆杆；3—螺杆；4—滑座；5—刻度盘；6—角度标；7—主轴；8—手轮；9—挡块

金刚刀 1 固定在摆杆 2 上，通过螺杆 3 使摆杆在滑座 4 上移动，在底座与金刚刀尖之间垫块规可调节金刚刀尖至回转中心的距离，以保证砂轮圆弧半径值达到较高的精度。

② 成型刀挤压法。利用车刀挤压慢速旋转的砂轮也可修整砂轮，此法的关键是用电火花线切割机先加工出成型车刀，然后再用车刀对慢速旋转的砂轮挤压，即可修整出所需砂轮。

③ 数控机床修整法。将砂轮安装在数控机床主轴上，金刚石刀固定在刀架（车床）或工作台（铣床）上，利用数控指令使金刚石刀相对于砂轮进给，修整出成型砂轮。

④ 电镀法。此法与金刚石锉刀的制造方法相同，先加工钢的轮坯，再用电镀法在轮坯表面镀一层金刚砂。这种方法比较简单，但所得砂轮耐用度较低。

5.2.3　夹具磨削法

夹具磨削法的核心是依据型面的复杂程度选用不同的夹具，使工件相对于高速旋转的砂轮移动，从而加工出所需型面。这是又一种应用简单而广泛的成型磨削方法。用夹具磨削的成型表面，一般为带一定角度的斜面。常用的夹具因用途不同而种类繁多，下面介绍几种。

（1）精密平口台虎钳　如图 5-13 所示，主体 3 与活动钳口 1 机加工后经消除应力处理，再经热处理淬硬，最后精磨或研磨，主体两侧及钳口的垂直度均为 $90°\pm1'$。

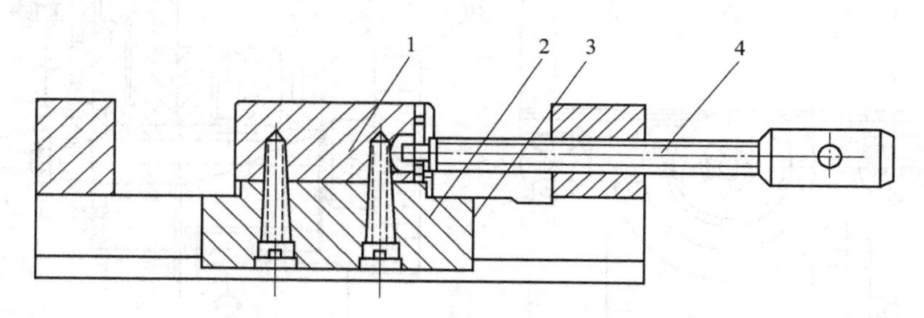

图 5-13　精密平口台虎钳

1—活动钳口；2—滑块；3—主体；4—螺杆

精密平口台虎钳可放置在磁性工作台上，利用虎钳体的精密垂直度磨削工件的基准面或斜面。它特别适合于夹持细小件、非金属及不能被磁力工作台吸住的工件。

（2）正弦精密平口钳　如图 5-14 所示，工件 3 装夹在精密平口钳 2 上，在正弦圆柱 4 和底座 1 的定位面之间垫入块规组 5，这样可使工件倾斜一定的角度。所以它适用于磨削工件上的斜面，最大倾角为 45°。

垫入块规的高度可按下式计算

$$H=L\sin\alpha$$

式中　L——两个正弦圆柱之间的中心距，mm；

α——工件需要倾斜的角度。

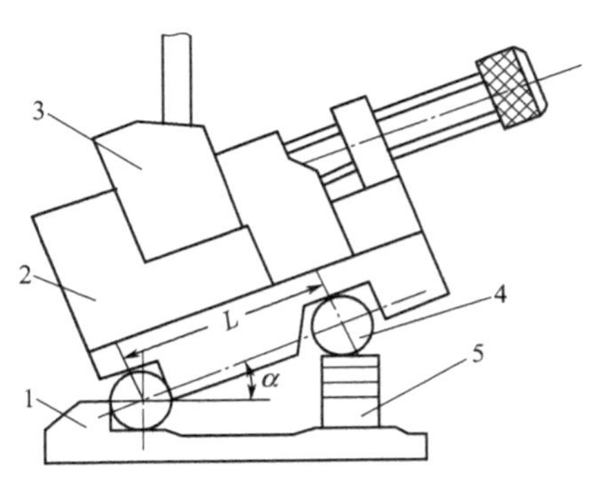

图 5-14 正弦精密平口钳
1—底座；2—精密平口钳；3—工件；
4—正弦圆柱；5—块规组

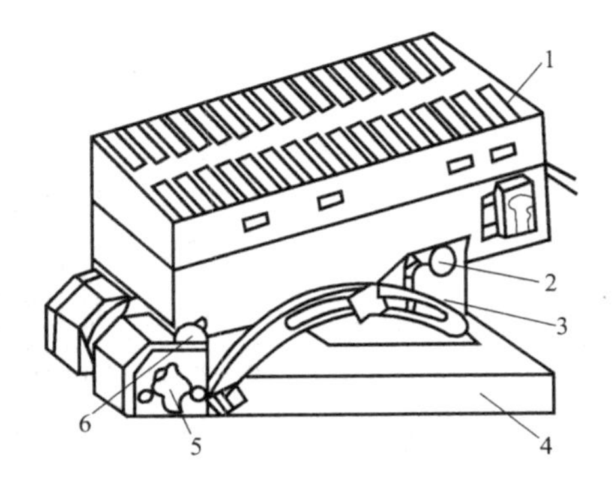

图 5-15 单向正弦磁力台
1—电池吸盘；2,6—正弦圆柱；3—块规组；
4—底座；5—销紧器

(3) 正弦磁力台 又叫正弦夹具，如图 5-15 所示，它与正弦精密平口钳的区别在于用磁力吸盘代替平口钳装夹工件。使用正弦磁力台磨削任意角度，因操作方便能提高生产效率。图 5-15 所示为单向正弦磁力台，用于磨削 0°～45°范围内的各种角度的斜面。还有一种双向正弦磁力台，主要用于磨削与三个直角坐标成斜交的空间斜面。图 5-16 所示为使用正弦磁力台磨削凸模的示例。

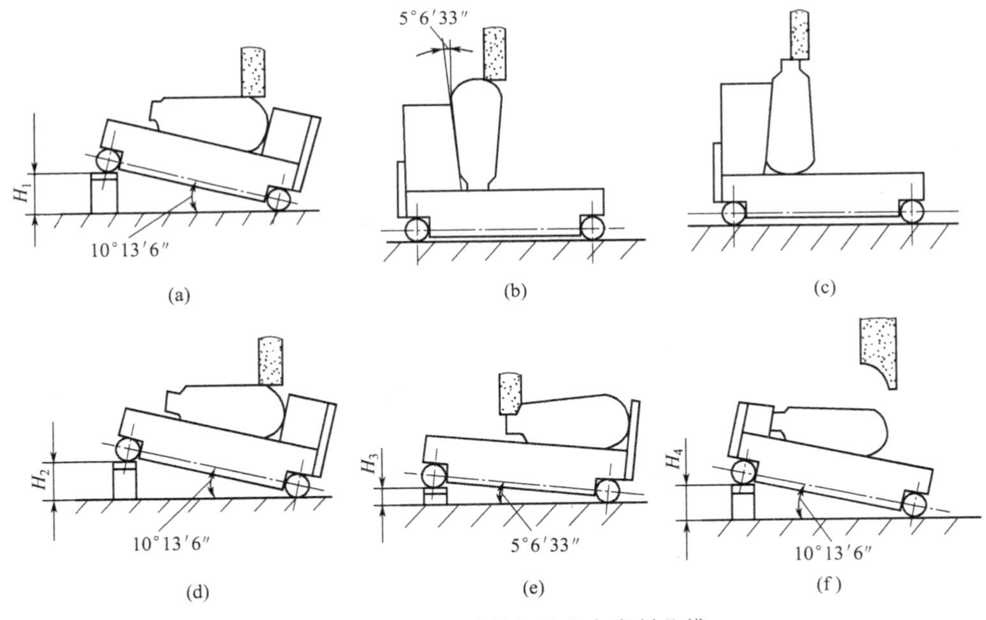

图 5-16 使用正弦精密磁力台磨削凸模

(4) 万能夹具 图 5-17 所示为万能夹具结构。它主要由装夹部分、回转部分、十字滑板和分度部分组成。

工件通过夹具和螺钉与转盘 15 连接，用手轮 5 转动蜗杆 4，通过蜗轮 3 带动主轴 1 和正弦分度盘 8 旋转，这样使工件也绕夹具中心旋转。

分度部分用来控制夹具的回转角度。正弦分度盘有刻度，当对工件回转角度要求不高时，可通过角度游标 7 直接读出转过角度数值。回转角度要求精确时，可以利用正弦

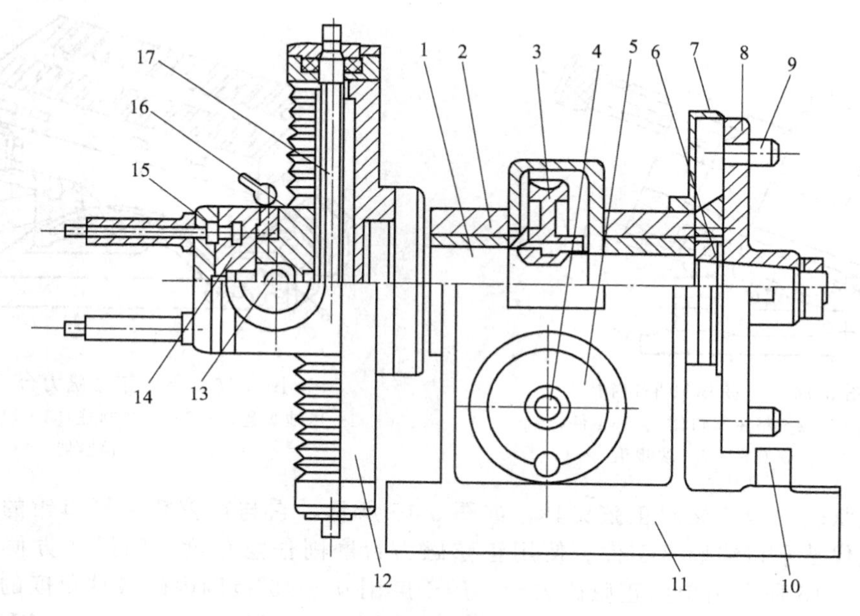

图 5-17　万能夹具

1—主轴；2—衬套；3—蜗轮；4—蜗杆；5—手轮；6—螺母；7—角度游标；8—正弦分度盘；9—正弦圆柱；10—基准板；11—夹具体；12—纵滑板；13,17—丝杆；14—横滑板；15—转盘；16—手柄

分度盘上四个圆柱 9 和基准板 10 之间垫块规的方法来控制夹具回转的角度，其精度可达 10″～30″。

由纵滑板 12 和横滑板 14 组成的十字滑板，与四个正弦圆柱的中心连线准确重合。旋转丝杆 13 和 17，可使工件在互相垂直的两个方向上移动。

当工件移动到所需位置后，转动手柄 16，将横滑板 14 锁紧。

5.2.4　成型磨削工艺尺寸的换算

模具零件的设计基准与加工基准不尽一致，因此在成型磨削前，必须将设计尺寸换算成工艺尺寸，并绘制成型磨削工艺图。

根据磨削加工与测量的需要，为确保十字拖板沿水平及垂直方向准确移动和定位，在工件图上应建立直角坐标系，每一个圆心设一个回转中心。采用万能夹具磨削工件时，工艺尺寸换算的内容有以下几项。

① 各圆弧中心间的坐标尺寸。

② 各斜面或平面至回转中心的垂直距离。

③ 各斜面对坐标轴的倾斜角度。

④ 各圆弧的包角（又称回转角）。如工件可自由回转而不致碰伤其他表面时，则不必计算圆弧包角。

例如：在万能夹具上磨削图 5-18 所示的凸模，经换算后绘制磨削工艺图如图 5-19 所示。

5.2.5　光学曲线磨床磨削

光学曲线磨削是利用投影放大原理，在磨削时将放大的工件形状与放大图进行比较，操纵砂轮将图线以外的余量磨去，而获得精确型面的一种加工方法。这种方法可以加工较小的型模拼块、样板及带几何型面的圆柱形工件。用光学曲线磨床磨削法和精密平面磨床磨削法

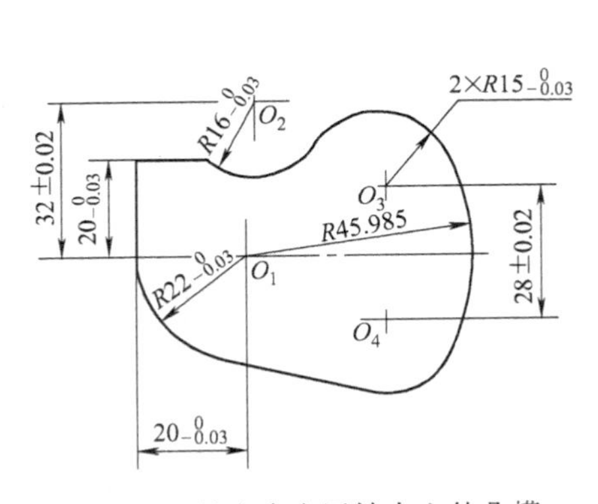

图 5-18 具有多个回转中心的凸模

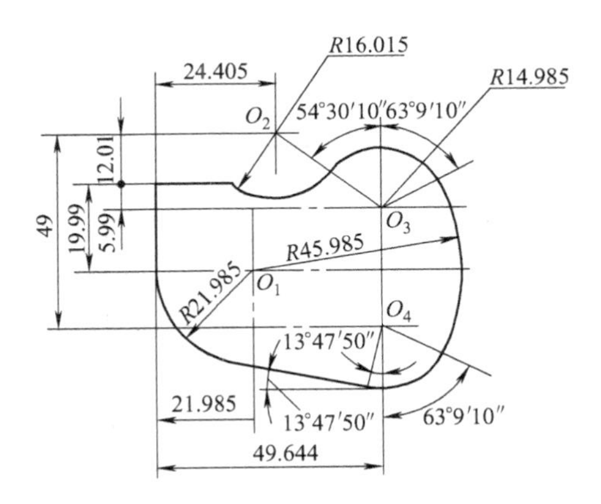

图 5-19 磨削工艺图

互相配合，可以解决大型工件复杂的成型加工。另外，由于磨削硬质合金及合金工具钢用的金刚石砂轮和立方氮化硼砂轮不能进行成型修整，而用标准形（圆弧形砂轮、单斜边砂轮、双斜边砂轮、薄片砂轮）的金刚石砂轮和立方氮化硼砂轮可以在光学曲线磨床上成型磨削硬质合金和合金工具钢的工件。

(1) 常用的光学曲线磨床 常用的光学曲线磨床有 M9015，M9017A 和 GLS-130AS 等型号。M9015 一次投影能磨削的最大尺寸为 10mm×10mm，分段磨削最大尺寸为 150mm×25mm，磨削最大直径与长度为 100mm×100mm，而 M9017A 的加工范围比 M9015 稍大些。

数控自动光学精密曲线磨床可根据工件放大图图形进行砂轮座纵向进给（X）和横向进给（Y）两轴的数控运转，不需要任何复杂的计算和编制电子计算机程序。其主要特点如下。

① 按规定倍率绘制工件的放大图，并安装在投影屏上。

② 用手动进给手轮，将砂轮顶端对准到放大图的形状变化点上。

③ 按代码键，以指定快速进给、直线、圆弧（“左”、“右”和“R 尺寸”）。自动输入砂轮的指令和 X，Y 坐标点。

④ 能进行一般的手控数据输入，子程序和各种插补等。

(2) 工件的装夹及定位 在光学曲线磨床上磨削工件，常采用分段磨削方法加工，因此，在磨削过程中有时需要改变工件的安装位置，所以一般工件不直接固定在台面上，而是利用专用夹板、精密平口台虎钳等装夹固定，或使用简单的夹具根据预先设计好的工艺孔进行分度定位磨削，如图 5-20 所示。画放大图时以 a，b，c 等定位孔定位。

(3) 砂轮的选择及修整 光学曲线磨床磨削的特点是以逐步磨削的方式加工工件，因

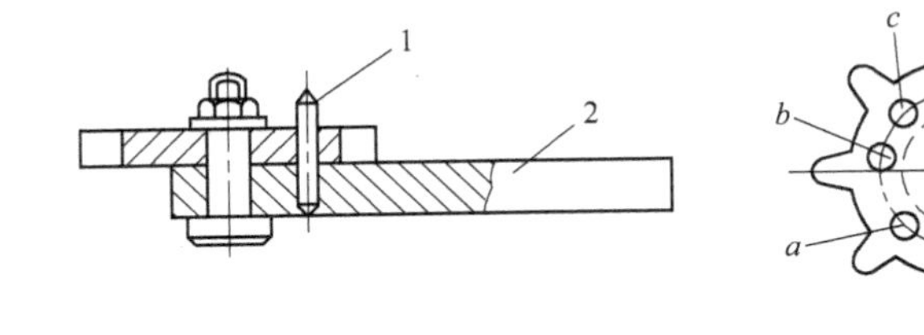

图 5-20 工件实例

1—定位销；2—定位板

此，砂轮的磨削接触面小，磨削点的磨粒容易脱落，所以选用的砂轮应比平面磨床所用的成型砂轮硬1～2小级。砂轮的修整也比较简单。常用砂轮形状见表5-3。

表 5-3　常用砂轮形状

单斜边砂轮	双斜边砂轮	平直形砂轮	凸凹圆弧砂轮
说　明			
磨凸凹圆弧，清内角，印磨斜槽，或根据图面要求修整角度，一次切削成型	磨凸凹圆弧，切磨V形槽或根据图面要求修整角度，一次切磨成形	切磨直凹槽，清角。将砂轮两侧90°角修圆后可磨削凸圆弧	根据图面要求修整凸凹圆弧，可一次切磨成形。而凸圆弧形砂轮还可用于磨削较大的凹圆弧

习　题

5-1　坐标机床与普通机床的主要区别是什么？数控机床属于坐标机床吗？

5-2　坐标镗床的特点是什么？坐标镗床的附件分别起什么作用？

5-3　试将下列设计尺寸转换成坐标尺寸：

$$30^{+0.01}_{-0.01}，29.2^{+0.1}_{-0}，29.95^{+0.05}_{-0.00}，30^{+0.00}_{-0.02}$$

5-4　何为成型磨削？其特点是什么？

5-5　正弦精密平口钳与正弦精密磁力平台分别用于什么场合？图5-16中被加工工件应为什么材料？

6 模具数控加工

6.1 数控加工技术

6.1.1 数控加工基本概念

数控加工是指在数控机床上进行自动加工零件的一种工艺方法。数控机床的加工过程就是把零件的加工工艺路线、工艺参数、刀具的运动轨迹、位移量、切削参数以及辅助功能，按照数控机床规定的指令代码及程序格式编写成加工程序单，再把程序单中的内容记录在控制介质上，然后输入到数控机床的数控装置中，从而指挥机床加工零件。

6.1.2 数控机床的工作原理与分类

6.1.2.1 数控机床的工作原理

数控机床在钻削、镗削或攻螺纹等加工（常称为点位控制）中，是在一定时间内，使刀具中心从 A 点移动到 C 点，如图 6-1(a) 所示。但是，对刀具轨迹没有严格的限制，可先使刀具在 X 轴上由 A 点移动到 D 点，然后再沿 Y 轴从 D 点移动到 C 点；也可以两个坐标以相同的速度，使刀具移动到 B 点，再沿 X 轴移动到 C 点，这样的点位控制，是要严格控制点到点之间的距离，而与所走的路径无关。

当数控机床在对轮廓加工控制过程中，它包括加工平面曲线和空间曲线两种情况。对于

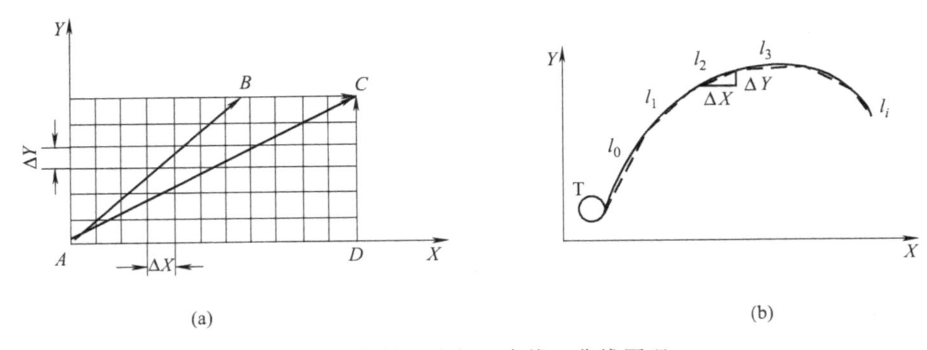

图 6-1 数控机床加工直线、曲线原理

平面（两维）的任意曲线 L，要求刀具 T 沿曲线轨迹运动，进行切削加工，如图 6-1(b) 所示，将曲线 L 分割成：l_0、l_1、l_2、$\cdots l_i$ 等线段。用曲线（或圆弧）代替（逼近）这些线段，当逼近误差 δ 相当小时，这些折线之和就接近了曲线。对于空间（三维）曲线，同样可用一段一段的折线（Δl_i）去逼近它，只不过这时 Δl_i 单位运动分量不仅是 ΔX、ΔY，还有一个 ΔZ。

6.1.2.2　数控机床的分类

（1）按运动控制方式分类

① 点位控制数控机床。如图 6-2(a) 所示，点位控制是指数控系统只控制刀具或工作台从一点移至另一点的准确定位，然后进行定点加工，而点与点之间的路径不需控制。采用这类控制的有数控钻床、数控镗床和数控坐标镗床等。

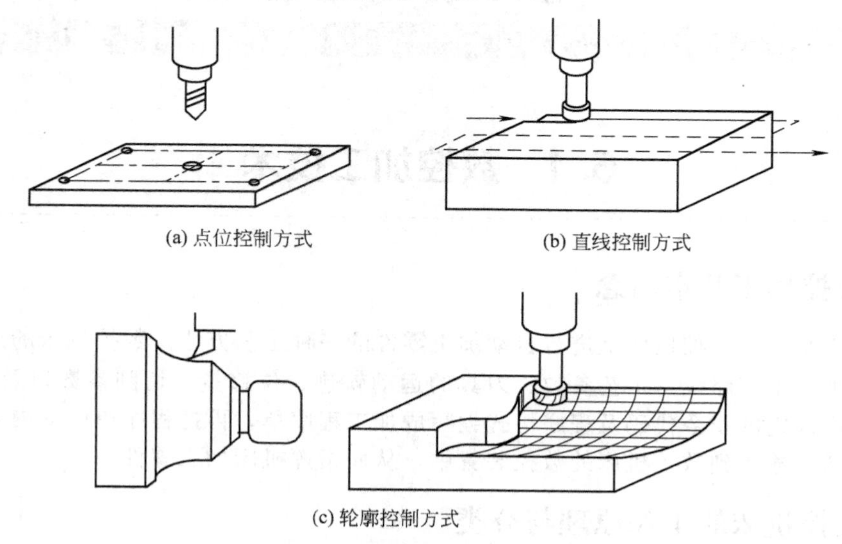

(a) 点位控制方式　(b) 直线控制方式

(c) 轮廓控制方式

图 6-2　数控系统的运动控制方式

② 点位直线控制数控机床。如图 6-2(b) 所示，点位直线控制是指数控系统除控制直线轨迹的起点和终点的准确定位外，还要控制在这两点之间以指定的进给速度进行直线切削。采用这类控制的有数控铣床、数控车床和数控磨床等。

③ 轮廓控制数控机床。亦称连续轨迹控制，如图 6-2(c) 所示，能够连续控制两个或两个以上坐标方向的联合运动。采用这类控制的有数控铣床、数控车床、数控磨床和加工中心等。

（2）按控制方式分类

① 开环控制系统。开环控制系统是指不带反馈装置的控制系统，由步进电动机驱动线路和步进电动机组成，如图 6-3(a) 所示。数控装置经过控制运算发出脉冲信号，每一脉冲信号使步进电机转动一定的角度，通过滚珠丝杠推动工作台移动一定的距离。

这种伺服机构比较简单，工作稳定，容易掌握使用，但精度和速度的提高受到限制。

② 半闭环控制系统。如图 6-3(b) 所示，半闭环控制系统是在开环控制系统的伺服机构中装有角位移检测装置，通过检测伺服电动机或丝杠转角间接检测移动部件的位移，然后反馈到数控装置的比较器中，与输入原指令位移值进行比较，用比较后的差值进行控制，使移动部件补充位移，直到差值消除为止的控制系统。

这种伺服机构所能达到的精度、速度和动态特性优于开环伺服机构，为大多数中小型数

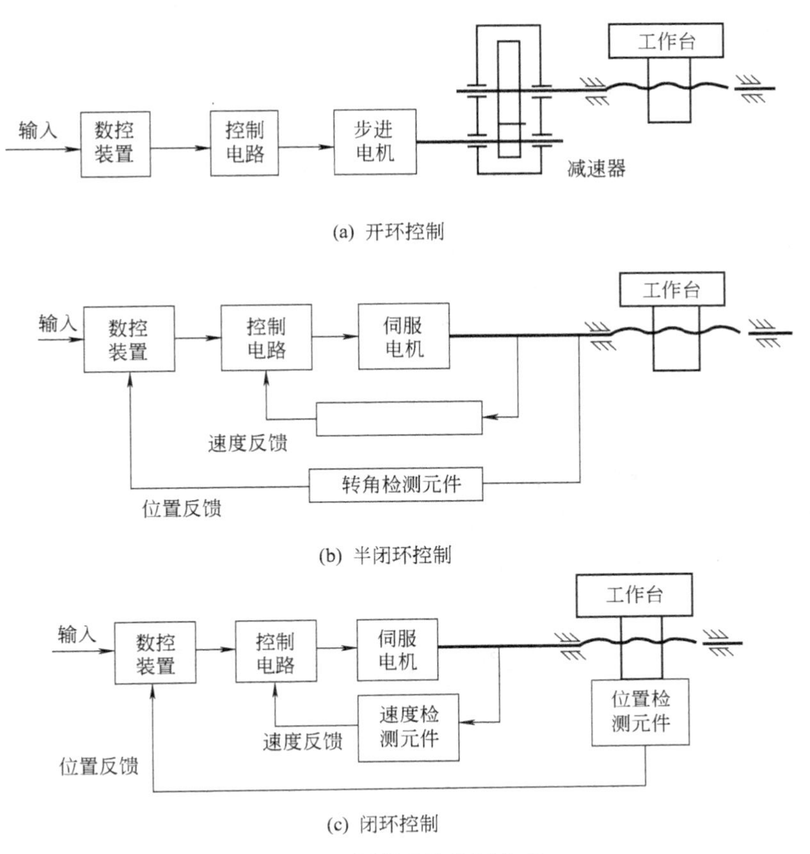

图 6-3 伺服系统控制方式

控机床所采用。

③ 闭环控制系统。如图 6-3(c) 所示，闭环控制系统是在机床移动部件位置上直接装有直线位置检测装置，将检测到的实际位移反馈到数控装置的比较器中，与输入的原指令位移值进行比较，用比较后的差值控制移动部件作补充位移，直到差值消除时才停止移动，达到精确定位的控制系统。

闭环控制系统的定位精度高于半闭环控制，但结构比较复杂，调试维修的难度较大，常用于高精度和大型数控机床。

6.1.3 数控加工的特点与应用

6.1.3.1 数控加工的特点

① 自动化程度高，具有很高的生产效率。除手工装夹毛坯外，其余全部加工过程都可由数控机床自动完成。若配合自动装卸手段，则是无人控制工厂的基本组成环节。

② 对加工对象的适应性强。改变加工对象时，除了更换刀具和解决毛坯装夹方式外，只需重新编程即可，不需要进行其他任何复杂的调整，从而缩短了生产准备周期。

③ 加工精度高，质量稳定。加工尺寸精度在 0.005～0.01mm 之间，不受零件复杂程度的影响。由于大部分操作都由机器自动完成，因而消除了人为误差，提高了批量零件尺寸的一致性，同时精密控制的机床上还采用了位置检测装置，更加提高了数控加工的精度。

④ 易于建立与计算机间的通信联络，容易实现群控。由于机床采用数字信息控制，易

于与计算机辅助设计系统连接，形成 CAD/CAM 一体化系统，并且可以建立各机床间的联系，容易实现群控。

6.1.3.2 数控加工在模具制造中的应用

数控加工方式为模具提供了丰富的生产手段，每一类模具都有其最合适的加工方式。

一般而言，对于旋转类模具，一般采用数控车加工，如车外圆、车孔、车平面、车锥面等。酒瓶、酒杯、保龄球、方向盘等模具，都可以采用数控车削加工。

对于复杂的外形轮廓或带曲面模具，电火花成型加工用电极，一般采用数控铣加工，如注射模、压铸模等，都可以采用数控铣加工。

对于微细复杂形状、特殊材料模具、塑料镶拼型腔及嵌件、带异型槽的模具，都可以采用数控电火花线切割加工。

模具的型腔、型孔，可以采用数控电火花成型加工，包括各种塑料模、橡胶模、锻模、压铸模、压延拉伸模等。

对精度要求较高的解析几何曲面，可以采用数控磨削加工。

总之，各种数控加工方法，为模具加工提供了各种可供选择的手段。随着数控加工技术的发展，越来越多的数控加工方法应用到模具制造中，各种先进制造技术的采用，使模具制造的前景更加广阔。

6.2 数控加工程序编制基础

6.2.1 程序编制的基本步骤与方法

数控机床程序编程的步骤一般包括：分析零件图样、确定加工工艺过程、数值计算、编写程序单、程序输入数控系统、校核加工程序和首件试切加工。程序编制的一般步骤如图 6-4 所示。

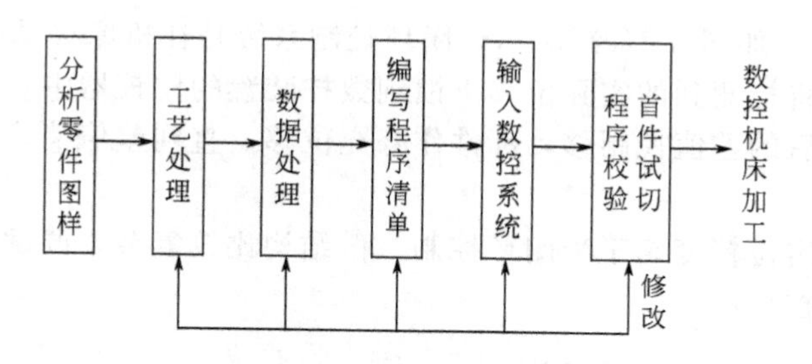

图 6-4 数控编程的步骤

6.2.2 数控机床的坐标系

6.2.2.1 机床坐标系

机床坐标系是为了确定工件在机床的位置、机床运动部件的特殊位置（如换刀点、参考点）以及运动范围（如行程范围、保护区）等而建立的几何坐标系，是机床上固有的坐标系。

(1) 坐标和运动方向命名的原则

① 数控机床上的标准坐标系（指 X、Y、Z 主运动）采用右手直角坐标系，如图 6-5 所示。

② 为编程方便，一律规定工件固定，刀具相对于工件运动。

③ 正方向确定原则。统一规定标准坐标系 X、Y、Z 作为刀具（相对于工件）运动的坐标系，并且增大刀具与工件之间距离的方向为各坐标轴的正方向。

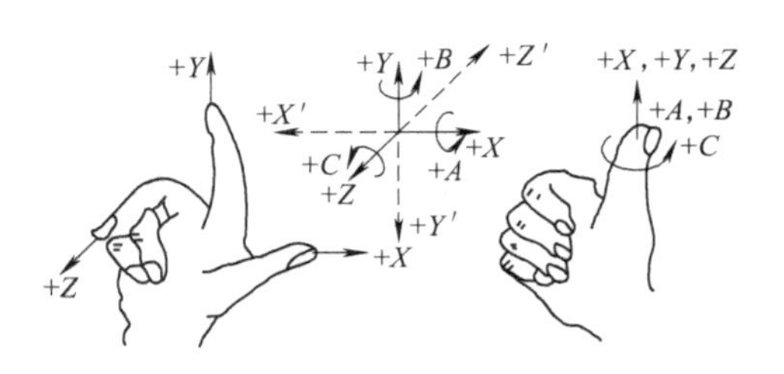

图 6-5 右手直角坐标系

（2）各坐标轴的确定

① Z 坐标的运动。规定以传递切削力的主轴定为 Z 轴。其正方向为增大工件与刀具之间距离的方向。

② X 坐标的运动。X 轴为水平方向且垂直于 Z 轴并平行于工件的装夹面。

③ Y 坐标的运动。Y 轴按照右手直角坐标系来判断。

图 6-6 是机床坐标系示例。

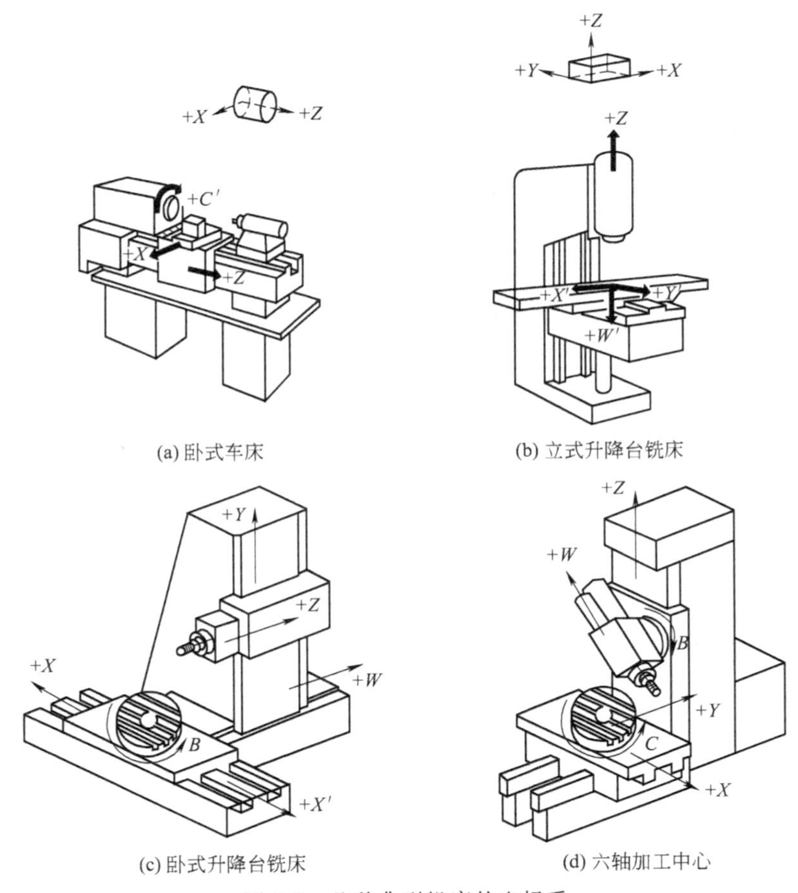

图 6-6 几种典型机床的坐标系

6.2.2.2 机床原点与参考点

（1）机床原点（机床坐标原点） 机床原点是机床上的一个固定点，在机床设计调整好后，该点就被唯一的确定下来，用户不能随意改动。

（2）机床参考点 机床参考点是指机床各运动部件在各自的正向的极限点。机床启动时通常要回零。

6.2.2.3 工件原点和工件坐标系

① 编程时选工件图纸上的某一固定点为原点建立的坐标系，称为工件坐标系，该固定

点即为工件原点。

② 工件坐标系与机床坐标系的坐标轴平行、同向，但原点不同。

6.2.3 数控加工程序的结构与格式

6.2.3.1 加工程序的结构

一个完整的程序由程序号、程序的内容和程序结束三部分组成。

```
例如 O0001                                  程序号
N01   G92 X40 Y30;
N02   G90 G00 X28 . T01 S800 M03;
N03   G01 X-8. Y8. F200;                    程序内容
N04   X0. Y0. ;
N05   X28. Y30. ;
N06   G00 X40. ;
N07   M02;                                  程序结束
```

6.2.3.2 程序段格式

零件的加工程序是由程序段组成的，每个程序段由若干个数据字组成系统的具体指令，它是由表示地址的英语字母、特殊文字和数字集合而成，通常采用字-地址程序段书写格式。表 6-1 为常见的地址符及其意义。

表 6-1 地址符及其意义

机 能	地 址	意 义
零件程序号	O 或%或 P	程序编号：O1～4294967295
程序段号	N	程序段编号：N0～4294967295
准备机能	G	准备功能
尺寸字	X,Y,Z,A,B,C,U,V,W	坐标轴的移动命令～99999.999
	R	圆弧的半径，固定循环的参数
	I,J,K	圆心相对于起点的坐标
进给速度	F	进给速度的指定
主轴机能	S	主轴旋转速度的指定
刀具机能	T	刀具编号的指定
辅助机能	M	辅助功能
补偿号	H,D	刀具补偿号的指定
暂停	P,X	暂停时间的指定/秒
程序号的指定	P	子程序号的指定
重复次数	L	子程序或固定循环的重复次数
参数	P,Q,R,U,W,I,K,C,A	固定循环的参数
倒角控制	C,R	

6.2.4 数控加工程序的指令代码

6.2.4.1 准备功能 G 指令

准备功能也叫 G 功能或 G 代码。它由地址 G 和后面的两位数字组成，从 G00～G99 共 100 种，如表 6-2 所示。

表 6-2 准备功能 G 代码

代码(1)	功能保持到被取消或被同组另一字母表示的程序指令所代替(2)	功能仅在所出现的程序段内有作用(3)	功能(4)	代码(1)	功能保持到被取消或被同组另一字母表示的程序指令所代替(2)	功能仅在所出现的程序段内有作用(3)	功能(4)
G00	a		点定位	G49	#(d)	#	刀具偏置 0/+
G01	a		直线插补	G50	#(d)	#	刀具偏置 0/−
G02	a		顺时针方向圆弧插补	G51	#(d)	#	刀具偏置+/0
				G52	#(d)	#	刀具偏置−/0
G03	a		逆时针方向圆弧插补	G53	f		直线偏移,注销
				G54	f		直线偏移 x
G04		*	暂停	G55	f		直线偏移 y
G05	#	#	不指定	G56	f		直线偏移 z
G06	a		抛物线插补	G57	f		直线偏移 xy
G07	#	#	不指定	G58	f		直线偏移 xz
G08		*	加速	G59	f		直线偏移 yz
G09		*	减速	G60	h		准确定位 1(精)
G10～G16	#	#	不指定	G61	h		准确定位 2(中)
G17	c		XY 平面选择	G62	h		快速定位(粗)
G18	c		ZX 平面选择	G63		*	攻丝
G19	c		YZ 平面选择	G64～G67	#	#	不指定
G20～G32	#	#	不指定	G68	#(d)	#	刀具偏置,内角
G33	a		螺纹切削,等螺距	G69	#(d)	#	刀具偏置,外角
G34	a		螺纹切削,增螺距	G70～G79	#	#	不指定
G35	a		螺纹切削,减螺距	G80	e		固定循环注销
G36～G39	#	#	永不指定	G81～ G89	e		固定循环
G40	d		刀具补偿/刀具偏置注销	G90	i		绝对尺寸
G41	d		刀具补偿—左	G91	i		增量尺寸
G42	d		刀具补偿—右	G92		*	预置寄存
G43	#(d)	#	刀具偏置—正	G93	k		时间倒数,进给率
G44	#(d)	#	刀具偏置—负	G94	k		每分钟进给
G45	#(d)	#	刀具偏置+/+	G95	k		主轴每转进给
G46	#(d)	#	刀具偏置+/−	G96	i		恒线速度
G47	#(d)	#	刀具偏置−/−	G97	i		每分钟转数(主轴)
G48	#(d)	#	刀具偏置−/+	G98～ G99	#	#	不指定

注：1. #号，如选作特殊用途，必须在程序格式中说明。

2. 如在直线切削控制中没有刀具补偿，则 G43 到 G52 可指定作其他用途。

3. 在表中左栏括号中的字母（d）表示，可以被同栏中没有括号的字母 d 所注销或代替，也可被有括号的字母（d）所注销或代替。

4. G45 到 G52 的功能可用于机床上任意两个预定的坐标。

5. 控制机上没有 G53 到 G59、G63 功能时，可以指定作其他用途。

G指令主要用于规定刀具和工件的相对运动轨迹、机床坐标系、坐标平面、刀具补偿等多种功能。它为数控系统的插补运算作准备，故G指令一般位于程序段中坐标字的前面。

6.2.4.2 辅助功能M指令

辅助功能M指令用M00～M99表示，如表6-3所示。主要用于机床加工时的工艺性指令，可控制机床的开、关功能（辅助动作）。其特点是靠继电器的通、断或PLC输入输出点的通、断实现控制过程。

表6-3 辅助功能M代码

代码	功能开始时间		功能保持到被注销或被适当程序指令代替	功能仅在所出现的程序段内有作用	功能
	与程序段指令运动同时开始	在程序段指令运动完成后开始			
(1)	(2)	(3)	(4)	(5)	(6)
M00～M12		*		*	程序停止
M01		*		*	计划停止
M02		*		*	程序结束
M03	*		*		主轴顺时针方向
M04	*		*		主轴逆时针方向
M05		*	*		主轴停止
M06	#	#		*	换刀
M07	*		*		2号冷却液开
M08	*		*		1号冷却液开
M09		*	*		冷却液关
M10	#	#	*		夹紧
M11	#	#	*		松开
M12	#	#	#	#	不指定
M13	*		*		主轴顺时针方向,冷却液开
M14	*		*		主轴逆时针方向,冷却液开
M15	*			*	正运动
M16	*			*	负运动
M17～M18	#	#	#	#	不指定
M19		*	*		主轴定向停止
M20～M29	#	#	#	#	永不指定
M30		*		*	程序结束
M31	#	#		*	互锁旁路
M32～M35	#	#	#	#	不指定
M36	*		#		进给范围1
M37	*		#		进给范围2
M38	*		#		主轴速度范围1
M39	*		#		主轴速度范围2
M40～M45	#	#	#	#	如有需要作为齿轮换挡
M46～M47	#	#	#	#	不指定

续表

代码	功能开始时间		功能保持到被注销或被适当程序指令代替	功能仅在所出现的程序段内有作用	功能
	与程序段指令运动同时开始	在程序段指令运动完成后开始			
M48		*	*		注销 M49
M49	*		#		进给率修正旁路
M50	*		#		3 号冷却液开
M51	*		#		4 号冷却液开
M52～M54	#	#	#	#	不指定
M55	*		#		刀具直线位移,位置 1
M56	*		#		刀具直线位移,位置 2
M57～M59	#	#	#	#	不指定
M60		*		*	更换工件
M61	*				工件直线位移,位置 1
M62	*		*		工件直线位移,位置 2
M63～M70	#	#	#	#	不指定
M71	*		*		工件角度位移,位置 1
M72	*		*		工件角度位移,位置 2
M73～M89	#	#	#	#	不指定
M90～M99	#	#	#	#	永不指定

注：1. # 号表示：如选作特殊用途，必须在程序说明中说明。
2. M90～M99 可指定为特殊用途。

6.2.4.3 F、T、S 指令

(1) F 指令　指定进给速度，由地址 F 和其后面的数字组成。

每转进给（G94）：在含有 G94 程序段后面，F 所指定的进给速度单位为 $mm \cdot r^{-1}$。

每分钟进给（G95）：在含有 G95 程序段后面，F 所指定的进给速度单位为 $mm \cdot min^{-1}$。

(2) T 指令　刀具功能指令，用于指定所选择的刀具号或刀具补偿号。如：

T0201　02 表示选择第 2 号刀具进行换刀；01 表示用 1 号刀具补偿值。

(3) S 指令　指定主轴转速或速度，由地址 S 和其后的数字组成。

恒线速度控制（G96）：例如 G96S100 表示切削速度是 $100m \cdot min^{-1}$。

主轴转速控制（G97）：例如 G97 S800 表示主轴转速为 $800r \cdot min^{-1}$。

主轴最高速度限定（G50）：G50 除有坐标系设定功能外，还有主轴最高转速设定功能，用 S 指定的数值设定主轴每分钟的最高转速。例如：G50S2000 表示主轴转速最高为 $2000r \cdot min^{-1}$。用恒线速度控制加工端面、锥度和圆弧时，由于 X 坐标值不断变化，当刀具逐渐接件旋转中心时，主轴转速会越来越高，工件有从卡盘飞出的危险，所以为防止事故的发生，必须限定主轴的最高转速。

6.2.5 手工编程与自动编程

零件程序编制的方法有手工编程和自动编程两种。

(1) 手工编程　对于加工形状简单的零件，计算比较简单，程序不多，采用手工编程较容易完成，而且经济、及时，因此在点位加工以及由直线与圆弧组成的轮廓加工中，手工编

程仍广泛应用。但对于形状复杂的零件，特别是具有非圆曲线、列表曲线及曲面的零件，用手工编程就有一定的困难，出错的概率增大，有的甚至无法编出程序，因此必须用自动编程的方法编制程序。

（2）自动编程　自动编程即用计算机编制数控加工程序的过程。自动编程的出现使得一些计算繁琐、手工编程困难或无法编出的程序能够实现。因此，自动编程的前景是非常广阔的。

6.3 数控加工的程序编制

6.3.1 数控铣削加工

数控铣床有立式和卧式两种，该类机床功能齐全，可完成铣削、镗削、钻削、攻螺纹及自动工作循环等工作，因此适用于加工各种具有复杂曲线轮廓及截面的零件，如凸轮、样板、叶片、弧形槽等，尤其适用于模具加工，也可以加工具有螺旋曲面的零件。

数控铣削加工的基本编程方法

（1）坐标系设定指令

① 工件坐标系设定指令 G92。格式：G92　*X*　　*Y*　　*Z*　　（要求使用绝对坐标值）

式中，*X*、*Y*、*Z* 为当前刀位点在工件坐标系中的绝对坐标。

以图 6-7 为例，在加工工件前，用手动或自动的方式，令机床回到机床零点。此时，刀具中心对准机床零点［图 6-7(a)］，CRT 显示各轴坐标均为 0。当机床执行 G92 X-10 Y-10 后，就建立起了工件坐标系［图 6-7(b)］。即刀具中心（或机床零点）应在工件坐标系的 X-10 Y-10 处，图中虚线代表的坐标系，即为工件坐标系。O_1 为工件坐标系的原点，CRT 显示的坐标值为 X-10.000Y-10.000，但刀具相对于机床的位置没有改变。

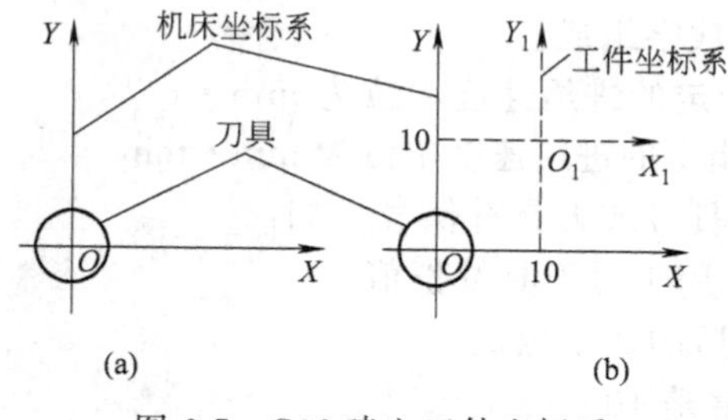

图 6-7　G92 建立工件坐标系

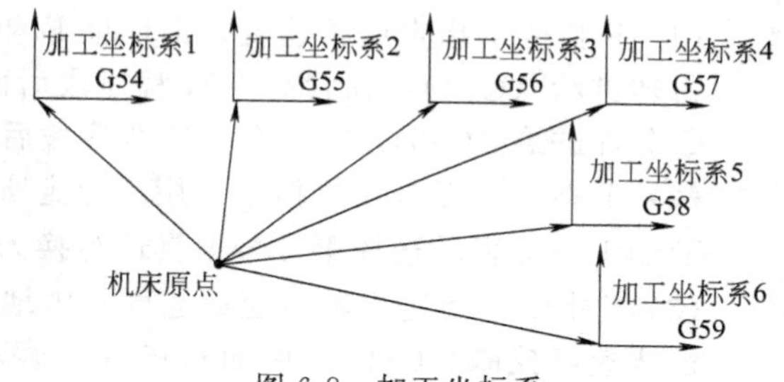

图 6-8　加工坐标系

因此，在 G92 执行之前的刀具位置须放在程序所要求的位置上。一般在工件装夹完毕后，通过对刀来确定。

② 选择工件坐标系指令（G54～G59）。若在工作台上同时加工多个相同的零件时，可以设定不同的程序零点，如图 6-8 所示，可建立 G54～G59 六个加工坐标系。其坐标原点（程序原点）可设在便于编程的某一固定点上，这样建立的加工坐标系，在系统断电后并不破坏，再次开机后仍有效，并与刀具的当前位置无关，只需按选择的坐标系编程。

③ 坐标平面选择指令（G17～G19）。G17 指令为机床进行 *XY* 平面上的加工，G18、G19 分别为 *ZX*、*YZ* 平面上的加工，如图 6-9 所示。在数控车床上一般默认为在 *ZX* 平面内加工；在数控铣床上一般默认为在 *XY* 平面内加工。若要在其他平面上加工则应使用坐标平面选择指令。

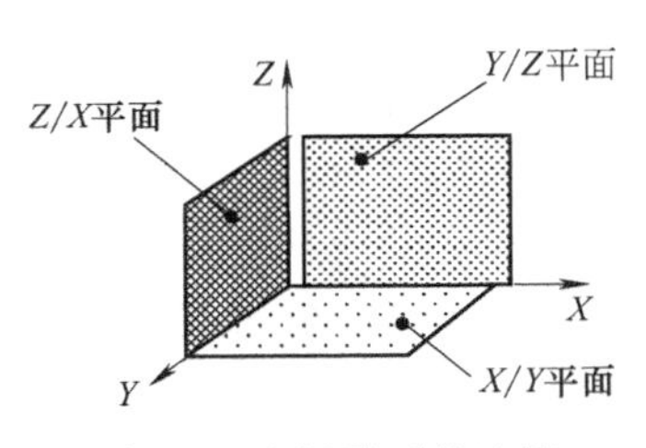

图 6-9 坐标平面的选择

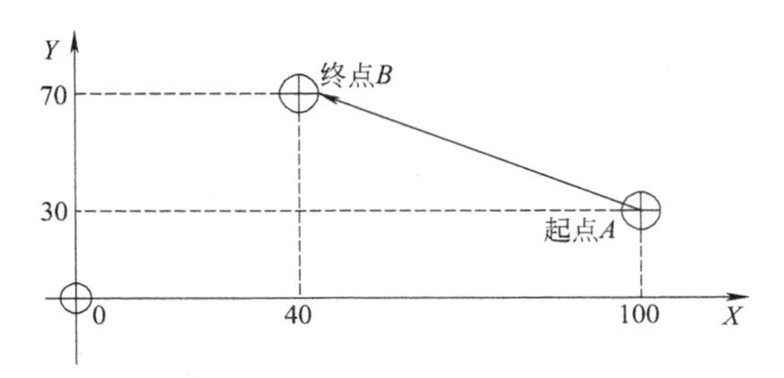

图 6-10 G90、G91 指令编程

④ 绝对坐标 G90 与相对坐标指令 G91。G90：绝对坐标指令，表示程序段中的编程尺寸按绝对坐标（工件坐标系）给定，即程序中移动指令终点的坐标值是以固定的工件原点为基准来计量的。G91：相对坐标指令，表示程序段中的编程尺寸按相对坐标给定，即编程时，按运动轨迹来看，移动指令终点的坐标是以起始点（前一个点）为基准来计量的。

如图 6-10，要求刀具由起点 A 直线插补到终点 B，用 G90、G91 编程时，程序段分别为：

G90 X40.0 Y70.0 ；绝对指令

G91 X60.0 Y40.0 ；相对指令

（2）加工方式指令

① 快速点定位指令 G00。G00 指令是续效指令。它命令刀具从当前位置开始，以各坐标轴预先设定的最快速度移动到程序段所指定的下一个定位点。一般用作为空行程运动。进给速度指令对 G00 无效。

指令格式：G00 X __ Y __ Z __；

式中，X、Y、Z 为目标位置的坐标值。

例如，在图 6-11 中，若 X 轴和 Y 轴的快速移动速度均为 4000mm · min^{-1}，刀具的始点位于工件坐标系的 A 点。当程序为：

G90 G00 X60.0 Y30.0；

或 G91 G00 X40.0 Y20.0；

则刀具的进给路线为一折线，即刀具从始点 A 先沿 X 轴、Y 轴同时移动至 B 点，然后再沿 X 轴移至终点 C。

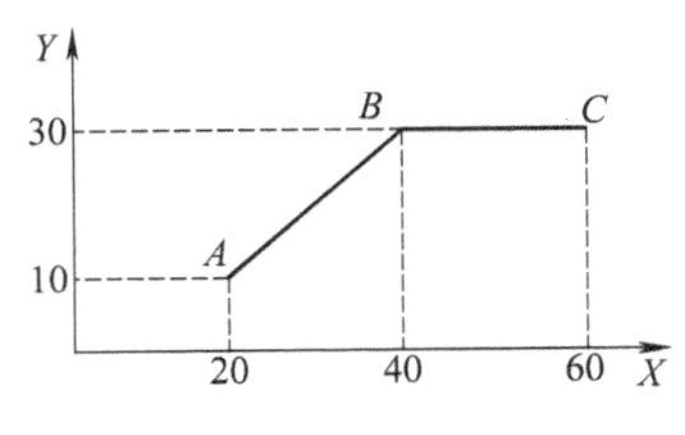

图 6-11 快速点定位 G00

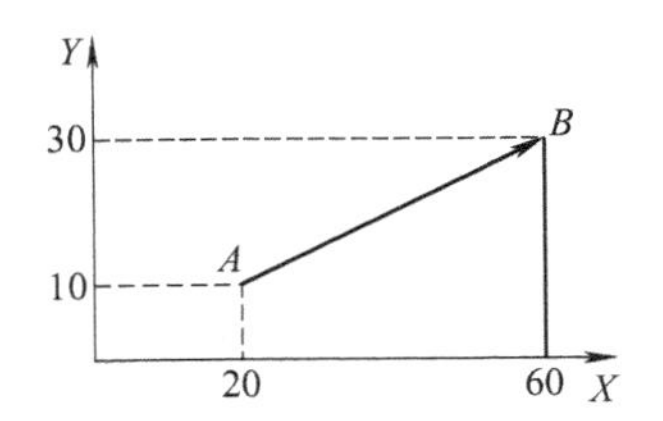

图 6-12 直线插补 G01

② 直线插补指令 G01。G01 指令使刀具从当前位置开始，以各坐标轴联动的方式，按规定的合成进给速度，直线插补移动到程序段所指定终点。该指令是续效指令；一般用作为轮廓切削。

指令格式：G01 X __ Y __ Z __ F __

式中，X、Y、Z 为目标位置的坐标值，F 为指定进给速度，mm · min^{-1}。

如图 6-12 所示，始点 A 到终点 B 线段直线插补程序如下：

绝对值方式：G90 G01 X60.0 Y30.0 F200；

相对值方式：G91 G01 X40.0 Y20.0 F200；

F200 是指始点 A 向终点 B 进行直线插补的进给速度为 200mm・min^{-1}，刀具的进给路线见图 6-12。

注意：G01 程序段中必须含有 F 指令或依靠前面的 F 指令续效。

③ 圆弧插补指令 G02、G03。G02 为顺时针圆弧插补指令，G03 为逆时针圆弧插补指令。顺时针或逆时针是从垂直于圆弧加工平面的第三轴的正方向看到的回转方向。如图 6-13 所示。

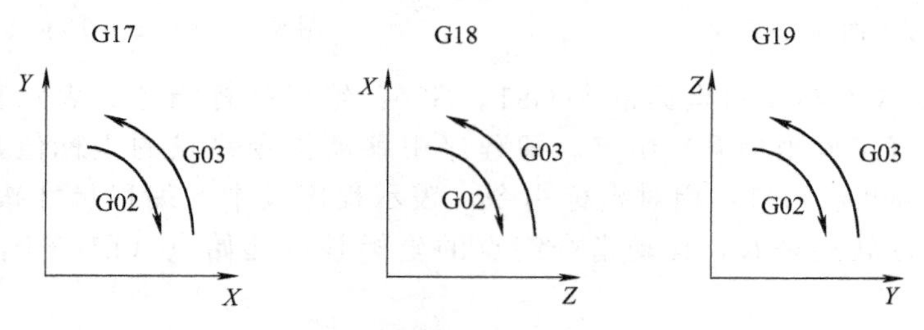

图 6-13　圆弧插补的顺逆判断

G02、G03 程序段的格式有两种：

a. 用 I、J、K 指定圆心位置

$$\left.\begin{matrix}G17\\G18\\G19\end{matrix}\right\}\left.\begin{matrix}G02\\G03\end{matrix}\right\}X\_\ Y\_\ Z\_\ I\_\ J\_\ K\_\ F\_;$$

b. 用圆弧半径 R 指定圆心位置

$$\left.\begin{matrix}G17\\G18\\G19\end{matrix}\right\}\left.\begin{matrix}G02\\G03\end{matrix}\right\}X\_\ Y\_\ Z\_\ R\_\ F\_;$$

说明：采用绝对值编程时，X，Y，Z 为圆弧终点在工件坐标系中的坐标；当采用增量值编程时，X，Y，Z 为圆弧终点相对圆弧起点坐标的增量值。I，J，K 为圆心坐标相对于圆弧起点的坐标增量。圆心参数也可用半径 R，由于在同一半径 R 的情况下，从圆弧的起点到终点有两个圆弧的可能性，为了加以区别，圆弧小于等于 180°时，R 为正值；大于 180°时，R 为负值。用 R 参数时，不能描述整圆，所以在编制整圆轮廓程序时，需注意不用 R 编程。否则，在执行此命令时，刀具将原地不动或系统发出错误信息。F 为沿圆弧切线方向的进给率或进给速度。

顺圆插补见图 6-14，程序编制如下：

绝对值方式：G90 G02 X58 Y50 I18 J8 F150；

相对值方式：G91 G02 X26 Y18 I18 J8 F150；

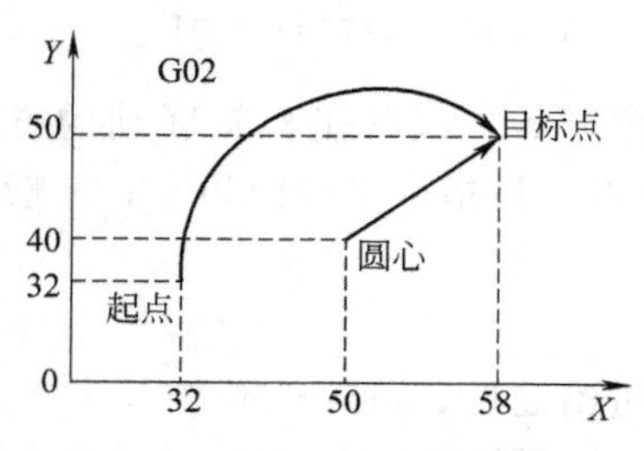

图 6-14　圆弧顺圆插补编程

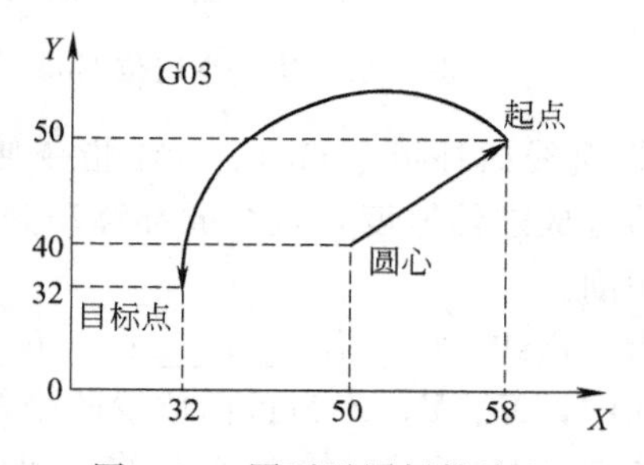

图 6-15　圆弧逆圆插补编程

逆圆插补见图 6-15，程序编制如下：

绝对值方式：G90 G03 X32 Y32 I-8 J-10 F150；

相对值方式：G91 G03 X-26 Y-18 I-8 J-10 F150；

④ 暂停（延时）指令 G04。G04 功能是使刀具作短时间的无进给的光整运动，常用于车削环槽、锪孔、钻孔、镗孔。

G04 程序段格式为：G04 P/X(U)__；

中断时间长短可以通过地址 P 或 X（U）来指定，其范围视不同的数控系统而定，一般为 0.001～99999.999s。其中地址 P 后面的数字为整数，单位为 ms；X（U）后面的数字为带小数点的数，单位为 s。有些机床，X（U）后面的数字表示刀具或工件空转的圈数。

G04 为非续效指令代码，只在本程序段中才有效。

(3) 刀具补偿指令　刀具补偿指令包括刀具半径补偿指令和刀具长度补偿指令。

① 刀具半径补偿与取消指令 G41/G42、G40。一般数控装置都有刀具半径补偿功能，为编制程序提供了方便。有刀具半径补偿功能的数控系统编制零件加工程序时，不需要计算刀具中心运动轨迹，而只按零件轮廓编程，使用刀具半径补偿指令，并在控制面板上手工输入刀具半径，数控装置便能自动地计算出刀具中心轨迹，并按刀具中心轨迹运动。

当刀具磨损或刀具重磨后，刀具半径变小，这时只需手工输入改变后的刀具半径，而不需修改已编好的程序。在用同一把刀具进行粗、精加工时，设精加工余量为 Δ，则粗加工的补偿量为 $\Delta+R$，而精加工的补偿量为 R 即可，如图 6-16 所示。

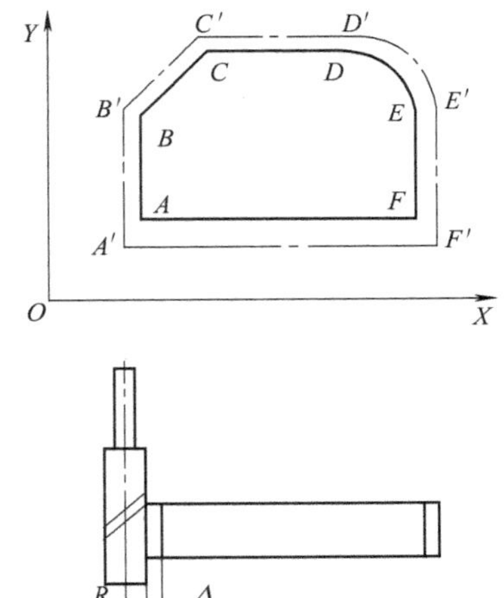

图 6-16　刀具半径自动补偿

G41 为刀具半径左偏补偿指令。假设工件不动，当沿刀具运动方向看，刀具位于工件轮廓左侧时的刀具半径补偿即为左偏刀具半径补偿，如图 6-16 所示的 $A'B'C'D'E'F'A'$ 加工路线。

G42 为刀具半径右偏补偿指令。同样假设工件不动，沿刀具运动方向看，刀具位于工件轮廓右侧时的刀具半径补偿即为右偏刀具半径补偿，如图 6-16 所示的 $A'F'E'D'C'B'A'$ 加工路线。

G40 为刀具半径补偿取消，即使用该指令后，G41、G42 指令功能无效。

格式：G41(G42)G00(G01)*X*　*Y*　*D*(或 H)；

格式中的 *X* 和 *Y* 表示刀具移至终点时，轮廓曲线（编程轨迹）上的点的坐标值；*D*（或 *H*）为刀具半径补偿寄存器地址字，在寄存器中有刀具半径补偿值。半径补偿值可取正值，也可取负值，当取负值时 G41 与 G42 互相取代。

② 刀具长度补偿和取消指令 G43/G44、G49。使用刀具长度补偿功能的目的：当刀具实际长度与编程规定的长度不一致时，可以消除差值，而不用改变程序。

格式：G43(G44)*Z* __(*Y*　*X*　)H　F　；

式中，*Z* __(*Y*　*X*　) 为目标点的编程坐标值；H 为补偿功能代号，它后面的两位数字是刀具补偿寄存器地址字。如 H01 是指 01 号寄存器，在该寄存器中存放刀具长度的补偿值。从 H00～H99，除 H00 寄存器必须置 0 外，其余寄存器存放刀具长度补偿值。

G43 为刀具长度正向补偿指令，补偿后的实际位置值＝指令值＋(H××)；

G44 为刀具长度负向补偿指令，补偿后的实际位置值＝指令值－(H××)

G43、G44 为续效代码，在本组的其他指令代码被指令之前，一直有效。取消刀具长度补偿可用 G49 或 H00。

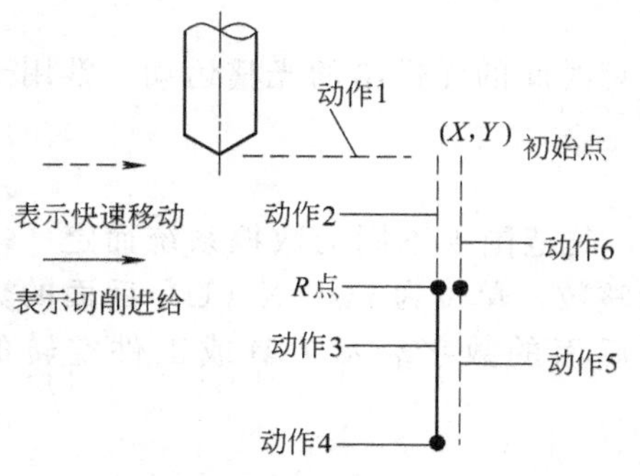

图 6-17　孔加工固定循环动作

(4) 孔加工固定循环指令　数控铣削加工中经常用到的孔加工固定循环指令有 G81～G89 九个，如表 6-4 所示，可以实现钻孔、镗孔、攻螺纹等加工。孔加工固定循环指令由以下 6 个动作组成，如图 6-17 所示。

① *X* 轴和 *Y* 轴定位；

② 快速运行到 *R* 点；

③ 孔加工；

④ 在孔底的动作，包括暂停、主轴反转等；

⑤ 返回到 *R* 点；

⑥ 快速退回到初始点。

表 6-4　固定循环指令

G 代码(含义)	钻削(－Z)	孔底动作	退刀动作(＋Z)	程序段格式
G81(钻孔、中心孔)	切削进给	—	快速进给	G81 *X* _ *Y* _ *Z* _ *R* _ *F* _；
G82(钻孔、锪孔)	切削进给	暂停	快速进给	G82 *X* _ *Y* _ *Z* _ *R* _ *P* _ *F*；
G83(深钻孔)	间歇进给	—	快速进给	G83 *X* _ *Y* _ *Z* _ *R* _ *Q* _ *F* _；
G84(攻螺纹)	切削进给	暂停—主轴反转	切削进给	G84 *X* _ *Y* _ *Z* _ *R* _ *F* _；
G85(镗孔)	切削进给	主轴停	切削进给	G85 *X* _ *Y* _ *Z* _ *R* _ *F* _；
G86(镗孔)	切削进给	—	快速进给	G86 *X* _ *Y* _ *Z* _ *R* _ *F* _；
G87(反镗孔)	切削进给	主轴正转	快速进给	G87 *X* _ *Y* _ *Z* _ *R* _ *Q* _ *F* _；
G88(镗孔)	切削进给	暂停—主轴停	手动	G88 *X* _ *Y* _ *Z* _ *R* _ *P* _ *F* _；
G89(镗孔)	切削进给	暂停	切削进给	G89 *X* _ *Y* _ *Z* _ *R* _ *P* _ *F* _；

孔加工固定循环程序段的一般格式为：

G90/G91 G98/G99 G81～G89 *X*　*Y*　*Z*　*R*　*Q*　*P*　*F*　*L*　；

式中，G90/G91 为绝对坐标编程和增量坐标编程指令；G98/G99 为返回点平面指令，G98 为返回到初始平面，G99 为返回到 *R* 平面。G81～G89 为孔加工指令，详细图解如图 6-18 所示；*X*、*Y* 为孔位置坐标；*Z* 为孔底坐标。绝对值编程时指孔底的坐标值；增量编程时指从 *R* 点到孔底的增量值。*R* 为快速进给终点平面坐标值，绝对编程时指 *R* 点的坐标值；增量编程指从初始平面到 *R* 点的增量值。*Q* 为深孔加工时每次切削进给的深度；*P* 为孔底暂停的时间；*F* 为进给速度；*L* 加工相同距离的多个孔时指定的循环次数。

固定循环的撤消由指令 G80 完成。

(5) 比例缩放/取消指令 G51、G50　有些铣床控制系统可以使机床对应于相应的零件进行按比例加工，从而简化程序，常用于形状相似的零件。程序段格式为：

G51 *X Y Z P*；/G51 *X Y Z I J K*　；缩放开始

…

G50；　　　　　　　　缩放取消

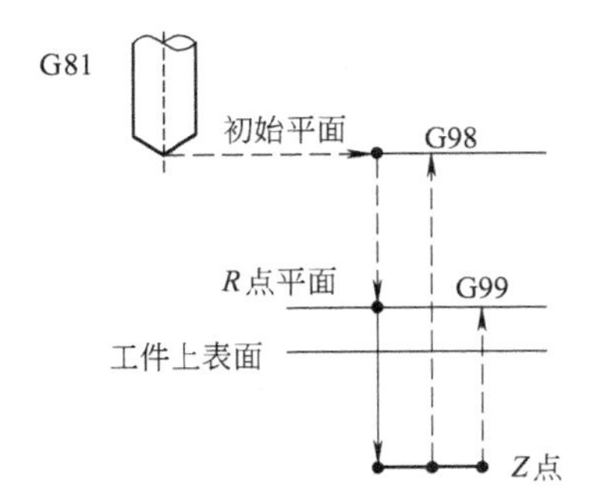
G81
初始平面
G98
R点平面
G99
工件上表面
Z点

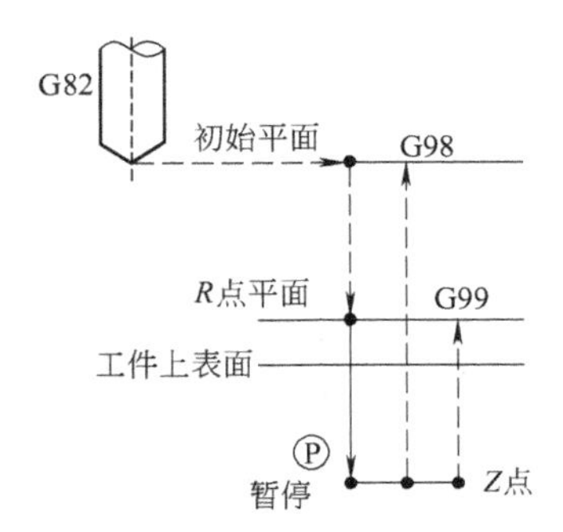
G82
初始平面
G98
R点平面
G99
工件上表面
P
暂停
Z点

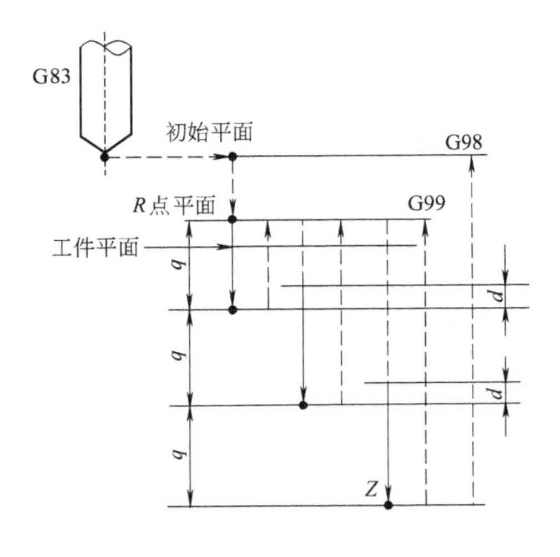
G83
初始平面
G98
R点平面
G99
工件平面
q
d
Z

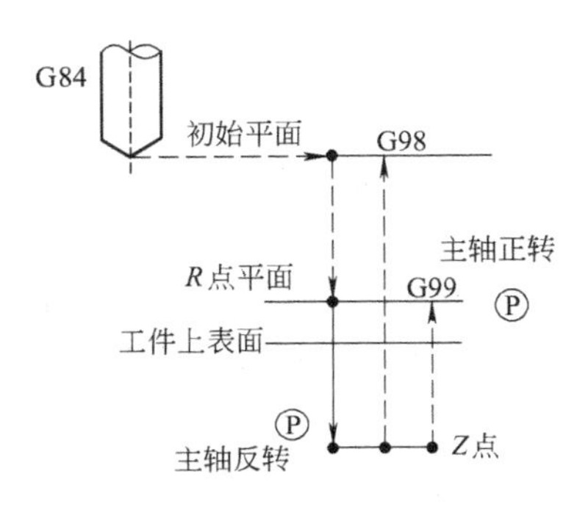
G84
初始平面
G98
主轴正转
R点平面
G99
P
工件上表面
P
主轴反转
Z点

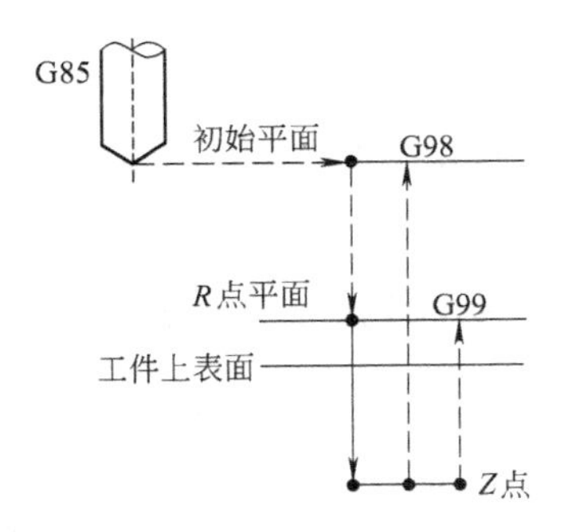
G85
初始平面
G98
R点平面
G99
工件上表面
Z点

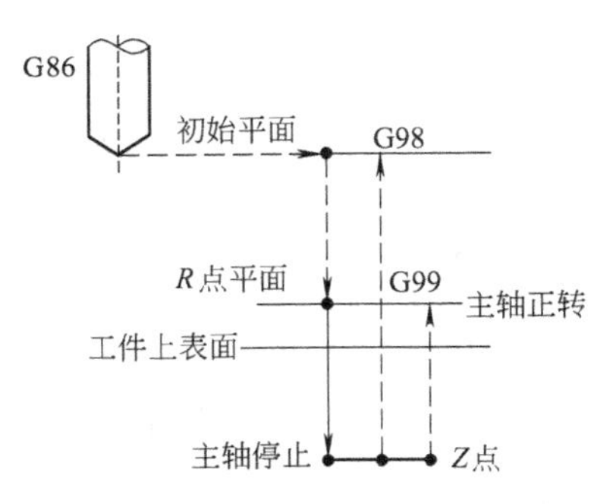
G86
初始平面
G98
R点平面
G99
主轴正转
工件上表面
主轴停止
Z点

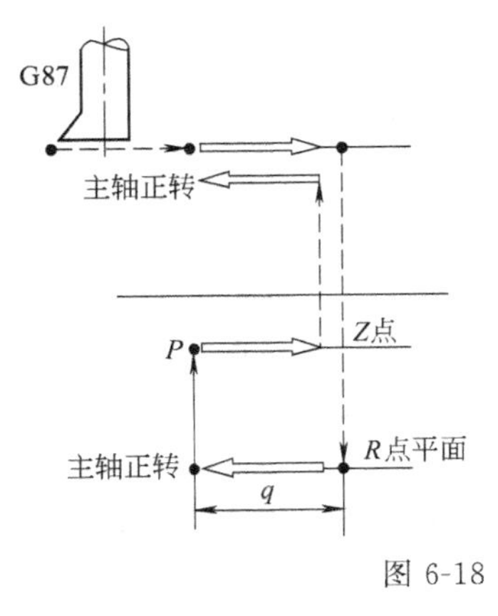
G87
主轴正转
Z点
P
主轴正转
R点平面
q

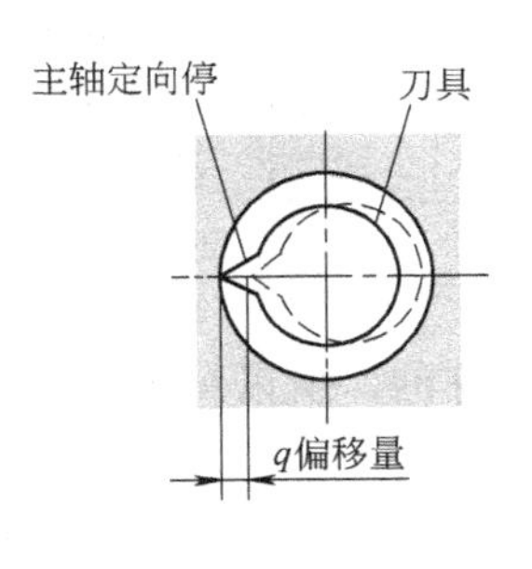
主轴定向停
刀具
q偏移量

图 6-18

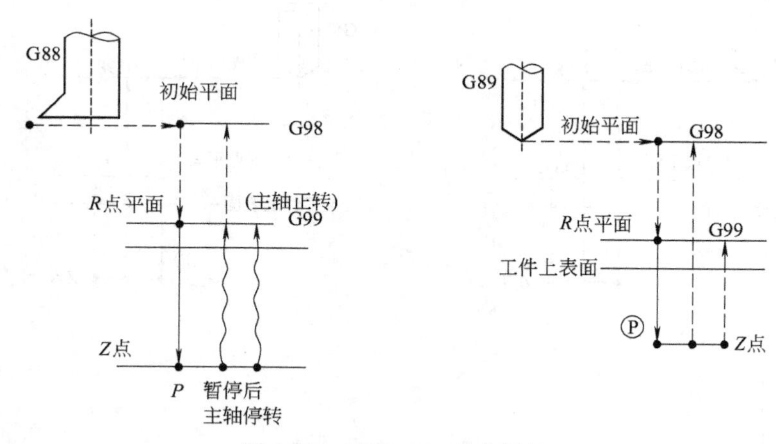

图 6-18 G81～G89 指令图解

说明：

① X、Y、Z 为比例中心的绝对坐标，P 为缩放系数；I、J、K 分别为 X、Y、Z 轴对应的缩放比例；

② 执行该指令后，后面程序的坐标相对于比例中心缩放了 P 倍；

③ 用 X、Y 和 Z 指定的尺寸可以放大和缩小相同和不同的比例。

(6) 坐标系旋转指令 G68、G69

格式：G68 X Y R ； 坐标系开始旋转

…

G69； 坐标系旋转取消指令

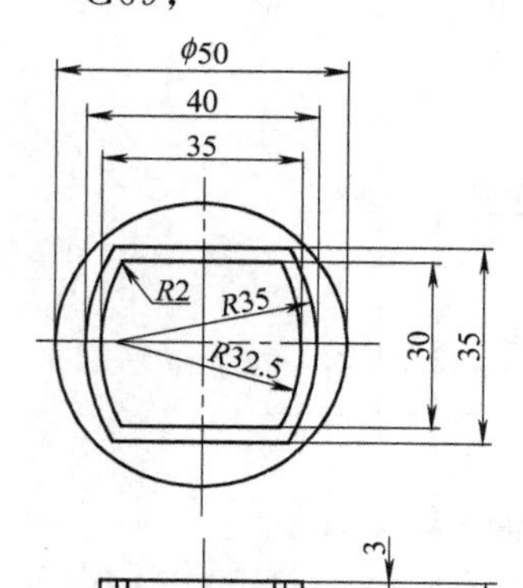

图 6-19 模具冲头零件图

说明：

① G68 指令以给定 X、Y 为旋转中心，将坐标系旋转 R 角，如果 X、Y 值省略，则以工件坐标系原点为旋转中心；

② G69 为坐标系旋转取消指令，它与 G68 成对出现。

6.3.1.2 数控铣削加工程序设计典型实例（FANUC 系统）

如图 6-19 所示为一个模具冲头。毛坯选用 $\phi50\times55$mm 的棒料，刀具用 $\phi20$mm 的立铣刀，在立式数控铣床上加工。

(1) 工艺分析 总体方案：首先加工冲头下侧面，然后加工顶部凸台上侧面。

具体方案：加工下侧面时，先进行粗加工，进给量为 120mm/min。再精加工，进给量为 60mm/min。粗加工分两次完成，第一次粗加工后，前后平面间的距离为 41mm，第二次粗加工后，前后平面间的距离为 37mm。粗加工一次加工到零件尺寸。用同一把铣刀完成粗精加工。

(2) 基点计算 所谓基点就是不同几何元素的交点。本零件是前后左右对称的，所以只进行第一象限的基点计算即可，然后按对称关系确定其他象限的基点。

① 下侧面基点的计算。如图 6-20 所示，第一象限的基点坐标为

$$X=\sqrt{R^2-Y^2}-R=a/2$$

$$Y=b/2$$

式中，R 为圆侧面半径；a 为两圆弧侧面在水平轴上的距离；b 为前后侧面的距离。

下侧面基点的计算如表 6-5 所示。因为是从第二象限开始顺时针方向连续加工，所以每次循环至第二象限时的 X 坐标值应按上面公式单独计算。

表 6-5 下侧面基点坐标值

项目	R	a	b	X	Y	第二象限 X 值
粗加工 1	38	46	41	17.00	20.5	−18.19
粗加工 2	36	42	37	15.88	18.5	−16.46
精加工	35	40	35	15.31	17.5	−13.36

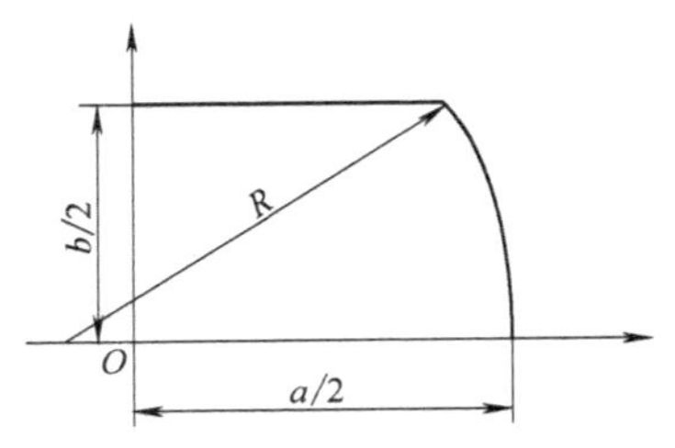

图 6-20 下侧面的基点计算

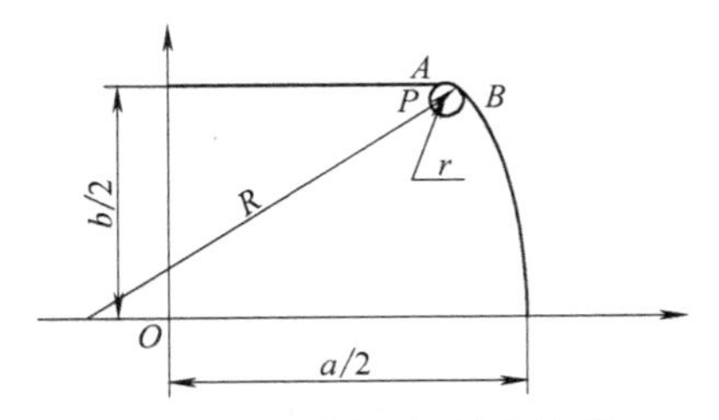

图 6-21 上侧面的基点计算

② 上侧面的基点计算。如图 6-21 所示，凸台拐角有圆弧 R，所以第一象限有两个基点 A、B。先算出圆弧圆心的坐标 X_P、Y_P 和角度 θ。

$$X_P=\{(R-r)^2-[(b/2)-r]^2\}1/2-R+a/2=12.59$$

$$Y_P=(b/2)-r=13$$

$$\theta=\arctan[(b/2)-r]/\{(R-r)^2-[(b/2)-r]^2\}1/2=25.23°$$

所以：$X_A=X_P=12.59$，　　$Y_A=Y_P+r=15$

$X_B=X_P+r\cos\theta=14.40$，　$Y_B=Y_P+r\sin\theta=13.85$

(3) 编写加工程序

```
O0003
N110 G92 X0 Y60.0 Z200.0;
N120 G90 G00 G43 Z-28.0 H01;
N130 S300 M03;
N140 G41 X-24.0 Y20.5 D01 M08;
N150 G01 X17.0 F120;
N160 G02 Y-20.5 R38.0;
N170 G01 X-17.0;
N180 G02 X-18.19 Y18.5 R38.0;
N190 G01 X15.88;
N200 G02 Y-18.5 R36.0;
N210 G01 X-15.88;
N220 G02 X-16.46 Y17.5 R36.0;
N230 G01 X15.31 F60;
N240 G02 Y-17.5 R35.0;
N250 G01 X-15.31;
```

```
N260 G02 X-13.36 Y20.5 R35.0;
N270 G00 G40 X0 Y40.0;
N280 Z-3.0;
N290 G41 X-24.0 Y15.0 D02;
N300 G01 X12.59 F60;
N310 G02 X14.4 Y13.85 R2.0;
N320 Y-13.85 R32.5;
N330 X12.59 Y-15.0 R2.0;
N340 G01 X-12.59;
N350 G02 X-14.4 Y-13.58 R2.0;
N360 Y13.58 R32.5;
N370 X-12.59 Y15.0 R2.0;
N380 G91 G03 X5.0 Y5.0 R5.0;
N390 G90 G00 G40 X0 Y60.0 M09;
N400 G49 Z200.0 M05;
N410 M02;
```

6.3.2 加工中心切削加工

6.3.2.1 加工中心简介

加工中心备有刀库，并能自动更换刀具，是目前世界上产量最高、应用最广泛的数控机床之一。工件经一次装夹后，数字控制系统能控制机床按不同工序自动选择和更换刀具，自动改变机床主轴转速、进给量和刀具相对工件的运动轨迹及其他辅助机能，依次完成工件几个面上多工序的加工。加工中心由于工序的集中和自动换刀，减少了工件的装夹、测量和机床调整等时间，同时也减少了工序之间的工件周转、搬运和存放时间，缩短了生产周期，具有明显的经济效果。加工中心适用于零件形状比较复杂、精度要求较高、产品更换频繁的中小批量生产。

6.3.2.2 加工中心编程中的工艺要求

由于加工中心机床具有上述功能，故数控加工程序编制中，从加工工序的确定，刀具的选择，加工路线的安排，到数控加工程序的编制，都比其他数控机床要复杂一些。加工中心编程的工艺处理要考虑以下几点。

① 首先应进行合理的工艺分析。由于零件加工工序多，使用的刀具种类多，甚至在一次装夹下，要完成粗加工、半精加工与精加工，因此，要周密合理地安排各工序加工的顺序，有利于提高加工精度和提高生产效率。

② 根据加工批量等情况，决定采用自动换刀还是手动换刀。一般，对于加工批量在10件以上，而刀具更换又比较频繁时，以采用自动换刀为宜。但当加工批量很小而使用的刀具种类又不多时，把自动换刀安排到程序中，反而会增加机床调整时间。

③ 自动换刀要留出足够的换刀空间。有些刀具直径较大或尺寸较长，自动换刀时要注意避免发生撞刀事故。

④ 为提高机床利用率，尽量采用刀具机外预调，并将测量尺寸填写到刀具卡片中，以便于操作者在运行程序前，及时修改刀具补偿参数。

⑤ 对于编好的程序，必须进行认真检查，并于加工前安排好试运行。从编程的出错率来看，采用手工编程比自动编程出错率要高，特别是在生产现场，为临时加工而编程时，出

错率更高，认真检查程序并安排好试运行就更为必要。

⑥ 尽量把不同工序内容的程序，分别安排到不同的子程序中。当零件加工工序较多时，为了便于程序的调试，一般将各工序内容分别安排到不同的子程序中，主程序主要完成换刀及子程序的调用。这种安排便于按每一工序独立地调试程序，也便于因加工顺序不合理而重新调整。

6.3.2.3　加工中心的程序编制

（1）选刀与换刀指令　不同的加工中心，其换刀程序会有所区别，通常选刀与换刀分开进行。换刀动作必须在主轴准停条件下进行，换刀完毕安排重新启动主轴的指令后，方可进行下面程序段的加工。因此，“换刀”动作指令必须编在用“新”刀加工的程序段的前面。而为了节省自动换刀时间，选刀操作可与机床加工重合起来，即在切削加工的同时进行选刀，选刀程序可放在换刀前的任一个程序段。

多数加工中心都规定了换刀点位置，并可通过指令 M06 让刀具快速移动到换刀点执行换刀动作。

选刀和换刀程序段格式为：

N10 T02；　（选 T02 号刀）

N60 M06；　（主轴换上 T02 号刀）

（2）子程序调用与执行　加工中心编程时，为了简化程序编制，使程序易读、易调试，常采用子程序技术。FANUC 系统子程序格式为：

O××××；（子程序号）

…

M99；（子程序返回）

调用子程序的程序段为：

M98 P××××L××××；

P 后四位数字为子程序号，L 为重复调用次数。

6.3.2.4　加工中心程序设计典型实例

端盖是机械加工常见的零件，它的工序有铣面、镗孔、钻孔、扩孔、攻螺纹等多种工序，比较典型。

（1）根据图纸要求确定工艺方案及工艺路线

① 分析图纸和确定安装基准。零件加工要求如图 6-22 所示（毛坯上已铸有 ϕ55mm 孔）。假定在卧式加工中心上只要加工 *B* 面（毛坯余量为 4mm）和 *B* 面的各孔。根据图纸要求，选择 A 面为定位安装面，用弯板装夹。

② 加工方法和加工路线的确定。加工时按先面后孔、先粗后精的原则。*B* 面加工分粗铣和精铣（选用 ϕ100 端铣刀 T01、T13）；粗镗、半精镗和精镗 ϕ60H7 孔分别至 ϕ58、ϕ59.95、ϕ60H7（选用镗刀 T02、T03、T04）；ϕ12H8 孔按钻、扩、铰方式进行（ϕ3 中心钻 T05、ϕ10 钻头 T06、ϕ11.85mm 扩孔钻 T07、ϕ12H8 铰刀 T09）；ϕ16 孔在 ϕ12 孔基础上增加锪孔工序（锪孔钻 T12）；M16 螺纹孔采用先钻后攻螺纹的方法加工（ϕ14mm 钻头 T10、M16 机用丝锥 T11）。

③ 切削加工工艺参数的选择。可根据有关手册查出所需的切削用量。

④ 刀辅具的选择

（2）确定工件坐标系　确定工件坐标系时，选 ϕ60H7 孔中心为 *XY* 轴坐标原点，选被加工表面 *B* 处为 *Z* 轴坐标原点，选距离工件表面 2mm 处为 *R* 点平面。

（3）编写加工程序如下：

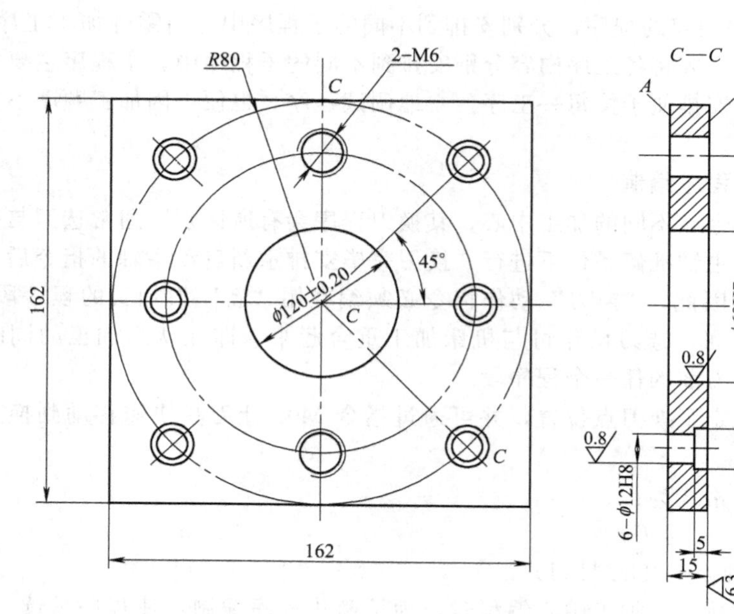

图 6-22　端盖零件

程序	说明
O0001;	
N1　G92　X0　Y0　Z50.0;	工件坐标系设定
N2　T01　M06;	换 T01 号刀具
N3　G90　G00　Z10.0;	
N4　X-135.0　Y45.0;	
N5　S300　M03;	
N6　G43　Z0.5　H01　M08;	建立长度补偿
N7　G01　X75.0　F70;	粗铣 *B* 面
N8　Y-45.0;	
N9　X-135.0　M09;	
N10　G00　G49　Z10.0　M05;	取消长度补偿
N11　X0　Y0;	
N12　T13　M06;	换 T13 号刀具
N13　X-135.0　Y45.0;	
N14　G43　Z0　H13　S500　M03;	
N15　G01　X75.0　F50　M08;	精铣 *B* 面
N16　Y-45.0;	
N17　X135.0　M09;	
N18　G00　G49　Z10.0　M05;	
N19　X0　Y0;	
N20　T02　M06;	换 T02 号刀
N21　G43　Z4.0　H02　S400　M03;	
N22　G98 G85　Z-17.0　R2.0　F40;	粗镗 ϕ60H7 孔
N23　G00　G49　Z10.0　M05;	

```
N24  X0  Y0;
N25  T03  M06;                                   换T03号刀具
N26  G43  Z4.0  H03  S450  M03;
N27  G98 G85  Z-17.0  R2.0  F50;                 半精镗φ60H7孔
N28  G00  G49  Z10.0  M05;
N29  T04  M06;                                   换T04号刀具
N30  X0  Y0;
N31  G43  Z2.0  H04  S450  M03;
N32  G98 G85  Z-17.0  R1.0  F40;                 精镗φ60H7循环
N33  G00  G49  Z10.0  M05;
N34  T05  M06;                                   换T05号刀具
N35  X60  Y0.0;
N36  G43  Z4.0  H05  S1000  M03;
N37  G98  G90  G81  Z-5.0  R2.0  F50;            固定循环，钻中心孔
N38  M98  P0005;                                 子程序调用
N39  G80  G00  G49  Z10.0  M05;
N41  T06  M06;                                   换T06号刀
N42  X60.0  Y0;
N43  G43  Z4.0  H06  S600  M03;
N44  G99  G81  Z-17.0  R2.0  F60;                钻孔固定循环
N45  M98  P0005;                                 子程序调用
N46  G80  G00  G49  Z10.0  M05;
N47  T07  M06;                                   换T07号刀具
N48  X60.0  Y0;
N49  G43  Z4.0  H07  S300  M03;
N50  G99 G82  Z-5.0  R2.0  P2000  F40;           扩孔固定循环
N51  M98 P0005;                                  子程序调用
N52  G80  G00  G49  Z10.0  M05;
N54  T09  M06;                                   换T09号刀具
N55  X60  Y0;
N56  G43  Z4.0  H09  S500  M03;
N57  G99 G81  Z-17.0  R2.0  F40;                 铰孔固定循环
N58  M98 P0005;                                  子程序调用
N59  G80  G00  G49  Z10.0  M05;
……
N60  T10  M06;                                   换T10号刀具
N61  X0  Y60;
N62  G43  Z4.0  H10  S500  M03;
N63  G99 G81  Z-17.0  R2.0  F40;                 钻孔固定循环
N64  X0  Y-60.0;
N65  G80  G00  G49  Z10.0  M05;
N66  T11  M06;                                   换T11号刀具
```

```
N67  X0  Y60;
N68  G43  Z4.0  H11  S500  M03;
N69  G99 G84  Z-17.0  R2.0  F200;               攻螺纹固定循环
N70  X0  Y-60;
N71  G80  G00  G49  Z10.0  M05;
N72  G28  X0  Y0;
N72  M30;
O0005;(子程序)
N10  X56.57  Y56.57;
N20  X-56.57;
N30  X-60.0  Y0;
N40  X-56.57  Y-56.57;
N50  X56.57;
N60  M99
```

6.4 计算机辅助制造

计算机辅助制造(CAM)技术有广义和狭义两种定义。广义CAM是指利用计算机完成从毛坯到产品制造过程中的直接和间接的各种生产活动,包括工艺准备、生产作业计划、物流控制、质量保证等。狭义CAM通常是指计算机辅助数控程序编制,包括刀具路径规划、刀位文件生成、刀具轨迹仿真及NC代码生成等。这里CAM技术是指狭义CAM。

6.4.1 CAM技术的应用情况

CAM与CAD密不可分,且CAM的应用越来越广泛,几乎每一个现代制造企业都离不开大量的数控设备。随着对产品质量要求的不断提高,要高效地制造高精度的产品,CAM技术不可或缺。设计系统只有配合数控加工才能充分显示其巨大的优越性;另一方面,数控技术只有依靠设计系统产生的模型才能发挥其效率。所以,在实际应用中,二者很自然地密切结合起来。

CAD/CAM技术经过几十年的发展,先后经过大型机、小型机、工作站、微机时代,每个时代都有当时流行的CAD/CAM软件。现在,工作站和微机平台CAD/CAM软件已经占据主导地位,并且出现了一批比较优秀、比较流行的商品化软件。如UG、Pro/Engineer、CATIA、Cimatron、CAXA、Master CAM等。

6.4.2 模具CAM技术的应用实例

MasterCAM是基于PC平台的CAD/CAM集成系统,其便捷的造型和强大的加工功能使其得到了广泛的应用。本节通过实例,介绍如何应用MasterCAM系统进行计算机辅助设计与制造。

例用MasterCAM完成如图6-23所示快餐盒凹模的加工。图6-24为该零件的3D造型图。

6.4.2.1 零件形状分析

由图6-23可知,快餐盒凹模的主要结构是由多个曲面组成的凹型型腔,型腔四周的斜

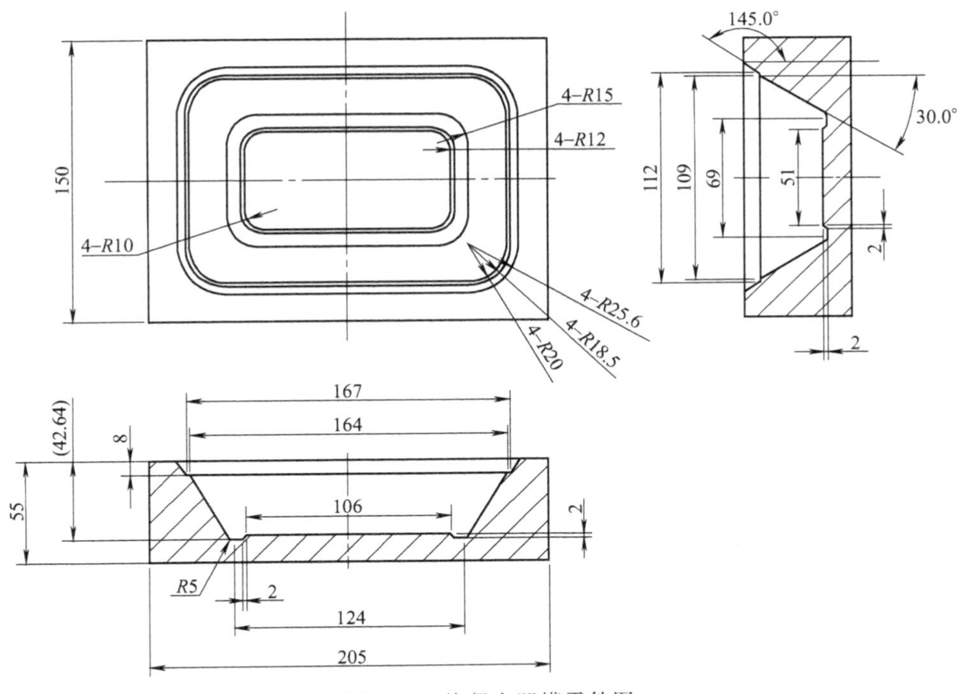

图 6-23 快餐盒凹模零件图

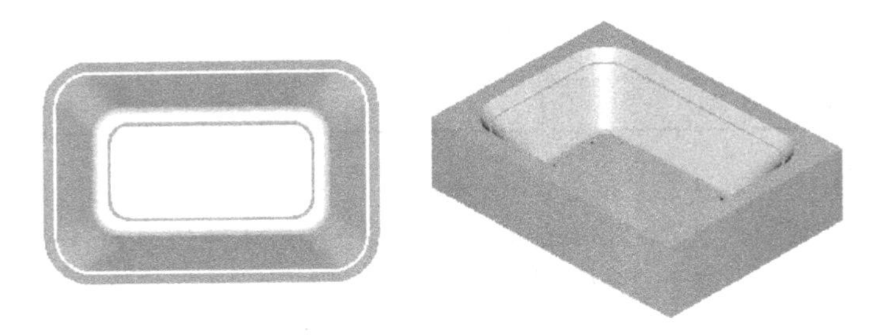

图 6-24 快餐盒凹模 3D 造型图

平面之间采用半径为 20mm 的圆弧面过渡，斜平面与底平面之间采用半径为 5mm 的圆弧面过渡，在凹模的底平面上有一个四周为斜平面的锥台。凹模上部型腔为锥面，用于压边，模具的外部结构比较简单，为标准的长方体。

6.4.2.2 数控加工工艺设计

工件的材料为 45 钢，长方形毛坯的四周表面已经加工到尺寸，凹模的初始状态是实心体。本工件结构适宜采用立式铣削加工。

(1) 加工工步设置 根据上述情况，确定本工件的加工工艺路线为：

① 粗加工整个型腔，去除大部分加工余量；

② 精加工上凹槽；

③ 精加工下凹槽；

④ 精加工底部锥台四周表面；

⑤ 精加工底部锥台上表面；

⑥ 精加工上、下凹槽过渡平面。

（2）工件的定位与夹紧　工件直接安装在机床工作台面上，用两块压板压紧。凹模中心为工件坐标系 X、Y 的原点，上表面为工件坐标系 Z 的零点。

（3）刀具选择　根据工件的加工工艺，型腔粗加工选用 ϕ20mm 波刃立铣刀，上凹槽精加工采用 ϕ20mm 平底立铣刀，下凹槽精加工为 ϕ6mm、R3mm 的球头铣刀。底部锥台四周表面的精加工采用直径为 ϕ4mm 的平底立铣刀，这是由于锥台底部直角边距 R5mm 圆弧与底平面交线最小距离仅为 4.113mm。用 ϕ20mm 的平底立铣刀精加工底部锥台上表面和上、下凹槽过渡平面。

上下凹槽粗加工一起进行，精加工采用直径为 ϕ6mm 的球头铣刀。

切削用量见数控加工工序卡片，如表 6-6 所示。

表 6-6　数控加工工序卡片

（工厂）	数控加工工序卡片	产品名称或代号	零件名称	材料	零件图号
			快餐盒凹模	45	
工序号	**程序编号**	**夹具名称**	**夹具编号**	**使用设备**	**车间**
		压板		立式数控铣床	

工步号	工步内容	刀具号	刀具规格/mm	主轴转速/r·min^{-1}	进给速度/mm·min^{-1}	切削深度/mm	备注
1	型腔挖槽粗加工	T01	ϕ20 波刃立铣刀	500	200	2	
2	上凹槽表面精加工	T04	ϕ20 平底立铣刀	600	300		
3	下凹槽表面精加工	T02	R3 球头铣刀	1500	300		
4	底部锥台四周精加工	T03	ϕ4 平底立铣刀	1600	200		
5	底部锥台上表面精加工	T04	ϕ20 立铣刀	600	300		
6	上、下凹槽过渡平面	T04	ϕ20 立铣刀	600	300		

6.4.2.3　自动编程

（1）型腔挖槽粗加工　选择 Toolaths→Surface→Rough→Pocket→Solids 选项，由实体中选择导动面和干涉面后，单击 Done 按钮。

Surface Parameters（表面参数）选择如图 6-25 所示，预留量为 0.5mm。

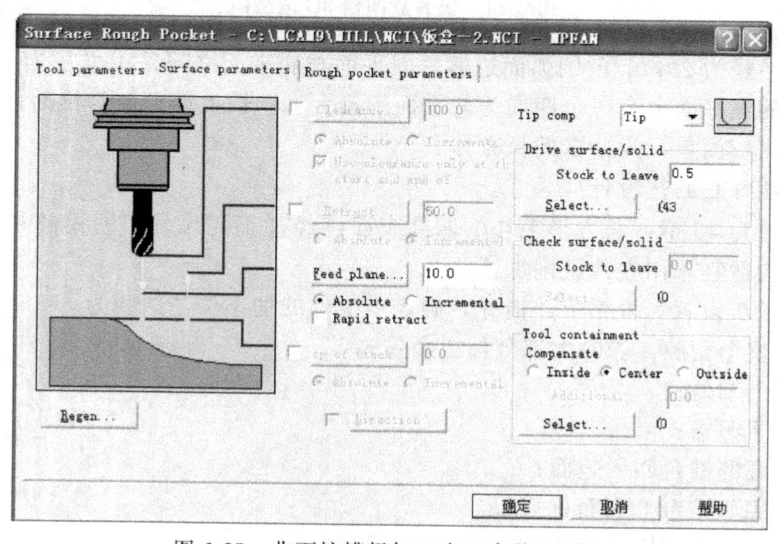

图 6-25　曲面挖槽粗加工表面参数选项卡

Pocket Parameters（挖槽参数）选择如图 6-26 所示。粗加工刀具仿真结果如图 6-27 所示。

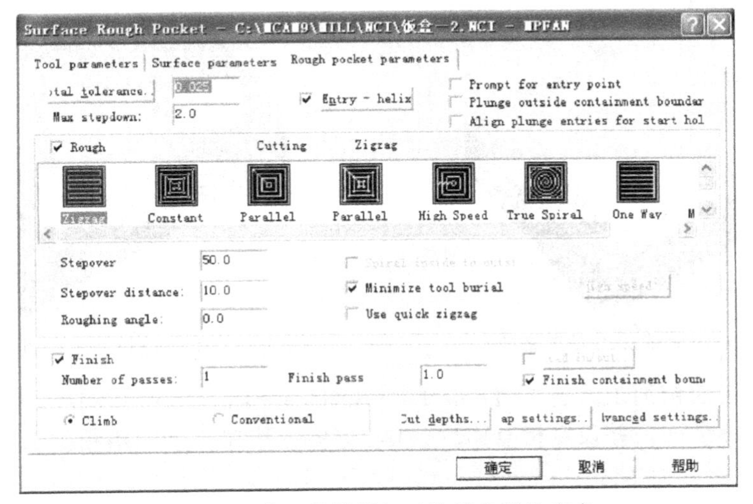

图 6-26　曲面挖槽粗加工挖槽参数选项卡

图 6-27　曲面挖槽粗加工刀具路径仿真结果

(2) 上凹槽表面精加工　选择 Tooltaths→Surface→Finish→Flowline→Solids 选项，由实体中选择上凹槽表面为导动面，单击 Done 按钮。Finish Flowline Parameters（曲面流线精加工参数）选项卡如图 6-28 所示。上凹槽精加工路线如图 6-29 所示。

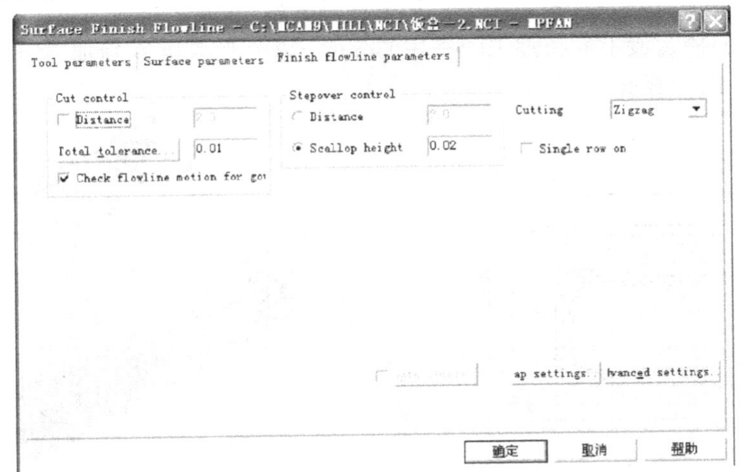

图 6-28　曲面流线精加工参数选项卡

图 6-29　上凹槽精加工刀具路径

图 6-30　下凹槽精加工刀具路径仿真结果

（3）下凹槽表面精加工　选择 Toolaths→Surface→Finish→Flowline→Solids 选项，选择下凹槽表面为导动面，并设定检查面后，单击 Done 按钮。下凹槽精加工路线仿真结果如图 6-30 所示。

（4）底部锥台四周表面精加工　底部锥台四周表面采用 $\phi4$ 平底立铣刀以曲面流线精加工方式加工。进给速度 $200mm \cdot min^{-1}$，主轴转速 $2000r \cdot min^{-1}$，加工预留量为 0。加工路线仿真结果如图 6-31 所示。

图 6-31　底部锥台四周表面精加工刀具路径仿真结果

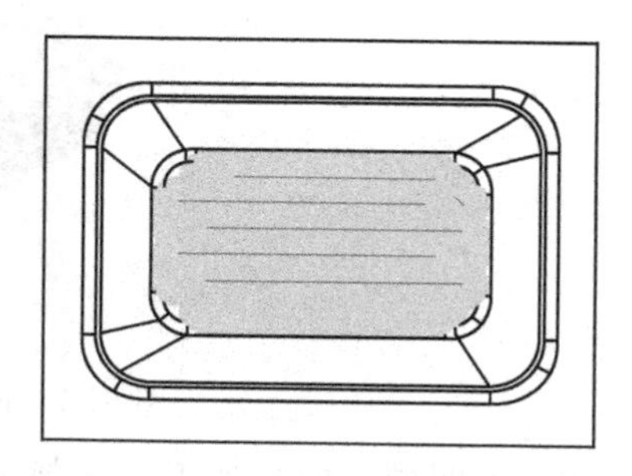

图 6-32　底部锥台上表面精加工刀具路径

（5）底部锥台上表面精加工　采用 $\phi20$ 立铣刀以曲面平行精加工方式加工。进给速度 $200mm \cdot min^{-1}$，主轴转速 $600r \cdot min^{-1}$，加工预留量为 0。加工路线仿真结果如图 6-32 所示。

（6）上、下凹槽过渡平面精加工　采用 Contour（外形铣削）精加工方式加工。加工路线仿真结果如图 6-33 所示。

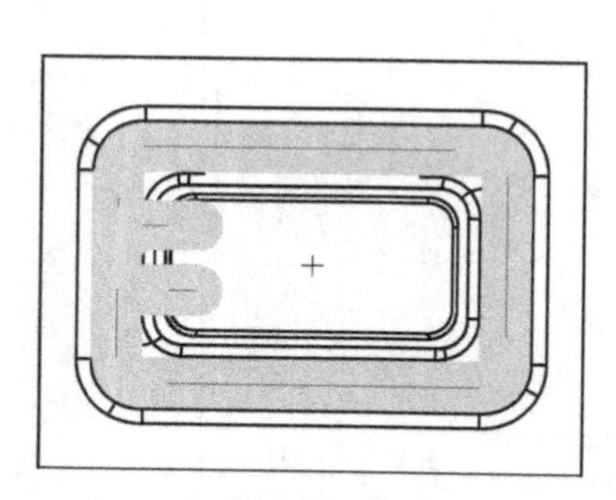

图 6-33　上、下凹槽过渡平面精加工刀具路径

图 6-34　快餐盒凹模仿真加工结果

快餐盒凹模仿真加工结果如图 6-34 所示。

习 题

6-1 在模具制造中，采用数控加工的主要优点是什么？

6-2 什么是机床坐标系？什么是工件坐标系？二者有何关系？

6-3 如图 6-35 所示零件，厚度 15mm，编写其外轮廓铣削加工程序。

6-4 如图 6-36 所示零件，厚度 15mm，编写外轮廓精加工程序。

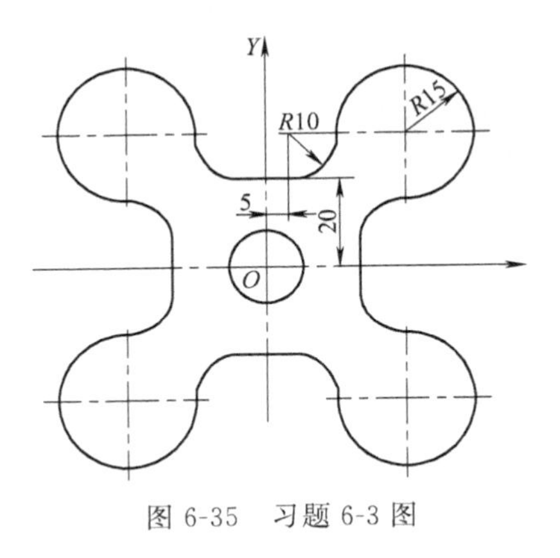

图 6-35 习题 6-3 图

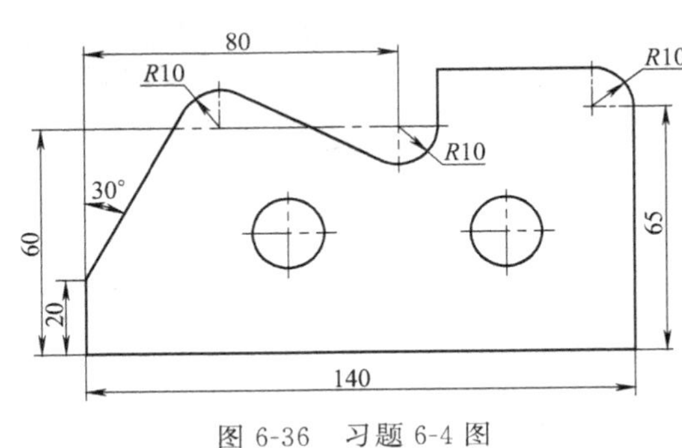

图 6-36 习题 6-4 图

6-5 用 CAD/CAM 软件系统完成图 6-37 所示零件的数控加工程序的编程。毛坯为 100mm×100mm×100mm 合金铝锭，正五边形外接圆直径为 80mm。

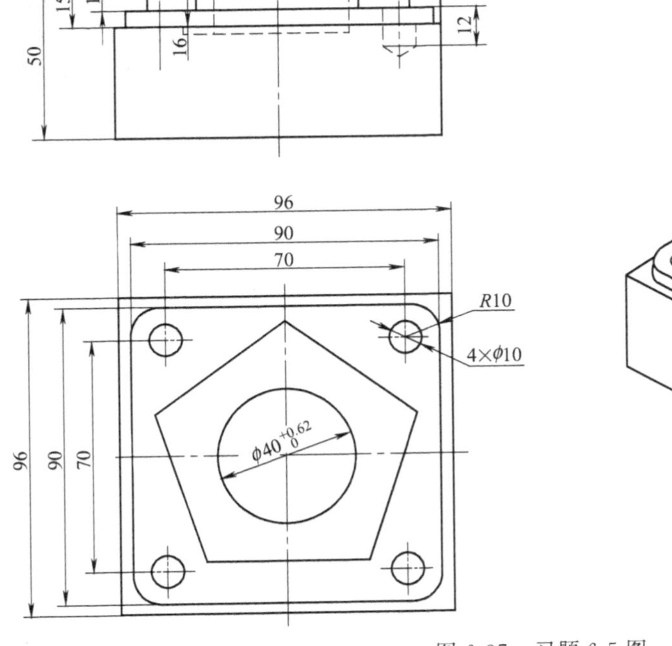

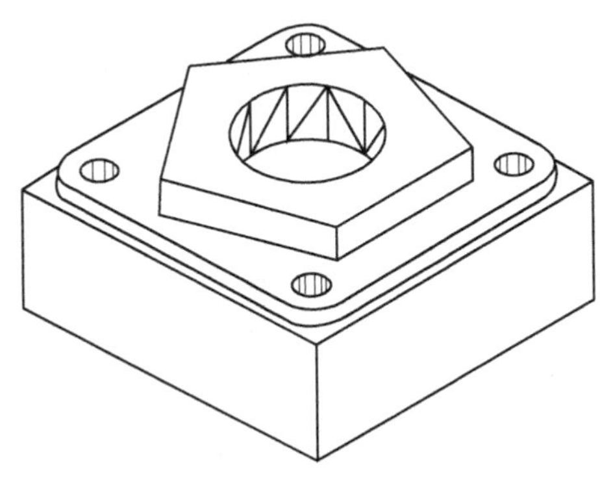

图 6-37 习题 6-5 图

7 模具特种加工

7.1 模具电火花成型加工

7.1.1 电火花成型加工的基本原理

7.1.1.1 基本工作原理

图 7-1 是电火花成型加工的基本原理示意图。3 是自动进给装置，用以确保工件 1 和工具电极 4（简称电极）有一定的放电间隙，脉冲电源 2 输出的电压加到工件和工具电极上，5 是液体介质。当电压升高到间隙中液体介质的击穿电压时，会使液体介质在绝缘强度最低处被击穿，产生火花放电。由于放电区域很小，放电时间极短，故能量高度集中，使放电区的温度瞬时高达 10000～12000℃，工件表面和电极表面的金属局部熔化、甚至气化蒸发。局部熔化和气化的金属在爆炸力的作用下抛入液体介质中，并被冷却为金属小颗粒，然后被液体介质迅速冲离工作区，从而使工件表面形成一个微小的凹坑。一次脉冲放电之后，两极间的电压急剧下降到接近于零，间隙中的液体介质立即恢复到绝缘状态，等待下一次放电。

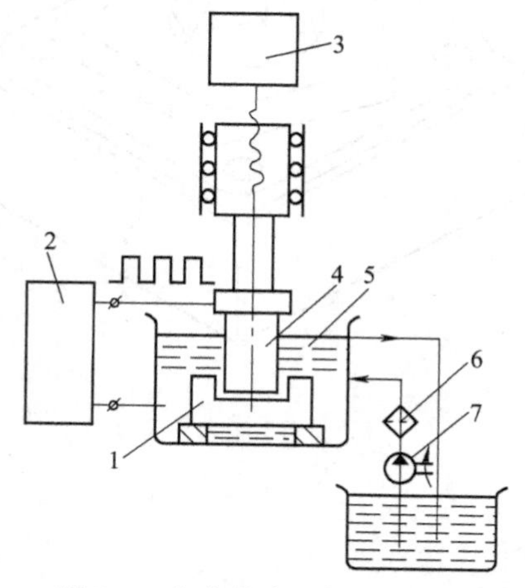

图 7-1　电火花成型加工示意图

1—工件；2—脉冲电源；3—自动进给装置；4—电极；5—液体介质；6—过滤器；7—液压泵

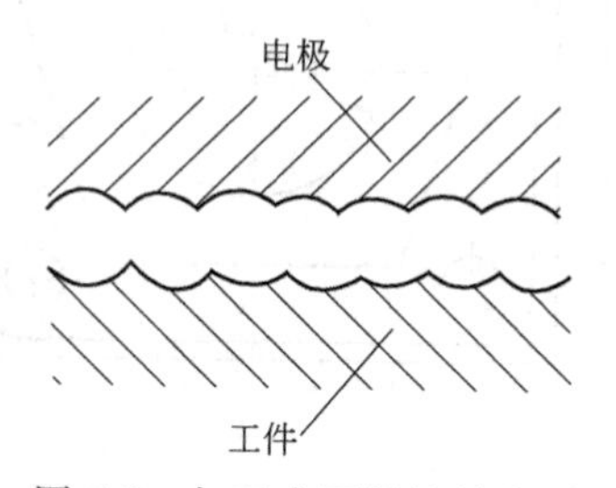

图 7-2　加工表面凹坑放大图

此后，两极间的电压再次升高，又在另一处绝缘强度最小的地方重复上述放电过程。如此反复多次，脉冲放电使工件表面不断被蚀除，在工件上复制出工具电极的形状，整个被加工表面由无数小的放电凹坑构成（见图 7-2），从而达到成型加工的目的。

从以上分析可知，电火花加工蚀除金属的基本过程是：放电→击穿介质→蚀除金属→消电离/介质恢复绝缘→第二次放电，如此反复，周而复始。电火花加工是不断放电蚀除金属的过程，虽然一次脉冲放电的时间很短，但它是在极短的时间内、极小的空间里，电、磁、热、力、光、声综合作用的一个相当复杂的物理过程。

要达到电火花加工的目的，电火花成型设备必须具备以下条件。

① 工具电极和工件之间必须保持一定的间隙（通常为数微米至几百微米），并且可自动调节，以确保极间电压能击穿极间介质，但又不会形成短路接触。

② 极间放电电流密度要足够高（约 $10^6 \sim 10^8 A \cdot cm^{-2}$），能使放电点金属熔化和气化。

③ 极间放电应该是瞬时脉冲性的。每次放电不但集中，而且局限于很小的范围内，否则会使非蚀除材料受热变质影响表面质量。

④ 每一次放电结束后能及时消电离恢复其介电性能，这就要求极间必须有绝缘强度较高的液体介质。液体介质的主要作用是冷却工件和电极，及时消电离，以及将电蚀产物（如金属屑，炭黑等）带离极间间隙，防止产生二次放电。常用的介质有：煤油、皂化液、去离子水等。

7.1.1.2 电火花加工的物理本质

通过大量的实验研究表明，电火花加工的物理本质大致如下。

（1）介质的击穿与放电通道的形成　由于工具电极及工件的表面总是微观凹凸不平的，而在极间距离最近的尖端处产生的电场强度最大，介质中的杂质（如金属微粒、碳粒子等）在电场力的作用下迅速聚集到电场较强的地方。当电场强度增加到 $10^6 V \cdot cm^{-2}$ 以上时，电子由阴极表面逸出，高速向阳极移动并撞击介质中的分子和中性原子，产生“雪崩式”碰撞电离，导致介质击穿而形成放电通道。

（2）能量的转换、分布与传递　极间介质被击穿后，脉冲电源瞬时通过放电通道释放能量，并转换成热能、动能、磁能、光能、声能及电磁波辐射能等。其中大部分能量转换成热量，传递给电极和工件，形成一个瞬时高温热源（可达 10000℃ 以上），使放电点局部金属熔融和气化。

（3）电极材料的抛出　瞬时熔化和汽化的金属产生强大的热爆炸力，伴随着电动力、流体动力的作用，使蚀除金属材料抛离电极和工件表面，并在其表面留下一个凹坑。

（4）极间介质的消电离　一次脉冲放电后，应使极间介质立即消电离，恢复绝缘强度，避免在同一处发生电弧放电或二次放电，因此，两次脉冲放电之间应有足够的脉冲间歇时间，电蚀产物也应及时排除。

7.1.2 模具电火花加工的特点及应用范围

7.1.2.1 电火花加工的特点

利用电火花加工模具与普通机械加工不同，主要具有以下特点。

①“以柔克刚”。电极材料不受工件硬度、韧性的影响，例如，用铜或石墨的工具电极可以加工淬火钢、不锈钢、硬质合金，甚至可以加工各种超硬材料。

② 不存在宏观“切削力”。工具电极和工件不会变形，特别适合加工包括小孔、窄槽等在内的各种复杂精密模具零件。

③ 电脉冲参数可以任意调节。在同一台机床上可以连续进行粗、中、精及精微加工。

④ 易于实现自动控制及自动化。

7.1.2.2 电火花加工的应用范围

电火花加工大部分应用于模具制造，主要有以下几方面。

① 穿孔加工。加工冲模的凹模、挤压模、粉末冶金模等的各种异形孔及微孔。

② 型腔加工。加工注射模、压塑模、吹塑模、压铸模、锻模及拉深模等的型腔。

③ 强化金属表面。凸凹模的刃口。

④ 磨削平面及圆柱面。

7.1.3 电火花成型加工的设备

电火花成型加工的设备主要由机床主体、脉冲电源、自动进给调节系统、工作液循环过滤系统以及机床附件等部分组成，如图 7-3 所示。

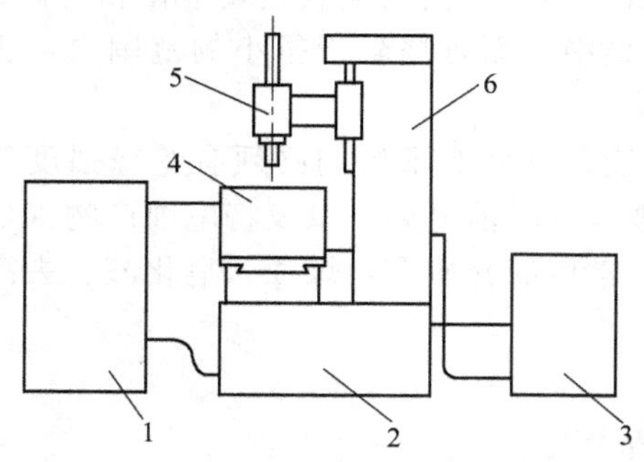

图 7-3 电火花成型加工机床示意图
1—脉冲电源；2—床身；3—工作液循环过滤系统；4—油箱；5—主轴头；6—立柱

(1) 机床主体 机床主体包括主轴头、床身、立柱、工作台和工作液循环过滤系统等部分，其中主轴头由进给系统、导向机构、电极夹具及其相应调节环节组成，它是电火花成型机床的关键部件。

床身和立柱属基础部件，应具有足够的刚性，床身工作面与立柱导轨面之间应有一定的垂直度要求，还应保证机床工作精度能持久不变。

工作台一般都可做纵向和横向移动，并带有坐标测量装置。目前常用的定位方法有靠刻度手轮来调整工件的位置，也有采用光学读数装置和磁尺数显装置来调节工件的位置。

(2) 脉冲电源 脉冲电源也称为电脉冲发生器，其作用是输出具有足够能量的单向脉冲电流，即产生火花放电来蚀除金属。其性能直接影响加工速度、表面质量、加工稳定性以及工具电极损耗等各项经济技术指标。因此要求脉冲电源参数（如电流幅值、脉宽、脉冲间歇等）能在规定范围内可调，以满足粗、中、精、精微加工的需要，同时要求加工过程中稳定性要好、抗干扰能力强、操作方便。

(3) 自动进给调节系统 电火花成型加工设备主要是靠自动进给调节系统来确保工件与电极之间在加工过程中始终保持一定的放电间隙，并且能自动补偿放电蚀除金属后间隙增大的部分。因此要求自动进给调节系统具有足够的稳定性、较高的灵敏度和快速反应能力。

自动进给调节系统的种类很多，如电动液压式、伺服电动机式、步进电动机式、力矩电动机式等，但其基本原理是相同的。

(4) 工作液循环过滤系统 工作液循环过滤系统由储油箱、电动机、泵、过滤器、工作液槽、油杯、管道、阀门、压力表等组成。其作用是排除电火花加工过程中不断产生的电蚀产物，提高电蚀过程的稳定性和加工速度，减小电极损耗，确保加工精度和表面质量。

过滤工作液的具体方法有自然沉淀法、静电过滤法、离心过滤法和介质过滤法等。其中介质过滤法较为常用，一般采用黄砂、木屑、过滤纸、活性炭等作过滤介质，效果好，速度好，但结构复杂。

为了达到排除极间电蚀产物的目的，一般将清洁的工作液强迫冲入放电间隙中，常用的强迫循环方式有两种。图 7-4(a)、(c) 为冲油式，操作容易，排屑能力强，但精度低；图

7-4(b)、(d) 为抽油式，一般很少使用，在要求小间隙、精加工时也有使用。

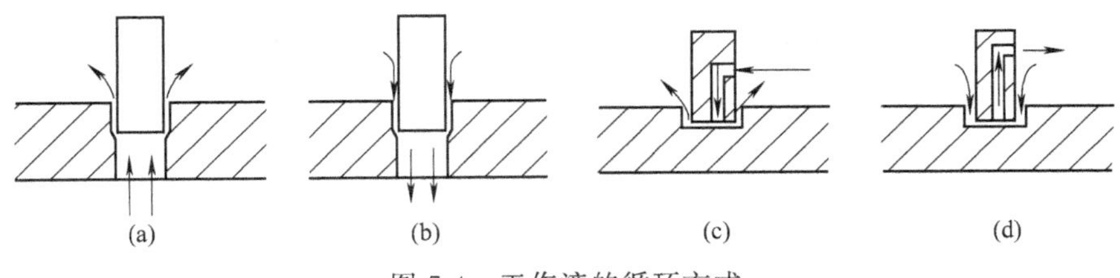

图 7-4 工作液的循环方式

7.1.4 电火花加工的基本工艺规律

7.1.4.1 影响材料放电腐蚀量的主要因素

单位时间内蚀除工件材料的体积（或质量）称为加工速度，电火花的生产率通常以加工速度衡量，生产率的高低受许多因素的影响，除操作人员的技术熟练程度外，重点是工艺方法是否合理，工艺参数是否正确。研究影响材料电腐蚀量的因素，对于提高电火花加工效率、降低电极损耗极为重要。

(1) 极性效应　电火花加工生产中，正极和负极的表面虽然都受到电腐蚀，但其蚀除量是不相等的。这种由于正、负极不同而导致材料蚀除量不同的现象叫做极性效应。

如果工件接脉冲电源的正极、工具电极接负极，称为“正极性”加工；反之，就称为“负极性”加工。在电火花成型加工中，工件材料在被逐渐蚀除的同时，工具电极的材料也在被蚀除。但是，即使正、负两电极使用同一种材料，二者的蚀除量也是不一样的。在生产中要正确选择工件的极性，利用极性效应，使工件的蚀除量大于工具的蚀除量。为了减少电极损耗和提高生产率，对不同的工件材料、脉冲电源和液体介质，就应选择不同的极性加工。

极性效应与脉冲宽度和脉冲能量均有关，其本质相当复杂。一般认为，极性不同电极和工件上所引起的能量分布就不同。在实际生产加工中，极性的选择靠经验确定。正极性加工一般用于精加工，负极性加工一般用于粗加工或者半精加工。

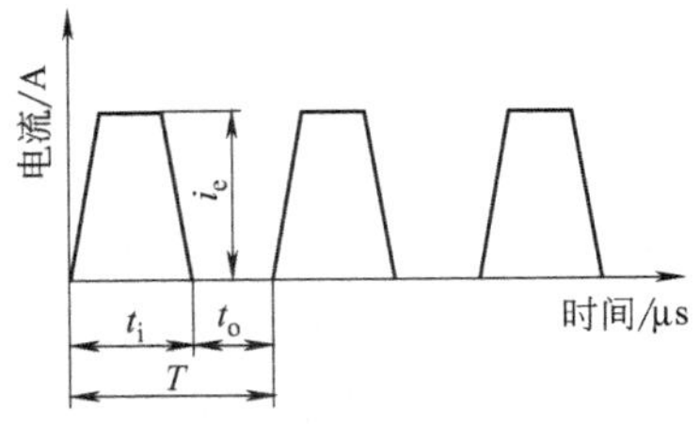

图 7-5 脉冲电流波形图

(2) 加工规准的影响　电火花加工的加工规准又称电规准，是指加工过程中选取的符合规定要求的电参数，如电流、电压、脉冲宽度和脉冲间隔等，图 7-5 所示为脉冲电流的波形。对电火花加工速度造成影响的电参数主要有三个，即脉冲宽度、脉冲间隔和脉冲能量。

① 脉冲宽度。又称放电持续时间，简称脉宽，用符号 t_i 表示。脉冲宽度对蚀除速度的影响很大。一般来讲，在其他参数不变时，增大脉宽，工具电极损耗减小，生产率提高，加工稳定性变好。但是，不同的材料脉冲宽度都有一个最优的范围和一个最大值，当脉冲宽度超过最大值时，工件的蚀除率反而会下降。这是因为脉宽过大，通过传导而散失的热量过高，使得蚀除率降低；反之，脉宽过小时，热量过于集中，金属的气化率增大，而气化热所消耗的能量增加，致使蚀除率降低。因此，在实际生产中，应该针对不同的电极材料、工件材料和加工要求，选择脉冲宽度。

② 脉冲间隔。又称脉冲放电停歇时间，用符号 t_o 表示。脉冲间隔减小，放电频率提高，生产率相应提高。但脉冲频率的提高也是有限制的，因为频率过高，脉冲间隔过短，液体介质来不及恢复绝缘，时常处于击穿导电状态，形成了连续的电弧放电，破坏了电火花成

型加工的“放电→击穿介质→蚀除金属→消电离/介质恢复绝缘→第二次放电”过程，反而会使生产率下降。

③ 脉冲能量。也称为脉冲平均功率，它等于脉冲峰值电流 i_e 与脉冲宽度的乘积。在正常情况下，蚀除速度与脉冲能量成正比。

蚀除金属的速度与脉冲频率、脉冲能量的关系如下：

$$v=KWf$$

式中 v——加工速度，$mm^3 \cdot min^{-1}$ 或 $g \cdot min^{-1}$；

K——与脉冲参数、液体介质成分、电极材料有关的系数；

W——单个脉冲能量；

f——脉冲频率。

从上式可得，提高加工速度 v 的途径，在于增加脉冲能量 W，提高脉冲频率 f 和增大系数 K。

其中加工速度 v 是单位时间内从工件上蚀除的金属体积或质量的多少，可分别用体积加工速度 v_w 和质量加工速度 v_m 表示，其表达式分别为：

$$v_w=\frac{V}{t}\ (mm^3 \cdot min^{-1})$$

$$v_m=\frac{M}{t}\ (g \cdot min^{-1})$$

式中 V——从工件上蚀除金属的体积；

M——从工件上蚀除金属的质量；

t——加工的时间。

增加单个脉冲能量可以通过提高脉冲电流和电压来实现，但是随着单个脉冲能量的增加，工件表面粗糙度也随之加大。这是因为脉冲能量 W 的提高，脉冲放电强度增大，蚀除的“微小凹坑”就增大，由此形成的加工表面的粗糙度就增大。

（3）金属材料热学物理常数　指材料的熔点、沸点、热导率、比容热、熔化热、气化热等物理常数。

（4）液体介质　液体介质对电蚀量也有较大的影响。介电性能好、密度和黏度大的液体介质有利于压缩放电通道，提高放电的能量密度，强化电蚀产物的抛出效果。但黏度大的液体介质不利于电蚀产物的排出，影响正常放电。

7.1.4.2　工具电极的损耗

在实际生产中，不但要有合适的加工速度，同时也要求工具电极的损耗低。当然，在电火花加工中，电极的损耗是不可避免的。影响电极损耗的因素也很多，主要有电极材料、加工极性、电极结构、工艺方法和加工规准等。

（1）选择合适的电极材料　可以用作为工具电极的材料很多，常用的有铸铁、钢、黄铜、石墨、紫铜及合金等。

铸铁和钢作电极加工钢件时，俗称钢打钢，其电极损耗不易掌握，在选用时要尽可能避免。如果确实避免不了，也要采用型号相异的原则，即同类材料型号不同，如用 Cr12 材料作电极加工 Cr12MoV 的工件。黄铜电极的损耗很大，尽可能不选用；石墨电极损耗较小，尤其是高纯石墨，作穿孔加工比较合适，但要注意形状不宜太复杂；紫铜作电极进行穿孔加工比较理想。

在许可的情况下，尽量选择“低耗”电极材料。低耗材料，是指电火花加工时相对损耗小于1%的电极材料。石墨和紫铜电极适合穿孔加工，也适合型腔的加工。它们都能在粗加工时进行低耗加工，精加工时石墨电极的损耗比紫铜要小。但是，在精加工中进行低耗加工，紫铜几乎是唯一的电极材料。

除此之外，Cu-W合金、Ag-W合金等复合材料，熔点高、导热性好、损耗很小。但其价格较贵，机械加工性能较差，一般只在精加工或特殊加工时才选用。

（2）正确选择加工极性　由于电火花加工存在极性效应，不但影响加工效率和零件加工质量，也影响电极的损耗。

（3）采用合理的加工工艺方法　电火花加工工艺方法见本章后续内容。

（4）合理设计电极　由于在工具电极的清角、尖角、薄边等结构处容易出现损耗集中，故在进行电极设计时，要尽可能避免此类结构。

（5）选取低耗的电规准　在其他参数不变时，增大脉冲宽度，单个脉冲的放电时间增长，蚀除的工件材料就相对多一些，也就减小了电极的相对损耗。

脉冲峰值电流增加，电极损耗增加。脉冲间隔对电极损耗影响不大。

7.1.4.3　影响电火花加工精度的主要因素

工件的加工精度除受机床精度、工件的装夹精度、电极制造及装夹精度影响之外，主要受放电间隙和电极损耗的影响。

（1）电极损耗对加工精度的影响　在电火花加工过程中，电极会受到电腐蚀而损耗，而且电极的不同部位损耗程度也不一致。电极损耗的衡量办法：型腔加工时用电极的体积损耗率来衡量；穿孔加工时用电极的长度损耗率来衡量。

电极损耗是影响电火花加工精度的一个重要因素，必须掌握电极损耗的规律，尽量减少电极的损耗。

（2）放电间隙对加工精度的影响　由于工件和电极之间存在放电间隙，加工出的工件型孔（或型腔）尺寸和电极尺寸相比，沿加工轮廓要相差一个放电间隙（单边间隙）。实际加工过程中放电间隙是变化的，所以，放电间隙的大小和均匀性，会对加工精度造成一定程度的影响。

（3）加工斜度对加工精度的影响　电火花加工过程中，随着加工深度的增加，电极下端部加工时间长，绝对损耗大，而电极入口处的放电间隙由于电蚀产物的存在，二次放电次数增多，侧面间隙逐渐增大，使加工孔入口处的间隙大于出口处的间隙，出现加工斜度（俗称喇叭口），使加工表面产生形状误差，如图7-6所示。

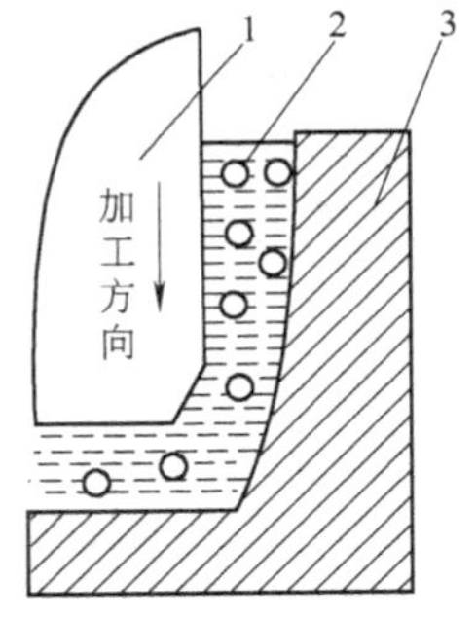

图7-6　加工斜度对加工精度的影响

1—电极；2—电蚀产物；3—工件

7.1.4.4　加工表面质量

（1）表面粗糙度　单个脉冲能量对表面粗糙度的影响最大。脉冲宽度、峰值电流大，表面粗糙度值大。

（2）表面变化层　经电火花加工后的表面将产生包括凝固层和热影响层的表面变化层。

① 凝固层是工件表层材料在脉冲放电的瞬间高温作用下熔化后未能抛出，在脉冲放电结束后迅速冷却、凝固而保留下来的金属层。因为凝固层的硬度一般比较高，所以电火花加工后的工件耐磨性好，但增加了钳工研磨、抛光的难度。

② 热影响层位于凝固层和工件基体材料之间，该层金属受放电点传来的高温影响，材料的金相组织发生了变化。

7.1.5　模具电火花加工工艺

电火花成型加工是一种利用电腐蚀原理将工具电极的形状复制到工件上的加工工艺，尤其在模具制造行业应用最广。

7.1.5.1 型孔加工工艺

电火花穿孔加工用于冲模的凹模加工是很典型的电火花加工方法，冲模的主要工作零件一般由凸模和凹模组成，凸模可采用机械加工或电火花线切割加工，而凹模可以采用电火花加工。电火花加工可在坯料淬火处理后进行，热处理变形少，精度高。对于复杂的凹模可以不用镶拼结构，而采用整体式，简化了模具的结构，提高了模具寿命。

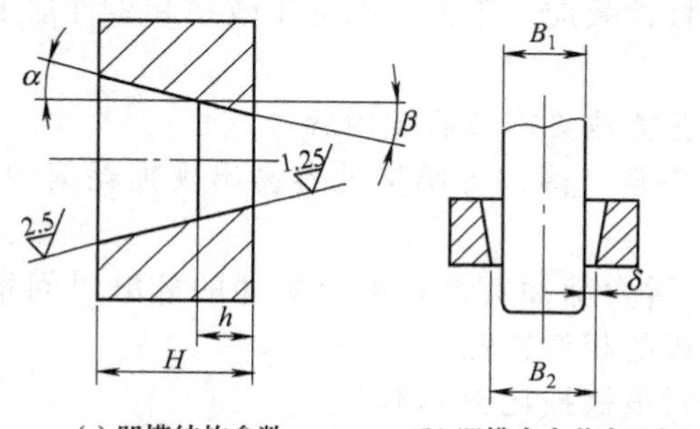

图 7-7 凹模结构参数及电火花穿孔加工

凹模的主要结构参数（图 7-7）是：凹模配合间隙 2δ，刃口高度 h，刃口斜角 β，落料角 α，尺寸精度等。

因为电蚀加工中存在放电间隙，工具电极尺寸必然小于凹模尺寸。工具电极的尺寸精度、放电间隙的大小、机床的导向精度和平稳性均直接影响凹模的尺寸精度。为了保证凸、凹模之间的配合间隙，常用的工艺方法有：直接法、混合法、修配凸模法、二次电极法。

（1）直接法　直接利用适当加长的凸模作电极加工凹模的型孔，加工后将凸模上的损耗部分去除。

这种方法凸、凹模配合间隙的大小，是靠改变电规准参数等来保证的，加工质量较高、制造周期短。但用钢凸模作电极，相对其他电火花加工性能好的电极材料，加工稳定性差、加工速度低。此法适用于形状复杂的凹模或多型孔凹模，如电机定子、转子硅钢片冲模等。

（2）混合法　将电极与凸模以粘接或钎焊等方法连接在一起，与凸模一起加工，电极加工完凹模后再切除。

和直接法不同的是，混合法的电极可以选择和凸模不同的电火花加工性能好的材料，而仍然能够保证电极和凸模的尺寸完全一致，故在保证质量的前提下可以提高加工速度。但电极和凸模的连接长度不应太长，以免影响电极的制造精度。混合法是一种使用较广泛的方法。

（3）修配凸模法　凸模和加工凹模的电极分别制造，但凸模不加工到最后尺寸，凸模上留一定的修配余量，按电火花加工好的凹模型孔修配凸模，达到所要求的凸、凹模配合间隙。

这种方法可以选用电火花加工性能好的电极材料，电极和凸模的尺寸也可以不同，加工间隙可以不受配合间隙的限制。但是，因为电极和凸模是分别制造的，所以配合间隙难以保证一致，影响零件加工质量。故修配凸模法只适用于加工形状较简单的冲模。

（4）二次电极法　利用一次电极制造出二次电极，再分别用一次和二次电极加工出凹模和凸模，并保证凸、凹模配合间隙。

这种方法可以合理调节放电间隙，能够加工出间隙极小或无间隙精冲模。但二次电极法比较复杂，在普通加工中很少采用。

以上几种方法各有其特点和适用范围，应根据模具的配合间隙来选择，表 7-1 列出了推荐使用方法。

表 7-1　模具配合间隙不同加工方法的选择

单边配合间隙/mm	直接法	混合法	修配凸模法	二次电极法
0～0.005	×	×	×	√

续表

单边配合间隙/mm	直接法	混合法	修配凸模法	二次电极法
0.005～0.015	×	×	◎	√
0.015～0.1	√	√	◎	◎
0.1～0.2	◎	◎	◎	◎
>0.2	◎	◎	√	×

注："√"最适合采用；"×"不宜采用；"◎"可以采用。

7.1.5.2 型腔加工工艺

型腔电火花加工属于三维曲面（或不通孔）加工，其基本原理与型孔电火花加工是相同的，但具有如下几个特点。

① 要求电极损耗小　因为无法靠进给方法补偿精度。

② 金属蚀除量大　需要使用较大功率的脉冲电源，才能得到较高的生产率。

③ 工作液循环不流畅，排屑困难。

④ 在加工过程中，为了侧面修光、控制加工深度、更换或修整电极等需要，电火花机应备有平动头、深度测量仪、电极重复定位装置等附件。

型腔电火花加工的工艺方法有以下几种。

(1) 单电极加工方法　单电极加工法是指用一个电极加工出所需型腔。这种方法可以直接加工形状简单、精度要求不高的型腔，但当型腔要求较高时，通常采用先预加工再电加工的方法完成型腔加工。

为了提高电火花加工效率，型腔在电火花加工前先采取机械切削加工的方法进行预加工，留出电火花加工余量，待型腔淬火后用一个电极进行精加工。留出的余量要均匀、适当，一般情况下，侧面单边余量留 0.1～0.5mm，底面余量留 0.2～0.7mm。对于多台阶复杂型腔的电加工余量还应适当减小。

单电极平动法在模具型腔加工中应用非常广泛，适用于有平动功能的机床，机床摇动单电极加工型腔，用一个电极完成型腔的粗、半精、精加工。如图 7-8 所示，首先采用低损耗、高生产率的粗规准进行加工，然后利用机床平动头的平面小圆运动，按照粗、中、精的顺序逐级改变电规准、加大电极的平动量，以补偿前后两个加工规准之间型腔侧面放电间隙差和表面微观不平度差，实现型腔侧面仿型修光，完成整个型腔的加工。平动加工的特点是只需一个电极、一次安装便可完成加工，并且排屑方便。但是，难以获得高精度的型腔，尤其是清棱、清角差。

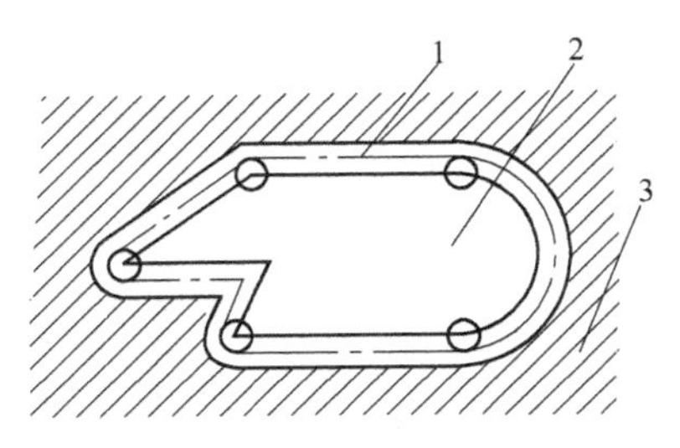

图 7-8　单电极平动法

1—电极平动位置；2—电极；3—模块

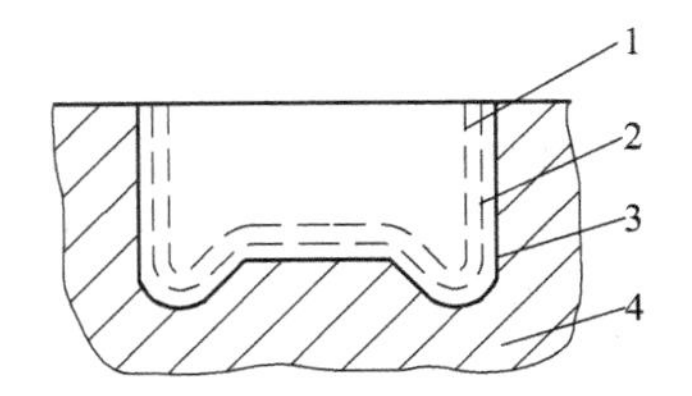

图 7-9　多电极加工法

1—粗加工电极；2—精加工电极；3—精加工后的型腔轮廓；4—模块

(2) 多电极加工法　多电极加工法是用多个电极，依次更换加工同一个型腔，每个电极都要对型腔的整个被加工表面进行加工。如图 7-9 所示，电火花加工过程分成粗、精加工几个阶段，先用一个电极粗加工蚀除大量金属，再换上一个新电极进行精加工。对精度要求高、粗糙度要求小的型腔则需要更多的电极。

多电极加工法仿形精度高，适合加工精度高、粗糙度小、棱角清晰的型腔，尤其适用于加工尖角、窄缝多的型腔。但是，由于需更换电极，电极的定位要求更高，此外，型腔随加工的进行在不断扩大，放电间隙也在变化。因此，要求前后电极的尺寸不一致，增加了电极的设计、制造工作量。同时，各阶段电规准的选择也不一致。

(3) 分解电极法　根据型腔的几何形状，把电极分解成主型腔电极和副型腔电极分别制造。主型腔电极加工型腔的主要部分，副型腔电极加工型腔的尖角、窄缝等部位。

这种方法可以根据主、副型腔的不同加工条件，选择不同的电规准，有利于提高加工速度和质量，但主、副型腔电极的安装精度要求较高。

7.1.5.3　工具电极的设计制造

电火花成型加工是利用电腐蚀原理将电极的形状精确地复制在零件上。因此，模具型腔和型孔的加工精度与电极的精度有着密切的关系。为了保证电极的精度，在电极设计时，必须选择合适的电极材料、合理的几何尺寸以及较好的加工工艺性。

(1) 材料的选择　从原理来看，任何导电材料都可以用于制造电极，但由于电极材料对电火花加工的成型速度、加工稳定性、加工质量都有很大的影响，因此，在工艺设计过程中，应该合理选择电极材料。电极材料的选择原则是：损耗小、成型快、加工稳定性好、机械加工工艺性好、价格适宜和来源广。

常用的电极材料有铸铁、钢、石墨、黄铜、紫铜、铜钨合金和银钨合金等，其性能及选择参数如表 7-2 所示。

表 7-2　常见电极材料的选择

电极材料	电火花加工性能		机械加工性能	说　明
	加工稳定性	电极损耗		
钢	较差	中等	好	常用,选择电规准时注意加工稳定性,可用凸模作电极
铸铁	一般	中等	好	常用的电极材料
石墨	较好	较小	较好	常用的电极材料,机械强度较差,易崩角
黄铜	好	大	较好	电极损耗太大
紫铜	好	较小	较差	常用的电极材料,磨削困难
铜钨合金	好	小	较好	价格贵,多用于深孔、直壁孔、硬质合金穿孔
银钨合金	好	小	较好	价格昂贵,用于精密及有特殊要求的加工

(2) 结构设计　常用的电极结构形式有整体式、组合式、分解式和镶拼式四种，具体选择哪一种形式，要针对不同的加工对象，根据型孔或者型腔的大小、复杂程度以及机械加工的工艺性来确定。

由于型孔与型腔的加工工艺不完全相同，因此，电极的结构还分为加工型孔的电极和加工型腔的电极。

① 加工型孔的电极

a. 整体式电极。这种电极是用一块材料整体加工而成，是最常用的结构形式，特别适合于尺寸较小、结构不太复杂的型孔加工。如果型孔的加工面积较大，需要减轻电极本身的重量，可以在电极上加工一些“减重孔”或者将其“挖空”，如图 7-10 所示。对减重孔的设置，有两点要求：第一，为了不影响液体介质的强迫循环，减重孔应设成盲孔；第二，孔口应该向上，以免孔内聚集气体引起爆鸣，影响加工稳定性。对一些容易变型或断裂的小电极，可在其尾部设置台肩，以起加强作用。

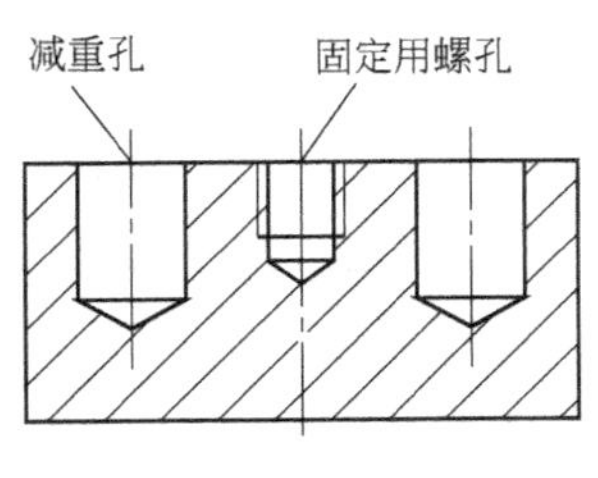

图 7-10　整体式电极

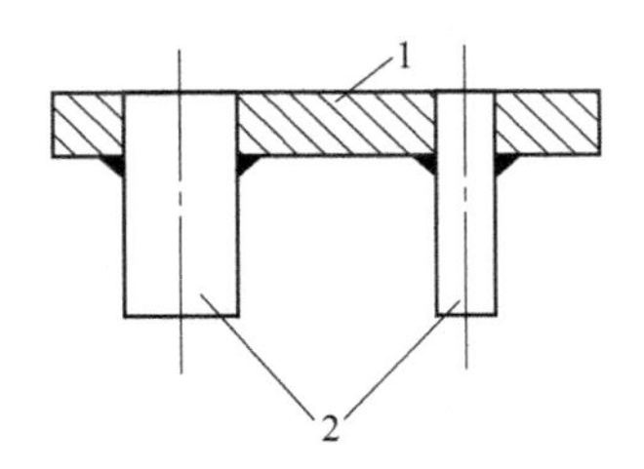

图 7-11　组合式电极

1—电板固定板；2—电极

b. 组合式电极。组合式电极，就是将多个电极装夹在一起，同时完成凹模各型孔的穿孔加工。在冲模加工中，经常遇到“一模多孔”的情况，为了简化定位工序，提高型孔之间的位置精度和加工速度，可以采用组合式电极，如图 7-11 所示。

c. 镶拼式电极。对于形状复杂的电极，整体加工有困难时，常将其分成几块分别加工，再镶拼形成一个整体的电极。这种方法可以保证电极的加工精度，节约材料。例如图 7-12 所示电极，可以分成Ⅰ、Ⅱ、Ⅲ、Ⅳ四块，分别加工后再拼成一个整体电极。

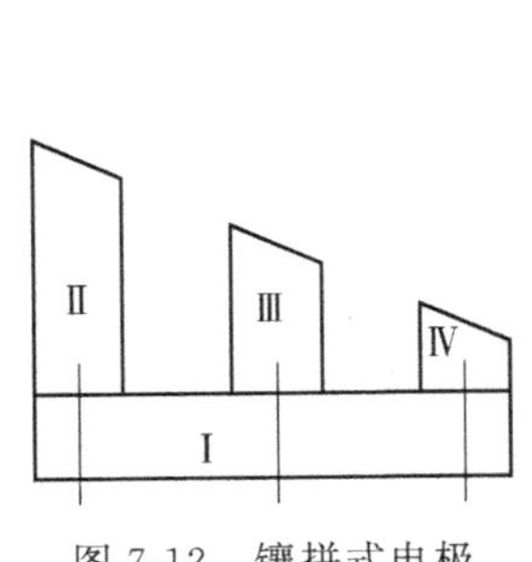

图 7-12　镶拼式电极

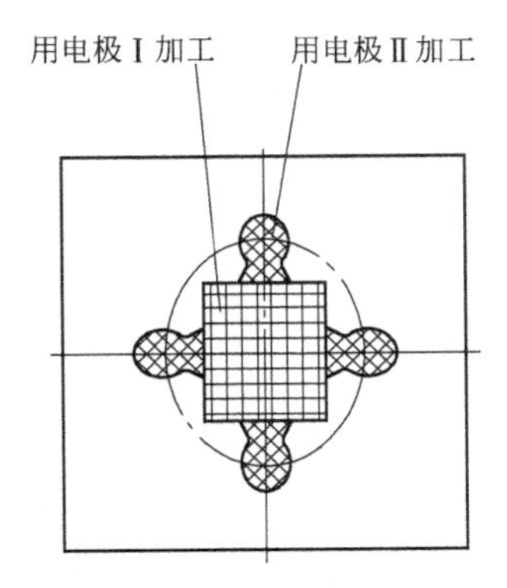

图 7-13　分解式电极

d. 分解式电极。分解式电极，就是将复杂形状的电极分解成若干简单形状的电极，分别对型孔进行若干次加工成型。图 7-13 是分解式电极加工凹模的示意图，先用电极Ⅰ加工中间的矩形孔，再用电极Ⅱ加工四周的圆形孔。

② 加工型腔的电极。与型孔电极一样，型腔电极也可分为整体式、镶拼式、组合式和分解式，用得较多的是前两种。

因为型腔加工一般都是盲孔加工，排气、排屑条件较差，掌握不好将会严重影响加工的稳定性，甚至使加工无法进行。所以，在设计时往往都通过设置冲油孔和排气、排屑孔来改善加工条件。图 7-14 是设有冲油孔的电极，冲油孔设计在难以排屑、窄缝等位置。排气孔设计在蚀除面积较大的位置，如图 7-15 所示。

(3) 尺寸设计　电极的截面尺寸分成横向截面和纵向截面尺寸，垂直于电极进给方向的电极截面尺寸称为电极的横截面尺寸。穿孔电极只涉及横向截面尺寸的确定，纵向尺寸指的是电极的长度尺寸，其计算方法和考虑的因素又不一样；型腔电极既有横向截面尺寸又有纵向截面尺寸的确定。

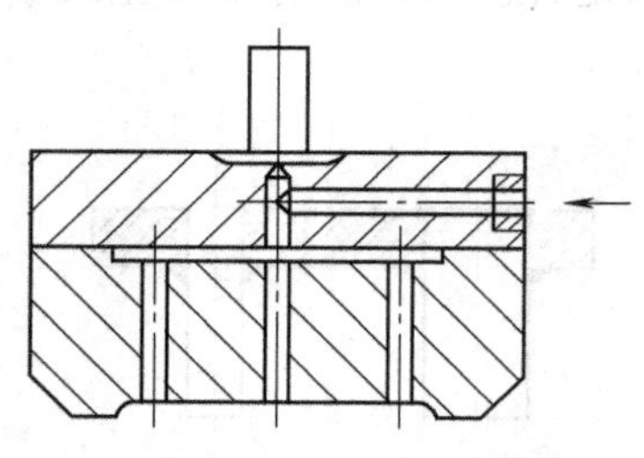

图 7-14 设有冲油孔的电极

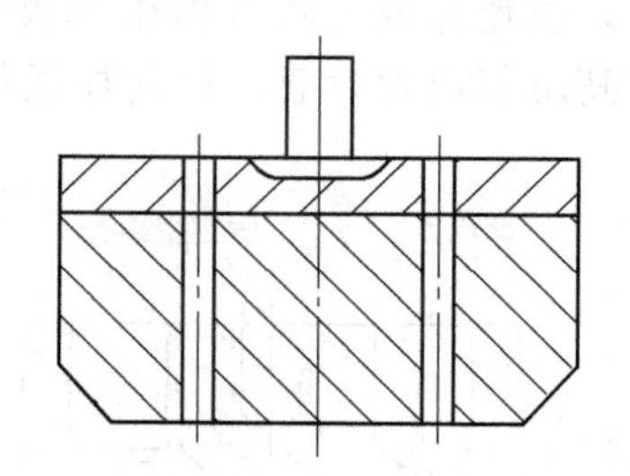

图 7-15 设有排汽、排屑孔的电极

① 穿孔电极的尺寸确定

a. 电极长度。影响穿孔电极长度尺寸的因素比较多，除凹模的有效厚度外，还与电极材料、型孔的复杂程度、电极的使用次数、装夹形式以及制造工艺等因素有关。

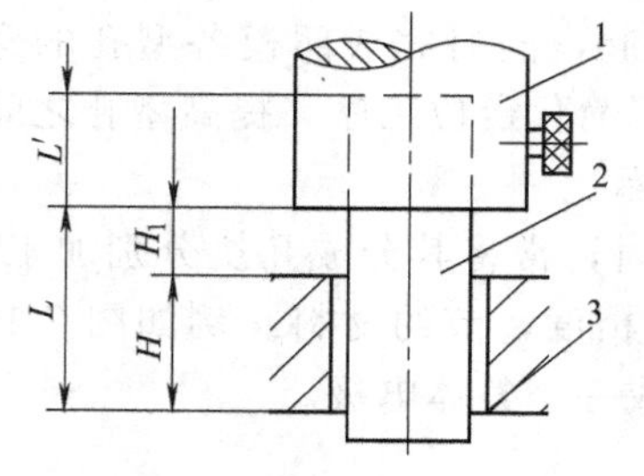

图 7-16 穿孔电极长度计算

1—电极夹头；2—电极；3—凹模

图 7-16 是穿孔电极长度计算图。电极长度等于电极的有效长度 L 与电极的夹持端长度 L' 之和，L' 一般取 10～20mm，L 值按下式计算：

$$L=kH+H_1$$

式中 H——凹模电火花加工厚度；

H_1——取 $(0.4\sim0.8)H$；

k——与电极材料、型孔的复杂程度以及加工方式有关的系数。

k 值的大小一般是根据电极的材料按经验进行选取，紫铜 2～2.5；黄铜 3～3.5；石墨 1.7～2；铸铁 2.5～3；钢 3～3.5。电极材料损耗小、型孔简单、轮廓无尖角时，k 取小值；反之，则取大值。有效长度一般控制在 $L=(3\sim3.5)H$，经验数据为 100～110mm。

在生产中还广泛使用阶梯电极。阶梯电极就是在原电极的基础上适当加长，如图 7-17 所示，L' 即为加长部分，$d'<d$。阶梯电极的加工原理是利用加长部分进行穿孔的粗加工，蚀除大部分金属，最后的精加工由 L 部分来完成。采用阶梯电极作穿孔加工有许多优点：生产率大幅度提高、电规准转换次数少、操作简化、易于保证质量、废品率低等。L' 和 d' 尺寸计算：

$$L'=(1.2\sim1.4)H$$

$$d'=d-2a \text{ 或 } d'=(0.7\sim0.8)d$$

式中 H——凹模的电火花加工厚度；

a——单边缩小量。

b. 电极截面尺寸。电极的截面尺寸按凹模型孔的截面尺寸均匀地减小一个单面放电间隙 δ，其尺寸公差取凸模相应尺寸公差的 1/2～1/3，一般取表面粗糙度 $Ra=0.8\sim1.6\mu m$。

在实际工作中，电极的截面尺寸是按凹模的标注尺寸和公差，以及凸模的标注尺寸和公差两种类型进行设计。

a) 按凹模尺寸和公差确定电极截面尺寸。

如图 7-18 所示，电极的截面尺寸可按下式计算：

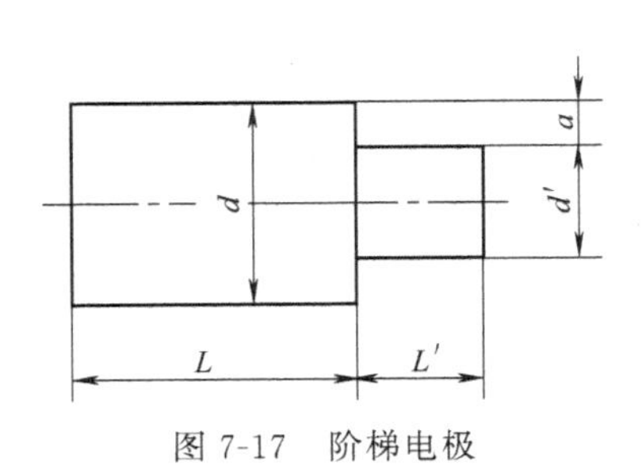

图 7-17　阶梯电极

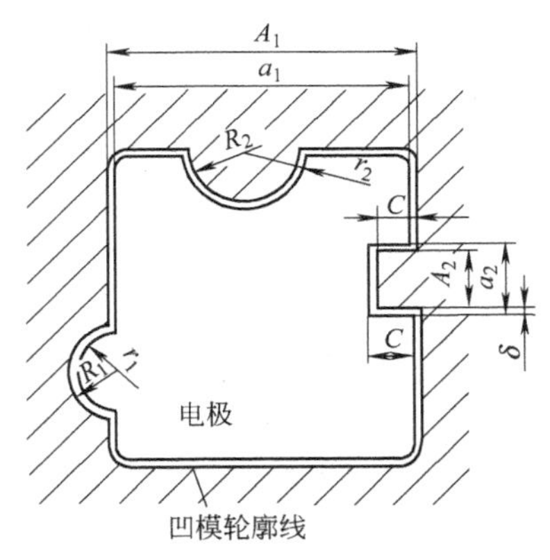

图 7-18　凹模与电极尺寸关系示意图

$$a=A\pm K\delta$$

式中　a——电极的截面基本尺寸；

A——型孔的基本尺寸；

$\pm$——当电极轮廓为凹进（图 7-18 中 a_2、r_2）时取"+"，轮廓为凸出（图 7-18 中 a_1、r_1）时取"−"；

K——系数，双边尺寸（图 7-18 中 a_1、a_2）$K=2$，单边尺寸（图 7-18 中 r_1、r_2）$K=1$，无缩放尺寸（图 7-18 中 C）取 0；

δ——精加工时的放电间隙，就是电极单边缩放量。

b）按凸模尺寸和公差确定电极截面尺寸。这种方法是按凸模和凹模的单边配合间隙 $\frac{Z}{2}$ 与精加工时的放电间隙 δ 的关系为依据进行计算的，根据 $\frac{Z}{2}$ 和 δ 的大小分为三种情况。

第一种：凸模和凹模的单边配合间隙等于放电间隙，即 $\frac{Z}{2}=\delta$。此时电极的截面尺寸与凸模的截面尺寸完全相同。

第二种：凸模和凹模的单边配合间隙大于放电间隙，即 $\frac{Z}{2}>\delta$。电极的截面尺寸在凸模的四周均匀增大一个值 $\left(\frac{Z}{2}-\delta\right)$，如图 7-19 所示。

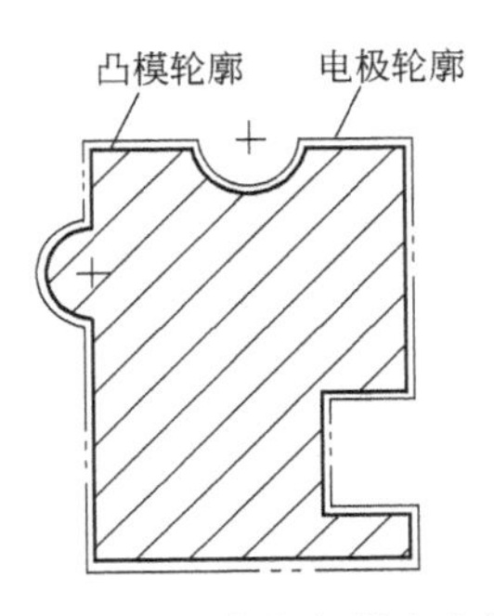

图 7-19　按凸模均匀增大电极图

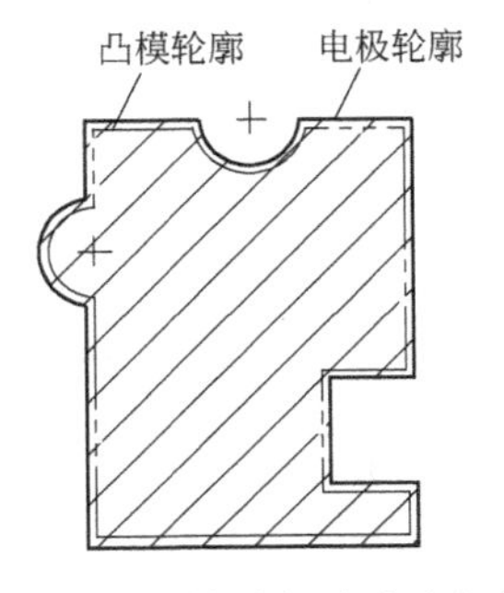

图 7-20　按凸模均匀缩小电极图

第三种：凸模和凹模的单边配合间隙小于放电间隙，即 $\frac{Z}{2}<\delta$。电极的截面尺寸在凸模

的四周均匀缩小一个值$\left(\delta-\frac{Z}{2}\right)$，如图 7-20 所示。

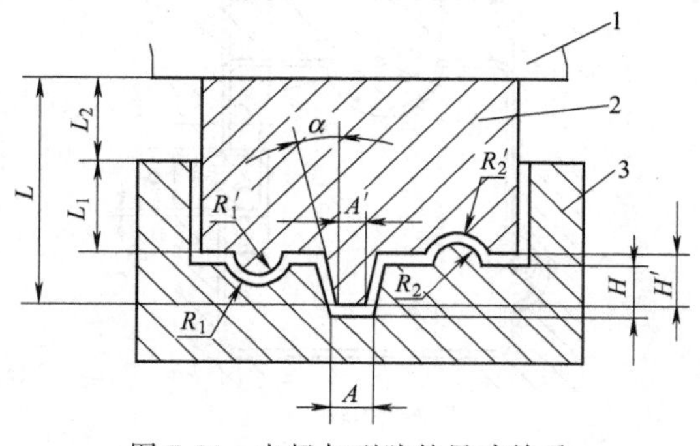

图 7-21 电极与型腔的尺寸关系

1—夹具；2—电极；3—模块

c. 电极公差的确定。截面的尺寸公差取凹模刃口相应尺寸公差的 1/3 ～1/2。

② 型腔电极的尺寸确定。型腔电极的横向截面尺寸的确定方法与上述穿孔电极一样，只是要适当考虑精加工与抛光余量。

型腔电极的纵向截面尺寸的确定是以型腔尺寸和放电间隙 δ 为依据进行计算。如图 7-21 所示，计算方法如下：

$$H'=H$$

$$R'_1=R_1-\delta$$

$$R'_2=R_2+\delta$$

$$A'=A-2\delta[\tan(90°-\alpha)/2]$$

电极总长度：

$$L=H'+L_1+L_2$$

式中 L——电极的总长度；

L_1——电极伸入型腔的长度；

L_2——预留长度，考虑加工终了时夹具与工件不碰撞和电极重复使用等因素，一般预留 10～20mm 为宜。

(4) 制造工艺方法 电极的制造在电火花加工中十分重要，其制造工艺方法不仅与材料有关，还与结构复杂程度和尺寸大小有关。

① 穿孔电极的制造工艺。对于穿孔电极，可以用电火花线切割加工，可以采用普通的机械加工和数控加工方法，还广泛采用成型磨削进行精密加工。

与凸模一起成型磨削的电极，只能适用于放电间隙等于凸凹模配合间隙的情况。如果凸凹模配合间隙与放电间隙不相等，则作为电极的部分必须在此基础上进行增厚或缩小处理。常用化学腐蚀法均匀减少到尺寸要求，或用电镀铜、镍、锌等方法增厚其尺寸。常用电极的制造工序见表 7-3。

表 7-3 常用穿孔电极的制造工艺

工艺序号	工艺名称	加工内容及技术说明
1	粗铣成六面体	留单面余量 1～2mm
2	平面磨削	磨两端面及其相邻两侧面，保证垂直度
3	划线	按图样尺寸在上下端面划出轮廓线
4	铣外形	按半轮廓线加工，并留下研磨余量约 0.2～0.5mm
5	钳工	钻孔，攻螺纹，加工出装夹与连接螺孔或大电极开设减轻孔
6	成形磨削	按图样要求进行成形磨削
7	退磁	退磁处理，以减少对电加工的影响
8	化学腐蚀或电镀	需增减截面尺寸的电极可采用腐蚀法或电镀法来进一步加工，达到图样要求

多型孔穿孔电极，可采用数控加工方法制造，也可按组合式电极制造。组合电极的固定方法有：焊接、铆接、螺钉连接和低熔点金属浇灌等。

有些电极形状较为复杂，可采用数控加工方法制造，也可按镶拼式电极进行制造。当机械加工方法难以完成时，还可以采用电火花线切割的方法加工。

阶梯电极的小端也可以成型磨削，但大多数情况下都采用腐蚀的方法。

② 型腔模电极的制造工艺。制造电极的方法很多，如普通机械加工、数控加工、电铸加工、挤压成型等方法。具体应用时应考虑电极材料、模具型腔的形状及制造精度等因素。

型腔模电极常用的材料有纯铜和石墨。石墨硬度低，性脆，一般采用机械加工方法。具体见表 7-4。

表 7-4 石墨电极的制造工序

工艺序号	工艺名称	加工内容及技术说明
1	加工电极固定板	材料用钢板或铝板，厚 8～15mm，要有一定的精度要求，保证电极安装及与工件定位的精度
2	制作样板	采用数控加工或钳工制作
3	准备石墨毛坯	采用整体或镶拼结构，将其固定在电极固定板上，使石墨烧结的纤维方向和加工方向一致
4	划线	按设计好的电极图样在毛坯上划出各种加工线
5	加工电极	用车、刨、铣、磨等方法对电极进行加工，并作钳工表面修整抛光
6	开设排气孔、冲油孔	钻或钳工制作

下面介绍几种常见材料电极的制造工艺要点。

① 石墨电极。石墨电极是电火花加工中最常用的电极材料之一，石墨电极的制造基本上都采用切削加工和成型磨削。由于石墨性脆，机械加工时容易产生粉尘，因此，在加工前要先在煤油中浸泡若干天。

② 铜电极。铜的质材较软，加工时易变形，加工后电极表面粗糙度较差。切削加工时，进刀量要尽可能小，并用肥皂水作工作液。铜电极的磨削特别困难，容易堵塞砂轮，磨削时砂轮粒度不能太细，同时要采用低转速、小进给量，并使用工作液。紫铜电极也可以采用锻造或放电压力成型法制造。

③ 铜钨合金、银钨合金电极。这类合金系高温烧结而成，应选用硬质合金刀具作切削加工。磨削加工时容易堵塞砂轮，砂轮的粒度不能太细，宜选用白刚玉砂轮，磨削时要加工作液。

7.1.5.4 电火花加工的电规准的选择

电火花加工的电规准主要有脉冲宽度、脉冲电流峰值和脉冲频率。根据加工所能得到的型面质量及放电间隙的大小，电规准分为粗、中、精三种。粗规准主要用于粗加工，去除大部分加工余量；中规准是粗、精加工间过渡加工采用的电规准，用以减小精加工余量，促使加工稳定性和提高加工速度；精规准用来进行精加工，是达到电火花加工指标的主要规准。

正确选择加工规准，是保证电火花加工质量、提高加工速度的重要环节。不同的加工条件和要求，对电规准的选择也不同，实际加工经验的积累非常重要。表 7-5 列出了一般情况下，电火花加工的电规准的选择。

7.1.5.5 液体介质的选择

（1）液体介质的作用　电火花加工是在具有一定绝缘性能的液体介质中进行的，液体介质通常又称为工作液。其主要作用是：

表 7-5 电规准的选择

规准	工艺性能	电规准要求			适用范围
		脉冲宽度/μs	脉冲峰值电流/A	脉冲频率/$Hz \cdot s^{-1}$	
粗	电极损耗低(<1%),生产率高,阴极性加工,加工时不平动,不用强迫排屑	石墨加工钢,大于600	3～5紫铜加工钢可适当大些	400～600	Ra 可达 12.5μm,作一般零件加工和型面粗加工
中	电极损耗较低(<5%),平动修型,需要强迫排屑	20～400	小于20	大于2000	是粗精规准的转换规准,也可提高表面质量,达到尺寸要求
精	损耗大(20%～30%),余量小(0.01～0.05mm),须强迫排屑、定时抬刀、平动修光	小于10	小于2	大于20000	型面最终加工,达到图纸规定的表面粗糙度和尺寸精度

① 压缩放电通道，使放电能量高度集中在极小的区域内，加强蚀除效果、提高放电仿形的精确度；

② 加速电极间隙的冷却，有助于防止金属表面局部热量积累，防止烧伤和电弧放电的产生；

③ 加剧放电的流体动力过程，帮助金属的抛出，加速了电蚀产物的排除；

④ 有助于加强电极表面的覆盖效应和改变工件表面层的物理化学性能。

(2) 对液体介质的要求　对电火花加工液体介质的一般要求是：

① 具有一定的绝缘强度、较快的绝缘强度恢复性能，有较好的流动性；

② 燃点、闪点要高，不会爆炸，不容易燃烧；

③ 无毒、无刺激性，放电时的分解物对加工妨碍小，对人体无害；

④ 加工稳定性要好，工艺指标要高；

⑤ 价格便宜，容易取得。

(3) 常用液体介质的种类及其应用　煤油是电火花加工中最常用的液体介质，其次是机油、锭子油，水和水基液体介质用得较少。

煤油由于黏度低，排屑方便，击穿间隙小，对电火花加工精度有好处，因此是目前国内应用最普遍的液体介质。不但在电火花穿孔、成型中使用，还在电火花磨削及精密线切割加工中应用。

机油、锭子油的黏度稍大，但燃点高，常用于大型腔的电火花粗加工。

水和水溶液由于价廉易得，并有不燃、无味等特性，越来越受青睐。在有的专用电火花机床中，如小孔加工、喷丝板异形孔加工已经开始采用水作液体介质。

(4) 液体介质对电火花加工的影响　液体介质对脉冲火花放电、能量的传递与分布、蚀除等有直接的影响，它的压力、流速、种类、成分、性质以及污染程度，都将影响到电加工的工艺指标。

① 液体介质压力和流速的影响。在实际应用中，液体介质常以“冲”或“抽”的方式进行循环，冲、抽的压力和流速，对加工过程影响很大。压力和流速过小则对蚀除物的排除不利，会造成加工不稳定；太大则会引起电极耗损增大，并使主轴跳动，也使加工不稳定。

② 液体介质种类的影响。不同种类的液体介质，化学成分与性质不同，加工的生产率稳定性、电极耗损、表面粗糙度及加工间隙也不相同。如碳氢化合物的油类液体介质与水基

液体介质的化学成分截然不同，因此电加工后的工艺效果相差很大。机油、锭子油黏度大，绝缘性能好，放电时爆炸、抛出力大，适用于粗加工。水基液体介质黏度小，绝缘性差，且分解不出炭黑补偿电极耗损，故仅用于小面积的加工。

③ 液体介质污染程度的影响。液体介质污染程度严重，会使加工稳定性变差，从而导致生产率降低，而且污染严重会使加工间隙增大，电极损耗也大。但很纯净的液体介质，会减少生成低损耗保护膜所需炭粒的浓度，也不利于减小电极耗损。另外，在纯净的液体介质中加工，由于放电间隙小，窄小的间隙容纳不了加工时金属屑、炭微粒、气泡等电蚀产物或局部浓度过高，排屑不畅，这样也会使加工不稳定而降低生产率。

7.2　模具电火花线切割加工

电火花线切割加工（wire cut electrical discharge machining，WEDM）是指线电极电火花加工，一般简称线切割。和电火花成型一样，线切割也是利用工具电极对工件进行脉冲电腐蚀，只是线切割无须制作专门的成型电极，而是采用细金属丝作为工具电极加工。它主要用于加工各种形状复杂和精密细小的工件，例如冲裁模的凸模、凹模、凸凹模、固定板、卸料板等，成型刀具、样板、电火花成型加工用的金属电极，各种微细孔槽、窄缝、任意曲线等，具有加工余量小、加工精度高、生产周期短、制造成本低等突出优点，已在生产中获得广泛的应用，目前国内外的电火花线切割机床已占电加工机床总数的60%以上。

7.2.1　概述

7.2.1.1　线切割加工原理

线切割基本工作原理是利用连续移动的细金属丝（称为电极丝）作电极，对工件进行脉冲火花放电蚀除金属、切割成型。如图7-22所示，加工时工件12接脉冲电源11的阳极，电极丝7接脉冲电源的阴极并在驱动电机的带动下运行（称为走丝），在电极丝与工件间有液体介质10。当高频脉冲电源接通后，电极丝与工件之间形成脉冲放电火花，在放电通道的中心产生间歇性的瞬间高温，使得工件金属熔化甚至气化。同时，喷到放电间隙中的液体介质在高温作用下也急剧汽化、膨胀，如同爆炸一样，冲击波将熔化和气化的金属从放电部

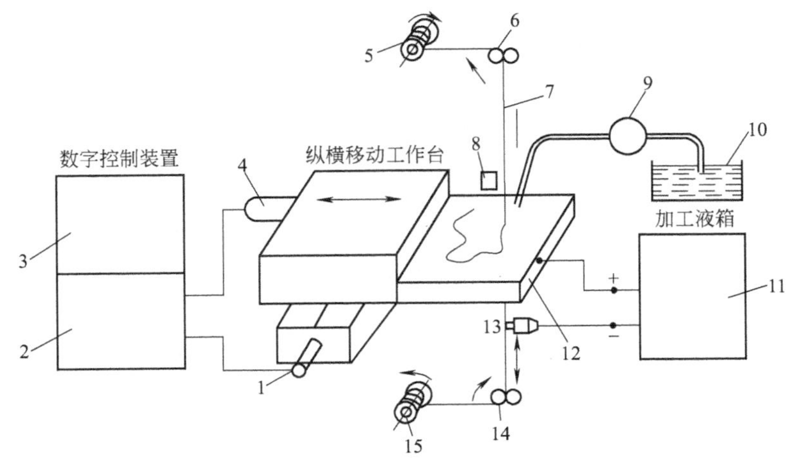

图7-22　电火花线切割加工原理图

1—Y轴马达；2—伺服电器；3—控制电器；4—X轴马达；5—供给丝卷；6—制动器；7—电极丝；8,13—导向器；9—泵；10—液体介质；11—电源；12—被加工工件；14—卷绕滚子；15—卷绕丝卷

位抛出。脉冲电源不断地发出电脉冲，形成一次次的火花放电，就将工件材料不断地去除，达到加工的目的。

7.2.1.2 机床分类

图 7-23 是线切割机床外形图，机床主要由主机（包括床身、坐标工作台、走丝机构等）、脉冲电源、控制系统、液体介质循环系统几大部分组成。线切割机床的分类方法很多，下面以电极丝走丝速度和控制方式分类介绍。

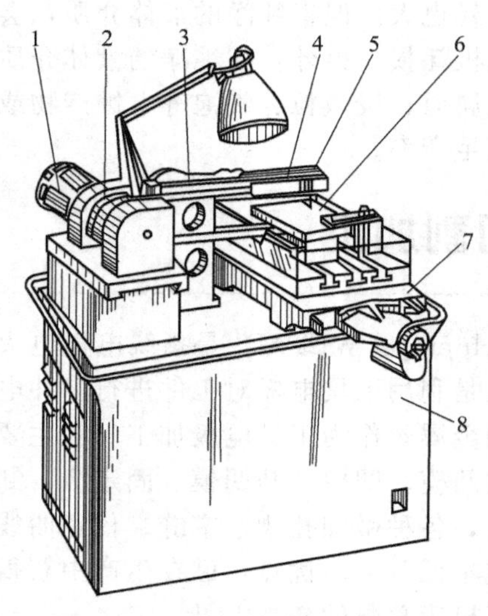

图 7-23 电火花线切割机床外形图
1—电动机；2—储丝筒；3—电极丝；4—运丝机构；5—导轮；6—工件；7—坐标工作台；8—床身

（1）按走丝速度 根据电极丝的运行速度不同，电火花线切割机床通常分为两类：一类是高速走丝电火花线切割机床（WEDM-HS），其电极丝作高速往复运动，一般走丝速度为 $8\sim10\mathrm{m}\cdot\mathrm{s}^{-1}$，电极丝可重复使用，加工速度较高，但高速走丝容易造成电极丝抖动和反向时停顿，使加工质量下降，这是我国生产和使用线切割机床的主要机种，也是我国独创的电火花线切割加工模式；另一类是低速走丝电火花线切割机床（WEDM-LS），其电极丝作低速单向运动，一般走丝速度低于 $0.2\mathrm{m}\cdot\mathrm{s}^{-1}$，电极丝放电后不再使用，工作平稳、均匀、抖动小、加工质量较好，但加工速度较低，是国外生产和使用的主要机种。

（2）按电极丝的控制方式 根据电极丝运动轨迹的控制方式不同，电火花线切割机床又可分为三种：一种是靠模仿形控制，它在进行线切割加工前，预先制造出与工件形状相同的靠模，加工时把工件毛坯和靠模同时装夹在机床工作台上，切割过程中电极丝紧紧地贴着靠模边缘作轨迹移动，从而切割出与靠模形状和精度相同的工件；另一种是光电跟踪控制，其在进行线切割加工前，先根据零件图样按一定放大比例描绘出一张光电跟踪图，加工时将图样置于机床的光电跟踪台上，光电跟踪台上的光电头始终追随墨线图形的轨迹运动，再借助于电气、机械的联动，控制机床工作台连同工件相对电极丝做相似形的运动，从而切割出与图样形状相同的工件；第三种是数字程序控制，它采用先进的数字化自动控制技术，驱动机床按照编制好的数控加工程序自动完成加工，不需要制作靠模样板也无须绘制放大图，比前面两种控制形式具有更高的加工精度和广泛的应用范围，目前国内外95%以上的电火花线切割机床都已采用数控化。

7.2.1.3 工艺特点

与电火花成型加工相比，电火花线切割加工有如下特点：

① 不需要单独制作电极，节约了生产成本，缩短了制造周期。电火花穿孔加工必须精确地制造出电极，而电火花线切割加工用的电极是成品的金属丝（如钨丝、铂丝、黄铜丝），不需要单独制造。

② 电极损耗极小，不需考虑电极损耗，有利于加工精度的提高。电火花加工中电极损耗是不可避免的，并且因电极损耗还会影响加工精度。而线切割加工中，电极丝始终按一定速度移动，不但和循环流动的液体介质一道带走电蚀产物，而且自身的损耗很小，其损耗量在实际工作中可以忽略不计。因此，不会因电极损耗造成工件精度的影响。

③ 能加工精密细小、形状复杂的通孔或零件外形。线切割用的电极丝极细（一般为 $\phi0.04\sim0.2\mathrm{mm}$），很适合加工微细零件、电极、窄缝和锐角以及贵重金属的下料等。

④ 生产效率高，自动化程度高。

⑤ 加工过程中大都不需要电规准转换。

⑥ 不能加工盲孔类及阶梯类成型表面。电火花线切割加工时，电极丝的运行状态是“循环走丝”，而加工盲孔却无法形成电极丝的循环。因此，电火花线切割只能对零件的通孔或外形进行加工，不能完成盲孔的加工。

7.2.2 线切割加工工艺参数的选择

电火花线切割加工的工艺指标主要包括切割速度、表面粗糙度、加工精度、放电间隙、电极丝损耗和加工表面层变化。影响工艺指标的因素很多，如机床、脉冲电源、电极丝与工件的材料、液体介质及线切割工艺路线等，它们决定着工件的表面粗糙度、蚀除率、切缝宽度和电极丝的损耗。

7.2.2.1 脉冲电源

脉冲电源的电规准对线切割工艺指标的影响最大。

(1) 峰值电流　在其他参数不变的情况下，脉冲峰值电流的增大会增加单个脉冲放电的能量，加工电流也会增大，所以切割速度便会明显增加。但是，由于脉冲能量增大，使得放电强度增大，造成了切割条纹（类似于机械加工的刀痕）更加明显，使加工表面的粗糙度变差，电极丝的损耗比加大甚至断丝。

(2) 脉冲宽度　在加工电流保持不变的情况下，脉冲宽度的增大，电极丝的损耗明显减小，但表面粗糙度变差，当脉冲宽度减小时，电极丝损耗急剧增加。脉冲间隔选得大一些，有利于排除电蚀产物，保证加工的稳定性。增加脉冲宽度，切割速度随之增大，但有一最佳脉冲宽度值，超过这个最佳值，由于热量散失大，切割速度反而会下降。一般线切割加工的脉冲宽度不大于50μs。

(3) 脉冲频率　在单个脉冲能量一定的情况下，提高单位时间内脉冲放电的次数即脉冲频率，会使切割速度增大。但因为脉冲频率的增加，会使得加工电流变大，引起切割条纹更加明显，造成加工表面的粗糙度变差。同时，增加脉冲频率，势必减少脉冲间隔时间，如果脉冲间隔太小，放电产物来不及排除，放电间隙不能充分消电离，使加工不稳定，脉冲效率下降和脉冲电流急剧增大，严重时会引起烧丝，造成电极丝断裂的后果。

(4) 电源电压　在峰值电流和加工电流保持不变的条件下，改变电源电压时，表面粗糙度变化不大，而切割速度却有明显变化。尤其是排屑条件差、小能量、小粗糙度切割，以及高阻抗、高熔点材料加工时，电源电压的升高会明显地提高加工的稳定性，切割速度和加工表面质量都会有所改善。

电源参数的选择是实践性很强的工作，很难说在哪一种加工条件下就一定应该选择某一组参数，因为影响电火花线切割加工工艺指标的因素太多，而且这些因素间既互相关联又互相矛盾。若要有高的切割速度，那么一般对工件表面粗糙度的要求就不高。此时，可以选择高的电源电压、大的峰值电流和大的脉冲宽度。但由于切割速度与表面粗糙度间相互矛盾的关系，因此在选择电规准时要掌握一个原则：在满足粗糙度要求的前提下再追求高的切割速度。脉冲能量的大小对加工表面的粗糙度影响较大，当要求表面粗糙度小时，应该选择小的脉冲宽度、小的峰值电流、低的电源电压，同时脉冲频率要适当。切割厚工件时，电极丝不易抖动，因而加工精度和表面粗糙度较好，但加工切割量大、排屑困难，液体介质难于进入和充满放电间隙，加工稳定性差，应该选择高电压、大电流、大的脉冲宽度和大的脉冲间隔。

高速走丝线切割加工电规准的选择参数如表7-6。

表 7-6 高速走丝线切割加工电规准的选择

应　　用	脉冲宽度/μs	电流峰值/A	脉冲间隔	空载电压/V
快速切割或加大厚度工作	20～40	大于 12	为使加工稳定，一般选择 $t_o/t_i=3\sim4$ 以上	一般为 70～90
半精加工	6～20	6～12		
精加工	2～6	4.8 以下		

7.2.2.2 电极丝

(1) 电极丝的直径　电极丝的直径对切割速度影响较大。在一定范围内，电极丝直径越大，排屑和稳定性越好、切割速度越快，有利于厚工件的加工。但直径超过一定限度，切割的缝隙过大，反而影响切割速度的提高。

(2) 走丝速度　在一定范围内，随着电极丝走丝速度的提高，线切割速度也可以提高。但走丝速度过高会使电极丝的振动加大，降低精度、切割速度并使表面粗糙度变差，而且容易造成断丝，一般高速走丝以小于 $10m \cdot s^{-1}$ 为宜。

(3) 电极丝的选择　高速走丝的电极丝主要有钼丝、钨丝和钨钼丝。钼丝抗拉强度高，适用于高速走丝加工，常用钼丝的直径为 0.08～0.20mm，切割缝槽或小圆角时也用直径 0.06mm 的钼丝。钨丝耐蚀、抗拉强度高，但脆而不耐弯曲、价格昂贵，其直径在 0.03～0.1mm 范围内，一般用于窄缝的精加工等特殊情况。

低速走丝的电极丝一般采用黄铜丝，黄铜丝加工表面粗糙度和平直度较好，但抗拉强度差、损耗大，直径在 0.10～0.30mm 范围内。只有在加工要求较高时，才采用钼丝或钨丝。

7.2.2.3 液体介质

因为线切割加工间隙小，液体介质只有靠强迫喷入和电极丝带入切割区。所以，电火花线切割加工中，液体介质的作用要比在电火花成型加工中重要得多，它对加工工艺指标的影响很大，尤其对切割速度、表面粗糙度、加工精度的影响。

液体介质应该具备一定的绝缘性能，较好的洗涤性能，较好的冷却性能，同时对环境无污染。此外，液体介质还应配制方便、使用寿命长、乳化充分，冲制后油水不分离，长时间储存也不应有沉淀或变质现象。电火花线切割加工用的液体介质种类很多，有煤油、乳化液、去离子水、蒸馏水、洗涤剂、酒精溶液等。不同的液体介质对工艺指标的影响各不相同，特别对加工速度的影响较大。

采用低速走丝方式、RC 电源时，多采用油类液体介质。其他工艺条件相同时，油类液体介质的切割速度相差不大，其中以煤油中加 30%的变压器油为好。

采用高速走丝方式、矩形波脉冲电源时，自来水、蒸馏水、去离子水等水类液体介质，对放电间隙冷却效果较好，但切割速度低、易断丝。水类液体介质洗涤性能差，对放电产物排除不利，放电间隙状态差，故表面黑脏。因为煤油的介电强度高，间隙消耗放电量多，同样电压下放电间隙小、排屑困难，所以切割速度低，但煤油受冷热变化影响小、润滑性能好、电极丝运动磨损小，不易断丝。水中加入洗涤剂或皂片后，液体介质的洗涤性能变好、便于排屑，改善了间隙状态，因此可以成倍地增长切割速度。因为乳化液的介电强度比水高、比煤油低，冷却能力比水弱、比煤油好，洗涤能力比水和煤油都好，故乳化型液体介质比非乳化型液体介质的切割速度高。

工艺条件相同时，改变液体介质的种类或浓度，会对加工效果产生较大影响。液体介质的脏污程度对工艺指标也有较大影响。液体介质太脏，会降低加工的工艺指标，纯净的液体介质也并非加工效果最好，往往是经过一段放电切割加工之后，脏污程度还不大的液体介质可得到较好的加工效果。纯净的液体介质不易形成放电通道，经过一段放电加工后，液体介质中存在一些悬浮的放电产物，这时容易形成放电通道，有较好的加工效果。但液体介质太脏时，悬浮的加工屑太多，使间隙消电离变差，且容易发生二次放电，对放电加工不利，这时应及时更换液体介质。

7.2.3 数字程序编制

7.2.3.1 加工程序与编程

要使数控电火花线切割机床按照预定的要求，自动完成切割加工，就应把被加工零件的切割顺序、切割方向、切割尺寸等一系列加工信息，按数控系统要求的格式编制成加工程序，以实现加工。线切割机床的加工程序格式有 3B、4B、5B、ISO、EIA 等代码，我国常用 3B、ISO 代码，国际上通用 ISO、EIA 代码。数控电火花线切割机床的编程方法有手工编程和自动编程。手工编程是编程员的一项基本功，但计算繁杂、效率低，仅适合简单程序的编制。随着计算机软、硬件的发展，线切割加工越来越多地采用自动编程。

7.2.3.2 3B 格式编制程序

目前，我国快走丝线切割机床多用 3B 程序格式，其格式如表 7-7 所示。

表 7-7 无间隙补偿的程序格式（3B 型）

B	X	B	Y	B	J	G	Z
分隔符号	X 坐标值	分隔符号	Y 坐标值	分隔符号	计数长度	计数方向	加工指令

(1) 分隔符号 B　因为 X、Y、J 均为数字，用分隔符号（B）将其隔开，以免混淆。

(2) 坐标值（X、Y）　一般规定只输入坐标的绝对值，其单位为 μm，μm 以下应四舍五入。

对于圆弧，坐标原点移至圆心，X、Y 为圆弧起点的坐标值。对于直线（斜线），坐标原点移至直线起点，X、Y 为终点坐标值。允许将 X 和 Y 的值按相同的比例放大或缩小。对于平行于 X 轴或 Y 轴的直线，即当 X 或 Y 为零时，X 或 Y 值均可不写，但分隔符号必须保留。

(3) 计数方向 G　选取 X 方向进给总长度进行计数，称为计 X，用 Gx 表示；选取 Y 方向进给总长度进行计数，称为计 Y，用 Gy 表示。如图 7-24 所示，当斜线在阴影区域内，计数方向取 Gy，否则应取 Gx；如图 7-25 所示，若圆弧的加工终点在阴影部分，则计数方向取 Gx，否则应取 Gy。

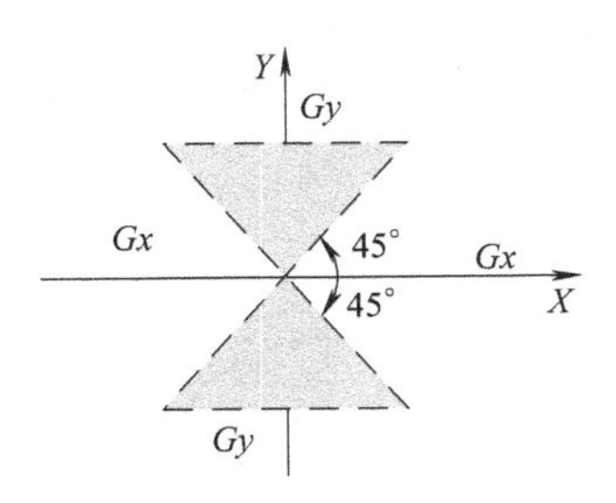

图 7-24 斜线的计数方向

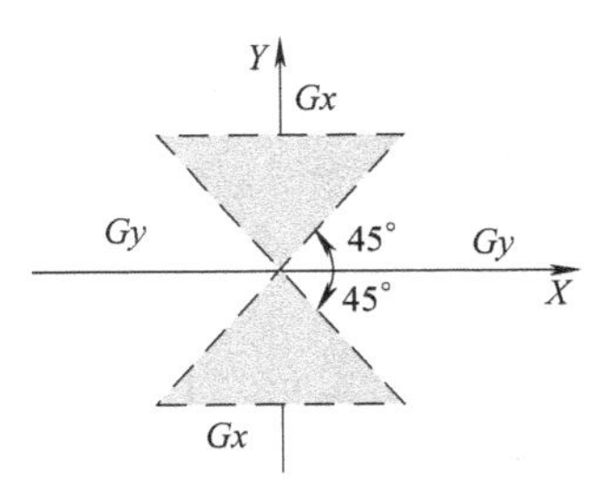

图 7-25 圆弧的计数方向

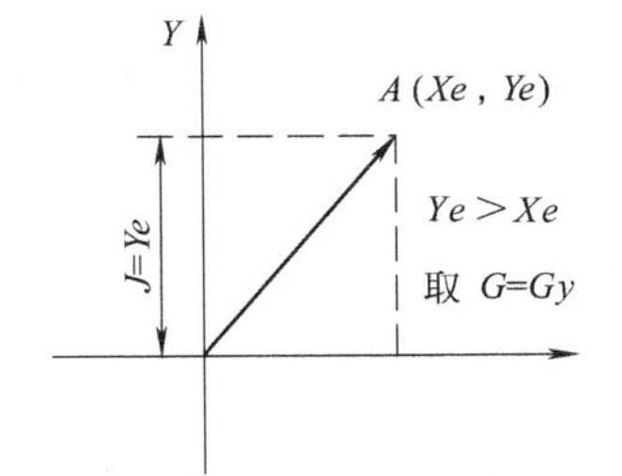

图 7-26 斜线的计数长度计算
取 Gx，计数长度 $J = Ye$

(4) 计数长度 J　计数长度是指被加工图形在计数方向上的投影长度（即绝对值）的总和，以 μm 为单位。图 7-26、图 7-27 说明了斜线和圆弧计数长度的计算。

(5) 加工指令 Z　加工指令 Z 是用来表达被加工图形的形状、所在象限和加工方向等信

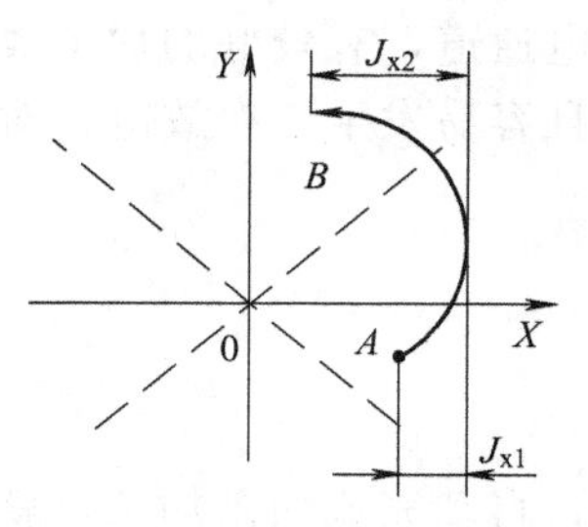

(a) 取Gx, 计数长度$J=J_{x1}+J_{x2}$

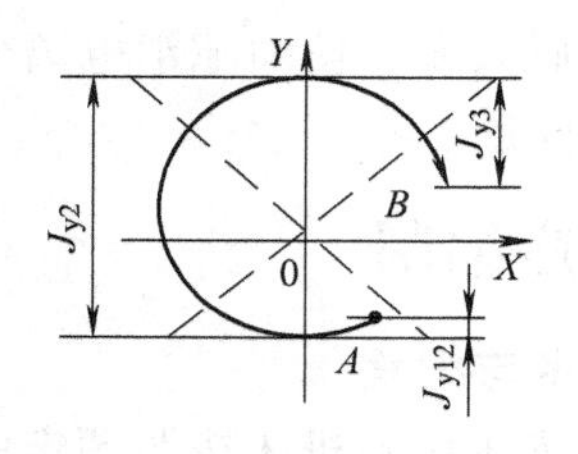

(b) 取Gy, 计数长度$J=J_{y1}+J_{y2}+J_{y3}$

图 7-27　圆弧的计数长度计算

息的。控制系统根据这些指令，正确选择偏差公式，进行偏差计算，控制工作台的进给方向，从而实现机床的自动化加工。加工指令共 12 种，如图 7-28 所示。

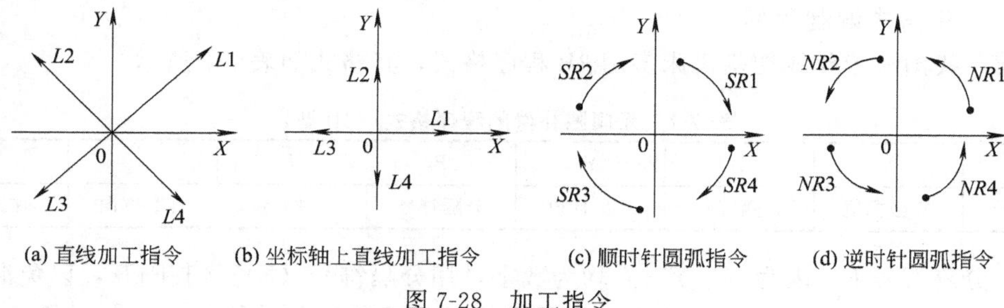

(a) 直线加工指令　(b) 坐标轴上直线加工指令　(c) 顺时针圆弧指令　(d) 逆时针圆弧指令

图 7-28　加工指令

位于四个象限中的直线段称为斜线。分别用 $L1$、$L2$、$L3$、$L4$ 表示，如图 7-28(a) 所示。与坐标轴相重合的直线，根据进给方向，其加工指令按图 7-28(b) 选取。

当加工圆弧分别在坐标系的四个象限，被加工点按顺时针运动时，如图 7-28(c) 所示，分别用 $SR1$、$SR2$、$SR3$、$SR4$ 表示；当被加工点按逆时针方向运动时，分别用 $NR1$、$NR2$、$NR3$、$NR4$ 表示，如图 7-28(d) 所示。

7.2.3.3　ISO 代码数控程序编制

我国慢走丝数控电火花切割机床常用的 ISO 代码指令，与国际上使用的标准基本一致，具体指令已在第 6 章说明。

7.2.3.4　编程举例

编制加工图 7-29 所示凸凹模（图示尺寸是根据刃口尺寸公差及凸凹模配合间隙计算出的平均尺寸）的数控线切割程序。电极丝直径为 $\phi0.1$mm 的钼丝，单面放电间隙为 0.01mm。下面主要就工艺计算和程序编制进行讲述。

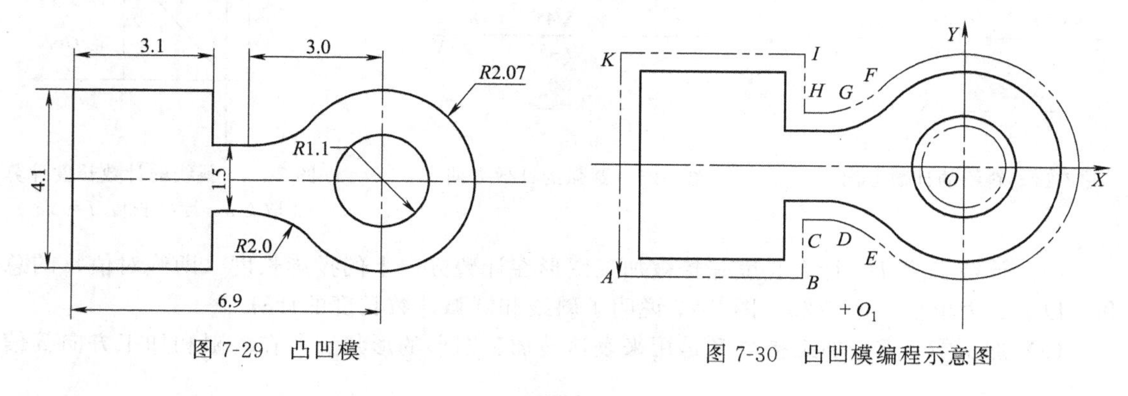

图 7-29　凸凹模　　图 7-30　凸凹模编程示意图

(1) 确定计算坐标系　由于图形上、下对称，孔的圆心在图形对称轴上，圆心为坐标原点（如图 7-30）。因为图形对称于 X 轴，所以只需求出 X 轴上半部（或下半部）钼丝中心轨迹上各段的交点坐标值，从而使计算过程简化。

(2) 确定补偿距离　补偿距离为：

$$\Delta R=0.1/2+0.01=0.06\ (\mathrm{mm})$$

钼丝中心轨迹，如图 7-30 中双点画线所示。

(3) 计算交点坐标　将电极丝中心点轨迹划分成单一的直线或圆弧段。各点坐标可直接从图形中求得到，见表 7-8。

表 7-8　凸凹模轨迹图形各段交点及圆心坐标

交点	X	Y	交点	X	Y	圆心	X	Y
B	−3.74	−2.11	G	−3	0.81	$O1$	−3	−2.75
C	−3.74	−0.81	H	−3	0.81	$O2$	−3	−2.75
D	−3	−0.81	I	−3.74	2.11			
E	−1.57	−1.4393	K	−6.96	2.11			

切割型孔时电极丝中心至圆心 O 的距离（半径）为

$$R=1.1-0.06=1.04\ (\mathrm{mm})$$

(4) 编写程序单　切割凸凹模时，不仅要切割外表面，而且还要切割内表面，因此要在凸凹模型孔的中心 O 处钻穿丝孔。先切割型孔，然后再按 $B\rightarrow C\rightarrow D\rightarrow E\rightarrow F\rightarrow G\rightarrow H\rightarrow I\rightarrow K\rightarrow A\rightarrow B$ 的顺序切割。

① 3B 格式切割程序单如表 7-9 所示。

表 7-9　凸凹模线切割程序

序号	B	X	B	Y	B	J	G	Z	说明
1	B		B		B	001040	Gx	L3	穿丝切割
2	B	1040	B		B	004160	Gy	SR2	
3	B		B		B	001040	Gx	L1	
4								D	拆卸钼丝
5	B		B		B	013000	Gy	L4	空走
6	B		B		B	003740	Gx	L3	空走
7								D	重新装上钼丝
8	B		B		B	012190	Gy	L2	切入并加工 BC 段
9	B		B		B	000740	Gx	L1	
10	B		B	1940	B	000629	Gy	SR1	
11	B	1570	B	1439	B	005641	Gy	NR3	
12	B	1430	B	1311	B	001430	Gx	SR4	
13	B		B		B	000740	Gx	L3	
14	B		B		B	001300	Gy	L2	
15	B		B		B	003220	Gx	L3	
16	B		B		B	004220	Gy	L4	
17	B		B		B	003220	Gx	L1	
18	B		B		B	008000	Gy	L4	
19								D	退出加工结束

注：表中 D 为停机玛，供整个工件加工完毕后发“停机”命令用。

② ISO 格式切割程序单如下：

H000=+00000000 H001=+00000110；

H005=+00000000；T84 T86 G54 G90 G92X+0Y+0U+0V+0；

```
C007;
G01X+100Y+0; G04X0.0+H005;
G41H000;
C007;
G41H000;
G01X+1100Y+0; G04X0.0+H005;
G41H001;
G03X-1100Y+0I-1100J+0; G04X0.0+H005;
X+1100Y+0I+1100J+0; G04X0.0+H005;
G40H000G01X+100Y+0;
M00;                            //取废料
C007;
G01X+0Y+0; G04X0.0+H005;
T85 T87;
M00;                            //拆丝
M05G00X-3000;                   //空走
M05G00Y-2750;
M00;                            //穿丝
H000=+00000000 H001=+00000110;
H005=+00000000; T84 T86 G54 G90 G92X-2500Y-2000U+0V+0;
C007;
G01X-2801Y-2012; G04X0.0+H005;
G41H000;
C007;
G41H000;
G01X-3800Y-2050; G04X0.0+H005;
G41H001;
X-3800Y-750; G04X0.0+H005;
X-3000Y-750; G04X0.0+H005;
G02X-1526Y-1399I+0J-2000; G04X0.0+H005;
G03X-1526Y+1399I+1526J+1399; G04X0.0+H005;
G02X-3000Y+750I-1474J+1351; G04X0.0+H005;
G01X-3800Y+750; G04X0.0+H005;
X-3800Y+2050; G04X0.0+H005;
X-6900Y+2050; G04X0.0+H005;
X-6900Y-2050; G04X0.0+H005;
X-3800Y-2050; G04X0.0+H005;
G40H000G01X-2801Y-2012;
M00;
C007;
G01X-2500Y-2000; G04X0.0+H005;
T85 T87 M02;                                   //程序结束
```

(∴ The Cuting length＝37.062133 MM)；　　//切割总长

7.2.4 模具电火花线切割加工工艺

模具电火花线切割加工过程主要分为七个步骤：零件的工艺分析、毛坯准备、工艺准备、程序编制、工件装夹、加工及检验。

(1) 零件的工艺分析　零件的工艺分析主要是分析零件的凹角和尖角是否符合线切割加工的工艺条件，零件的加工精度、表面粗糙度是否在线切割加工所能达到的经济精度范围内。

① 尖角处理。由于电极丝有一定的直径以及放电间隙，加工工件尖角时，不能“清角”，故工件图样尖角处必须注明圆弧半径。

② 加工精度和表面粗糙度。采用电火花线切割加工，合理的加工精度为IT6，表面粗糙度 Ra 为 0.4μm。若超过此范围，既不经济，技术上也难以达到。

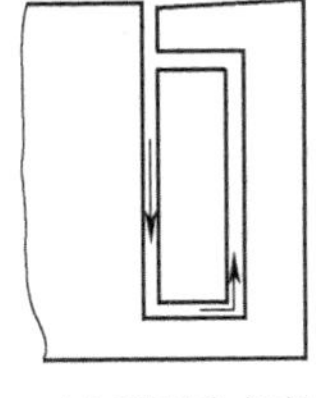

(a) 不正确方案

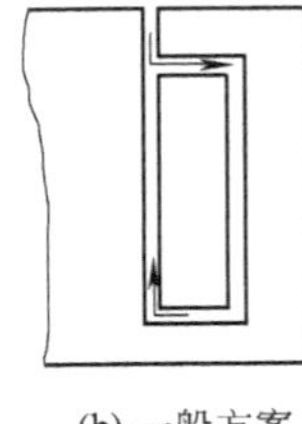

(b) 一般方案

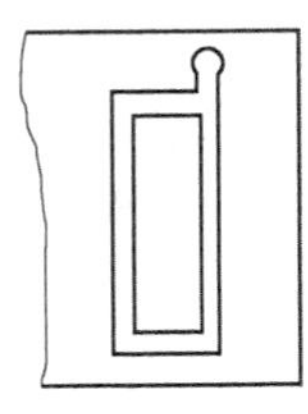

(c) 最佳方案

图 7-31　切割起点和加工路线的安排

(2) 毛坯准备　线切割加工所用的毛坯一般是经过下料、锻造、退火、机械粗加工、预制穿丝孔（加工内孔时）、淬火与回火、磨基准面等工序后获得，其间经两次热处理，内应力较大。若经线切割加工后，由于大面积去除金属和切断，会产生较大的变形。如图 7-31 所示，应合理确定切割起点和加工路线，否则会大大降低加工精度。

为了减少切割变形对精度的影响，毛坯应该选用锻造性能好、淬透性好、热处理变形小的材料制作，如Cr12MoV、CrWMn等。

此外，为了便于线切割加工，应根据工件外形和加工要求，准备相应的加工基准，并尽量与图样的设计基准一致。基准面应在线切割前进行修磨，以保证加工精度。

(3) 工艺准备

① 检查机床走丝架的导轮、保持器和拖板丝杆副的间隙，不符合要求的应及时调整更换，以免影响加工精度。

② 检查工作液循环过滤系统是否正常，过脏的工作液应及时更换。

③ 选择合乎加工要求的电极丝（包括材质和直径），盘绕时应松紧合适，加工前应校正和调整电极丝对工作台面的垂直度。

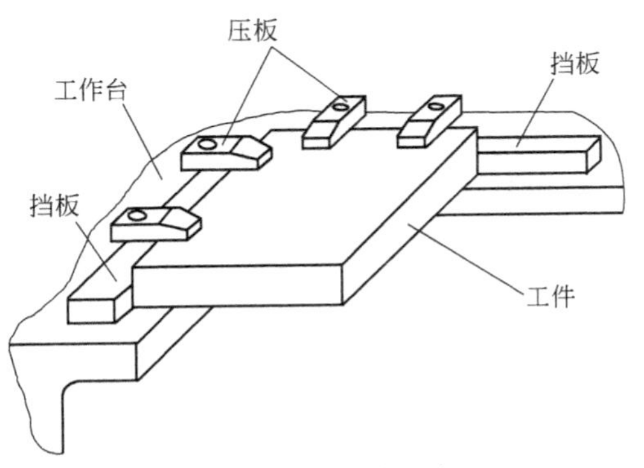

图 7-32　工件的固定

④ 开机试运行，观察走丝是否正常。

(4) 工件装夹

① 工件装夹的基本要求

a. 夹具精度要高，工件至少有两个侧面固定在夹具或工作台上，如图 7-32 所示。

b. 工件的装夹基准面应清洁无毛刺。

c. 装夹工件的位置要有利于工件的找正，并能满足加工行程的需要，工作台移动时不得与丝架相碰。

d. 装夹工件的作用力要均匀，不得使工件变形或翘曲。

e. 装夹细小、精密、壁薄的工件时，工件应固定在辅助工作台或不易变形的辅助夹具上，如图 7-33 所示。

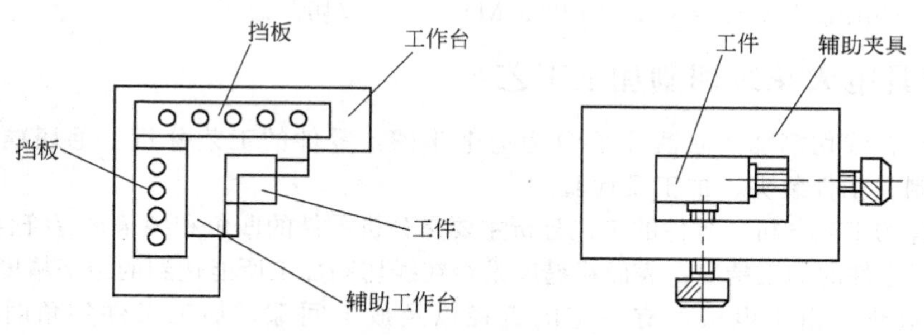

图 7-33　辅助工作台和辅助夹具示意图

②工件的装夹方式

a. 悬臂支撑方式。悬臂支撑方式通用性强，装夹方便，但工件在重力作用下或者薄板件变形后，其底面（基准面）难以与工作台面贴合，工件受力时其位置容易发生变化，如图7-34(a) 所示。因此，悬臂支撑方式只能在工件加工要求较低或悬臂部分较小的情况下使用。

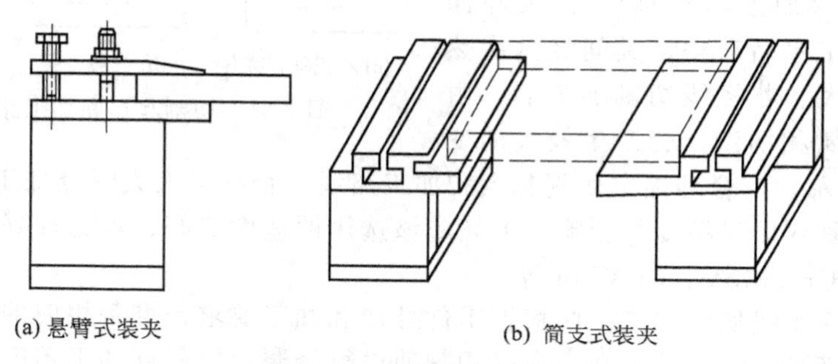
(a) 悬臂式装夹　(b) 简支式装夹

图 7-34　工件的装夹方式

b. 两端支撑方式。两端支撑方式是将工件两端固定在夹具上，如图 7-34(b) 所示。这种方式装夹方便，支撑稳定，定位精度高，但不宜用于小工件的装夹。

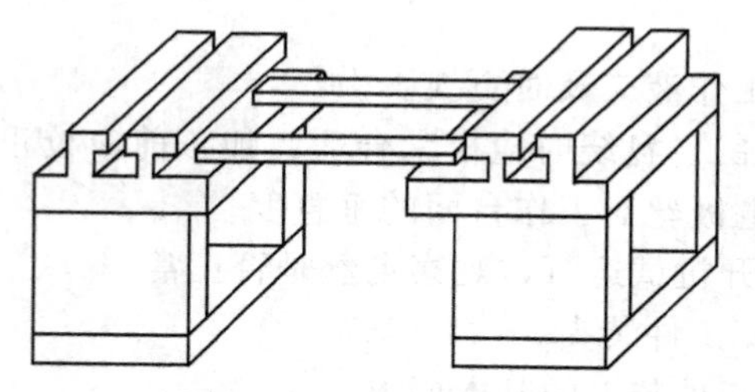

图 7-35　桥式支撑方式

c. 桥式支撑方式。桥式支撑方式是在两端支撑的夹具上，再架上两块支撑垫铁，如图 7-35 所示。此方式通用性强，装夹方便，大、中、小型工件都适用。

d. 板式支持方式。板式支撑方式是根据常规工件的形状，制成具有矩形或圆形孔的支撑板夹具，如图 7-36 所示。此方式装夹精度高，适用于常规与批量生产。同时，也可增加纵、横方向的定位基准。

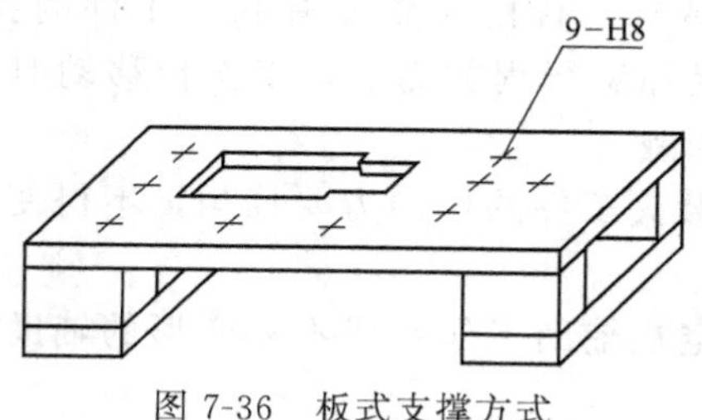

图 7-36　板式支撑方式

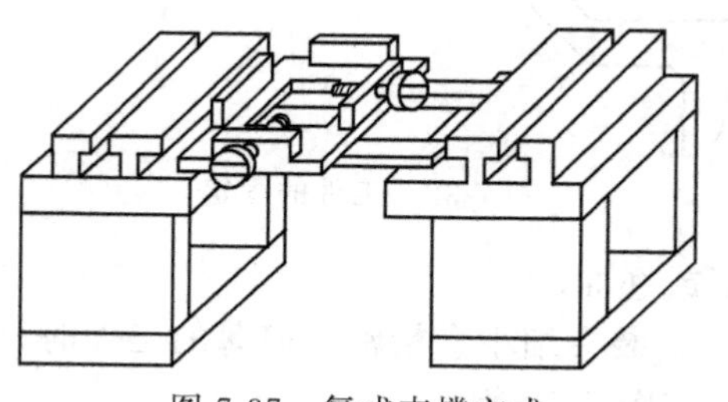

图 7-37　复式支撑方式

e. 复式支撑方式。在通用夹具上装夹专用夹具，便成为复式支撑方式，如图 7-37 所示。此方式对于批量加工尤为方便，可大大缩短装夹和校正时间，提高生产效率。

③ 工件校正。工件校正常用的方法有：拉表法、固定基面靠定法、专用夹具法等。拉表法校正如图 7-38 所示，该方法精度较高，但操作困难。固定基面靠定法如图 7-39 所示，该法适合定位精度要求不高、批量大的生产。此外，对于批量大、装夹定位困难的工件应该设计专用的辅助夹具。

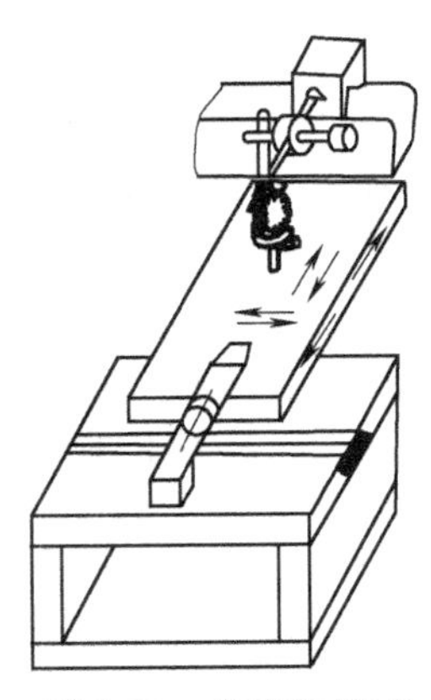

图 7-38 拉表法校正

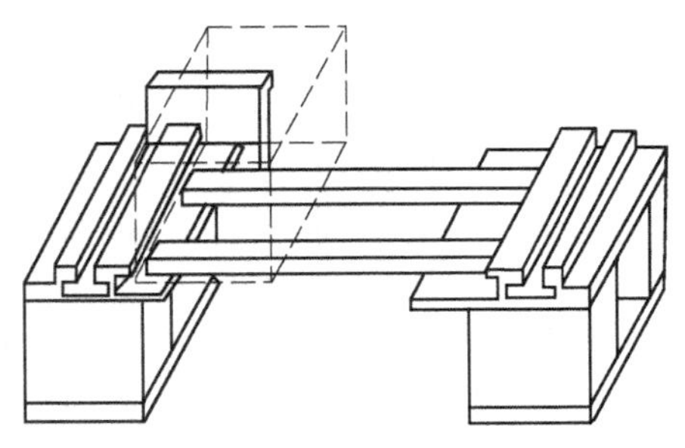

图 7-39 固定基面靠定法

（5）电规准的选择　高频脉冲电源是线切割机床的重要部分，其性能直接影响加工质量和生产率。电源的输出功率比电火花的小，但频率较高。输出的电压为 75V、80V 或 100V 左右，最大加工电流 5A 左右，脉冲宽度小于 60μs。线切割加工大多数是采用晶体管高频脉冲电源，而且用单脉冲能量小、脉宽窄、频率高的电参数进行正电极性加工。其电规准的选择受加工面积、表面质量和生产率的直接影响。具体按照以下原则选择电参数。

① 要求获得较好的表面粗糙度时，应选择较小的脉冲参数。

② 要求获得较高的切割速度，应选择较大的脉冲参数。但加工电流的增大受到电极丝截面积的限制，过大的电流将引起断丝。

③ 工件厚度大时，应尽量改善排屑条件，宜选用较高的脉冲参数，以增大放电间隙，避免断丝、短路现象。

④ 在容易断丝的场合，如切割初期加工面积小，工作液中电蚀产物浓度过高或是调换新电极丝时，都应增大脉冲间隔时间，减小加工电流，防止电极丝烧断。

⑤ 对加工精度、表面质量要求极高的工件，其电参数可以通过试切割的办法来确定。

（6）切割加工　电火花线切割加工广泛应用于模具制造，尤其是冲模、粉末冶金模、拉丝模、镶拼型腔模、电火花成型加工电极等。在加工中应注意以下事项。

① 凡是未经严格审核而又比较复杂的程序，不宜直接用来加工模具零件，应先进行空运行或用薄钢板试制。确认无误后再进行加工。

② 进给速度应在加工前调整好，也可以在切割初期，加工成型面之前进行调整，使电流表指针稳定为宜。加工成型面过程中不宜改变进给速度。

③ 在加工时，应随时清除异物、电蚀产物和杂质。但不能中途停机，否则会在零件上留下中断痕迹。

④ 中途断丝，应立即关闭脉冲电源工作液和走丝电机。目前大多数数控线切割机床能自动关闭，并设有断丝回原点功能。若没有此功能的设备，可用手动方式将电极丝位置调回原点，然后穿丝重新加工。

7.3 模具电化学加工

7.3.1 电化学加工的基本原理及其应用范围

7.3.1.1 电化学加工的基本原理

如图 7-40 所示，在 NaCl 水溶液中，浸入两片金属（Cu 和 Fe），并用导线把它们连接起来，导线和溶液中均有电流通过，这是由于两种金属材料的电位不同，导致“自由电子”在电场作用下按一定方向移动，并在金属片和溶液的界面上产生交换电子的反应，即电化学反应。

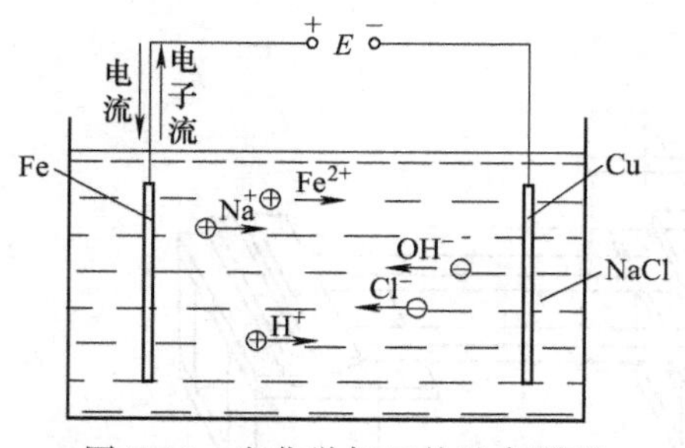

图 7-40 电化学加工的基本原理

若接上直流电源，溶液中的离子便作定向移动，正离子（Fe^{2+}、Na^+、H^+）将移向阴极并在阴极上得到电子进行还原反应，并在阴极上沉积形成金属层（即电镀、电铸）；而负离子（Cl^-、OH^-）将移向阳极并在阳极表面失掉电子进行氧化反应（也可能是阳极金属原子失去电子而成为正离子 Fe^{2+} 进入溶液，即电解）。

溶液中正、负离子的定向移动称为电荷迁移，在阳、阴极表面产生得、失电子的化学反应称为电化学反应，利用电化学反应原理来进行加工的工艺（如电解、电镀等）称为电化学加工。

7.3.1.2 模具电化学加工的应用

电化学加工应用于模具制造，按其作用原理分三类。

（1）阳极溶解法　工件作阳极，让阳极金属在电场的作用下失去电子变成金属离子 M^+，M^+ 又与电解液中的 OH^- 化合沉淀，不断地将工件表面金属一层一层蚀除掉，以达到成型加工的目的。反应式如下：

$$M - e \longrightarrow M^+$$

$$M^+ + OH^- \longrightarrow M(OH)\downarrow$$

利用阳极溶解法进行成型加工的工艺方法有：电解加工、电化学抛光、电解磨削等。

（2）阴极沉积法　工件作阴极，让电解液中的金属离子（正离子）在电场作用下移动到阴极表面，还原为金属原子后沉积在工件的表面，以达到成型加工的目的（即 $M^+ + e \longrightarrow M$）。同时，阳极失去电子变成金属离子进入电解液中，起补充电解液中金属离子被消耗的作用。

利用阴极沉积法进行成型加工的工艺方法有：电镀、电铸等。

（3）复合加工法　利用电化学加工（常用阳极溶解法）与其他加工方法相结合而进行成型加工，如电解磨削、电解放电加工、电化学阳极机械加工等。

7.3.2 模具电解加工

7.3.2.1 模具电解加工的原理和特点

电解加工是利用阳极溶解法进行加工的，如图 7-41 所示。加工时，工件和工具分别接直流电源的正、负极，工具向工件缓慢进给，使电极之间保持较小的间隙（一般为 0.1～0.8mm），并且间隙间有高速流动的电解液通过，将溶解产物带离间隙。

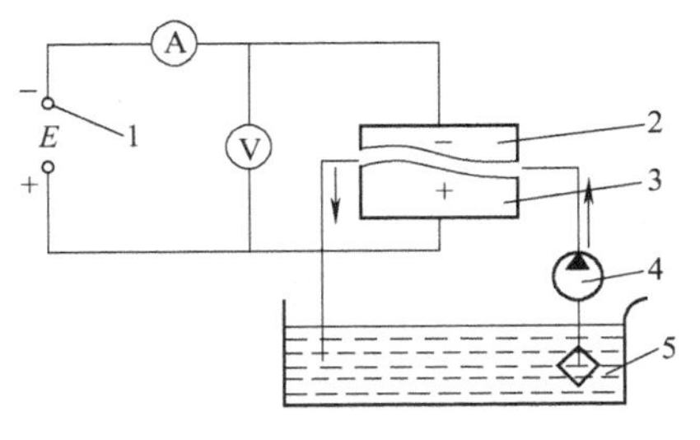

图 7-41 电解加工示意图

1—直流电源；2—工具阴极；3—工件；
4—电解液泵；5—电解液

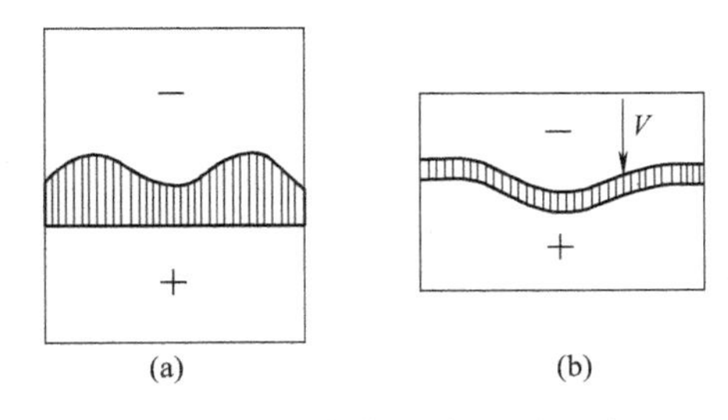

图 7-42 电解加工成型原理图

电解加工的基本原理如图 7-42 所示，由于工件与工具的初始端面形状不同，其表面各点的距离不同。距离近的地方电流密度大，距离小的地方电流密度小。而电流密度大的地方阳极溶解速度相对较快。随着阴极不断进给，工件表面不断被电解，直至工件表面形成与阴极工作面基本相似的形状为止。

电解加工与其他加工方法相比，具有以下特点。

① 不存在宏观切削力，可加工任何硬度、强度、韧性的金属材料。

② 能一次成型出复杂的型腔、型孔。

③ 电极损耗极小，可长期使用。

④ 生产率高，表面质量好（粗糙度 Ra 可达 0.2～1.25μm），无毛刺和变质层。

⑤ 加工稳定性差，加工精度不高。

⑥ 电解液对机床设备有腐蚀作用，电解产物污染环境。

7.3.2.2 电解加工在模具制造中的应用

目前，由于电解加工的机床、电源、电解液、自动控制系统、工具阴极的设计制造水平及加工工艺等不断进步，电解加工已发展成为比较成熟的特种加工方法，尤其是广泛应用于模具制造行业。例如型孔、型腔、型面及各种表面抛光等。此外还可以与其他加工方法复合进行电解车、电解铣、电解切割等加工，以下介绍几种电解加工的具体应用。

(1) 型孔加工　在模具制造中常会遇到各种形状复杂、尺寸较小的型孔，其截面形状有四方的、六方的、棱角形的、阶梯形的、锥形的等，用传统加工方法十分困难，甚至无法加工。一般采用电火花加工，但加工时间较长，电极损耗较大，若用电解加工则可以大大地提高加工质量、生产率和降低成本。图 7-43 为型孔电解加工的示意图，型孔一般采用端面进给法，若不需要成型锥度，可将阴极侧面绝缘，为了增加端面的工作面积，使阴极出水口做成内锥孔。

图 7-44 为电液束加工深小孔的示意图。对于直径极小的孔，如 ϕ0.8mm 以下深度为直径的 50 倍以上的深孔，一般采用电液束加工。电解液通过绝缘喷嘴高速喷出，形成电解液流束，当带负电的电解液高速喷射到工件时，工件上喷射点产生阳极溶解，并随着阴极的不断进给而加工出深小孔。

(2) 型腔加工　型腔模包括塑料模、压铸模、锻模等，其形状比较复杂，目前常用的加工方法有靠模仿形加工、电火花加工、数控加工等，但生产周期长，成本高。尤其是对于精度要求不高，消耗量较大的煤矿机械、汽车拖拉机的模具，采用电解加工，更能显示其优越性。

图 7-45 为连杆型腔模的电解加工示意图，电解液通过工具阴极内部流入，经过工具两

端开放的通液孔从侧面流出。

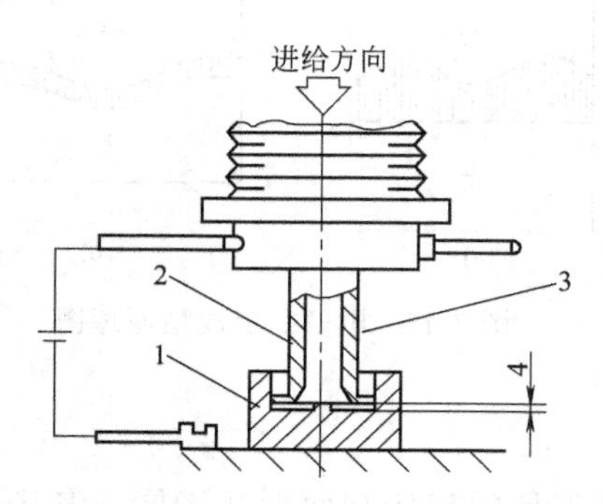

图 7-43 端面进给式型孔电解加工示意图

1—工件；2—绝缘套；3—管状阴极；4—加工间隙

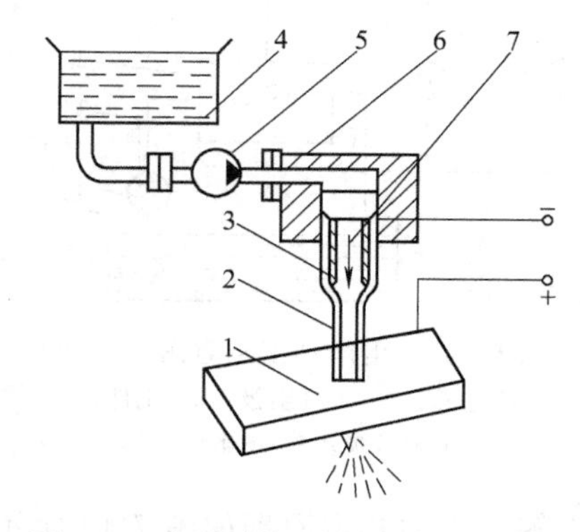

图 7-44 电液束加工深小孔的示意图

1—工件；2—绝缘套；3—阴极；4—电解液箱；5—高压液泵；6—进给装置；7—电解液

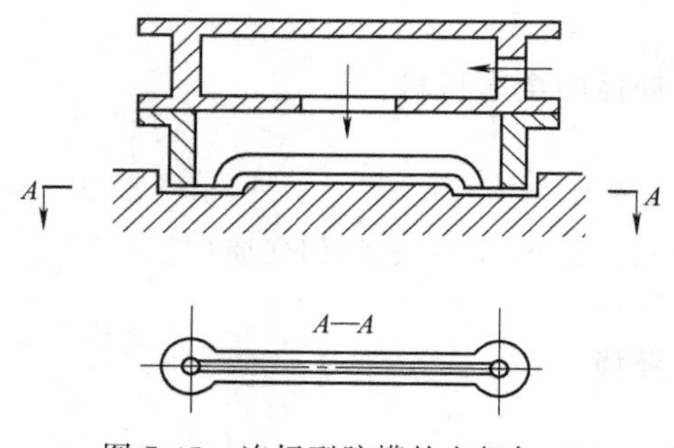

图 7-45 连杆型腔模的电解加工

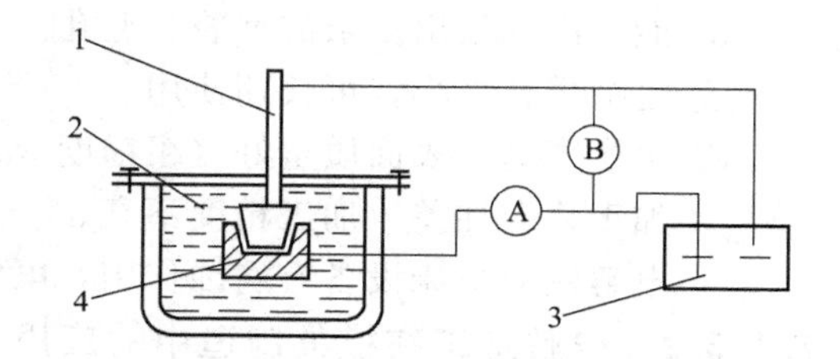

图 7-46 电解抛光原理图

1—阴极；2—电解液；3—直流电源；4—被加工工件

(3) 电解抛光　电解抛光主要应用于经电火花加工后的型腔模的抛光。如塑料模、压铸模的型腔其表面粗糙度要求较低，用手工抛光的方法十分困难，周期长，质量难以保证，经过电解抛光后的表面粗糙度 Ra 可以从 3.2μm 提高到 0.4μm 以下，而且生产效率极高。

电解抛光的基本原理是利用阳极溶解法对工件表面进行腐蚀抛光的。如图 7-46 所示，工件与工具电极之间的距离较大（一般 40～100mm），电解液又静止不动，在阳极表面生成一层薄薄的电解液膜。由于工件表面微观凹陷处电解液膜相对较厚，电阻较大，溶解速度相对缓慢。相反，凸起处电解液膜较薄，电阻小，溶解速度快。结果工件表面的粗糙度便逐渐改善，并且出现较强的光泽。

在实际生产中，要获得较好的抛光效果还必须根据工件材料来选择确定电解液配方和加工参数。

(4) 电解磨削　电解磨削的原理是将金属的电化学阳极溶解作用和机械磨削作用相结合的一种磨削工艺。其工作原理如图 7-47 所示。

磨削加工时，工件接直流电源的正极，电解磨轮接负极。保持一定的电解间隙，并在电解间隙中保持一定量的电解液。当直流电源接通后，工件（阳极）的金属表面产生电化学溶解，其表面的金属原子失去电子氧化为溶解于电解液的离子；同时与电解液中的氧结合，在工件的表面生成一层极薄的氧化膜。随后，通过高速旋转的磨轮将这层氧化膜不断刮除，并被电解液带走。由于这种阳极溶解和机械磨削的交互作用，结果使工件表面的金属不断地被

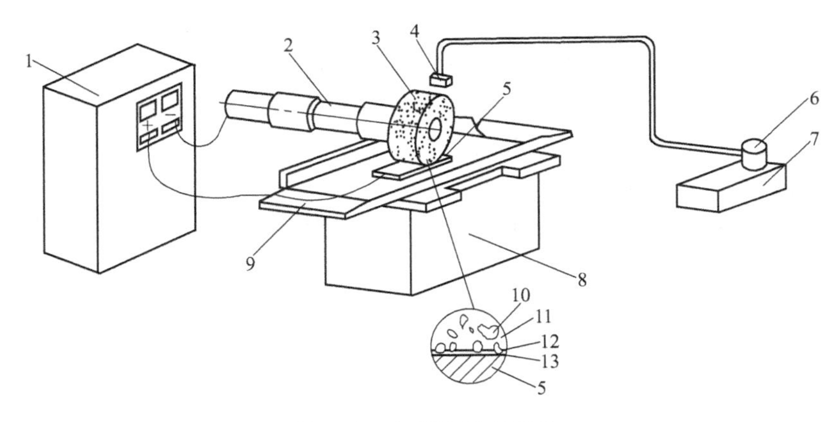

图 7-47 电解磨削原理图

1—直流电源；2—绝缘主轴；3—电解磨轮；4—电解液喷嘴；5—工件；6—泵；7—电解液箱；8—床身；9—工作台；10—磨料；11—结合剂；12—电解间隙；13—电解液

蚀除掉，并形成光滑的表面和一定的磨削尺寸精度。

电解磨削去除金属起主要作用的是阳极电化学溶解，磨轮的作用是磨去电解产物（即阳极钝化膜）和整平工件表面，因而磨削力和磨削热都很小，不会产生磨削毛刺、磨削裂纹、烧伤等现象，只要选择合适的电解液就可以用来加工任何硬度高或韧性大的金属工件，一般表面粗糙度 Ra 可低于 0.16μm，加工精度与普通机械磨削相近。此外，磨轮的磨损量很小，也有助于提高加工精度。

7.3.3 模具电铸成型

7.3.3.1 电铸成型的基本原理

电铸和电镀的成型原理都是利用电化学过程中的阴极沉积现象来进行加工的，但它们之间也有明显的区别。电铸后，要将电铸层与原模分离以获得复制的金属制品，而电镀则要求得到与基体结合牢固的金属镀层以达到装饰、防腐的目的。在沉积层的厚度方面，电铸层的厚度约为 0.05～10mm，而电镀的厚度一般约 0.01～0.05mm。

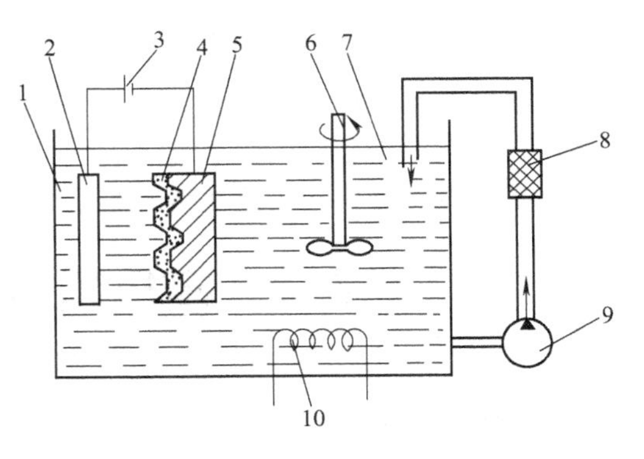

图 7-48 电铸成型原理

1—电铸槽；2—阳极；3—直流电源；4—电铸层；5—原模（阴极）；6—搅拌器；7—电铸液；8—过滤器；9—泵；10—加热器

电铸成型原理如图 7-48 所示。用可导电的原模作阴极，用待电铸的金属材料作阳极，用待电铸材料的金属盐溶液作电铸溶液，即阳极金属材料与金属盐溶液中的金属离子的种类是一致的。当直流电源接通后，电铸溶液中的金属离子在电场作用下移到阴极表面，并获得电子还原成金属原子沉积在原模表面，而阳极金属原子失去电子氧化后，补充电解液的金属离子，使溶液中的金属离子的浓度保持不变。当阴极原模的电铸层增加到所要求的厚度时，电铸结束。设法使电铸层与原模分离，即获得与原模型面相反的电铸件。

7.3.3.2 电铸成型的特点

① 能准确复制原模表面形状和微细纹路；

② 可以获得单层或多层复合的高纯度金属；

③ 可以用一只标准的原模制出很多大小一致的型腔或电火花成型加工用的电极；

④ 原模也可以采用非金属材料或非金属制品的本身，但需经表面导电化处理；

⑤ 电铸速度慢，生产周期长（一般几十至几百小时）。

7.3.3.3 电铸成型工艺过程

电铸成型的工艺过程是：原模制作→原模表面处理→电铸成型→制作衬背→脱模→成品。

(1) 原模制作　电铸可谓是一种高精度的复制成型工艺，不但要求原模表面光滑，避免尖角，而且要考虑制品材料的收缩率及合适的脱模斜度。同时，应按制品要求适当加长电镀面，作为成型后的修整余量。

(2) 原模表面处理　原模分为两大类：一类是金属原模，表面处理时，先将其表面去锈除污后，然后用重铬酸盐溶液将其钝化处理，形成一层不太牢固的钝化膜；另一类是非金属原模，材料诸如环氧树脂、塑料、石膏等。此类原模表面不能导电，需对电铸表面进行导电化处理。常用的方法有化学镀银（铜）、喷镀银（铜）、涂刷以极细的石墨粉、铜粉或银粉调入少量胶黏剂的导电漆等。

(3) 电铸成型　电铸时，选择合适的电铸溶液，采用低电压、大电流的直流电源（电压控制在12V以下，电流密度在15～30A・cm^{-2}选择），电铸槽要搅拌以保持电铸液浓度的均匀，还要进行恒温控制。

(4) 制作衬背　某些电铸模具，成型后需要先进行加固处理然后再机械加工的，可用浇铸铝或低熔点合金的方法来进行背面加固。

(5) 脱模　脱模的方法有锤打、热熔脱、化学溶解或用脱模架等。操作过程中要避免电铸件变形或损坏。

7.3.3.4 电铸工艺的应用

电铸工艺在模具制造中的应用主要有下列几方面。

① 制作塑胶模的成型型腔及其镶件。

② 制作电火花用的铜电极。

③ 制作喷涂工艺用的金属遮罩。

④ 制作喷嘴、印制电路板等配件。

7.4 模具超声波加工与激光加工

7.4.1 模具的超声波加工

7.4.1.1 超声波加工的原理和特点

超声波加工是利用工具端面作超声频振动，撞击悬浮液，并通过悬浮液中的磨料加工脆硬材料的一种成型加工方法。

超声波加工的工作原理如图7-49所示。磨粒悬浮液3注入在工件1和工具2之间的被加工面上。加工时，由超声换能器6产生16000Hz以上的超声频并作纵向振动，借助变幅杆4、5将振幅放大到0.05～0.1mm，驱动工具工作端面作超声振动，迫使工作液中的悬浮磨粒以很大的速度不断地撞击、抛磨被加工表面。被撞击表面的材料粉碎成很细的微粒，从工件分离出来，达到成型加工的目的。同时，加工区域的工作液更新是靠工具端面超声波作用而产生的液压正负交变冲击波使其在加工间隙中强迫循环，变钝了的磨料得以及时地更新。

由上述可知，超声波加工是靠磨粒高速撞击工件表面来进行加工的，因而愈脆硬的材料，受冲击破坏的作用也愈大；相反，韧性材料因其缓冲作用而难以加工。

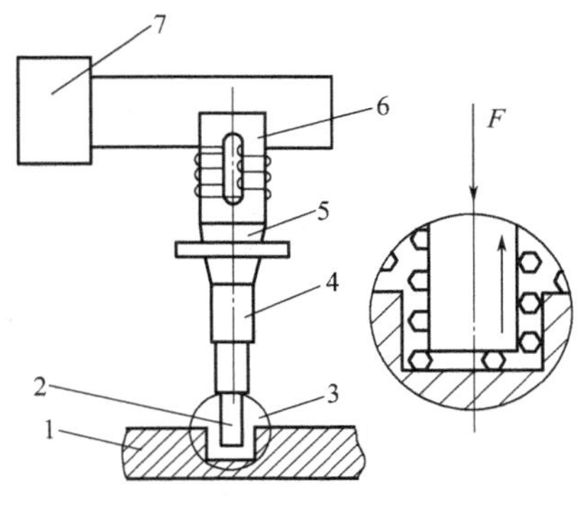

图 7-49 超声波加工原理示意图

1—工件；2—工具；3—磨粒悬浮液；4,5—变幅杆；6—超声换能器；7—超声发生器

超声波加工具有以下的特点。

① 特别适合于加工各种硬脆材料，例如金属材料中的淬火钢、硬质合金、铸铁等，非金属材料中的玻璃、陶瓷、金刚石、宝石等。

② 对工具材料要求不高，但韧性要好，也可以较软的材料加工成较复杂形状的工具。

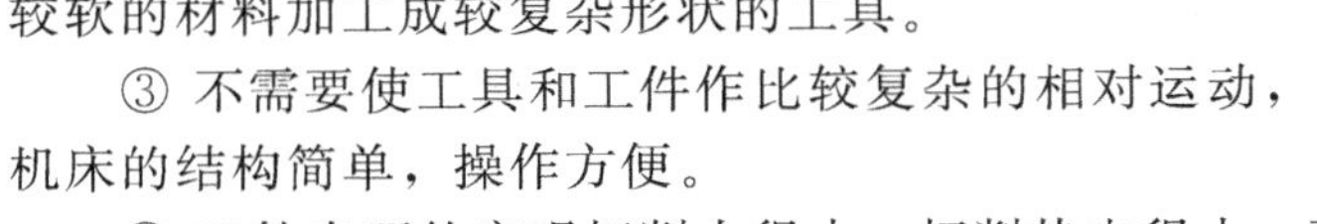

③ 不需要使工具和工件作比较复杂的相对运动，机床的结构简单，操作方便。

④ 工件表面的宏观切削力很小，切削热也很小，不会引起变形和烧伤，表面粗糙度 Ra 可达 0.8～0.1μm，可以加工薄壁、窄缝、低刚性零件。

7.4.1.2 超声波加工的应用范围

虽然超声波加工可以加工硬脆材料，但加工金属材料时生产率较电火花加工和电化学加工要低，而且加工韧性材料较为困难，应用上受到一定的限制，在模具制造方面的应用有以下几个方面。

(1) 型孔、型腔加工 对于脆硬材料上的圆孔、型腔、异型孔、套料及微细孔均可使用超声波加工，如图 7-50 所示。

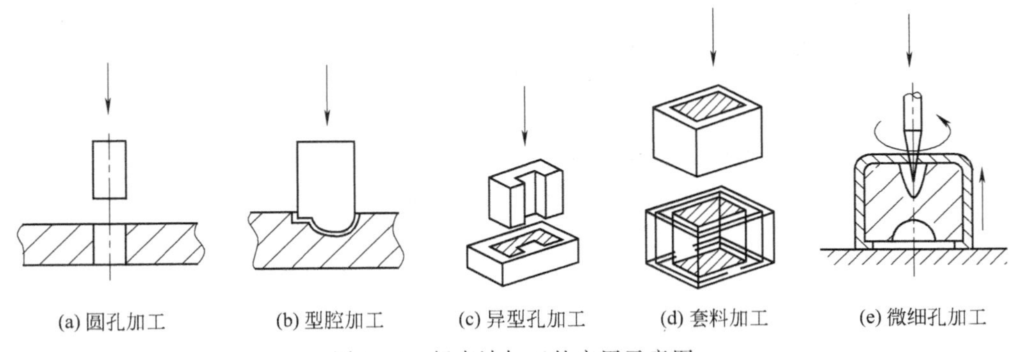

图 7-50 超声波加工的应用示意图

(2) 切割加工 超声波加工可以切割单晶硅片、陶瓷等硬脆非金属材料。

(3) 超声波抛光 用电火花加工及线切割加工后的模具，其表面硬脆，可以用超声波加工改善其表面粗糙度，一般 Ra 可在 0.4～0.8μm。

(4) 超声波焊接 利用超声波振动作用，使两工件接触面摩擦发热并粘接在一起，特别是对塑料制品、铝制品等。

7.4.2 模具的激光加工

7.4.2.1 激光加工的原理和特点

我们知道，光本身就是一种能量，太阳光经凸透镜可以聚焦成一个很小的光点，在焦点附近集中，使温度升至300℃以上，但用这种光进行机械加工还很困难。而激光器可以把电能转变成光能，所产生的激光束具有强度高、方向性好、相干性好、单色性好等特点。

激光通过一系列的光学系统后，可以聚焦成一个极小的光斑（直径约为几微米到几十微米），获得$10^8 \sim 10^{10}\,\mathrm{W \cdot cm^{-2}}$的能量密度以及10000℃以上的高温，从而能在千分之几秒甚至更短的时间内使各种物质熔化和汽化，以达到蚀除被加工工件表面的目的。实验研究表明：当能量密度极高的激光照射在被加工表面时，光能被加工表面吸收并转换成热能，当聚光点的局部区域的温度足够高时，使照射斑点的材料迅速熔化、气化，并爆炸性地高速喷射出来，同时产生方向性很强的冲击波。工件材料在高温熔融蒸发和冲击波的同时作用下实现了打孔和切割加工的目的。

与其他加工方式相比，激光加工具有以下特点。

① 无需借助工具或电极，不存在工具损耗问题，易于实现自动化加工。

② 功率密度高，几乎能加工所有的材料（包括金属和非金属）。

③ 效率高，速度快，热影响区较小。

④ 能加工深而小的微孔和窄缝。

⑤ 能够透过透明材料对工件进行各种加工。

7.4.2.2 激光加工的应用

激光加工的应用主要在以下几方面。

(1) 激光微型加工　发动机燃料喷嘴的加工，化学纤维喷丝头模具打孔，钟表中的宝石轴承打孔，金刚石拉丝模加工等。所加工的小孔直径可达10μm左右，且深度可达直径的10倍以上。

(2) 激光切割加工　其原理与激光打孔基本相同，所不同的是使工件与激光束作相对移动，以实现切割加工。例如半导体硅片的切割，化学纤维喷丝头的异型孔加工，精密零件的窄缝切割、刻线以及雕刻等。

(3) 激光焊接加工　利用激光照射两工件的缝合面，以较低的激光输出功率将加工区“烧熔”使其粘接在一起。这种工艺不仅能焊接同种材料，而且也可以焊接不同的材料，甚至焊接金属与非金属材料。

(4) 制作模具　用激光加工切割薄板，然后叠成复杂的三维曲面，这种方法可以制造拉深模、冲裁模、塑料模、压铸模、橡胶模等及电火花加工所用的铜电极。但由于还存在不少技术及经济效益问题，目前还处于研发和试用阶段。

习　题

7-1　电火花加工的基本原理是什么？为何必须采用脉冲放电的形式进行？若加工中出现连续放电会产生何种情况？

7-2　电火花加工的放电本质大致包括哪几个阶段？

7-3　电火花加工具有哪些特点？具体应用于模具行业中的哪些方面？

7-4　电火花机床有几部分组成？其中，工作液循环过滤系统有何作用？其循环方式有哪几种？

7-5　影响电火花加工的速度和精度的因素有哪些？是怎样影响的？

7-6　何谓阶梯电极？它具有何特点？

7-7　何为电规准？如何使用电规准？

7-8　型腔电火花加工有何特点？常用的工艺方法有哪些？

7-9　电火花线切割加工有何特点？最适合加工何种模具？

7-10 分别用3B和ISO格式编制图7-51所示凹模的线切割程序，电极丝为 ϕ0.2 的钼丝，单边放电间隙为0.01mm。

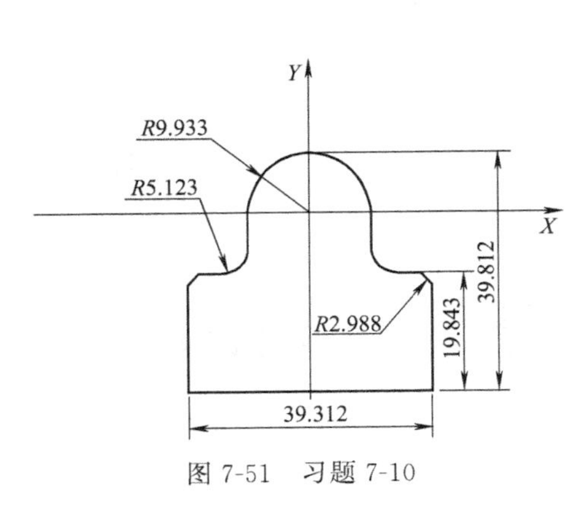

图7-51 习题7-10

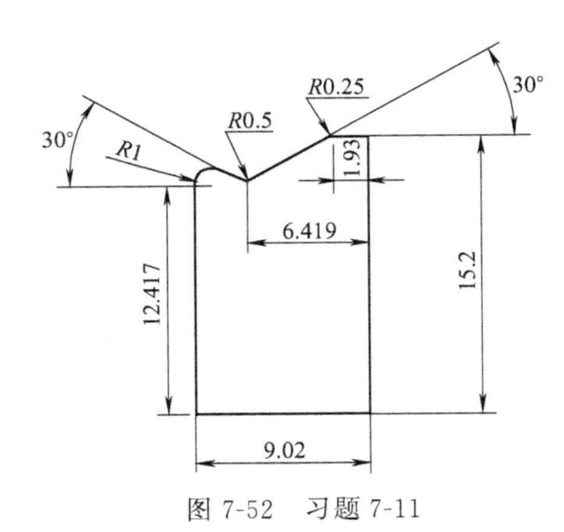

图7-52 习题7-11

7-11 图7-52所示为一精密冲裁模的凸模，其厚度为30mm，材料采用SKD-11，零件的公差要求为：基本尺寸有一位小数的，公差为±0.10mm；基本尺寸有两位小数的，公差为±0.02mm；基本尺寸有三位小数的，公差为±0.002mm。利用ISO格式编制线切割程序，电极丝为 ϕ0.1 的钼丝，单边放电间隙为0.01mm。

7-12 什么是工件的切割变形现象？试述工件变形的危害、产生原因和避免、减少工件变形的主要方法。

7-13 如何选择合理的电规准来进行线切割加工？

7-14 简述电化学加工的基本原理。

7-15 电化学在模具加工中有几方面的应用？各有何特点？

7-16 超声波加工的工作原理、特点应用范围如何？

7-17 激光加工的工作原理、特点应用范围如何？

8 模具表面加工与处理技术

8.1 模具表面光整加工

8.1.1 光整加工的特点与分类

旨在提高工件表面质量的各种加工方法、加工技术统称为表面光整加工技术，简称光整加工。光整加工的主要特点如下。

① 光整加工的加工余量小，原则上只是前道工序公差带宽度的几分之一。

② 光整加工所用机床设备不需要很精确的成型运动，但磨具与工件之间的相对运动应尽量复杂。

③ 光整加工时，磨具相对于工件的定位基准没有确定的位置，一般不能修正加工表面的形状和位置误差，其精度要靠先行工序来保证。

④ 改善工件表面层应力状态，形成抗疲劳破坏的均匀压应力值（一般比原值增大50%以上）。

⑤ 改善工件表面层金相组织状态，提高表面显微硬度，一般提高6%～20%，形成一定深度的耐磨损、抗疲劳的致密金属层，深度一般提高4倍以上。

按光整加工的主要功能来分，有以降低工件表面粗糙度值为主要目的的光整加工、以改善工件表面物理力学性能为主要目的的光整加工和以去除毛刺飞边、棱边倒圆等为主要目的的光整加工；按加工时能量提供方法来分，有机械法、化学和电化学法、热能作用等几大类，如图8-1所示。

模具成型表面的精度和表面粗糙度要求越来越高，特别是高寿命、高精度模具，其精度发展到要求微米级。其成型表面一部分可采用超精密磨削达到设计要求，但异型和高精度表面都需要进行研磨抛光加工。下面就常用的研磨和抛光等光整加工作简要介绍。

8.1.2 研磨加工

8.1.2.1 研磨的机理

研磨是使用研具、游离磨料对被加工表面进行微量加工的精密加工方法。在被加工表面和研具之间置以游离磨料和润滑剂，使被加工表面和研具之间产生相对运动，并施以一定压

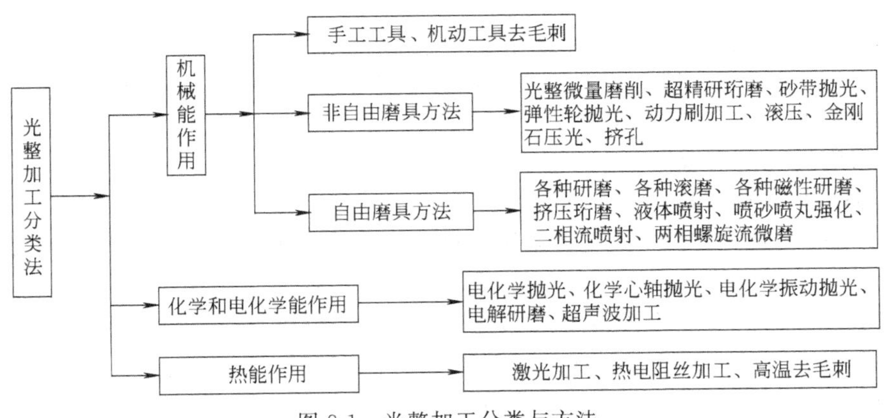

图 8-1　光整加工分类与方法

力，通过其间的磨料作用去除表面凸起，提高表面精度，降低表面粗糙度。

在研磨过程中，被加工表面发生复杂的物理和化学作用，其作用如下。

(1) 微切削作用　在研具和被加工表面作相对运动时，磨料在压力作用下，对被加工表面进行微量切削。在不同加工条件下，微量切削的形式不同。当研具硬度较低，研磨压力较大时，磨粒可镶嵌到磨具上产生刮削作用，这种方式有较高的研磨效率；当研具硬度较高时，磨粒不能嵌入研具，磨粒在研具和被加工表面之间滚动，以其锐利的尖角进行微切削。

(2) 挤压塑性变形　钝化的磨粒在研磨压力作用下挤压被加工表面的粗糙突峰，使突峰趋于平缓和光滑，被加工表面产生微挤压塑性变形。

(3) 化学作用　当采用氧化铬、硬脂酸等研磨剂时，研磨剂和被加工表面产生化学作用，形成一层极薄的氧化膜，这层氧化膜很容易被磨掉，而又不损伤材料基体。在研磨过程中氧化膜不断形成，又很快地被磨掉，提高了研磨效率。

8.1.2.2　研磨的特点

(1) 尺寸精度高　加工热量少，表面变形和变质层很轻微，可获得稳定的高精度表面，尺寸精度可达到 1～3μm。

(2) 形状精度高　由于微量切削，研磨运动轨迹复杂，并且不受运动精度影响，因此可获得较高的形状精度。回转类零件的圆度和圆柱度可达 1μm。

(3) 表面粗糙度低　在研磨过程中磨粒的运动轨迹不重复，有利于均匀磨掉被加工表面的凸峰，从而降低表面粗糙度，表面粗糙度 Ra 值可达 0.1μm 以下。

(4) 表面耐磨性提高　由于研磨表面质量提高，使摩擦因数减少，又因有效接触表面积增大，故耐磨性提高。

(5) 抗疲劳强度提高　由于研磨表面存在着残余压应力，提高了零件表面的疲劳强度。

8.1.3　抛光加工

8.1.3.1　抛光机理

抛光是用微细磨粒和软质工具，对工件表面进行加工的一种工件表面最终光饰加工方法。其主要目的是去除前工序留下的加工痕迹（如刀痕、磨纹、划痕、麻点、毛刺等），改善工件的表面粗糙度。

抛光与研磨的机理是相同的，人们习惯上把使用硬质研具的加工称为研磨，使用软质研具的加工称为抛光。抛光一般不能提高工件的尺寸精度和形状精度。但目前发展的新型抛光技术，既可降低工件表面粗糙度，改善表面质量，同时还可提高工件的形状精度和尺寸精度，如浮动抛光、水合抛光等技术。

按照不同加工要求和抛光工艺，抛光加工可分为普通抛光和精密抛光。普通抛光工件表面粗糙度可达 $Ra0.4\mu m$。精密抛光工件表面粗糙度可达 $Ra0.01\mu m$，精度可达 $1\mu m$。超精密抛光工件表面粗糙度低于 $Ra0.01\mu m$，精度小于 $0.1\mu m$。

8.1.3.2 研磨抛光的分类

(1) 按研磨抛光中的操作方式划分

① 手工研磨抛光。主要靠操作者采用辅助工具进行研磨抛光。加工质量主要依赖操作者的技艺水平，劳动强度比较大，效率比较低。

② 机械研磨抛光。主要依靠机械进行研磨抛光，如挤压研磨抛光、电化学研磨抛光等。机械研磨抛光质量不依赖操作者的个人技术水平，效率比较高。

(2) 按磨料在研磨抛光过程中的运动轨迹划分

① 游离磨料研磨抛光。在研磨抛光过程中，利用研磨抛光工具给游离状态的研磨抛光剂以一定压力，使磨料以不重复的轨迹运动。

② 固定磨料研磨抛光。研具本身含有磨料，在加工过程中，研具以一定压力接触被加工表面，磨料和工具的运动轨迹一致。

(3) 按研磨抛光的机理划分

① 机械作用研磨抛光。以磨料对被加工表面进行微切削为主的研磨抛光。

② 非机械作用研磨抛光。主要依靠电能、化学能等非机械能形式进行的研磨抛光。

(4) 按研磨抛光剂使用的条件划分

① 湿研。将磨料和研磨液体组成的研磨抛光剂连续加注或涂敷于研具表面，磨料在研具和被加工表面之间滚动或滑动，形成对被加工表面的切削运动。这种方法的加工效率较高，加工表面的几何形状和尺寸精度不如干研，多用于粗研或半精研。

② 干研。将磨料均匀地压嵌在研具表层中，施以一定压力进行研磨加工。可获得很高的加工精度和低的表面粗糙度，加工效率低，一般用于精研。

③ 半干研。类似湿研，使用糊状研磨膏，用于粗、精研均可。

8.1.3.3 研磨抛光的加工要素

研磨抛光的加工要素见表 8-1。

表 8-1 研磨抛光的加工要素

加工要素		内容
加工方式	驱动方式	手动、机动、数字控制
	运动方式	回转、往复
	加工面料	单面、双面
研具	材料	硬质(淬火钢,铸铁),软质(木材,塑料)
	表面状态	平滑、沟槽、孔穴
	形状	平面、圆柱面、球面、成型面
磨料	材料	金属氧化物,金属碳化物,氮化物,硼化物
	粒度	$0.001\sim0.01\mu m$
	材质	硬度、韧性
研磨液	种类	油性、水性
	作用	冷却、润滑、活性化学作用

续表

加工要素		内　　容
加工参数	相对运动	1～100m·min^{-1}
	压力	0.001～3.0MPa
	时间	视加工条件而定
环境	温度	视加工条件而定，超精密型为(20±1)℃
	净化	视加工条件而定，超精密型净化间 000～100 级

8.1.3.4　研磨抛光剂

研磨抛光剂是由磨料和抛光液组成的均匀混合剂。

(1) 磨料　磨料在机械式研磨抛光加工中，起着对被加工表面进行微切削和微挤压的作用，对加工质量起着重要作用。

磨料有氧化铝磨料、碳化硅磨料、金刚石磨料、氧化铁磨料和氧化铬磨料等多种，可根据被加工材料的软硬度和表面粗糙度以及研磨抛光的质量要求等选择磨料的种类。常用磨料及适用范围见表 8-2。

表 8-2　常用磨料及适用范围

磨料		适用范围
系列	名称	
刚玉系(氧化铝系)	棕刚玉	粗、精研磨钢、铸铁和硬青铜
	白刚玉	粗研淬火钢、高速钢和有色金属
	铬钢玉	研磨低粗磨度表面、钢件
	单晶刚玉	研磨不锈钢等强度高、韧性大的工件
碳化物系	单碳化硅	研磨铸铁、黄铜、铝
	绿碳化硅	研磨硬质合金、硬铬、玻璃、陶瓷、石材
	碳化硼	研磨和抛光硬质合金、陶瓷、人造宝石等高硬度材料，为金刚石的代用品
超硬磨料系	天然金刚石	研磨硬质合金、人造宝石、玻璃、陶瓷、半导体材料等高硬难切材料
	人造金刚石	导体材料等高硬难切材料
	立方氮化硼	研磨高硬度淬火钢、高速钢
软磨料系	氧化铁	精细研磨和抛光钢、淬硬钢、铸铁、光学玻璃及单晶硅
	氧化铬	

磨料粒度要依据研磨抛光前被加工表面的粗糙度和研磨抛光后的质量要求进行选择。粗加工选较大的粒度，精加工较小的粒度。

磨料粒度和颗粒尺寸常用筛分法和显微镜分析法表示。筛分法是以单位面积筛网筛下的颗粒数表示粒度号，适用于 4$^{\#}$～240$^{\#}$，号数越大，表示颗粒尺寸越小，颗粒越细；显微镜分析法以显微镜测得的颗粒尺寸表示，适用于 W5～W65，号数越小表示颗粒尺寸越小，颗粒越细。粒度小于 100$^{\#}$ 的称为磨粒，粒度为 100$^{\#}$～240$^{\#}$ 的称为磨粉，粒度在 W40 以下者称为微粉。

不同粒度的磨料研磨抛光时可达到的表面粗糙度见表 8-3。

表 8-3　磨料粒度及可达到的表面粗糙度

研磨方法	研磨粒料粒度	能达到的表面粗糙度 $Ra/\mu m$
粗研磨	100#～120#	0.63～1.25
	150#～280#	0.16～1.25
精研磨	W14～W40	<0.32 或>0.8
精密件粗研磨	W10～W14	<0.08
精密件半精研磨	W5～W7	0.04～0.08
精密件精研磨	W0.5～W5	0.01～0.04

(2) 研磨抛光液　研磨抛光液在研磨抛光过程中起着调和磨料、使磨料均匀分布和冷却润滑的作用，控制调节磨料在研磨抛光剂中的含量。研磨抛光液有矿物油、动物油和植物油三类。10# 机油应用最普遍；煤油在粗、精加工中都可使用；猪油中含有油酸活性物质，在研磨抛光过程中与被加工表面发生化学反应，可提高研磨抛光效率，增加表面光泽。常用的研磨抛光液及用途见表 8-4。

表 8-4　常用研磨抛光液

工件材料	研磨抛光液	
钢	粗研	煤油三份，全损耗系统用油一份，透平油或锭子油少量，轻质矿物油适量
	精研	全损耗系统用油
铸铁	煤油	
铜	动物油（熟猪油与研料拌成糊状，再加 30 倍煤油），适量锭子油和植物油	
淬火钢、不锈钢	植物油、透平油或乳化油	
硬质合金	航空汽油	

(3) 研磨抛光膏　研磨抛光膏是由磨料和研磨抛光液组成的，分硬磨料研磨抛光膏和软磨料研磨抛光膏两类。硬磨料研磨抛光膏中的磨料有氧化铝、碳化硅、碳化硼和金刚石等，常用粒度为 200#、240#、W40 等磨粉和微粉，磨料硬度应大于工件硬度；软磨料研磨抛光膏中的磨料多为氧化铝、氧化铁和氧化铬等，常用粒度为 W20 及以下的微粉，软磨料研磨抛光膏中含有油质活性物质，使用时可以用煤油或汽油稀释。

8.1.3.5　研磨抛光工具

(1) 研具材料　研磨抛光时直接和被加工表面接触的研磨抛光工具称为研具。研具的材料很广泛，原则上研具材料硬度应比被加工材料硬度低，但研具材料过软会使磨粒全部嵌入研具表面而使切削作用降低。总之，研具材料的软硬程度、耐磨性应该与被加工材料相适应。

一般研具材料有低碳钢、灰铸铁、黄铜、紫铜，硬木、竹片、塑料、皮革和毛毡等。灰铸铁中含有石墨，所以耐磨性、润滑性及研磨效率都比较理想，灰铸铁研具用于淬硬钢、硬质合金和铸料的研磨；低碳钢强度较高，用于较小孔径的研磨；黄铜和紫铜用于研磨余量较大的情况，加工效率比较高，但加工后表面光泽差，常用于粗研磨；硬木、竹片、塑料和皮革等材料常用于窄缝、深槽及非规则几何形状的精研磨和抛光。

(2) 研具

① 普通油石。一般用于粗研磨，它由氧化铝或碳化硅等磨料和黏结剂压制烧结而成。使用时根据型腔形状磨成需要的形状，并根据被加工表面的粗糙度和材料硬度选择硬度和粒

度。当被加工零件材料较硬时，应该选择较软的油石，否则反之。当被加工零件表面粗糙度要求较高时，油石要细一些，组织要致密些。

② 研磨平板。主要用于单一平面及中小镶件端面的研磨抛光，如冲裁凹模端面、塑料模中的平面分型面等。研磨平板用灰铸铁材料，并在平面上开设相交成60°或90°，宽1～3mm，距离为15～20mm的槽，研磨抛光时在研磨平板上放置粉和抛光液。

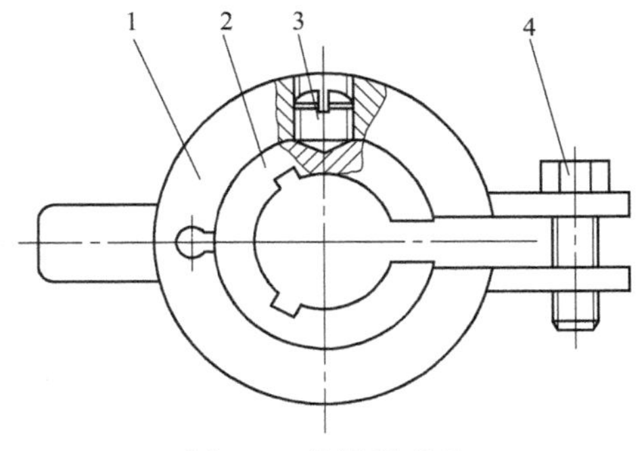

图8-2　外圆研磨环
1—研磨套；2—研磨环；3—限位螺钉；4—调节螺钉

③ 研磨环。用于车床或磨床上对外圆表面进行研磨的一种研具。研磨环有固定式和可调式两类，固定式的研磨环的研磨内径不可调节，而可调式的研磨环的研磨内径可以在一定范围内调节，以适合环磨外圆的变化，图8-2所示为外圆研磨环。

④ 研磨芯棒。固定式研磨芯棒的外径不可调节，芯棒外圆表面带有螺旋槽，以容纳研磨抛光剂。可调式内圆研磨芯棒如图8-3所示。

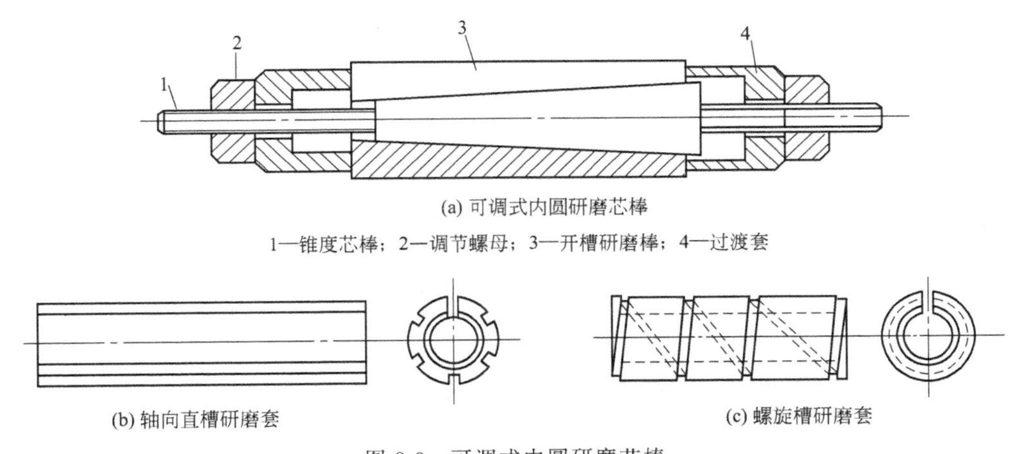

(a) 可调式内圆研磨芯棒
1—锥度芯棒；2—调节螺母；3—开槽研磨棒；4—过渡套
(b) 轴向直槽研磨套
(c) 螺旋槽研磨套
图8-3　可调式内圆研磨芯棒

⑤ 研磨抛光辅助工具。辅助工具有多种，应根据被加工表面的形状特点进行选择。

a. 电动往复式。手持电动往复式研磨抛光工具如图8-4所示，它的质量约0.5kg，操作灵活方便。工作时手握研磨柄，动力从软轴传来，带动球头杆做直线往复运动，最大行程为20mm，往复次数为5000次/min。球头杆前端配2～6mm大小的圆形或矩形研磨环，可进入狭长沟槽研磨抛光。若将球头杆换成油石夹头、砂纸夹头或金刚石什锦锉刀等，可进行较大尺寸平面或曲面的研磨抛光。

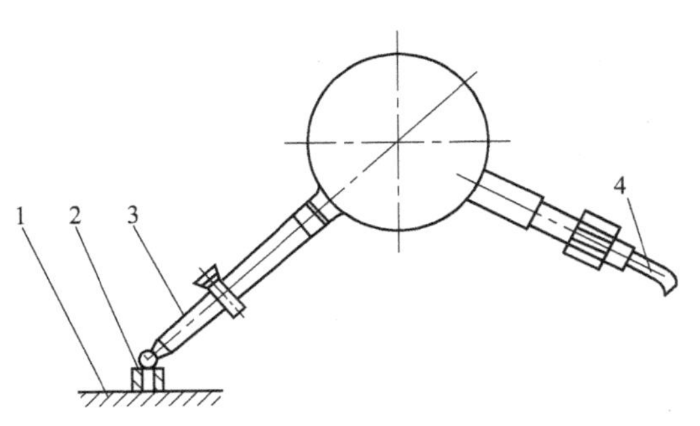

图8-4　手持电动往复式研磨抛光工具
1—工件；2—研磨环；3—球头杆；4—软轴

b. 直杆旋转式。手持电动直杆旋转式研磨抛光工具如图8-5所示，安装研磨抛光工具的夹头高速旋转实现研磨抛光。夹头上可以配置$\phi 2$～12的特形金刚石砂轮，研磨抛光不同曲率的凹弧面。还可配置$R4$～$R12$的塑胶研磨抛光套或毛毡抛光轮，可以研磨抛光复杂形状的型腔或型孔。

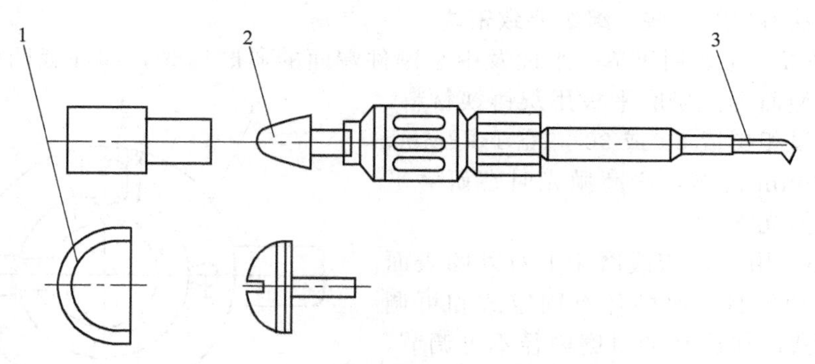

图 8-5 手持电动直杆旋转式研磨抛光工具

1—抛光套；2—砂轮；3—软轴

c. 弯头旋转式。手持电动弯头旋转式研磨抛光工具如图 8-6 所示，它可以伸入型腔，对有角度的拐槽、弯角部位进行研磨抛光加工。

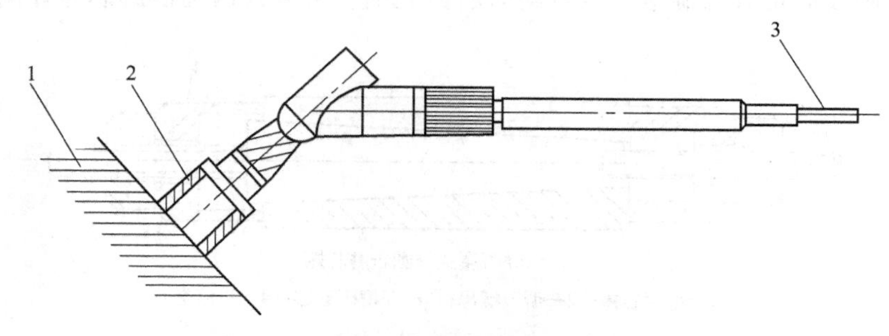

图 8-6 手持电动弯头旋转式研磨抛光工具

1—工件；2—研抛环；3—软轴

辅助研磨抛光工具可以提高研磨抛光效率和减轻劳动强度，但是研磨抛光质量仍取决于操作者的技术水平。

除以上介绍的三种电动机械式研磨抛光辅助工具以外，还有超声波-机械复合式、超声波-电火花-机械复合式研磨抛光等辅助工具。

8.1.3.6 研磨抛光工艺

(1) 研磨抛光余量　研磨抛光余量取决于零件尺寸、原始表面粗糙度、最终精度要求等，原则上研磨抛光余量只要能去除表面加工痕迹和变质层即可。研磨抛光余量过大，使加工时间延长，研磨抛光工具和材料消耗增加，加工成本增大；研磨抛光余量过小，加工后达不到要求的表面粗糙度和精度。当零件的尺寸公差较大时，研磨抛光余量可以取在零件尺寸公差范围以内。

(2) 研磨抛光阶段和轨迹　研磨抛光加工一般经过粗研磨、细研磨、精研磨、抛光四个阶段，四个阶段中总的研磨抛光次数依据研磨抛光余量以及初始和最终的表面粗糙度与精度而定。磨料的粒度从粗到细，每次更换磨料都要清洗工具和零件。各部位的研磨顺序根据被加工面的具体情况确定。

研磨抛光中，磨料的运动轨迹要使被加工表面各点有相同（或近似）的切削（磨削）条件，运动轨迹可以往复、交叉，但不应该重复。磨料的运动轨迹要根据被加工表面的大小和形状来选择，有直线式、正弦曲线式、无规则圆环式、摆线式和椭圆线式等。

8.1.4 其他光整加工方法

8.1.4.1 喷丸抛光

喷丸抛光是利用含有微细玻璃球的高速干燥流对被抛光表面进行喷射，去除表面微量金属材料，降低表面粗糙度的方法。喷丸抛光与喷砂使用的磨料类型不同，喷丸抛光所用的玻璃球颗粒更细，喷射后的玻璃球不循环使用。喷丸抛光的加工装置如图 8-7 所示。

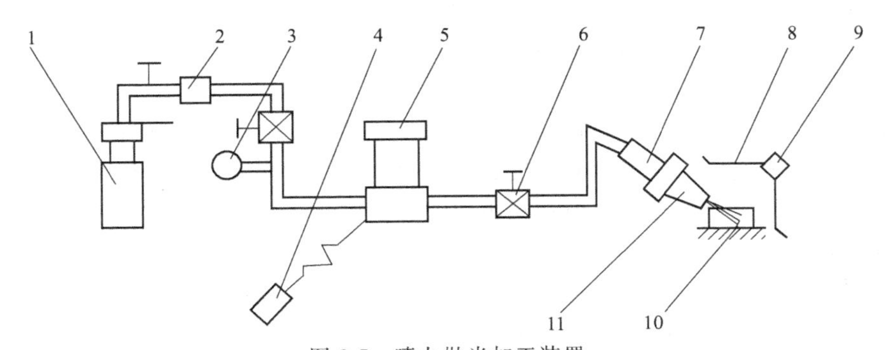

图 8-7 喷丸抛光加工装置

1—气瓶；2—过滤器；3—压力表；4—振动器；5—磨料混合室；6—控制阀；7—手柄；8—排气罩；9—收集器；10—工件；11—喷嘴

喷丸抛光在模具加工中主要用于去除电火花加工后的成型表面变质层。影响其加工速度的因素有磨料粒度、喷嘴直径、喷嘴到加工表面的距离、喷射速度和喷射角度。喷丸抛光的工艺参数如下。

(1) 磨料　喷丸抛光所用的磨料为玻璃球，磨料颗粒尺寸直径为 10～150μm。

(2) 载体气体　喷丸抛光的载体气体可用干燥空气、二氧化碳等，但不得用氧气。气体流量为 28L·min^{-1}左右，气体压力为 0.2～1.3MPa，流速为 152～335m·s^{-1}。

(3) 喷嘴　喷嘴材料要求耐磨性好，多采用硬质合金材料。喷嘴口径为 ϕ0.13～1.2mm。

8.1.4.2 程序控制抛光

在加工非球面透镜塑料注射模成型表面时，成型表面的粗糙度要求很低，而且形状精度误差在 0.1μm 之内。程序控制抛光机可实现高质量表面抛光和形状复杂表面的抛光，它适用于各种高精度复杂曲面的研磨抛光。

程序控制抛光机由计算机、数控系统、机械系统和附件等组成。这种抛光方式能有效地保证加工质量，减轻人工研磨抛光的随意性，同时可降低劳动强度和提高生产效率。

加工前将被加工工件的材料状态、抛光前的表面质量和加工尺寸与研磨抛光后的表面质量要求等参数输入计算机，由计算机自动设定各项工艺参数，控制各种形状曲面的运动轨迹和加工压力。为保证加工的均匀性，可改变抛光头的运动速度，移动加工表面，改变工作台的回转速度等。在加工前和加工过程中，均可采用人机对话修正加工工艺参数。

8.2 电镀与化学镀技术

8.2.1 电镀基本原理与工艺

电镀是指在含有欲镀金属的盐类溶液中，在直流电的作用下，以被镀基体金属为阴极，以欲镀金属或其他惰性导体为阳极，通过电解作用，在基体表面上获得结合牢固的金属膜的表面处理技术。电镀的目的是改善基体材料的外观，赋予材料表面的各种物理化学性能，如耐蚀性、装饰性、耐磨性、钎焊性以及导电、磁、光学性能等。电镀具有工艺设备简单、操作方便、加工成本低的特点，是表面处理技术中常用的方法。

为了达到预期的使用目的，任一电镀层都必须满足如下三个条件：第一，与基体金属结合牢固，附着力好；第二，镀层完整，结晶细致，孔隙小；第三，镀层厚度分布均匀。此外，对单一镀种和不同镀种组合的镀层，我国已制定了与国际接轨的相应技术标准。镀层质量应满足在不同环境下使用的技术要求。

8.2.1.1　电镀的基本原理

一般而言，由电镀方法得到的镀层，在力学、物理、化学等方面的性能与成分相同，但采用其他方法得到的表面保护层差异较大，其主要原因是在于电镀层的成分和组织结构有其独特之处，这个独特之处则是由电镀过程中电极表面的化学反应、电结晶过程和电镀时工作条件等多种因素决定的。

电镀反应是一种典型的电解反应。电镀涉及的基本问题和理论属于电化学范畴，而沉积层物理性能方面的改变，则需要从金属学的角度去研究。从表面现象来看，电镀是在外加电流作用下，溶液中的金属离子在阴极表面得到电子而被还原为金属并沉积于其表面的过程（图 8-8）。但实际情况则复杂得多，在一定电流密度下金属离子进行阴极还原时，其沉积电位等于它的平衡电位与过电位之和。

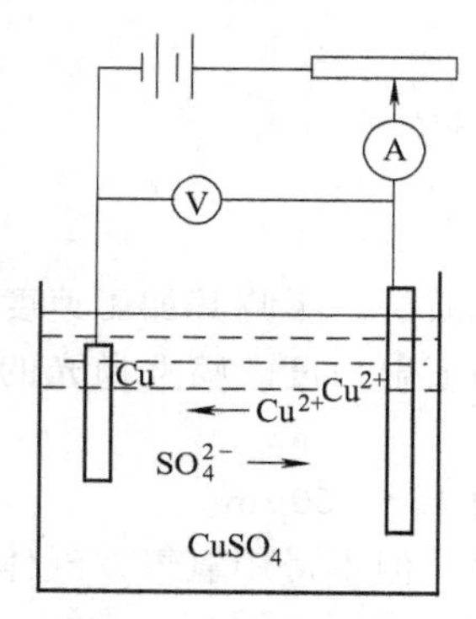

图 8-8　典型电镀槽及离子运动方向

通常，金属电沉积过程包括以下几个基本步骤。

（1）液相传质　在金属电沉积时，阴极表面附近的金属离子参与阴极反应并迅速消耗，形成了从阴极到阳极金属离子浓度逐渐增大的浓度梯度。金属水合离子或络合离子在溶液内部以电迁移、扩散和对流的方式向阴极表面转移。

（2）化学还原　它包括前置转换和电荷转移。在大多数电镀溶液中，金属离子参与电极反应的形式与其在溶液中的主要存在形式是不一样的。在进行电化学还原前，其主要存在形式在阴极附近表面发生化学转化，转变为参与电极反应的形式，这一过程称为前置转换步骤。然后，金属离子再以此形式在阴极表面得到电子，还原为金属原子。这一过程称为电荷转移步骤。对于大多数多价金属离子，其电荷转移也非一步完成。

（3）电结晶　金属原子在阴极表面形成新相，包括晶核的形成和长大。

不同镀种或同一镀种的不同溶液，在不同的条件下，上述步骤进行的速度各不相同，速度最慢的步骤控制了电镀速度，成为“控制步骤”。从电镀过程中的阴极变化情况和镀层结晶粗细可以分析出电镀过程的控制步骤。如果随着阴极电流密度的提高，阴极电位几乎不变或阴极电位迅速变负，而阴极电流密度不变，接近或达到了极限电流密度，这一现象表明发生了浓差极化，电沉积过程由液相传质过程控制，它可以通过机械搅拌得到改善；如果在相当低的电流密度下，阴极电位就会出现大幅度负移，这表明发生了电化学极化，电镀过程受电化学还原控制。一般电化学极化出现在相当低的电流密度下。随着电流密度的逐渐提高，电化学极化向浓差极化转变，此时过程表现为混合控制。

金属的电结晶过程与溶盐中盐的结晶过程相似。平衡电位状态相当于溶液的饱和状态，而阴极的过电位则相当于溶液的过饱和度。溶液在析出金属时的阴极化作用越大，过电位就越高，生成晶核的速度就越快，镀层的晶粒就越细；反之，晶核的形成速度低于生长速度，镀层的晶粒就越粗。镀层晶粒的粗细可通过调整溶液的组成和配比、在溶液中加入适当的添加剂和控制电镀时的工艺参数等来改变。

在电镀过程中，晶体金属的结构常以多种形式影响析出金属。电沉积过程也由形核-长大的方式进行的，实际上总是由吸附原子在基体金属表面的折扭或台阶处率先形核，再通过扩散逐渐长大的，因为这样所需要的热力学驱动力最小。吸附原子的扩散步骤控制着晶体的生长速度，而吸附原子的扩散速度与其原子浓度直接相关，后者又决定于过电位的大小。

镀层的结晶形态大致为层状、块状、凌锥状等基本类型。在特定条件下，电结晶组织出现择优取向，形成结晶结构。

8.2.1.2 电镀液的基本组成

任何一种电镀液的主要成分是固定的。为了使溶液的电化学性能满足要求，各成分的含量必须保持在一定范围内。电镀的金属不同，镀液成分和含量也不同；即使同一金属的电镀，镀液成分和含量也不尽相同。但是，大部分电镀溶液不外乎下列组分构成：析出金属的易溶于水的盐类，称为主盐，它可以是单盐、络合盐等；能与析出的金属离子形成络盐的成分；提高镀液导电性的盐类；能保持溶液的 pH 值在要求范围内的缓冲剂；有利于阳极溶解的助溶阴离子；影响金属离子在阴极上的析出成分——添加剂。

一般来说，选用的金属盐类在水溶液中应有较高的溶解度，以保证金属离子的浓度。阴离子尽管不直接与电镀金属共沉积，但对金属的沉积会产生各种影响，甚至有时会改变沉积金属的物理性能。在强酸性或强碱性镀液中，溶液的 pH 值并不重要，但在中性溶液中，保持镀液 pH 值稳定的缓冲剂必不可少。

8.2.1.3 电镀的工艺过程

通常，电镀的工艺过程包括镀前处理、电镀、镀后处理三大步。使用目的不同，电镀的工艺过程不完全相同。镀前处理包括抛光或打磨、脱脂、除锈、活化等多道工序。镀前处理质量直接影响到电镀层的与基体间的结合力和镀层的完整性。镀后处理则关系到镀层的防护性和装饰性。镀后处理包括包括钝化和浸膜。钝化是在新镀出的镀层表面人为地形成一层氧化物膜，使镀层金属与空气隔绝，以提高镀层的防护性和装饰性。浸膜是在镀后的零件表面浸涂一层有机或无机高分子膜，以提高镀层的防护性和装饰性。

8.2.2 单金属电镀与复合电镀

8.2.2.1 镀铜

铜是富有延展性的金属，其相对原子量为 63.54，铜在化合物中有一价和二价两种价态，具有良好的导电性、导热性和延展性，在空气中易氧化，氧化后将失掉本身的颜色和光泽。

铜在电化学序中位于正电子金属之列。因此，铁、锌等金属上的铜镀层属阴极性镀层，它仅能对基体金属起到机械保护作用。当镀层有针孔、缺陷或损伤时，在腐蚀介质的作用下，基体金属将作为阳极而首先腐蚀，其速度比未腐蚀之前更快。因此，铜镀层通常不单独作为防护装饰性镀层，而是作为其他镀层的底层或中间层，以提高表面镀层与基体金属的结合力。对于需局部渗碳的零件，常用铜镀层来保护不需要渗碳部位。此外，在铁丝上镀一定厚度的铜代替纯铜导线，已在电力工业中应用。在电子领域，印制线路板上通过镀铜获得极好的效果。

铜镀层可以从多种镀液中获得，但具有工业化生产价值并被广泛应用的镀铜液主要包括氰化物镀液、硫酸盐镀液和焦磷酸盐镀液。表 8-5 列出了几种常用的镀铜溶液性能。

表 8-5　几种镀铜溶液的性能比较

性能	氰化物镀液	硫酸盐镀液	焦磷酸盐镀液
溶液稳定性	差	好	好
电流效率	80%	98%	90%
分散能力	优	一般	好
深镀能力	好	一般	好
镀层结晶	细	较粗	较粗

氰化物镀铜液含有络和作用非常强的氰化物，使铜难以在铁和锌等基体上置换，因而常被用作打底镀层。酸性硫酸盐镀铜则多用作中间加厚镀层，但随着添加剂技术的发展，通过适当的调整镀液的组成，该溶液的分散能力和深镀能力得到大幅度提高，并已在印制线路板电镀上大规模使用。焦磷酸盐镀液则多用于印制线路板的通孔镀铜和电铸上。

8.2.2.2　镀镍

镍是银白微黄的金属，具有铁磁性。镍的相对原子量为 58.7。在空气中镍表面极易形成一层极薄的钝化膜，因而具有极高的化学稳定性。常温下，镍能很好地防止大气、水等的浸蚀；在碱、盐和有机酸中稳定；在硫酸和盐酸中溶解缓慢，易溶于稀硝酸中。

镍的标准电极电位比铁正，且表面钝化后的电极电位更正，因而相对于钢铁基体，镍镀层属于阴极性保护层，对底层金属只能起到机械保护作用。然而一般镍镀层都是多孔的，所以除了某些医疗器械、电池外壳直接使用它外，镍镀层常常与其他金属镀层组成多层组合体系，用作底层和中间层，如 Cu/Ni/Cr、Ni/Cu/Ni/Cr 等。这些多层组合镀层被广泛应用于日用五金、轻工、家电、机械等行业。

目前镀镍所用的溶液大致可以分为酸性和碱性两大类。酸性溶液 pH 值在 2～6 之间，主要有硫酸盐＋氯化物体系、氯化物体系、氨基磺酸盐体系、氟硼酸盐体系等；碱性溶液主要指焦磷酸盐体系。表 8-6 列出了几种常用镀镍溶液的组成和性能。

表 8-6　几种常用镀镍溶液的组成和性能

镀液成分及镀层的性能	瓦特型镀液	高硬度镀液	氨基磺酸盐体系	氟硼酸盐体系	全氯化物体系
硫酸镍/g·L^{-1}	240～330	180～230			
氯化镍/g·L^{-1}	37～52		15～30		250～300
氯化铵/g·L^{-1}		25			
氨基磺酸镍/g·L^{-1}			270～330		
硼酸/g·L^{-1}	30～45	30	30～45	30～40	25～30
氟硼酸镍/g·L^{-1}				300～450	
氟硼酸/g·L^{-1}				5～40	
镀层硬度(HV)	150～200	350～500	160～240	170～220	200～250
镀层内应力/N·mm^{-2}	140～170	280～340	7～70	100～170	280～340

在实际生产中，以硫酸盐＋氯化物的所谓瓦特型镀液应用最为普遍，其特点是镀液稳定、电流效率高、镀层应力集中，通过添加适当的添加剂，可在较宽的电流密度范围内得到镜面光亮的镀层，在其表面再镀上一层装饰性面层如仿金镀层、金镀层、银镀层或铬镀层等，可以达到理想的装饰效果。氨基磺酸盐体系因镀层应力低，主要用于镀厚镍和电铸等。

在开发高性能的镀镍光亮剂时，人们发现镍镀层中的含硫量对镀层的电位有较大影响。当镀层中含有一定硫时，其电位与无硫镀层相比可相差 100mV 以上。实验还发现，当电位差达到 125mV 以上时，由无硫镍和含硫镍组成的原电池中，含硫镍将作为阳极而首先腐蚀。因此，对防护性要求较高的产品如汽车、摩托车、自行车等，人们使用了半光亮镍或暗镍、硫的质量分数达0.3%～0.5%的高硫镍和硫的质量分数在0.1%左右的光亮镍组成的多层镍防护装饰性电镀体系。

8.2.2.3　镀铬

镀铬层具有良好的耐蚀性。根据镀液成分和工艺条件的不同，镀铬层的硬度可以在400～1200HV内变化。在低于500℃下加热，对镀铬层的硬度无影响。镀铬层的摩擦因数低，尤其是干摩擦因数是所有金属中最低的，因此有良好的耐磨性。镀铬层的种类很多，在模具表面处理上主要包括以下两种。

(1) 镀硬铬　硬度高，摩擦因数低，耐磨性好，耐蚀性好且镀层光亮，与基体结合力较强，可用作冷作模具和塑料模具的表面防护层，以改善其表面性能。镀层的厚度达0.3～0.5mm，可用于尺寸超差模具的修复。镀硬铬是在模具上应用较多的表面涂镀工艺。

(2) 松孔镀铬　若采用松孔镀铬会使镀层表面产生许多微细沟槽和小孔以便吸附、储存润滑油，这种镀层具有良好的减摩性和抗黏着能力。例如，在3Cr2W8V钢制压铸模的型腔表面镀上0.025mm厚的多孔性铬层后，使用寿命可提高1倍左右。

8.2.2.4　复合电镀

在电镀或化学镀的溶液中加入非溶性的固体微粒，并使其与主体金属共沉积在基体表面，或把长纤维埋入或卷缠于基体表面后沉积金属，形成一层金属基的表面复合材料的过程称为复合电镀，也叫弥散镀或分散镀。所得镀层称为复合镀层或弥散镀层。与单纯的金属基镀层相比，复合镀层在耐蚀性、耐磨性、润滑性、表面外观及其他功能方面都有非常显著的提高。

复合镀的过程是物理过程和化学过程的有机结合。一般认为，弥散复合电镀时，微粒与金属共沉积过程分：镀液中的微粒向阴极表面附近输送、微粒吸附于被镀金属表面、金属离子在阴极表面放电沉积形成晶格并将固体微粒埋入金属层的几个步骤。共析出的粒子在沉积的金属中形成不规则分布的弥散相。在纤维强化复合镀中，卷缠的长纤维呈有规则的排列。

原则上，凡可镀覆的金属均可作为主体金属来制备复合镀层，但研究和应用较多的只有镍、钴、铬、铜、锌、金、银等，而作为固体微粒的主要有两类：一类是提高镀层耐磨性的高硬度、高熔点微粒，如氧化铝、碳化硅、碳化钨、金刚石等；另一类是提供自润滑特性的固体润滑剂微粒，如石墨、二硫化钼、聚四氟乙烯、氟化石墨等。表8-7列出了不同复合镀层及其用途。

表8-7　不同复合镀层及其用途

基本金属 / 复合材料	Ni	化学Ni	Cu	化学Cu	Co	Zn	Cr	Au	Ag	Fe	Pb	Pb-Sn合金	主要用途
氧化铝	√	√	√	√	√	√	√		√	√	√	√	耐蚀性
二氧化锆	√	√			√	√	√			√			硬度、耐蚀性
SiC	√	√	√		√		√	√	√				耐磨性、耐蚀性
WC	√	√					√						耐热性
TiC	√	√									√		硬度
Cr_3C_2	√				√								硬度
硼化物	√	√			√	√	√			√			硬度
金属粉末	√					√				√	√	√	合金化、耐蚀性
碳	√	√	√				√	√		√			润滑
金刚石	√		√		√								耐磨性

从表中可看出，复合镀的主要用途在于提高镀层的耐磨性、耐蚀性、润滑性、改进表面外观和提高其他性能。对铁基体而言，防护装饰性镀层一般采用 Cu-Ni-Cr 和多层 Ni-Cr 组合镀层。

耐磨性复合镀层大多用镍镀层作基体，此外，还有铜、铁、铬、钴和镍磷合金等，弥散粒子一般是硬度较高的材料如 SiC、BN、氧化铝、金刚石等。

镍-PTFE 复合镀层对塑料、橡胶的成型用金属模的脱模性良好；锌-二氧化硅复合镀层可改善涂膜的附着性；镍-磷-碳化硅复合镀层在高温时能改善耐磨性，用于连续铸造用的模型；镍-铝复合镀层可改善耐热性；镍-荧光染料复合镀层可提高装饰性。此外，用复合镀还可获得导电性、防止反射性、多孔性能等功能。

8.2.3 化学镀原理与工艺

化学镀又称为无电解镀，指在无外加电流的状态下借助合适的还原剂，使镀液中的金属离子还原成金属，并沉积到零件表面的一种镀覆方法。化学镀技术具有悠久的历史，以往由于镀层的性能和溶液较昂贵等原因，工业化应用受到较大限制。自 20 世纪 70 年代以来，化学镀在镀层结合力和镀液的使用寿命等方面获得突破性进展，使成本大幅度降低，因此在工业上得到越来越广泛的应用。

化学镀是一个在催化条件下发生的氧化-还原过程。化学镀溶液由金属离子、络合剂、还原剂、稳定剂、缓冲剂等组成。化学镀能够顺利实施的必要条件是金属的沉积反应只发生在具有催化作用的工件表面上，溶液本身相对稳定，自发发生氧化-还原发应速度较慢，以保证溶液在较长时间内不会因自然分解而失效。

与电镀不同，在化学镀中，溶液中的金属离子是依靠得到由还原剂提供的电子而还原成相应的金属的。完成化学镀的过程有三种方式。

(1) 置换沉积　利用被镀金属的电位比沉积金属负，将沉积金属离子从溶液中置换到工件表面上。溶液中的金属离子被还原的同时，伴随着基体金属的溶解，当基体金属表面被沉积金属完全覆盖时，反应即自动停止。所以采用这种方法得到的镀层非常薄。

(2) 接触沉积　利用电位比被镀金属高的第三种金属与被镀金属接触，让被镀金属表面富集电子，从而将沉积金属还原在被镀金属表面，其缺点是第三种金属离子会在溶液中累积。

(3) 还原沉积　利用还原剂被氧化时释放出的自由电子，把沉积金属还原在镀件表面。

与电镀相比，化学镀的优点是不需要外加直流电源、不存在电力线分布不均匀的影响，因而无论工件的几何形状多么复杂，各部位镀层的厚度都是均匀的；只要经过适当的预处理，它可以在金属、非金属、半导体材料上直接镀覆；得到的镀层致密，孔隙少、硬度高，因而具有极好的物理和化学性能。

8.2.4 化学镀应用

化学镀可以获得单一金属镀层、合金镀层、复合镀层和非晶态镀层。与电镀相比，化学镀的均镀能力好，镀层致密，设备简单，操作方便。复杂模具进行化学镀，还可以避免热处理引起的变形。

(1) Ni-P 化学镀　Ni-P 化学镀的基本原理是以压磷酸盐为还原剂，将镍盐还原成镍，既提高模具表面的硬度和耐磨性，又能改变模具表面的自润滑性能，提高模具表面的抗擦伤能力和耐蚀性能，适用于冲压模、挤压模、塑料成型模、橡胶成型模。如 45 钢制拉深模，经化学镀 10μm 厚的 Ni-P 层后，模具表面硬度达到 1000HV 以上，模具寿命延长 10 倍，成品表面质量明显提高。

Ni-P 化学镀应用于模具有以下优点。

① 能提高模具表面硬度、耐磨性、抗擦伤和抗胶合能力，脱模容易，并可以提高模具的使用寿命。

② Ni-P 化学镀层与基体的结合强度高，能承受一定的切应力，适用于冲压模和挤压模。

③ Ni-P 合金层具有优良的耐蚀性，对塑料模和橡胶模可以进行表面强化处理。

④ 沉积层厚度可控制，模具尺寸超差时，可通过化学镀恢复到规定尺寸。

⑤ 挤塑模和注射模等形状复杂的模具进行 Ni-P 化学镀，镀层厚度均匀且无变形。

（2）化学镀复合材料　凡是能够化学镀的金属或合金，原则上都能得到其复合材料。研究最多的是化学镀镍及其合金复合材料，其中研发最多的是采用 SiC、Al_2O_3 和金刚石的复合材料。含 SiC 化学镀复合材料是最常用的复合材料之一。由于 SiC 具有高硬度，从而使复合材料具有良好的耐磨性。实验测试表明，Ni-B-SiC 复合镀层的硬度和耐磨性不仅明显优于 Ni-B 化学镀层，而且远远优于硬镉镀层。经适当处理后，复合镀层的硬度和耐磨性将进一步提高。

8.3　表面蚀刻技术

8.3.1　光化学蚀刻技术

光化学蚀刻加工也称光化学加工，是光学照相制版和光刻（化学腐蚀）相结合的一种精密微细加工技术。它与化学蚀刻加工的主要区别是其不需要样板人工刻形、划线，而是通过照相感光来确定工件表面要蚀除的图形、线条，因而可以加工出非常精细的文字图案。

8.3.1.1　照相制版原理和工艺

（1）照相制版的原理　照相制版是把所需之图像，摄影到照相底片上，并经过光化学反应，将图像复制到有感光胶的铜板或锌版上，再经过坚膜固化处理，使感光胶具有一定的耐蚀能力，最后经过化学腐蚀，即可获得所需图形的金属板。

照相制版不仅是印刷工业的关键工艺，而且还可以加工一些机械加工难以解决的具有复杂图形的薄板或在金属表面上刻蚀图案、花纹等。

（2）工艺过程　图 8-9 所示为照相制版的工艺过程方框图。其主要工序包括：原图、照相、涂感光胶、曝光、显影、坚膜、腐蚀等。

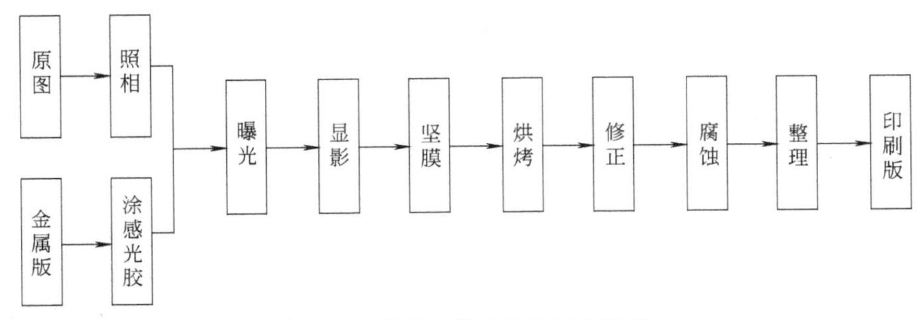

图 8-9　照相制版工艺过程方框图

① 原图和照相。原图是将所需图形按一定比例放大描绘在纸上或刻在玻璃上，一般需放大几倍，然后通过照相，将原图按所需大小缩小在照相底片上。照相底片一般采用涂有卤

化银的感光版。

② 金属版和感光胶的涂覆。金属版多采用微晶锌版或纯铜版，但要求具有一定的硬度和耐磨性，表面光整、无杂质、氧化层、油垢等，以增强感光胶膜的吸附能力。常用的感光胶有聚乙烯醇、骨胶、明胶等，其配置方法见表 8-8。

表 8-8　感光胶的配方

配方	感光胶成分	方　　法		浓度	注
Ⅰ	甲：聚乙烯醇（聚合度 1000～1700）　80g 水　600mL 烷基苯磺酸钠　4～8 滴	各成分混合后放容器内蒸煮至透明	甲、乙两液冷却后混合并过滤	甲液加乙液约 800mL 4 波美度	放在暗处
	乙：重铬酸铵　12g 水　200mL	溶化			
Ⅱ	甲：骨胶（粒状或块状）　500g 水　1500mL	在容器内搅拌蒸煮溶解	甲、乙两液混合并过滤	甲液加乙液约 2300～2500mL 8 波美度	放暗处（冬天用热水保湿使用）
	乙：重铬酸铵　75g 水　600mL	溶化			

③ 曝光、显影和坚膜。曝光是将原图照相底片紧紧密合在已涂覆感光胶的金属版上，通过紫外线照射，使金属版上的感光胶膜按图像感光。照相底片上不透光部分，由于挡住了光线照射，胶膜不参与光化学反应，仍是水溶性的，照相底片上透光部分，由于参与了化学反应，使胶膜变成不溶于水的铬合物，然后经过显影，把未感光的胶膜用水清洗掉，使胶膜呈现出清晰的图像。其原理见图 8-10。

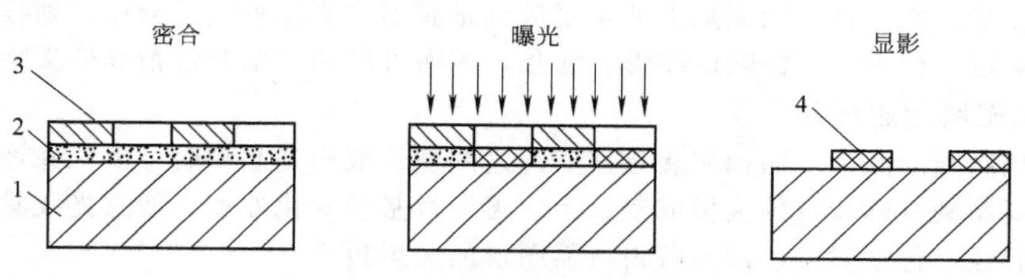

图 8-10　照相制版曝光、显影示意图

1—金属板；2—感光膜；3—照相底片；4—成像胶膜

为提高显影后胶膜的抗蚀性，可将制版放置在坚膜液中进行处理，坚膜液成分和处理时间见表 8-9。

表 8-9　坚膜液成分和处理时间

感光胶	坚 膜 液	处 理 时 间		注
聚乙烯醇	铬酸酐　400g 水　4000mL	新坚膜液	春、秋、冬季 10s，夏季 5～10s	用水冲净晾干烘烤
		旧坚膜液	30s 左右	

④ 固化。经过感光坚膜后的胶膜，抗蚀能力仍不强，必须进一步固化。聚乙烯醇胶一般在 180℃下固化 15min，即呈深棕色。因固化温度还与金属版分子结构有关，微晶锌固化温度不超过 200℃，铜版固化温度不超过 300℃。时间 5～7min，表面呈深棕色为止。固化温度过高或时间过长，深棕色变黑，致使胶裂或炭化，则会丧失耐蚀能力。

⑤ 腐蚀。经固膜后的金属版，放在金属液中进行腐蚀，即可获得所需图像，其原理图如图 8-11，腐蚀液成分见表 8-10。

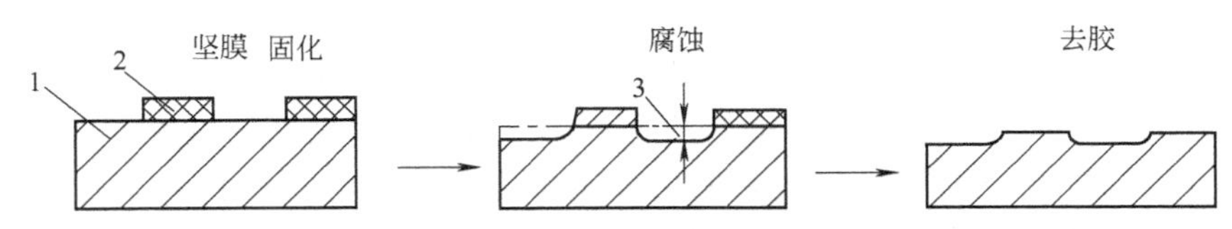

图 8-11　照相制版的腐蚀原理示意图

1—显影后的金属片；2—成像胶膜；3—腐蚀深度

表 8-10　照相制版腐蚀液配方

金属版	腐蚀液成分	腐蚀温度/℃	转速/$r \cdot min^{-1}$
微晶锌板	硝酸 10～11.5 波美度＋2.5%～3%添加剂	22～25	250～300
紫铜板	三氯化铁 27～30 波美度＋1.5%添加剂	20～25	250～300

随着腐蚀的加深，在侧壁方向也产生腐蚀作用称为“钻蚀”，这会影响到形状和尺寸精度，一般印刷版的腐蚀深度和侧面坡度都有一定要求。因此，必须进行侧壁保护，其方法是在腐蚀液中添加保护剂，并采用专用的腐蚀装置，就能形成一定的腐蚀坡度。

另一种保护侧壁的方法是粉蚀腐蚀法，其原理是把松香粉刷嵌在腐蚀露出的图形侧壁上，加温熔化后松香粉附于侧壁表面，也能起到保护侧壁的作用。此法需要重复许多次才会腐蚀到所需要的深度，操作比较费事，但设备要求简单。

8.3.1.2　光刻加工的原理和工艺

（1）光刻加工的原理、特点和应用范围　光刻是利用光致耐蚀剂的光化学特点，将掩膜版上的图形精确地印制在涂有光致抗蚀剂的衬底表面，再利用光致抗蚀剂的耐蚀特性，对衬底表面进行腐蚀，可获得极为复杂的精细图形。

光刻精度甚高，其尺寸精度可达到 0.01～0.05mm，是半导体器件和集成电路制造中的关键工艺之一，特别是对大规模集成电路、超大规模集成电路的制造和发展，起了极大的推动作用。利用光刻原理还可以制造一些精密产品的零部件，如刻线尺、刻度盘、光栅、细孔金属网板、电路布线板、晶闸管元件等。

（2）光刻的工艺过程　图 8-12 所示为光刻的主要工艺过程，图 8-13 为半导体光刻工艺过程示意图。

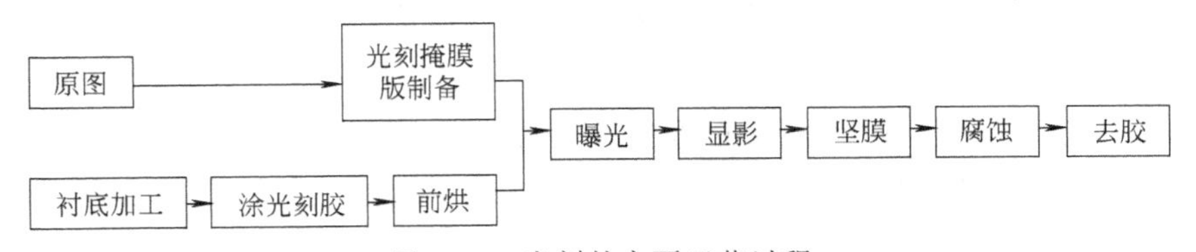

图 8-12　光刻的主要工艺过程

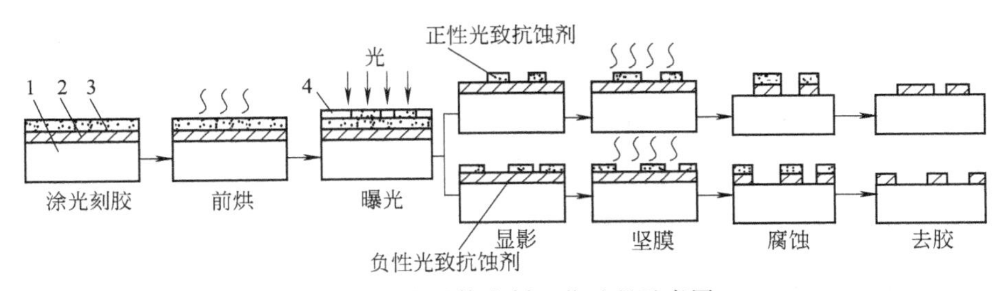

图 8-13　半导体光刻工艺过程示意图

1—衬底（硅）；2—光刻薄膜（SiO_2）；3—光刻抗蚀剂；4—掩膜板

① 原图和掩膜板的制备。原图制备首先在透明或半透明的聚酯基板上，涂覆一层醋酸乙烯树脂系的红色可剥性薄膜，把不需要部分的薄膜剥掉，而制成原图。

掩膜板的制备，如在半导体集成电路的光刻中，为了获得精确的掩膜板，需要先利用初缩照相机把原图缩小制成初缩板，然后采用分布重复照相机将初缩精缩，使图形进一步缩小，从而获得尺寸精确的照相底版。再把照相底版用接触复印法，将图形印制到涂有光刻胶的高纯度铬膜薄板上，经过腐蚀，即获得金属薄膜图形掩膜板。

② 涂覆光致抗蚀剂。光蚀剂刻蚀是光刻工艺的基础。它是一种对光敏感的高分子溶液。根据其光化学特点，可将其分为正性和负性两类。

凡是用显影液把感光部分溶除，而得到和掩膜板上挡光图形相同的抗蚀涂层的一类光致抗蚀剂，称为正性光致抗蚀剂，反之称为负性光致抗蚀剂。

③ 曝光。曝光光源的波长应与光刻胶感范围相适应，一般采用紫外光，其波长约为0.4μm。曝光方式常用的有接触式曝光，即将掩膜板与涂有光致耐蚀剂的衬底表面紧密接触而进行曝光。另一种曝光方式是采用光学投影曝光，此时，掩膜板不与衬底表面直接接触。

随着电子工业的发展，对精度要求更高的精细图形进行光刻时，其最细的线条宽度要求到1μm以下，紫外光已不能满足要求，需采用电子束、离子束或X射线等曝光新技术。电子束曝光可以刻出宽度为0.25μm的细线条。

④ 腐蚀。不同的刻光材料，需采用不同的腐蚀液。腐蚀的方法有多种，如化学腐蚀、电解腐蚀、离子腐蚀等，其中常用的是化学腐蚀法。即采用化学溶液对带有光致抗蚀剂层的衬底表面进行腐蚀。

⑤ 去胶。为去除腐蚀后残留在衬底表面的抗蚀胶膜，可采用氧化去胶法，即用强氧化剂（如硫酸-过氧化氢混合液等），将胶膜氧化破坏而去除，也可采用丙酮、甲苯等有机溶剂去胶。

8.3.2 高能束蚀刻技术

高能束蚀刻技术是利用高能量密度的束流（如激光束、电子束、离子束等）作为热源，对材料或构件进行加工的先进的特种加工技术。具体技术和应用详见8.5节高能束技术。

8.4 热扩渗技术

将工件放在特殊介质中加热，使介质中某一种或几种元素渗入工件表面，形成合金层（或掺杂质）的工艺，就称为热扩渗技术，或化学热处理技术。所形成的合金层成为热扩渗层，简称渗层。热扩渗技术的突出特点是：渗层与基体金属之间是冶金结合，结合强度很高，渗层不易脱落或者剥落。这是其他涂层方法如电镀、喷涂、化学镀，甚至物理气相沉积技术所无法比拟的。通过渗入不同合金元素或者采用不同渗入工艺，可以使工件表面获得不同组织和性能的扩渗层，从而极大提高工件的耐磨性、耐蚀性和抗高温氧化性能等。

目前，在模具表面进行热扩渗的材料包括碳、氮、硼等和这些元素的多元共渗，同时热扩渗技术在机械、化工领域中零件的表面耐磨、耐腐蚀工程中得到广泛应用。

8.4.1 热扩渗的基本原理与分类

8.4.1.1 热扩渗层形成的基本条件

渗入元素存在于扩渗层的形式只能有两种，即与基体金属形成固溶体或金属间化合物层，或者固溶体与化合物的复合层，所以形成渗层的首要基本条件就是：渗入元素必须能够与基体金属形成固溶体或金属间化合物。为此，溶质原子与基材金属原子相对直径的大小、晶体结构的差异、电负性的大小等因素必须符合一定条件；其次，欲渗元素与基材之间必须有直接接触，这一般通过设计相关的工艺或者创造各种工艺条件来实现；第三，被渗元素在基体金属中要有一定的渗入速度，否则在生产上就没有实用价值。提高渗入速度的最重要手段之一就是将工件加热到足够高的温度，使溶质元素能够有足够大的扩散系数和扩散速度。

对于靠化学反应提供活性原子的热扩渗工艺而言，还必须满足第四个基本条件：该反应必须满足热力学条件。现以渗剂为金属氯化物气体的热扩渗工艺为例来说明该热力学条件。在该热扩渗过程中，可能生成活性原子的化学反应，主要有如下三类：

置换反应　　$A+BCl_2(气) \longrightarrow ACl_2(气)+[B]$

还原反应　　$BCl_2(气)+H_2 \longrightarrow 2HCl(气)+[B]$

分解反应　　$BCl_2(气) \longrightarrow Cl_2(气)+[B]$

式中，A 为基材金属，B 为渗剂元素，设其均为 2 价。

上述反应的热力学条件应该有两层意义：第一，指在一定扩渗温度下，通过改变反应物浓度或者添加催化物，或通过提高扩渗温度能够使上述产生活性原子［B］的反应向右进行；第二，指上述反应的平衡系数至少应该大于 1%，即通过反应，至少有 1%的反应物可以提供所需要的活性原子，这是工程应用中所要求的最低实用转变量。

对于渗碳、渗氮和碳氮共渗等间隙原子的热扩渗工艺，使用的渗剂大多是有机物，在一定温度下都能发生分解。因此，提供活性原子的化学反应主要是分解反应。而对于渗金属如渗铬、渗钛、渗钒等热扩渗工艺，由于金属氯化物的标准生成焓在 1100℃ 以内都是负值，不可能发生热分解，所以主要是以置换或还原反应或者两个反应同时发生来提供活性原子。

8.4.1.2 渗层形成机理

无论是何种热扩渗工艺，扩渗层的形成机理都由下述三个过程构成。

① 渗剂元素的活性原子提供给基体金属表面。活性原子的提供方式包括热激活能法和化学反应法。除热浸渗外，热激活能扩渗法能提供的活性原子有限，渗速较慢，主要用于热浸渗、电镀渗、化学镀渗、喷镀渗和无活化剂的金属粉末热扩渗。化学反应法能不断产生活性原子，热扩渗效率更高，是生产实际中普遍应用的方法。此外，等离子体中处于电离态的原子也能提供所需要的活性原子。

② 渗剂元素的活性原子吸附在基体金属表面上，随后被基体金属所吸收，形成最初的表面固溶体或金属间化合物，建立热扩渗所必须的浓度梯度。

③ 渗剂元素原子向基体金属内部扩散，基体金属原子也同时向渗层中扩散，使扩渗层增厚，即扩渗层成长过程，简称扩散过程。扩散的机理主要有三种：间隙式扩散机理、置换式扩散机理和空位式扩散机理。前一种方式在渗入原子半径小的非金属元素时发生，后两种方式主要在渗金属时发生。

8.4.1.3 热扩渗分类

根据渗入元素的介质所处状态不同，可分为固体法、气体法、液体法和等离子法四类。按工件表面化学成分的变化特点，可分为渗入非金属元素、渗入金属元素、渗入金属-非金属元素和扩散消除杂质元素等种类。

8.4.2 气体热扩渗工艺及应用

8.4.2.1 气体热扩渗技术的基本工艺特点

气体热扩渗是把工件置于含有渗剂原子的气体介质中加热到渗剂原子能在基体中产生显

著扩散的温度，使工件表面获得该渗剂元素的工艺过程，具体分为常规气体法、低压气体法和流态床法。其工艺特点如下。

① 产生活性原子气体的渗剂可以是气体、液体、固体，但在扩渗炉内都成为气体。

② 在气体热扩渗过程中，渗剂可以不断补充更新，使活性原子的供给、吸收和向内部扩散的过程持续维持。

③ 可以随时调整炉内气氛，实现可控热扩渗。气体热扩渗工件渗层厚度均匀，易控制；容易实现机械化、自动化生产；劳动条件好，环境污染小。但设备一次性投资较大。

常规气体法是在常压下进行的热扩渗工艺，目前应用最为广泛，其生产量占整个热扩渗工艺的70%。目前应用最多的工艺是气体渗碳、气体碳氮共渗、气体氮碳共渗、气体渗氮。由于渗剂、设备等原因，气体渗金属和气体渗硼应用不多。

8.4.2.2 气体渗碳

(1) 气体渗碳工艺的基本特点　在增碳的活性气氛中，将低碳钢或低碳合金钢加热到高温，使活性碳原子进入钢的表面，以获得高碳渗层的工艺方法称为气体渗碳。钢件渗碳后，表面为高碳钢，内部仍保持低碳状态。再通过淬火以及低温回火，可使渗碳工件具有表面硬度高、耐磨损，心部硬度低、塑性和韧性好的特点，能够满足那些易磨损件的工况需求，或者需要同时承受较高的表面接触应力、弯曲力矩及冲击负荷作用的零件的性能要求。

与气体渗碳相比，固体渗碳的劳动条件差，生产效率低；液体渗碳稳定性差，工件质量波动大；等离子渗碳设备造价高，而且不够完善。所以目前绝大部分工件渗碳都是用气体渗碳。气体渗碳是应用范围最广，生产量最大，研究最深入透彻的热扩渗工艺。其生产量占整个热扩渗工艺的60%～70%。由于渗碳是在900～950℃进行，由Fe-C相图可知，碳在单一奥氏体状态下向内扩散，其渗层厚度可以根据所选用的渗剂和扩散方程精确算出。渗碳过程可以通过计算机实现精确控制，获得预期的渗碳效果。

(2) 影响气体渗碳工艺的主要因素

① 温度和时间。当工件的材质、渗碳温度和碳势确定后，渗碳时间根据渗碳层深度确定。一般浅层渗碳约2～3h，常规渗碳5～8h，深层渗碳16～30h。

② 渗碳气氛。各种渗碳剂或渗碳气体在高温下产生的活性碳原子是不一样的。为了评价气氛的渗碳能力，把在给定温度下，钢件表面碳含量与炉中气氛达到动平衡时，钢件表面的实际碳含量称为碳势。并通过控制碳势来控制气氛的渗碳能力。

③ 钢的化学成分。钢中的合金元素对钢吸收碳的能力和碳向内部扩散都有很大影响。碳化物形成元素能提高渗层表面的碳含量，增加碳的含量梯度；非碳化物形成元素则降低渗层表面的碳含量。为使渗碳件具有较高的韧性、适当的淬透性及在渗碳温度下钢中晶粒不致过分长大，渗碳钢中常含铬、钼、钛等合金元素。我国用量最大的渗碳钢是20CrMoTi，国外是20CrNiMo。

(3) 气体渗碳的主要方式　气体渗碳根据所用渗碳气体的产生方法及种类，可分为滴注式气体渗碳、吸热式气氛渗碳和氮基气氛渗碳三种类型。按获得不同渗碳层深度的工艺特点也可分为浅层、常规和深层渗碳三种类型。

① 滴注式气体渗碳。把含碳有机液体滴入或注入气体渗碳炉内，含碳有机液体受热分解产生渗碳气氛，对工件进行渗碳。滴注式气体渗碳设备简单，多用煤油作渗碳剂，成本低廉，主要应用于周期式气体渗碳炉。

② 吸热式气氛渗碳。在连续式作业炉和密封式箱式炉中进行气体渗碳时，常用吸热式气体加含碳富化气作为渗碳气氛。因为当原料气氛成分一定时，吸收式气体的CO和H_2含量基本恒定，这使碳势容易测量和控制，因此可获得具有一定表面碳含量和一定渗碳层深度

的高质量渗碳件。由于吸热式气氛需要有特殊的气体发生装置，需要一定的启动时间，故只适用于大批量生产。

③ 氮基气氛渗碳。氮基气氛渗碳是一种以纯氮作为载气，添加碳氢化合物进行气体渗碳的工艺方法。这种方法具有生产成本低，无环境污染的优点。

在我国应用最多的气体渗碳设备是井式炉。随着我国国民经济的发展，设备制造技术的提高，连续炉因具有产量大、效率高、质量稳定等特点，正在逐步取代井式炉。

(4) 气体渗碳的组织特性和基本性能　渗碳件的性能是渗层和心部组织及渗层深度与工件直径相对比例等因素的综合反映。表面硬度、渗碳层深度、心部硬度是衡量渗碳件是否合格的三大主要性能指标，它们基本决定了渗碳件的综合力学性能。对于要求高的渗碳件还需检测外观、金相组织、表面碳含量和碳含量梯度。

随着表面碳含量增加，钢的抗弯强度、冲击韧度降低，而抗扭强度及疲劳强度提高，至碳的质量分数为0.90%～1.00%时达到最大值。大多数零件以表面碳的质量分数为0.80%～1.10%最好。当碳的质量分数低于0.80%时，耐磨性和强度不足；当高于1.10%时，则因淬火后表面碳化物及残余奥氏体量增加而损害钢的性能。

渗层深度取决于零件的工作条件及心部材料的强度。零件所受负荷越大，渗碳层应越深。零件的心部硬度高，支撑渗层的强度高，渗层可以相应浅一些。渗层中的过共析区及共析区必须大于零件后续机加工磨削量和使用过程中的允许磨损量，以保证零件有足够的耐磨性。

表面硬度是渗碳层组织和表面碳含量的综合反映。当表面碳的质量分数为1.0%左右，渗层组织为粒状碳化物＋马氏体，而无网状碳化物和黑色组织时，一般渗碳钢表面硬度为58～62HRC。

心部组织及性能对渗碳强化效果也有重大影响。心部组织一般应为低碳马氏体，当零件尺寸较大时也允许索氏体，但不允许有大块或多量铁素体，后者不仅会破坏组织均匀性，而且会降低心部硬度。若心部硬度过低，零件易出现心部屈服而导致渗层剥落，造成渗碳件过早破坏；若硬度过高，则零件承受冲击载荷的能力及疲劳寿命降低。

(5) 弥散碳化物渗碳法　高合金模具钢在渗碳气氛中加热，在碳原子渗入的同时，渗层中会沉淀出大量弥散合金碳化物，从而实现了钢的表面强化。离子（CD）法渗碳层中，渗层表面碳的质量分数高达2%～3%，弥散碳化物的质量分数达50%以上，且碳化物呈细小均匀分布。CD渗碳件直接淬火或重新淬火、回火后可获得很高的硬度和优异的耐磨性。经CD渗碳的模具心部没有像Cr12型模具钢和高速钢中出现的粗大共晶碳化物和严重碳化物偏析，因而心部冲击韧度比Cr12MoV钢提高3～5倍。实践表明，CD渗碳模具的使用寿命大大超过消耗量占冷作模具钢首位的Cr12型冷作模具钢和高速钢。CD渗碳钢在模具工业上的应用效果见表8-11。

表 8-11　CD 渗碳钢在模具工业上的应用效果

模具类型	原工艺及寿命	CD 渗碳钢及寿命
薄钢板的冲压或挤压模	SKD11　3.5 万次(磨损失效)	ICS6 钢 CD 渗 C　20 万次(磨损)
金属粉末成型模	超硬材料　15 万次(断裂,不稳定)	ICS6 钢 CD 渗 C　15 万次(磨损、稳定),但模具费用大幅度减少
钟表外壳成型模	SKD11　200 次(断裂失败)	ICS6 钢 CD 渗 C　18000 次(磨损)
轴承用滚子的成型模	低 C-SKH9　8 千次(磨损失效)	ICS6 钢 CD 渗 C　21000 次(磨损)
钢制产品成型模	SKD11　150 次(断裂失效)	ICS6 钢 CD 渗 C　11000 次(磨损)

8.4.2.3 气体渗氮

将氮渗入钢件表面的过程称为渗氮。氮化层的硬度可以高达 950～1200HV，其耐磨性、疲劳强度、红硬性和抗咬合性能也优于渗碳层。钢的渗氮温度低（480～570℃），且渗氮后工艺一般按专业标准 ZB J36006—1998 进行。

渗氮层的高硬度是由于合金氮化物的弥散硬化作用导致的。氮化物自身具有很高的硬度，加上其晶格常数比基材 Fe 的大的多。因此，当它与母相保持共格联系时，使得 Fe 晶格产生很大的畸变，导致强化效应。渗氮温度不同，生成的氮化物尺寸大小不同，渗氮后硬度高低也不一样。具有很强的抗回火能力，可在 500℃以下长期保持高硬度。因此，渗氮多用于处理销、轴类和轻载齿轮等重要零件，并且渗氮前一般要进行调质处理，以获得综合力学性能良好的调质组织。

8.4.2.4 气体碳氮共渗和氮碳共渗

碳氮共渗是在渗碳和渗氮基础上发展起来的二元共渗工艺。在 520～580℃碳、氮共渗以渗氮为主，因此称之为氮碳共渗，因渗层硬度比渗氮层略低，俗称软氮化；在 780～930℃碳、氮共渗以渗碳为主，因此称之为碳氮共渗。上述工艺一般按行业标准 JB3999—1985《钢的渗碳与碳氮共渗淬火回火处理》和 JB4155—1985《气体氮碳共渗》进行。

与渗氮相比，氮碳共渗所需时间大大缩短；表面化合物层中不含脆性相，所以渗层韧性好，裂纹敏感性小，而其他性能与渗氮相似。所以氮碳共渗是一种表面硬度高、耐磨损、抗疲劳、尺寸变形小的热扩渗工艺。

与渗碳相比，碳氮共渗能在较低的温度热扩渗，零件晶粒不易长大；处理后可以直接淬火；零件变形开裂倾向小；氮的渗入不仅扩大了 γ 相区，而且提高了奥氏体的稳定性，即提高了渗层的淬透性和淬硬性；而且渗层表面残存一定的压应力，提高了零件的疲劳强度。γ 相区的扩大还使渗层的碳含量升高。所以与渗碳相比，碳氮共渗的疲劳强度、耐磨性、耐蚀性、抗回火稳定性等都更高。

8.4.3 固体热扩渗工艺及应用

8.4.3.1 固体热扩渗的基本特点

固体热扩渗是把工件放入固体渗剂中或用固体渗剂包裹工件加热到一定温度，保温一段时间使工件表面渗入某种元素或多种元素的工艺过程。在固体热扩渗中，影响渗层深度和质量的因素，除温度和时间外，主要是固体渗剂的成分。

固体渗剂根据组成主要有两类：一类是由欲渗元素的纯粉末或欲渗元素高含量的铁合金粉末、催渗剂和填充剂组成，如铬粉、氯化铵和氧化铝组成的渗铬剂；另一类是由欲渗元素的化合物、还原剂、催渗剂和填充剂组成，如氧化铬、铝粉、氯化铵和氧化铝组成的渗铬剂。根据渗剂形状特点还可分为粉末法、膏剂法等。

粉末法是最古老的热扩渗方法。这种方法是把工件埋入装有渗剂的容器内进行加热扩散，以获得所需渗层，目前应用较多的是渗碳、渗金属、金属多元共渗。粒状法是将粉末渗剂与黏结剂按适当的比例调和后制成粒状，干燥后使用。由于渗剂成分与粉末法的相似，使用方法与粉末法一样，所以粒状法实质是粉末法的一种。与粉末法相比，粒状法渗入粉末量大大降低，渗后无渗剂黏结，工件取出方便。应用较多的粒状渗剂有粒状渗硼剂、粒状渗金属剂。

膏剂法是将粉末渗剂与黏结剂按适当的比例调成膏体，然后涂在工件表面，干燥后加热扩散形成渗层。由于膏剂在工件表面一般只涂 5mm 左右厚，膏剂中不但供渗剂含量比粉末法的高，而且一般不加填充剂，只加少量使渗剂冷却后不黏结的抗黏结剂。目前应用较多的有渗硼膏剂。

固体热扩渗设备简单，渗剂配制容易，可以实现多种元素的热扩渗，适用于形状复杂的工件，并能实现局部热扩渗。但能耗大，热效率和生产效率低，工作环境差，工人劳动强度大，渗层组织和深度都难以控制，因此在使用上受到限制。

8.4.3.2 固体渗硼

将硼元素渗入工件表面的热扩渗工艺称为渗硼。渗硼能显著提高钢件表面硬度和耐磨性，特别是耐磨粒磨损能力。渗硼层还具有良好的耐热性和耐蚀性。硼碳复合渗是目前提高钢件耐磨粒磨损性能最好工艺之一。

(1) 渗硼工艺及特点　固体渗硼的工艺非常简单。将工件放入渗硼箱，四周填充渗硼剂，将渗硼箱密封后放入加热炉中加热，保温数小时后出炉。

在钢铁工件的渗硼中，由于硼在 γ 铁和 α 铁中的溶解度低于 0.002%，易与铁形成锲形的硼化物 Fe_2B。若渗硼剂活性高，在渗层中还会出现第二种硼化物 FeB，即渗层中存在 $FeB+Fe_2B$ 双相型硼化物。如图 8-14 是典型的渗硼层金相照片。图 8-15 是渗硼层的典型硼含量和硬度曲线，由此不难推断渗硼过程是渗入的硼与铁不断生成化合物的反应扩散过程，渗硼层的长大不但取决于硼的扩散速度，而且与相变反应过程密切相关。此外，渗硼层与基体间硬度陡降。FeB 和 Fe_2B 硬度高，脆性大，其中 FeB 的脆性比 Fe_2B 的更大。为了减少渗层脆性，一般渗硼件都希望 FeB 在渗层中尽可能少。另一方面，相对于渗碳和渗氮，渗硼层更薄。为了后续加工，渗硼层越厚越好。

图 8-14　20 钢渗硼以后的金相组织（950℃）

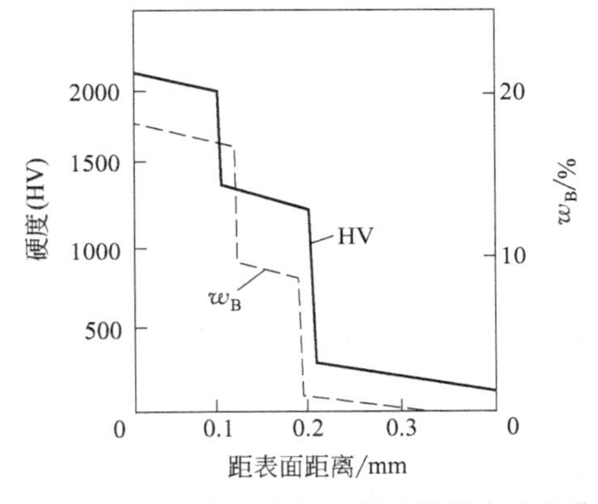

图 8-15　渗硼层的硼含量和硬度沿深度变化曲线

由于 Fe-B 的共晶温度为 1146℃，而合金元素会使共晶点下降，因此渗硼温度一般不超过 1000℃。对变形有要求的工件，钢件的渗硼温度一般为 850～900℃。

由于钢件渗硼时必须将基体中的碳向内排挤以形成 Fe-B 化合物，因此钢中碳含量越高，渗硼层越薄。钨、钛和钼会急剧降低渗硼厚度，是阻碍硼化物形成元素，铬、铝、硅影响较小，而锰、钴影响甚微。所以，国内渗硼工件多用中碳钢和中碳合金钢制造。

(2) 渗硼件的性能　渗硼件硬度极高，耐磨、耐蚀、抗氧化性能好，而且摩擦系数小。

① 硬度。FeB 显微硬度为 1800～2200HV；Fe_2B 显微硬度为 1200～1800HV。钢中含碳量的增加可减少双相型渗硼层中 FeB 的相对含量并使 FeB 硬度降低。

② 强度和耐磨性。钢件经渗硼处理后抗拉强度和韧性下降，但抗压强度提高。渗硼工件耐黏着磨损性能比渗碳淬火、离子渗氮更高，耐磨料磨损能力也非常好。

③ 耐腐蚀性能。钢件渗硼后在硫酸、盐酸、磷酸等水溶液中的耐蚀性能均明显提高，但不耐硝酸及海水腐蚀。

④ 抗高温氧化性能。渗硼层具有一定抗高温氧化性能。在空气中加热到800℃持续40h，氧化增重甚微。

8.5 高能束技术

高能束加工技术是利用高能量密度的束流（激光束、电子束、离子束）作为热源，对材料或构件进行加工的先进的特种加工技术。高能束加工技术包括焊接、切割、打孔、喷涂、表面改性、刻蚀和精细加工等各类工艺方法，并已扩展到新型材料制备领域。高能束加工技术利用高能束热源、高能量密度、可控精密控制微焦点和高速扫描的技术特性，实现对材料和构件的深穿透、高速加热和高速冷却的全方位加工，具有常规加工方法无可比拟的优点，在高新技术和国防科技发展中占有重要地位。高能束加工主要包括激光加工（laser beam machining，LBM）、电子束加工（electron beam machining，EBM）和离子束加工（ion beam machining，IBM）

8.5.1 激光表面处理

激光加工就是采用激光束提供的足够大的热能来熔化和气化加工材料的一种加工方法。激光加工中，短脉冲激光束断面功率输出大约为10kW・cm^{-2}。用聚焦的方法，可以把激光束会聚到1/100mm^2大小的部位上，其功率密度可达到10^3～10^7kW・mm^{-2}。温度可高至上万摄氏度，在如此高温下，任何坚硬的材料均可熔化和蒸发。

8.5.1.1 激光热处理

利用高功率、高密度激光束对金属进行表面处理的方法称为激光热处理。激光热处理分为激光相变硬化、激光表面合金化等表面改性工程，产生其他表面加热淬火强化达不到的表面成分、组织及性能的改变。

激光淬火为高速加热、高速冷却，获得的组织细密、硬度高、耐磨性能好，淬火部分可获得大于3920MPa的残余应力，有助于提高疲劳性能。激光热处理通过对光斑尺寸的控制可以进行局部选择性淬火，所以尤其适合其他热处理方法无法处理的不通孔、沉沟、微区、夹角、圆角和刀具刃部等局部区域的硬化。与高频及火焰表面淬火相比较，激光表面淬火受热及冷却区域极小，因而畸变极小、残余应力小，且由于无氧化、脱碳作用，淬火表面更加光亮洁净，从而可以在最终精加工工序以后进行。利用激光表面加热淬火可以改善模具表面硬度、耐磨性、热稳定性、抗疲劳性和临界断裂韧度等力学性能，是提高模具寿命的有效途径之一。

激光表面合金化是一种局部表面改性的新型热处理工艺。它是在高能量密度激光束的照射下，将外加的合金元素熔化在工件表面的薄层内，从而改变工件表面层的化学成分，形成具有特殊性能的合金化层，以提高工件表面的耐磨损、耐蚀和抗高温氧化等性能，达到材料局部表面改性的目的。激光表面合金化具有消耗合金元素少、处理速度快、变形小、效率高等优点，所以是一种有广泛应用前景的先进热处理方法。

8.5.1.2 激光雕刻

激光雕刻是利用高能量密度的激光对工件进行局部照射，使表层材料气化或发生颜色变化的化学反应，从而留下永久性标记的一种雕刻方法。因为没有和材料接触，材料硬或者柔软并不妨碍“雕刻”的速度，所以激光雕刻比用普通雕刻刀更方便。如果与计算机相配合，控制激光束移动，雕刻工作还可以自动化。把要雕刻的图案放在光电扫描仪上，扫描仪输出的信号经过计算机处理后，用来控制激光束的动作，就可以自动地在材料上将图样雕刻出来。同时，聚焦起来的激光束很细，相当于非常灵巧的雕刻刀，雕刻的线条细，图案上的细节也能够雕刻出来。激光雕刻可以加工出各种文字、符号和图案等，字符大小可以从毫米到微米数量级，这对产品的防伪有特殊的意义。激光雕刻是近年已发展至可实现亚微米雕刻，已广泛用于微电子工业和生物工程。

8.5.1.3 激光蚀刻

由于激光对气相或液相物质具有良好的透光性，所以强聚焦的紫外线或可见光激光束能够穿透稠密的、化学性质活泼的基片表面的气体或液体，并可有选择地对气体或液体进行激发。受激发的气体或液体与衬底可进行微观的化学反应，从而进行刻蚀、沉积、掺杂等细微加工。激光刻蚀是在一定气体气氛下用强激光照射硅表面，以达到极高的腐蚀速度，并可通过调节腐蚀剂量，可以加工出任何形状及轮廓。激光蚀刻技术比传统的化学蚀刻技术工艺简单，可大幅度降低生产成本，可加工 0.125～1μm 宽的线，非常适合于超大规模集成电路的制造。

8.5.2 电子束表面处理

电子束加工是在真空的条件下，利用电子束聚焦后能量密度极高的速度冲击到被加工工件表面的极小面积上，在极短的时间（几分之一微妙）内，其能量的大部分转变为热能，使被冲击部分的被加工工件材料达到几千摄氏度以上的高温，从而引起材料的局部熔化和气化。

要达到电子束加工的不同加工目的，可以通过控制电子束能量密度的大小和能量注入时间来实现。使材料局部加热可进行电子束热处理；利用较低能量密度的电子束冲击高分子材料时产生化学变化的原理，进行电子束光刻加工等。

8.5.2.1 热处理

电子束热处理也是把电子束作为热源，但适当控制电子束的功率密度，使金属表面加热而不融化，达到热处理的目的。电子束热处理的加热速度和冷却速度都很高，在相变过程中，奥氏体化时间很短，只有几分之一秒乃至千分之一秒，奥氏体晶粒来不及长大，从而获得一种超细晶粒组织，可使工件获得常规热处理不能达到的精度，硬化深度可达 0.3～0.8mm。

电子束热处理与激光热处理类同，但电子束的电热转换效率高，可达 90%，而激光的转换效率只有 7%～10%。电子束热处理在真空中进行，可防止材料氧化，电子束设备的功率可以比激光功率大，所以电子束热处理工艺很有发展前途。

如果用电子束加热金属达到表面熔化，可在熔化区加入添加元素，使金属表面形成一层很薄的新的合金层，从而获得更好的物理力学性能。铸铁的熔化处理可以产生非常细的莱氏体结构，其优点是抗滑动磨损。

8.5.2.2 刻蚀

在微电子器件生产中，为了制造多层固体组件，可利用电子束对陶瓷或半导体材料刻出许多微细沟槽和孔来，如在硅片上刻出宽 2.5μm，深 0.25μm 的细槽，在混合电路电阻的金属镀层上刻出 40μm 宽的线条。还可以在加工过程中对电阻值进行测量校准，这些都可用计算机自动控制完成。

电子束刻蚀还可以用于制板，在铜制印刷滚筒上按色调深浅刻出许多大小与深度不一的沟槽或凹坑，其直径为 70～120μm，深度为 5～40μm。

8.5.3 离子束表面处理

离子束加工的原理和电子束加工原理基本相似，也是在真空条件下，将离子源产生的离子束经过加速聚焦，使之打到工件表面。其不同之处是离子束加工是离子带正电荷，其质量比电子大数千、数万倍，所以一旦离子加速到较高速度时，离子束比电子束具有更大的撞击功能，它是靠微观的机械撞击能量而不是靠动能转化为热能来加工的。

8.5.3.1 离子注入加工

离子注入是向工件表面直接注入离子，它不受热力学限制，可以注入任何离子，且注入量可以精确控制，注入的离子是固熔在工件的材料中，含量可达 10%～40%，注入深度可达 1μm 甚至更深。

离子注入在半导体方面的应用，在国内外都很普遍，它是用硼、磷等“杂质”离子注入半导体，用以改变电型式（P 型或 N 型）和制造 P-N 结，制造一些通常用热扩散难以获得的各种特殊要求的半导体器件。由于离子注入的数量、P-N 结的含量、注入的区域都可以精确控制，所以成为制造半导体器件和大面积集成电路的重要手段。

离子注入改善金属表面性能方面的应用正在形成一个新兴的领域。利用离子注入可以改变金属表面的物理化学性能，可以制得新的合金，从而改善金属表面的抗蚀性能、抗疲劳性能、润滑性能和耐磨性能等。离子注入对金属表面进行掺杂，是在非平衡状态下进行的，能注入互不相溶的杂质而形成一般冶金工艺无法制得的一些新的合金。如将 W 注入到低温的 Cu 靶中，也可得到 W-Cu 合金等。

离子注入可以提高材料的耐腐蚀性能。如把 Cr 注入 Cu，能得到一种新的亚稳态的表面相，从而改善了耐蚀性能，离子注入还能改善金属材料的抗氧化性能。

离子注入可以改善金属材料的耐磨性能。如在低碳钢中注入 N、B、Mo 等，在磨损过程中，表面局部温升形成温度梯度，使注入离子向衬底扩散，同时注入离子又被表面的位错网络普及，不能推移很深。这样，在材料磨损过程中，不断在表面形成硬化层，提高了耐磨性。

离子注入还可以提高金属表面的硬度，这是因为注入离子及其凝集物将引起材料晶格畸变、缺陷增多，如在纯铁中注入 B，其显微硬度可提高 20%。用硅注入铁，可形成马氏体结构的强化层。

离子注入可改善金属材料的润滑性能，是因为离子注入表层，在相对摩擦过程中，这些被注入的细粒起到了润滑作用，提高了材料的使用寿命。

此外，离子注入在光学方面可以制造光波导。例如，对石英玻璃进行离子注入，可增加折射率而形成光波导。离子注入还用于改善磁泡材料性能、制造超导性材料，如在铌线表面注入锡，则表面形成具有超导性 Nb_3Sn 层的导线。离子应用的范围在不断扩大，今后也将会发现更多的应用。

8.5.3.2 刻蚀加工

离子刻蚀是从工件表面上去除材料，是一个撞击溅射的过程。当离子束轰击工件，入射离子的动量传递到工件表面的原子，传递能量超过了原子间的键合力时，原子就从工件表面撞击溅射出来，达到刻蚀的目的。为了避免入射的离子与工件材料发生化学反应，必须用惰性元素的离子。氩的原子序数高，而且价格便宜，所以通常用氩离子进行轰击刻蚀。由于离子直径很小（约为十分之几个纳米），可以认为离子刻蚀过程是逐个原子剥离的，刻蚀的分辨率可达到微米或亚微米级，但刻蚀速度很低，剥离速度大约每秒一层到几十层原子。

刻蚀加工时，对离子入射能量、束流大小、离子入射到工件的角度以及工作室气压都分别调节控制，根据不同加工需要选择参数，用亚离子轰击被加工表面时，其功率取决于离子能量和入射角度。离子能量从 100eV 增加到 1000eV 时，刻蚀率随能量增加而增加，而后增加速率逐渐减慢。离子刻蚀率随入射角 θ 增加而增加，但入射角增大会使表面有效束流减小，一般入射角 $\theta=40^\circ\sim60^\circ$时刻蚀率最高。

离子刻蚀应用的另一方面是刻蚀高精度的图形，如集成电路、声表面波器件、磁泡器件和光集成器件等微电子学器件亚微米图形。

8.6 气相沉积技术

8.6.1 物理气相沉积

物理气相沉积是用物理方法把欲涂覆物质沉积在工件表面上形成膜的过程，通常称为 PVD（physical vapour desposition）法。

在进行 PVD 处理时，工件的加热温度一般都在 600℃以下，这对于高速钢、合金模具钢及其他材料制造的模具都具有重要意义。目前常用的三种物理气相沉积方法，即真空蒸镀、溅射镀膜和离子镀，其中离子镀在模具制造中的应用较广。

离子镀是在真空条件下，利用气体放电或被蒸发物质离子化，在气体离子或蒸发物质离子轰击作用下，把蒸发物质或其反应物质蒸镀在工件上。离子镀把辉光放电、等离子技术与真空蒸镀技术结合在一起，不仅明显地提高镀层的各种性能，而且大大扩充了镀膜技术的应用范围。离子镀除兼有真空溅射的优点之外，还具有膜层的附着力强、绕射性好、可镀材料广泛等优点。例如，利用离子镀技术可以在金属、塑料、陶瓷、玻璃、纸张等非金属材料上，涂覆具有不同性能的单一镀层、合金镀层、化合物镀层及各种复合物镀层，而且沉积速度快，镀前清洗工序简单，对环境无污染，因此近年来在国内外得到迅速的发展。

离子镀的基本原理图如图 8-16 所示，借助一种惰性气体的辉光放电使金属或合金蒸气离子化。离子镀包括镀膜材料如（TiN、TiC）的受热、蒸发、沉积过程。蒸发的镀膜材料原子在经过辉光区时，一小部分发生电离，并在电场的作用下飞向工件，以几千电子伏的能量射到工件表面，可以打入基体几纳米的深度，从而大大提高了涂层的结合力，而未经电离的蒸发材料原子直接在工件上沉积成膜。惰性气体离子与镀膜材料离子在工件表面上发生的溅射，还可以清除工件表面上的污染物，从而改善结合力。

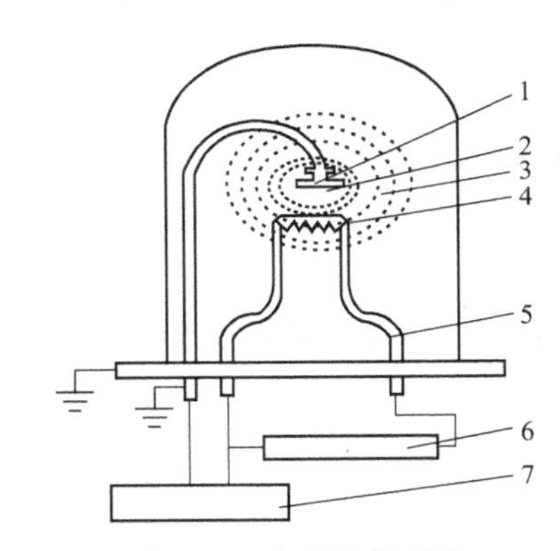

图 8-16 离子镀原理图

1—工件（阴极）；2—阴极暗部；3—辉光发电区；4—蒸发电丝（阳极）；5—绝缘管；6—灯丝电源；7—高压电源

若将反应气体导入蒸发空间便可在工件表面沉积金属化合物涂层，这就是反应性离子镀。由于采用等离子活化，工件只需在较低温度甚至在室温下进行镀膜，也完全能够保证零件的尺寸精度和表面粗糙度，因此可以安排在工件淬火、回火后即最后一道工序进行。如沉积 TiN 或 TiC 时，基体温度可在 150～600℃范围内选择，温度高时涂层的硬度高，与基体的结合力也高。基体温度可以根据基体材料及其回火温度选择，如基体为高速钢，可选择 560℃。这样对于经过淬火、回火并加工到尺寸的高精度模具，得到 10μm 厚的 TiN 或 TiC 涂层，一般只需几十分钟。

通过 PVD 法在模具上沉积 TiN 或 TiC 镀层，其性能可以和 CVD（化学气相沉积）法的镀层相比拟，且具有以下特征：

① 对上、下模都进行了高精度精加工的金属模具表面，用PVD超硬化合物镀层强化是相当有效的；

② 对粗糙的模具表面，PVD镀层的效果将丧失；

③ PVD镀层对静载荷更有效；

④ PVD镀覆前后的精度无变化，不必再次进行加工；

⑤ PVD镀层具有优越的耐磨性和高的耐蚀性。

例如，对制造螺钉用的高速钢冲头镀覆TiN，其寿命比未镀覆的冲头延长3～5倍；在汽车零件精密落料模上镀覆TiN，当被冲钢板厚度为1～3mm时，寿命延长5～6倍，但是当钢板厚度增加到5～8mm时，由于TiN层从表层脱落而丧失效果；塑料模镀覆TiN，其耐蚀性可提高5～6倍，而耐磨性同时提高，使模具寿命延长数倍。

PVD法同CVD一样能有效地强化模具的使用性能，提高模具的使用寿命。但是PVD法的绕镀性较差，对深孔、窄槽的模具就难以进行；CVD法由于沉积温度太高，使用受到一定的限制；等离子体化学气相沉积（PCVD）由于既保留传统的CVD本质，又具有PVD的优点，克服了PVD和CVD局限性，因此，PCVD技术在工业上得到广泛的应用，大幅度提高了模具的使用寿命。

8.6.2 化学气相沉积

化学气相沉积是利用气态物质在一定的温度下与固体表面进行化学反应，在表面上生成固态沉积膜的过程，通常称为CVD（chemical vapour deposion）法。

CVD法是通过高温气相反应而生成其化合物的一种气相镀覆。涂层材料可以是氧化物、碳化物、氯化物、硼化物，也可以是Ⅲ-Ⅴ、Ⅱ-Ⅳ、Ⅳ-Ⅵ族的二元或多元化合物。通过基体材料、涂层材料和工艺的选择，可以得到许多特殊结构和特殊功能的涂层。在微电子学工艺、半导体光电技术、太阳能利用、光纤通信、超导技术、复合材料、装饰和防护涂层（耐磨、耐热、耐蚀）等新技术领域得到越来越多的应用。例如Cr12MoV钢制冷冲裁模，用CVD法沉积TiN涂层，其使用寿命提高2～7倍；Cr12MoV钢制冷拉深凸模，用于黄铜弹壳的成型，经CVD法沉积6～8μm厚的TiC涂层，其寿命高达100万次，比镀铬凸模提高4倍。

8.6.2.1 CVD装置及分类

图8-17是CVD法所用设备的示意图。CVD反应需要获得真空并加热到900～1100℃。钢件要覆以TiC层，将钛以挥发性氯化物的形式与气态或蒸发态的碳氢化合物一道放入反

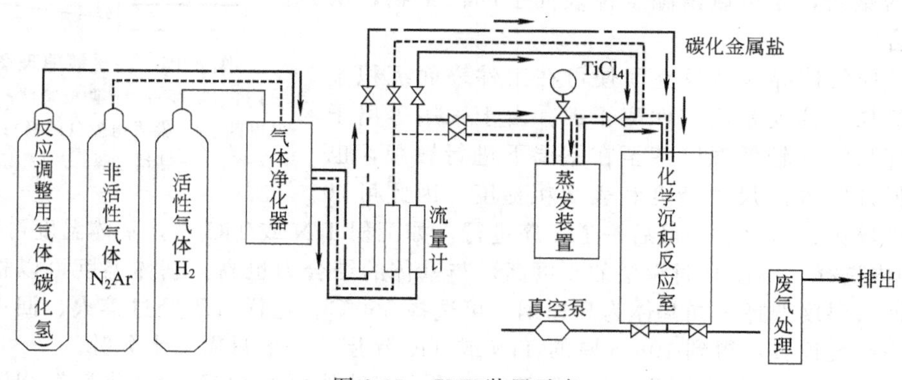

图8-17 CVD装置示意

应室内，用氢作为载体气和稀释剂，就会在反应室内的钢件表面上发生反应形成 TiC，沉积在钢件表面，钢件经沉积后，还需要进行热处理，可以在同一反应室内进行。

CVD 技术有多种分类方法，按主要特征进行综合分类，可分为热 CVD、低压 CVD、等离子体 CVD、激光 CVD、金属有机化合物 CVD 等。

8.6.2.2 CVD 技术在模具上的应用

（1）CVD 技术应用于模具生产的条件　要使 CVD 涂层在模具生产中达到规定的指标，必须具备以下一些条件。

① 合理选择涂层材料。根据工件的服役条件选择具有相适应的物理、化学性能的涂层材料，有时根据需要可以选择一定匹配的多层膜。

② 选好基体材料。首先要满足服役条件以及涂层与基体之间的匹配性，如两者的热胀系数、界面能、化学性、冶金性以及两者之间是否会生成脆的或软的中间过渡层等。由于热化学性气体沉积的处理温度较高，必须考虑基体材料的耐热性和组织结构的变化情况，因此一般选择硬质合金、高速钢、高碳高铬钢、热模钢等作为基体材料。

③ 确定合适的涂层厚度。太薄的涂层不能获得最佳的性能和寿命，而太厚的涂层将呈现脆性以及涂层与基体之间结合力变差。通常用的高温 CVD 涂层厚度范围：TiC 为 2～8μm；TiN 为 5～14μm；复合涂层为 3～15μm。具体厚度要根据服役条件来选择。

④ 选用良好的设备和正确的实施工艺。除达到技术性能指标外，力求用微机自动监控全部工艺参数与程序，可靠地保证涂层质量和工艺的重现性。

（2）CVD 技术在模具生产中应用实例　拉深模沉积 TiC；拉深模直径（27.07+0.02)mm；钢材部分（质量分数）：w（C）2%、w（Cr）12%、w（W）1%、w（Mo）0.5%、w（Co）1%。

① 预处理。加热至 1030℃退火 3h 后加工成型，毛坯尺寸略大于最终尺寸 0.2mm，再将毛坯加热至 980℃，用压缩空气冷却，然后在 200℃油冷，处理后的硬度为 850HV，精加工拉深模直径至最终尺寸 27.70mm，真空脱气，用刚玉糊抛光。

② 沉积。混合反应气体为 $H_2+TiCl_4+CH_4$，温度为 1000℃，保温 2.5h 后将反应罐投入水中冷却至室温，获得 6～10μm 有光泽、表面粗糙度值为 1.5μm 的 TiC 涂层。

③ 后处理。沉积后的拉深模直径为 27.053mm，将它放在丙酮浴中，然后逐步加入干冰，冷却至 80～－70℃，保持 1h，自冷浴中取出拉深模并慢慢加热至室温。此时直径为 27.090mm，基体硬度为 900HV，再将模具进一步在 200℃油浴中回火。冷却至室温后直径为 27.072～27.075mm，符合公差要求，此时的硬度为 830HV。

习　题

8-1　简述光整加工的特点和分类。

8-2　常用光整加工方法有哪些？研磨抛光质量与哪些因素有关？

8-3　电镀和化学镀工艺有什么不同？

8-4　蚀刻加工有哪些方法？

8-5　简述热扩渗需要哪些条件。

8-6　与渗碳相比，渗氮工艺有哪些特点？

8-7　影响固体热扩渗层深度和质量的因素有哪些？

8-8　简述 PVD、CVD 工艺特点。

8-9　影响 CVD 涂层质量的因素有哪些？

9.1 模具快速成型加工的基本原理

9.1.1 快速成型加工概述

快速成型加工又称快速原型制造（rapid prototyping manufacturing，RPM)。20 世纪 80 年代后期，RPM 技术在美国首先产生并商品化。从那时起，RPM 以离散堆积原理为基础和特征，即它首先将零件的 CAD 模型离散化，成为层状的离散面、离散线和离散点，然后采用多种手段，将这些离散面、线段和点按层堆积形成零件的整体形状。RPM 工艺过程无须专用工具，工艺规划步骤简单，所以制造速度比传统方法快得多。

国际上首台快速成型机于 1987 年诞生于美国，是由美国 3D 系统公司制造的 SLA-1。这台机器在 1987 年 11 月在底特律 AUTOFACT 展览会上进行了展示。此后 RPM 发展迅猛。美国在该技术领域一直处于领先地位，日本和欧洲等工业发达国家都投入了大量资金进行研究与开发。

我国 RPM 技术的研究始于 1991 年。清华大学、西安交通大学、华中科技大学、南京航空航天大学等高校和北京隆源 RPM 公司、广州中望商业机器有限公司等都在 RPM 的研究与应用方面取得了显著成果。多年来，我国 RPM 飞速发展，已研制出与国外立体光刻 (SLA)、分层实体制造（LOM)、选择性激光烧结（SLS)、熔融沉积制造（FDM）等工艺方法相似的设备，并逐步实现了商品化，其性能达到了国际水平。

9.1.2 快速成型加工的基本原理与基本过程

RPM 是基于离散堆积成型思想的新型成型技术，是综合利用 CAD 技术、数控技术、激光加工技术和材料技术实现从零件设计到三维实体成型制造一体化的系统技术。

RPM 的实现基本过程如下。

① 由 CAD 软件设计出所需零件的计算机三维曲面或实体模型；

② 根据工艺要求，将三维模型沿一定方向（通常为 Z 向）离散成一系列有序的二维片层（分层)；

③ 根据每层轮廓信息，进行工艺规划，选择加工参数，自动生成刀具移动轨迹和数控

加工代码；

④ 对加工过程进行仿真，确定数控代码的正确性；

⑤ 成型机制造一系列层片并自动将它们连接起来，得到三维物理实体。

这样将一个物理实体的复杂的三维加工离散成一系列片层的加工，大大降低了加工难度，且成型过程的难度与待成型的物理实体形状和结构的复杂程度无关。

9.1.3 快速成型加工的特点

在 RPM 发展过程中，我们可以看到 RPM 具有以下几个主要特点。

（1）实体自由成型制造　RPM 具有高度柔性，可以制造任意复杂形状的三维实体。RPM 不需专用的模腔或夹具，零件的形状和结构也不受任何约束。因此既可以增加成型工艺的柔性，又可节省制造成本。

（2）直接 CAD 制造　RPM 是 CAD 模型直接驱动，无须人员干预或较少干预，易于实现设计与制造一体化。

（3）离散堆积制造　RPM 具有模型信息处理过程的离散性，成型物理过程的材料堆积性。

（4）即时制造　RPM 具有成型全过程的快速性。由于无须针对特定零件制定工艺操作规程，也不需要准备专用夹具和工具，RPM 制造一个零件的全过程远远短于传统工艺相应过程，使得 RPM 更适合于新产品开发。

（5）分层制造　RPM 将复杂的三维加工分解为一系列二维层片的加工，以层作为最小制造单位。

（6）材料添加制造　RPM 将材料单元采用一定方式堆积、叠加成型，有别于去除成型原理的新工艺。

9.2 快速成型加工的方法

9.2.1 立体印刷成型

立体印刷成型（stereolithgraphy apparatus，SLA）又称为光敏液相固化法和立体光刻成型。如图 9-1 所示，在液槽里盛有液态的光敏树脂，在紫外光照射下产生固化，工作平台位于液面之下。成型作业时，聚焦后的激光束或紫外光光点在液面上按计算机指令由点到线，由线到面的逐点扫描，扫描到的地方光敏树脂液被固化，未被扫描的地方仍然是液态树脂。当一个层面扫描完成后，升降台下降一个层片厚度的距离，重新覆盖一层液态光敏树脂，再次进行第二层扫描，新固化的一层牢固地粘接在前一层上，如此重复至整个三维形体制作完毕。

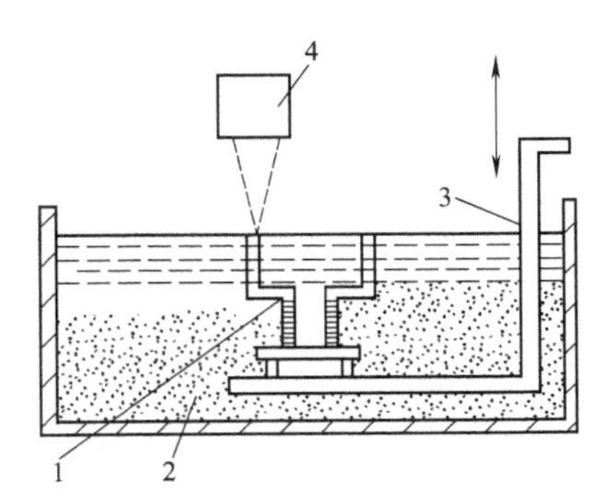

图 9-1　SLA 工作原理

1—原型；2—光敏树脂；3—升降台；4—激光光源

SLA 是第一种投入商业应用的 RPM 技术，SLA 法的工艺特点是：可成型任意复杂形状的零件；成型精度高，可达到 $\pm 0.1\mu m$ 的尺寸精度；表面质量好；可直接制造塑料件，产品为透明体；材料利用率高，性能可靠。SLA 法工艺适用于产品外形评估、功能试验、快速制造电极和各种快速经济模具。其不足之处是：设备昂贵，运行费用高；可选材料种类有限，必须是光敏树脂，且光敏树脂有一定毒性，不符合绿色制造趋势；工件成型过程中不可避免地使聚合物收缩产生内应力，从而引起工件变形；需要设计工件的支撑结构，确保在成型过程中工件的每一结构部位都能可靠定位。

9.2.2 层合实体制造

层合实体制造（laminated object manufacturing，LOM）工艺，又称叠层实体制造或分层实体制造，由美国 Helisys 公司的 Michael Feygin 于 1986 年研究成功，并推出了商品化的机器。

LOM 法是利用背面带有胶黏剂的箔材或纸材通过互相黏结而成的。如图 9-2 所示，单面涂有热熔胶的纸卷套在纸辊上，并跨过支撑辊缠绕在收纸辊上。伺服电动机带动收纸辊转动，使纸卷移动一定距离。工作台上升至与纸面接触，热压辊沿纸面自右向左滚压，加热纸背面的热熔胶，并使这一层纸与基板上的前一层纸黏合。二氧化碳激光器发射的激光束跟踪零件的二维截面轮廓数据进行切割，并将轮廓外的废纸涂料切割出方形小格，以便于成型过程完成后的剥离。每切割完一个截面，工作台连同被切出的轮廓层自动下降至一定高度，重复下一次工作循环，直至形成由一层层横截面黏叠的立体纸质原型零件。然后剥离废纸小方块，即可得到性能似硬木或塑料的“纸质模样产品”。

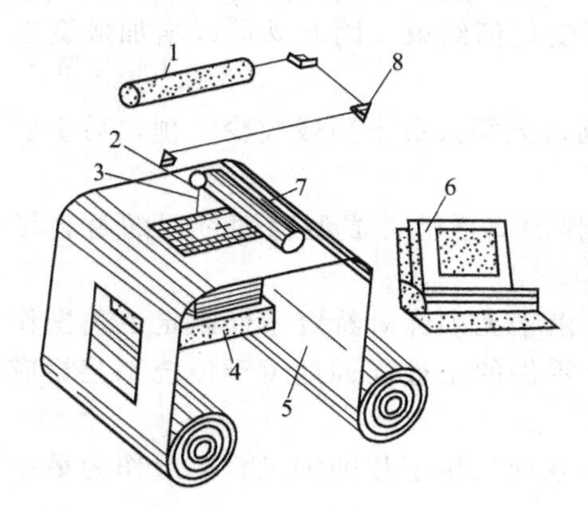

图 9-2 LOM 工作原理

1—激光器；2—定位装置；3—切割头；4—加工平台；5—涂胶纸带；6—工控机；7—加热辊筒；8—外光路

LOM 的优点是：成型速度快，设备价格低廉，成型材料便宜，无相变，无热应力，形状和尺寸精度稳定，能制造大尺寸零件，工业应用面广。其缺点是：可供选用的原材料种类较少，虽然可选用如纸、塑料、陶土及合成材料，但目前常用的只是纸、箔材；纸质零件易吸潮，必须立即进行后处理，上漆；难以制造精细形状的零件；成型后难以去除内部废料，该工艺不宜制造内部结构复杂的零件。适合于航空、汽车等行业中体积较大的制件。

9.2.3 选区激光烧结

如图 9-3 所示，选区激光烧结（selective laser sintering，SLS）工艺是在一个充满氮气的惰性气体加工室中作业。先将一层很薄的可熔性粉末沉积到成型桶的底板上，该底板可在成型桶内作上下垂直运动。然后按 CAD 数据控制二氧化碳激光束的运动轨迹，对可熔粉末进行扫描融化，并调整激光束强度使其正好能将层高为 0.125～0.25mm 的粉末烧结成型。这样，当激光束按照给定的路径扫描移动后就能将所经过区域的粉末烧结，从而生成零件原型的一个个截面。如同 SLA 工艺方法一样，SLS 每层烧结都是在前一层顶部进行，这样所烧结的当前层能够与前一层牢固的粘接。在零件原型烧结完成后，可用刷子或压缩空气将未烧结的粉末去除。

SLS 工艺的特点是：能制造很硬的零件；取材广泛，所用的材料包括石蜡粉、绝大多数工程塑料、金属和陶瓷等；无须设计和构建支撑结构。其缺点是：预热和冷却时间长，总的成型周期长；零件表面粗糙度的高低受材料粉末颗粒及激光点大小的限制；零件的表面一般是多孔性的，后处理较为复杂。

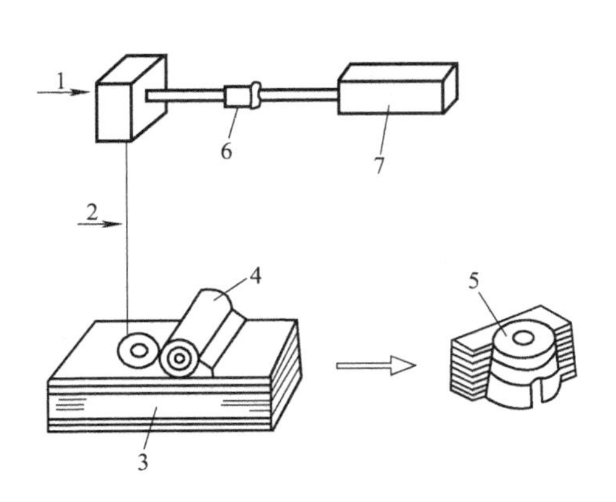

图 9-3　SLS 工作原理

1—扫描镜；2—激光束；3—粉末；4—水平辊；5—SLS 零件；6—透镜；7—激光器

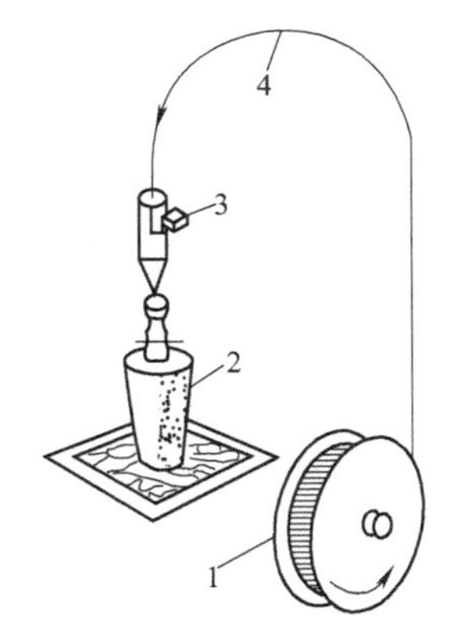

图 9-4　FDM 工作原理

1—丝轮；2—快速原型；3—喷头；4—丝

9.2.4　熔融沉积制造

熔融沉积制造（fused deposition modeling，FDM）工艺使用一个外观很像二维平面绘图仪的装置，只是笔头被一个挤压头代替（图 9-4）。通过挤出一束非常细的热熔塑料丝的方法来成型堆积由切片软件所给出的二维切片薄层。同样，制造原型从底层开始，一层一层进行。由于热熔塑料冷却很快，这样形成了一个由二维薄层轮廓堆积并黏结成的立体原型。

FDM 工艺无需激光系统，因而设备简单，运行费用较低；所用材料为聚碳酸酯、铸造蜡材和 ABS，可实现塑料零件无注塑模成型制造；可快速制造薄壁类零件，但需要支撑，精度较低，故难以制造复杂的零件。这种方法适合于产品概念建模及功能测试。

9.2.5　典型快速成型加工方法的比较与选用

SLA 工艺使用的是遇到光照射便固化的液体材料（也称光敏树脂），当扫描器在计算机的控制下扫描光敏树脂液面时，扫描到的区域就发生聚合反应和固化，这样层层加工即完成了原型的制造。SLA 工艺所用激光器的激光波长有限制。采用这种工艺成型的零件有较高的精度且表面光洁，但其缺点是可用材料的范围较窄，材料成本较高，激光器价格昂贵，从而导致零件制作成本较高。

LOM 工艺的层面信息通过每一层的轮廓来表示，激光扫描器动作有这些轮廓信息控制，它采用的材料是具有厚度信息的片材。这种加工方法只需要加工轮廓信息，所以可以达到很高的加工速度。其缺点是材料范围很窄，每层厚度不可调整，每层轮廓被激光切割后留下燃烧的灰烬，且燃烧时有较大的烟雾。

SLS 工艺使用固体粉末材料，该材料在激光的照射下吸收能量，发生熔融固化，从而完成每层信息的成型。这种工艺的材料运用范围很广，特别是在金属和陶瓷材料的成型方面有独特的优点。其缺点是所成型的零件精度较差，表面粗糙度较高。

FDM 工艺不采用激光作能源，而是用电能加热塑料丝，使其在挤出喷头前达到熔融状态，喷头在计算机的控制下将熔融的塑料丝喷涂到工作台上，从而完成整个零件的加工过程。这种方法的能量传输和材料传输均不同于前面的三种工艺，系统成本较低。其缺点是由于喷头的运动是机械运动，速度有一定限制，所以加工时间稍长；成型材料适用范围不广；喷头孔径不可能很小，因此原型的成型精度较低。表 9-1 为上述几种典型的 RP 工艺优缺点比较。

表 9-1 几种典型的 RP 工艺优缺点比较

RP 快速成型工艺	精度	表面质量	材料质量	材料利用率	运行成本	生产成本	设备费用	市场占有率/%
SLA	好	优	较贵	接近 100%	较高	高	较贵	70
SLS	一般	一般	较贵	接近 100%	较高	一般	较贵	10
LOM	一般	较差	较便宜	较差	较低	高	较便宜	7
FDM	较差	较差	较贵	接近 100%	一般	较低	较便宜	6

9.2.6 快速成型加工对精度的影响

成型精度是快速成型技术在工业应用中的关键问题之一，也是 RP 研究的重点，但目前高的成型精度往往难以保证。

（1）CAD 模型离散化过程中的精度损失　快速成型通常采用的文件为由 CAD 软件转化来的 STL 格式。也就是采用 STL 文件格式的三角面片来近似逼近 CAD 模型，这一网格化过程给模型精度带来一定损失。

（2）材料的影响　材料的物理特性，如材料粒度、密度、热膨胀系数、收缩性能以及流动性等对零件的质量具有重要的影响。这些因素除了影响成型件的内在质量外，还对成型件的精度和表面粗糙度有着显著的影响。

（3）工艺参数的影响　激光和成型工艺参数，如激光功率、扫描速度和方向及间距、成型温度、成型时间以及层厚度等对层与层之间的粘接、烧结体的收缩变形、翘曲变形甚至开裂都会产生影响。上述各种参数在成型过程中往往是相互影响的，如降低扫描速度和扫描间距或增大激光功率可减小表面粗糙度，但扫描间距的减小会导致翘曲趋向增大。

在快速成型加工过程中，对工件精度影响的因素很多，也因成型方法不同而有所不同。

9.2.7 快速成型加工在模具制造中的应用

传统的模具制造过程集机械加工、数控加工、电加工、铸造等先进的制造工艺与设备和加工者高超的技艺于一身，生产出高精度、高寿命的模具，用于大批量生产各种各样的金属、塑料、橡胶、陶瓷、玻璃等制品。但是这样的模具生产方式周期长、成本高，不能适应新产品试制、小批量生产以及千变万化的消费市场和激烈的市场竞争。为适应这一要求发展起来的经济快速模具技术，采用陶瓷型精铸、熔模铸造、硅胶翻模、中低熔点合金浇注、电弧喷涂、电铸等工艺，在显著缩短周期和大大降低成本的前提下，可生产出满足使用要求和适应产品批量的模具。但因其工艺粗糙、精度低、寿命短，很难完全满足用户的要求，而应用 RPM 技术制造快速模具则较好地解决了这个问题。采用基于 RPM 的快速模具技术，从模具的概念设计到制造完毕仅为传统加工方法所需时间的 1/3 左右，是模具制造在提高质量、缩短研制周期、提高制造柔性等方面取得了明显的效果。

RPM 技术在模具制造方面的应用可分为 RP 原型间接快速制模和 RP 直接快速制模，主要用于制造注塑类模具、冲压类模具和铸造类模具等。通过将精密铸造、中间软模过渡法以及金属喷涂、电火花加工、研磨等先进模具制造技术与快速成型制造相结合，就可以快速地制造出各种金属型模具来。

直接快速制模技术其制造环节简单，能充分发挥 RP 技术的优势，特别是对于那些需要复杂形状的内流道冷却的模具，采用直接快速制模法有着其他方法不能替代的地位。但是，直接快速制模在模具精度和性能控制方面比较困难，特殊的后处理设备与工艺使成本有较大的提高，模具的尺寸也受到较大的限制。与之相比，间接快速制模将 RP 技术与传统的模具翻制技术相结合，由于这些成熟的翻制技术的多样性，可以根据不同的应用要求，使用不同复杂程度和成本的工艺，一方面可以较好地控制模具的精度、表面质量、力学性能与使用寿命，另一方面也可以满足经济性的要求。因此，目前工业上多使用间接快速制模技术。

图 9-5 所示为基于 RP 的快速制模技术的分类及应用。

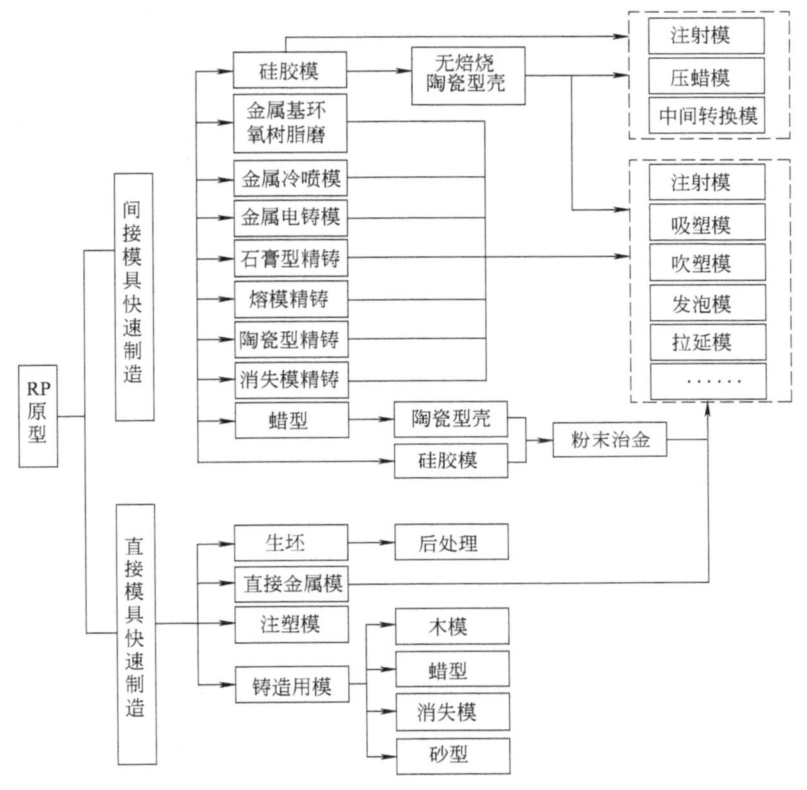

图 9-5 基于 RP 的快速制模技术的分类及应用

9.2.7.1 利用 RPM 原型直接制造模具

直接法是指根据模具的 CAD 模型由 RP 系统直接制造成型，它不需要 RP 制作样件，也不依赖传统的模具制造工艺，对模具的制造尤其快捷，是一种有开发前景的快速模具制造方法。

（1）LOM 法直接制造模具 采用 LOM 工艺成型的纸基原型可直接用来代替传统木模，不仅大大缩短了制模时间，而且原型的尺寸精度也比木模高，强度和尺寸稳定性也优于木模。对于形状复杂的高精度模具，其优点尤为突出。经表面处理后，可用作砂型铸造的木模，一般可用来重复制作 50～100 件砂型。其不足之处是 RP 原型经长时间保存后会产生变形。

LOM 法主要用以制造下列用途的纸模具：灌注石蜡铸造蜡模的模具、石膏成型模、塑料压铸成型模和低熔点合金铸造模等。

（2）SLS 法直接制造模具 采用 SLS（selective laser sintering）工艺可以选择不同的粉末来制造不同用途的模具。用 SLS 法可直接烧结金属模具或陶瓷模具，用作注塑、压铸、挤塑等塑料成型模及冲压成型模。SLS 可直接烧结涂敷有黏结剂的金属粉末，当模型制造完成后，再加热去除黏结剂，并对模型进行金属浸渗，从而获得金属模具。

9.2.7.2 利用RPM技术间接制造模具

根据材质的不同，间接制模法生产出来的模具一般分为软质模具和硬质模具两大类。

(1) 利用RPM原型制造软质模具　软质模具因其所使用的软质材料（如硅橡胶、环氧树脂等）有别于传统的钢质材料而得名。这些软模具可用作试制、小批量生产用注塑模，制造硬模具的中间过渡模和低熔点合金铸造模等。这些软模具具有很好的弹性、复印性和一定的强度，在浇注成型复杂模具时，可以大大简化模具的结构设计，且便于脱模。例如，TEK高温硫化硅橡胶的抗压强度可达12.4～62.1MPa，承受工作温度150～500℃，模具寿命一般为200～500件。一般室温固化硅橡胶构成的软模具寿命为10～25件，环氧树脂合成材料构成的软模具寿命为300件。由于其制造成本低和制作周期短，因而在新产品开发过程中作为产品功能检测和投入市场试运行以及在国防、航空等领域的单件、小批量产品的生产方面受到高度重视，尤其适合于批量小、品种多、改型快的现代制造模式。其工艺流程是将快速原型配置浇注系统作为芯模，悬置于模盒内，注入流态硅胶，经真空脱气、固化后沿预设的分型面分开，模具制造即告完成。硅胶模具可以用来制作塑料件和低熔点合金件，寿命只有几十次至上百次。

软质模具制作工艺流程如图9-6所示。

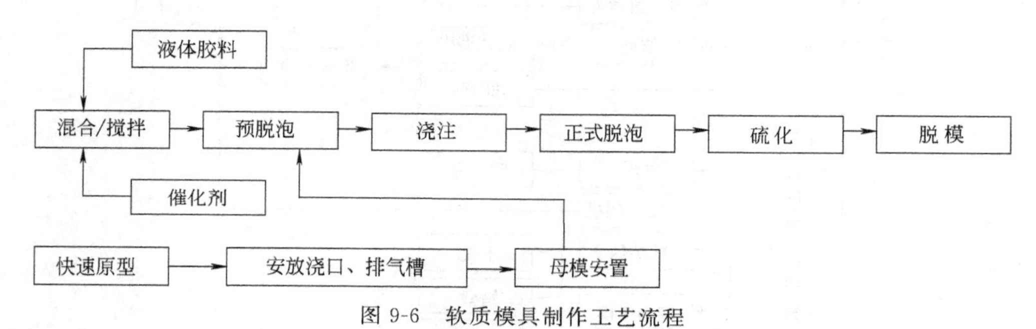

图9-6　软质模具制作工艺流程

(2) 利用RPM原型制造硬质模具　软质模具生产制品的数量一般为50～5000件，对于中大批量的产品，仍然需要传统的硬质模具。硬质模具主要用于砂型铸造、消失模的压型制作、注塑模以及简易非钢质拉伸模。硬质模具制造主要有以下几种方法。

① 电火花加工法。电火花加工法是利用RPM原型制作EDM电极，然后利用电火花加工制作钢模。其制作过程一般为：RPM原型→三维砂轮→石墨电极→钢模。

② 熔模精密铸造法。在批量生产硬质模具时可采用熔模精密铸造法。该方法是利用RPM原型或根据原型翻制的软质模具生产蜡模，然后利用熔模精铸工艺制作钢质模具。大部分的RPM原型都可以作为熔模精密铸造的母模。其工艺路线是：RP原型（中间过渡模）→制作蜡型→熔模铸造→成型/处理→模具。

③ 陶瓷型精密铸造法。在陶瓷型精密铸造中，通常采用的母模（如木模、石膏模和金属模等）存在着加工困难、精度难以保证、制造周期长、使用寿命短和成本高等问题，因此对于复杂形状的零件，将RP原型技术直接用于陶瓷型铸造，可比传统加工方法节省工时，降低成本。其工艺路线是：RP原型→软模→移出母模→浇注/喷涂浆料→浇注金属→成型/处理→模具。

④ 金属熔射喷涂制造法。金属熔射喷涂制造模具的方法是在RP原型或过渡模型为母模的表面上，用电弧或等离子喷涂雾状金属，形成金属硬壳层，移去母模后，在金属壳背面补铸金属基合成材料或环氧树脂，形成硬背衬，经后处理得到金属表面与硬背衬构成的模

具。用该方法制作的模具机械性能较好，精度也容易保证，可以制作工作压力较高的模具，模具寿命可达1000～30000件。

⑤ 铝基合成材料制造法。以RP原型为母模，浇注硅橡胶等软材料形成软模具，再在软模具中浇注室温下液态铝基合成材料形成型腔，型腔经后处理制得模具。由于是在室温下浇注，避免了高温熔化金属浇注导致的较大翘曲变形，精度容易得到保证。用这种方法制作的注塑模具寿命一般为500～5000件（取决于被注射成型零件的材料和形状）。

⑥ 化学黏结陶瓷材料制造法。以RP原型为母模，浇注硅橡胶等软材料形成软模具，再在软模具中浇注化学黏结陶瓷材料（CBC），在205℃下固化形成型腔，经处理后制得模具。用该法制得的模具寿命一般为300件。其工艺路线为：快速原型制作纸质母模→（浇注硅橡胶、环氧树脂、聚氨酯等软材料）构成软质模具→移去母模→在软模中浇注化学黏结陶瓷（CBS）→在205℃下固化CBS型腔→型腔表面抛光，加入浇注系统和冷却系统→小批量生产用注塑模。

⑦ 铸造法。用快速原型作为石蜡铸造模具的蜡型或砂型铸造模具的模型，制作铸造壳型或砂型，然后浇注出金属模具来，但铸造出来的模具一般还要经过打磨或少量切削加工。

⑧ 钢丝模具。钢丝模具是利用细钢丝在某个方向沿快速原型的外形排列而形成模腔的模具。钢丝可采用机械紧固，也可在钢丝上涂抹或在钢丝间注入环氧树脂或低熔点合金等作为黏结剂，压紧固化后即可。模腔内壁可冷喷涂金属合金，以提高使用寿命和表面质量。钢丝模不但适合生产塑料制品，还可用于生产金属制品。

⑨ 电铸制模。电铸制模法的原理和过程与金属喷涂法比较类似。它是采用电化学原理，通过电解液使金属沉积在原型表面上，再背衬其他充填材料来制作模具的方法。电铸法制作的模具复制性好且尺寸精度高，适合于精度要求较高、形态均匀一致和形状花纹不规则的型腔模具，如人物造型模具、儿童玩具和鞋模等。

习　题

9-1　简述快速成型加工的基本过程。

9-2　快速成型加工与传统成型方式的主要区别表现在哪些方面？

9-3　分别简述SLA、LOM、SLS及FDM成型的工艺特点。

9-4　影响快速成型精度的主要因素有哪些？

9-5　快速成型技术在模具制造方面的应用中有哪些常用的工艺方法？

10.1 并行工程

10.1.1 并行工程的提出

20 世纪 80 年代中期以来，制造业商品市场发生了根本性的变化。同类商品日益增多，企业之间的竞争愈来愈激烈，而且越来越具有全球性。顾客对产品质量、成本和种类要求越来越高，产品的生命周期越来越短。因此，企业为了赢得市场竞争的胜利，就不得不解决加速新产品开发、提高产品质量、降低成本和提供优质服务等一连串的问题。然而在这些问题中，迅速开发出新产品，使其尽早进入市场成为赢得竞争胜利的关键。因此在这里最核心的是时间。然而要解决这一问题，必须改变长期以来传统的产品开发模式。传统的产品开发模式是沿用“串行”、“顺序”和“试凑”的方法，即先进行市场需求分析，将分析结果交给设计部门，设计部门人员进行产品设计，然后将图纸交给另一部门进行工艺方法的设计和制造工装的准备，采购部门根据要求进行采购，等一切都齐备以后进行生产加工和测试。产品结果不满意时再反复修改设计和工艺，再加工、测试，直到满足要求。这种方法由于在产品设计中各个部门总是独立地进行，特别是在设计中很少考虑到工艺和工装部门的要求，制造部门的加工生产能力、采购部门的要求，以及检测部门的要求等，因此常常造成设计修改大循环，严重影响产品的上市时间、质量和成本。

为了改变这种传统的产品开发模式，赢得市场和竞争，在 20 世纪 80 年代初，人们不得不开始寻求更为有效的新产品开发方法。1986 年，美国国防部防御分析研究所提出了“并行工程”（concurrent engineering，CE）的概念，并定义：“并行工程是集成地、并行地设计产品及其相关的各种过程（包括制造过程和支持过程）的系统方法。这种方法要求产品开发人员从设计一开始就考虑产品整个生命周期中从概念形成到产品报废处理的所有因素，包括质量、成本、进度计划和用户的要求。”

根据这一定义，并行工程是组织跨部门、多学科的开发小组，在一起并行协同工作，对产品设计、工艺、制造等各方面进行同时考虑和并行交叉设计，及时地交流信息，使各种问题尽早暴露，并共同加以解决。这样就使产品开发时间大大缩短，同时质量和成本都得到改善。

进入20世纪90年代后，美国许多大公司开始了并行工程实践的尝试，取得了实效。并行工程开始成为全球制造业关注的热点问题。并行工程在90年代开始传入我国。我国“863”计划CIMS主题下专门列入了并行工程方面的研究课题，不少研究人员开始了这方面的研究。并行工程在我国研究界、工业界正是方兴未艾的研究课题。

10.1.2 并行工程的关键技术

并行工程作为一种有效的解决方案，正在逐步发展起来。这种方法可以使产品开发人员从一开始就考虑到从概念设计到消亡的整个生命周期的所有因素。包括质量、成本、作业调度以及用户需求。在模具制造企业中实行并行工程使得在模具设计阶段，甚至在模具的报价阶段，就能够全面考虑与模具制造相关的各种因素，按并行的方式来安排生产。这将有助于缩短模具交货期，提高模具质量，降低模具开发成本。这是一种提高企业竞争力的有效手段。

10.1.2.1 模具制造并行工程的组织结构

模具制造是产品开发中至关重要的一个环节，也是批量生产得以投入市场的先决条件。由于产品的开发周期越来越短，留给模具开发的时间也越来越短，模具开发一次成功的需求越来越迫切，因此，建立在经验基础上的边做边改的传统模具开发模式显然无法满足这种需要，寻求新的模具开发模式已刻不容缓，模具制造并行工程的提出也就是水到渠成的事了。

实施模具制造并行工程，要求在设计的早期阶段就充分考虑后续环节各相关因素的影响。为此，首先要建立由各部门人员共同组成的模具开发多功能工作小组。模具生产经营过程大致分为合同签订、模具设计（包括工艺设计和数控编程）、材料供应、模具加工、试模修模和成本核算等过程。这些过程并不是独立的，它们之间存在着复杂的相互依赖和相互制约的关系。如果不考虑这些约束关系，就会造成大量的设计返工，不仅浪费人力、物力资源，而且使模具生产周期延长，成本居高不下，质量难以控制，从而使企业失去信誉和竞争力。因此，必须组建包括模具销售、模具设计、工艺设计、数控编程、模具加工、模具装配、试模修模以及质量检查等专门人员和用户代表等方面在内的模具开发并行工程工作小组协同工作，从而尽可能集中群众智慧，获取最优设计方案，减少设计返工，提高设计质量。

在承接模具开发任务时，并行工程开发模式强调工作小组各个成员时刻明白自己的职责和任务，协同工作，共同对特定的模具开发任务负责。同时借助CAx、DFx等并行设计支持工具，使在设计甚至报价的早期阶段就能充分考虑、分析、评估模具制造全过程的所有影响因素，并采用并行工程方法和技术实施信息发布、设计评审和进行设计冲突检测与消解。

10.1.2.2 模具制造并行工程的关键技术

实施模具制造并行工程需要有相应的支持环境。其基本思想是：以产品数据管理系统为集成平台，在数据库管理系统、知识库管理系统和计算机网络系统的支持下，利用DFM工具和各种相关的模具设计与制造知识，采用基于特征的集成产品信息模型，实现模具开发。

各相关环节内部及各环节间的信息共享，建立并行工程支持环境，支持协同工作，从而减少设计反复，最终缩短模具开发周期，降低成本，提高质量。其中关键技术有以下几点：

（1）智能化技术　模具设计与制造知识涉及的领域非常广泛，包括产品设计、模具设计、加工工艺、制造资源等，而且通常在早期阶段就要求对这些方面有深入的认识，如模具报价就涉及模具总体设计、模具复杂程度预测与加工费用确定等有关方面的知识。由于许多知识通常都以经验的形式存在于工程师的脑中或专业工作手册中，如在金属成型工艺中就有不少的经验公式，这些公式都是在一定的条件下得出的，对于大多数情况下只能供参考，因此，对于同一个问题的理解，经验丰富者甚至凭直觉就可作出较准确的判断，而经验不足者却显得无所适从。而在模具行业中经验积累更加重要。随着计算机智能技术的发展，人们也将这一技术引进模具开发中，并做了一些有益的尝试，提出了诸如基于特征的成型分析技术、基于事例的推理技术、基于神经网络的知识获取技术等观点。

（2）模具计算机辅助报价　模具生产的特点是单件生产，少有重复，这给模具报价带来了极大的困难。目前，模具报价大多是根据经验来估算的，由于缺乏价格细目和可供参考的历史资料与数据，这种报价是不精确和缺少根据的。特别是随着一些新的设计和制造方法引进模具制造中，传统的模具估算经验在某种程度上更加脆弱，导致谈判伊始即落入被动。因此，为了能够比较准确的地估算模具成本，需要开发相应的计算机辅助报价工具。如图10-1所示。

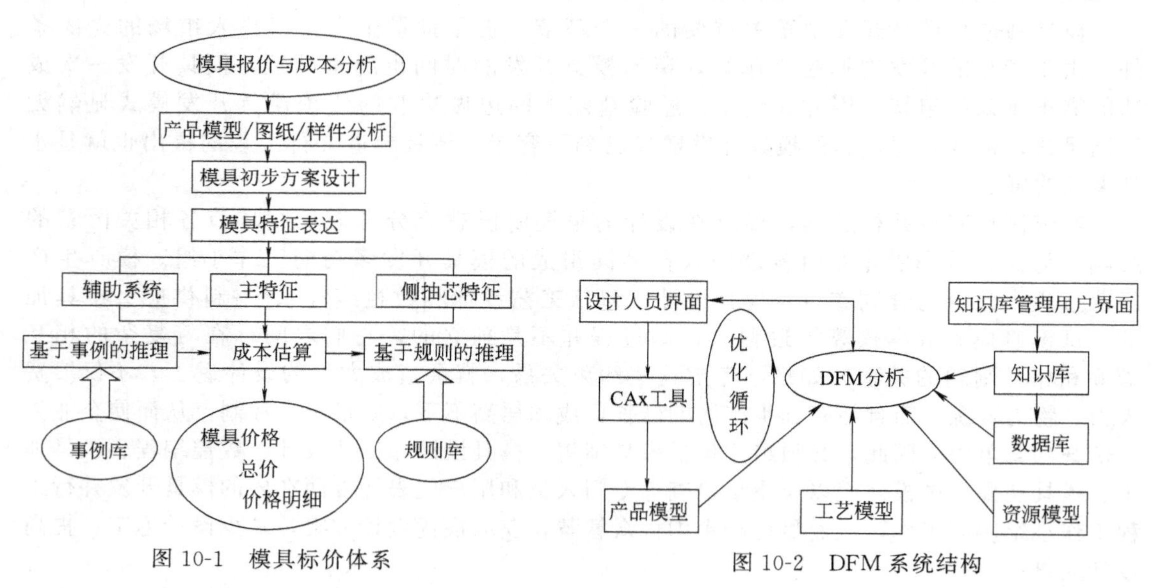

图 10-1　模具标价体系

图 10-2　DFM 系统结构

（3）模具 DFM 工具　面向制造的设计（DFM）是并行工程的重要内容，是实现模具并行工程的关键技术。在模具设计甚至产品设计的早期阶段，若能利用 DFM 工具，充分考虑后续环节的各种约束，如模具结构设计约束，工艺约束、资源约束等，通过对模具的制造性、装配性、测试性等进行分析和评价，以便提高模具设计制造的一次成功率，有效改善模具设计制造的质量。

当前 DFM 系统应用研究的发展方向是用面向对象的方法开发基于知识的 DFM 专家系统，其结构功能如图 10-2 所示。其中知识库主要存放产品、零件设计和制造的一般规则等知识。对模具设计而言，就是与产品及其模具设计、制造、装配和成本估算等有关的规则和经验公式等；而数据库主要存放有关可制造性分析和早期成本估算所需的原材料、制造、装配等费用数据和制造资源数据等。DFM 分析功能就是在知识库和数据库的支持下，在工艺模型和制造资源模型的约束下，对产品或零件设计进行可制造性分析并提出改进意见，供设计者参与对产品设计进行优化。这是一个循环优化的分析过程，通过 DFM 分析，不断改进产品设计，直到满意为止。

并行工程是解决企业产品开发过程的有效方法，是提高我国产品在国际市场竞争力的重要手段；并行工程的核心问题是产品开发过程中的管理与技术的集成，即以 team-works 为工作模式，以改进产品开发流程为核心，通过应用数字化产品模型定义。DFA、DFM、QFD 的产品数据管理等技术，在产品开发早期综合考虑产品生命周期中的各种因素，力争从设计到制造的一次成功。对于我国较为落后的模具设计能力，面对国际竞争的挑战，只有认真贯彻、实施并行工程，提高产品的设计能力与质量、缩短开发时间、降低成本，方可扭转劣势，迎头赶上世界技术的发展。

10.1.3　模具制造并行工程的实施

并行工程方法的实质就是要求产品开发人员与其他人员一起共同工作，在设计阶段就考虑产品整个生命周期中从概念形成到产品报废处理的所有因素，包括质量、成本、进度计划和用户的要求。

从上述定义可以看出，要想开展并行工程，必须从如下几个方面来努力。

10.1.3.1　团队工作方式

并行工程在设计一开始，就应该把产品整个生命周期所涉及的人员都集中起来，确定产品性能，对产品的设计方案进行全面的评估，集中众人的智慧，得到一个优化的结果。这种方式使各方面的专才，甚至包括潜在的用户都汇集在一个专门小组里，协同工作，以便从一开始就能够设计出便于加工、便于装配、便于维修、便于回收、便于使用的产品。并行工程需要成员具备团队精神，这样不同专业的人员才能在一起协同工作。

10.1.3.2　技术平台

必须有相应的技术支持，才能完成基于计算机网络的并行工程。技术平台包括如下内容。

① 一个完整的公共数据库，它必须集成并行设计所需要的诸方面的知识、信息和数据，并且以统一的形式加以表达。

② 一个支持各方面人员并行工作甚至异地工作的计算机网络系统，它可以实时、在线地在各个设计人员之间沟通信息，发现并调解冲突。

③ 一套切合实际的计算机仿真模型和软件，它可以由一个设计方案预测、推断产品的制造及使用过程，发现所隐藏的阻碍并行工程实施的问题。

10.1.3.3　对设计过程进行并行管理

技术平台是并行工程的物质基础，各行业专家是并行工程的思想基础。并行工程是基于专家协作的并行开发。但是，并不是说有了专家和技术平台，就自然而然地产生效益，还要对这个并行过程进行有效的管理。由于每个专业的人士受其专业知识的限制，往往对产品的某一个方面的因素考虑得较多，而忽视了产品的整体指标，因此要确定一个全面的设计方案，需要各专家多次的交流、沟通和协商。在设计过程中，团队领导要定期或者不定期地组织讨论，团队成员都畅所欲言，可以随时对设计出的产品和零件从各个方面进行审查，力求使设计出的产品不仅外观美、成本低、便于使用，而且便于加工，便于装配，便于维修，便于运送，在产品的综合指标方面达到一个满意值。

这种并行工程方式与传统方式相比，可以保证设计出的最终原型能够集中各方面专家的智慧，是一个现行情况下最完美的模型，在很大程度上可以避免设计缺陷造成产品返工，由于设计反复修改引起人、财、物的浪费。

10.1.3.4　强调设计过程的系统性

并行设计将设计、制造、管理等过程纳入一个整体的系统来考虑，设计过程不仅出图纸和其他设计资料，还要进行质量控制、成本核算，也要产生进度计划等。例如，在设计阶段就可同时进行工艺（包括加工工艺、装配工艺和检验工艺）过程设计，并对工艺设计的结果进行计算机仿真，直至用快速原型法产生出产品的样件。并行设计的系统化管理框图见图 10-3。

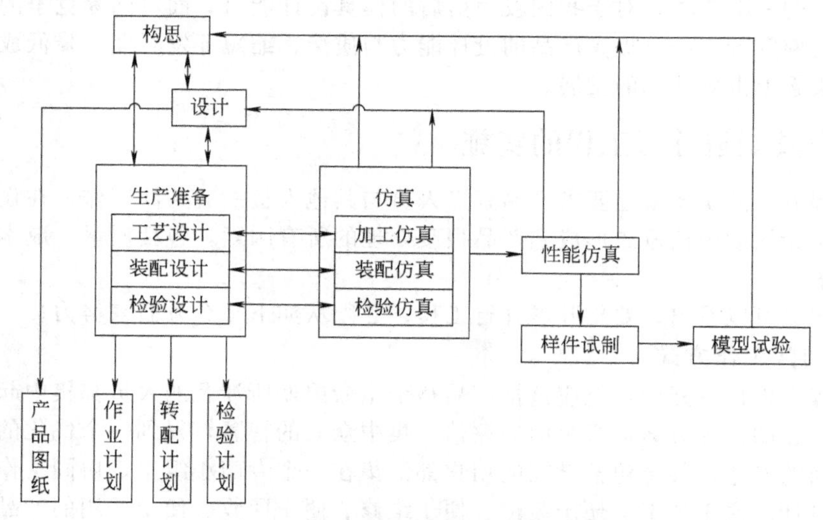

图 10-3　并行设计的系统化管理框图

10.1.3.5　基于网络进行快速反馈

并行工程往往采用团队工作方式，包括虚拟团队。在计算机及网络通信技术高度发达的今天，工作小组完全可以通过计算机网络向各方面专家咨询，专家成员既包括企业内部的专家，也包括企业外部的专家。工作方式见图 10-4。

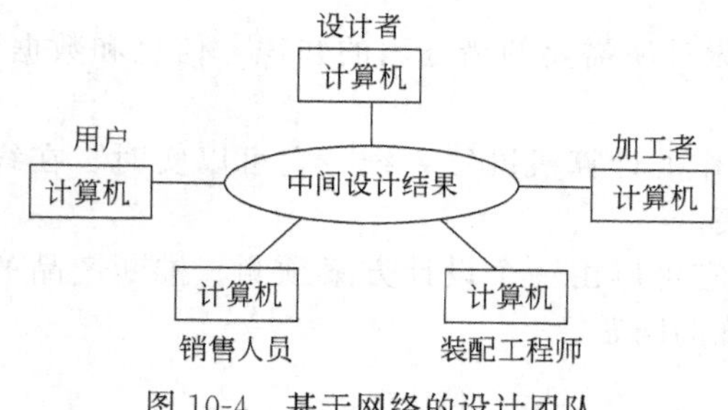

图 10-4　基于网络的设计团队

这样专家可以对设计结果及时进行审查，并及时反馈给设计人员。不仅大大缩短设计时间，还可以保证将错误消灭在“萌芽”状态。图中的计算机、数据库和网络是并行工程必不可少的支撑环境。

10.2　逆向工程

10.2.1　逆向工程的产生

随着科技的发展和人们生活水平的提高，产品的性能和外形发生了很大的改变，原来粗大笨重的产品，正在被小巧玲珑、造型别致的产品所代替，工业产品设计正在成为一种热门的行业，根据人机工程学和美学原理设计的各种使用方便、线条流畅的产品，如轿车、家用电器等，随处可见，这些产品一般都是由一些空间自由曲面组成的，用传统的方法很难设计、制造出来。为了设计、制造这类产品和相应的工装具，必须使用 CAD/CAM，多轴加工中心等先进技术，现代逆向工程技术就是在这样的背景下产生的。

逆向工程（reverse engineering，RE，也称反求工程），是对产品设计过程的一种描述。在工程技术人员的一般概念中，产品设计过程是一个从无到有的过程，即设计人员首先在大脑中构思产品的外形、性能和大致的技术参数等，然后通过绘制图纸建立产品的三维数字化模型，最终将这个模型转入到制造流程中，完成产品的整个设计制造周期。

逆向工程产品设计过程可以认为是一个“从有到无”的过程。简单地说，逆向工程产品设计就是根据已经存在的产品模型，反向推出产品设计数据（包括设计图纸或数字模型）的过程；它针对现有的工件（样品或模型），利用3D数字化量测仪器准确、快速地测量出工件的轮廓坐标，并加以编辑、修改、建构曲面后，传至CAD/CAM系统，再由CAM软件产生刀具的NC加工路径送至CNC加工机床，制作出所需模具，或者送到快速原型成型机，将样品模型制作出来。逆向工程在某些方面很像我们常说的“仿制”，可以说，在我国正在成为世界制造中心的今天，逆向工程将大有用武之地。

10.2.2 逆向工程的应用

随着计算机技术的发展，CAD技术已成为产品设计人员进行研究开发的重要工具，其中的三维造型技术已被制造业广泛应用于产品及模具设计、方案评审、自动化加工制造及管理维护各个方面。在实际开发制造过程中，设计人员接收的技术资料可能是各种数据类型的三维模型，但很多时候，却是从上游厂家得到产品的实物模型。设计人员需要通过一定的途径，将这些实物信息转化为CAD模型，这就应用到了逆向工程技术。

逆向工程技术与传统的正向设计存在很大差别。逆向工程是从产品原型出发，进而获取产品的三维数字模型，使得能够进一步利用CAD/CAE/CAM以及CIMS等先进技术对其进行处理。与传统设计方法的不同之处在于设计的起点不同，相应的设计自由度和设计要求也不相同。

逆向工程的应用主要有以下几个方面。

① 由于某些原因，在只有产品或产品的工装，没有图纸和CAD模型的情况下，却需要对产品进行有限元分析、加工、模具制造或者需要对产品进行修改等，这时就需要利用逆向工程手段将实物转化为CAD模型。

② 逆向工程的另一类重要应用是对外形美学要求较高的零部件设计，例如在汽车的外形设计阶段是很难用现有的CAD软件完成的。通常都需要制作外形的油泥模型，再用逆向工程的方法生成CAD模型。

③ 将逆向工程和快速原型制造（RPM）相结合，组成产品设计、制造、检测、修改的闭环系统，实现快速的测量、设计、制造、再测量修改的反复迭代，高效率完成产品的初始设计。

④ 逆向工程的另一个重要应用就是计算机辅助检测。企业在进行质量控制时，对于外形复杂的产品检测往往非常困难，这时使用逆向工程的方法对产品进行测量，并把测量到的大量数据点与理论数模进行比较，从而分析产品的制造误差。

⑤ 逆向工程在医学、地理信息和影视业等领域都有很广泛的应用。比如：影视特技制作者需要将演员、道具等的立体模型输入计算机，才能用动画软件对其进行三维动画特技处理。

10.2.3 数据采集

坐标数据采集是逆向工程中的第一个环节，是数据处理、模型重建的基础。现有的数据采集方法大概可以分为简单工具的手工测量；机械三坐标测量机测量的有序点数据；激光、数字成像的三坐标测量数据，即大批量、无序的点云数据测量。

逆向工程中数据采集规划的目的是使采集的数据正确而又高效。正确是指所采集的数据足够反映样件的特性而不会产生误导误解；高效是指在能够正确表示产品特性的情况下，所采集的数据尽量少、所走过的路径尽量短、所花费的时间尽量少。

对产品数据采集，有一条基本的原则：沿着特征方向走，顺着法向方向采。就好比火车沿着轨道走，顺着枕木采集数字信息。这是一般原则，实际应根据具体产品和逆向工程软件来定。下面分三个方面来介绍。

(1) 规则形状的数据采集规划　对规则形状诸如点、直线、圆弧、平面、圆柱、圆锥、球等，也包括扩展规则形状如双曲线、螺旋线、齿轮、凸轮等，数据采集多用精度高的接触式探头，依据数学定义这些元素所需的点信息进行数据采集规划。虽然我们把一些产品的形状归结为特征，但现实产品不可能是理论形状，加工、使用、环境的不同，也影响着产品的形状。作为逆向工程的测量规划，就不能仅停留在“特征”的抽取上，更应考虑产品的变化趋势，即分析形位公差。

(2) 自由曲面的数据采集规划　对非规则形状，统称自由曲面，多采用非接触式探头或接触式探头和非接触式探头二者相结合。原则上，要描述自由形状的产品，只要记录足够的数据点信息即可，但评判足够数据点是很难的。实际数据采集规划中，多依据工件的整体特征和流向，进行顺着特征走，法向特征扫的数据采集规划；对局部变化较大的地方，仍采用这一原则进行分块补充。

(3) 智能数据采集规划　当前智能数据采集还处于刚开始阶段，但它是三坐标测量机所追求的目标，它包括样件自动定位、自动元素识别、自动采集规划和自动数据采集。

10.2.4　后处理及逆向工程技术在模具制造中的应用

采用逆向方法进行模具设计与制造，是缩短产品开发周期，提高产品质量，进而建立自己的设计制造体系的重要手段。

(1) 逆向工程技术实施的硬件条件　在逆向工程技术设计时，需要从设计对象中提取三维数据信息。检测设备的发展为产品三维信息的获取提供了硬件条件。目前，国内厂家使用较多的有英国、意大利、德国、日本等国家生产的三坐标测量机和三维扫描仪。就测头结构原理来说，可分为接触式和非接触式两种，其中，接触式测头又可分为硬测头和软测头两种，这种测头与被测头物体直接接触，获取数据信息。非接触式测头则是应用光学及激光的原理进行的。近几年来，扫描设备有了很大发展。例如，英国雷尼绍公司的 CYCLON2 高速扫描仪，可实现激光测头和接触式扫描头的互换，激光测头的扫描精度达 0.05mm，接触式扫描测头精度可达 0.02mm。可对易碎、易变形的形体及精细花纹进行扫描。德国 GOM 公司的 ATOS 扫描仪在测量时，可随意绕被测物体进行移动，利用光带经数据影像处理器得到实物表面数据，扫描范围可达 8m×8m。ATOS 扫描不仅适于复杂轮廓的扫描，而且可用于汽车、摩托车内外饰件的造型工作。此外，日本罗兰公司的 PIX-30 网点接触式扫描仪，英国泰勒·霍普森公司的 TALYSCAN 150 多传感扫描仪等，集中体现了检测设备的高速化、廉价化和功能复合化等特点。为实现从实物→建立数学模型→CAD/CAE/CAM 一体化提供了良好的硬件条件。

不同的测量对象和测量目的，决定了测量过程和测量方法的不同。在实际三坐标测量时，应该根据测量对象的特点以及设计工作的要求确定合适的扫描方法并选择相应的扫描设备。例如，材质为硬质且形状较为简单、容易定位的物体，应尽量使用接触式扫描仪。这种扫描仪成本较低，设备损耗费相对较少，且可以输出扫描形式，便于扫描数据的进一步处理。但在对橡胶、油泥、人体头像或超薄形物体进行扫描时，则需要采用非接触式测量方法，它的特点是速度快，工作距离远，无材质要求，但设备成本较高。

（2）逆向工程技术实施的软件条件　目前比较常用的通用逆向工程软件有 Surfacer、Delcam、Cimatron 以及 Strim。具体应用的反向工程系统主要有以下几个：Evans 开发的针对机械零件识别的逆向工程系统；Dvorak 开发的仿制旧零件的逆向工程系统；H. H. Danzde CNC CMM 系统。这些系统对逆向设计中的实际问题进行处理，极大地方便了设计人员。此外，一些大型 CAD 软件也逐渐为逆向工程提供了设计模块。例如 Pro/E 的 ICEM Surf 和 Pro/SCANTOOLS 模块，可以接受有序点（测量线），也可以接受点云数据。其他的像 UG 软件，随着版本的提高，逆向工程模块也逐渐丰富起来。这些软件的发展为逆向工程的实施提供了软件条件。

（3）逆向工程设计前的准备工作　做一个逆向设计的工作，可能比作一个正向设计更具有挑战性。在设计一个产品之前，首先必须尽量理解原有模型的设计思想，在此基础上还可能要修复或克服原有模型上存在的缺陷。从某种意义上看，逆向设计也是一个重新设计的过程。在开始进行一个逆向设计前，应该对零件进行仔细分析，主要考虑以下一些要点。

① 确定设计的整体思路，对自己手中的设计模型进行系统的分析。面对大批量、无序的点云数据，初次接触的设计人员会感觉到无从下手。这时，首先要周全地考虑好先做什么，后做什么，用什么方法做，主要是将模型划分为几个特征区，得出设计的整体思路，并找到设计的难点，基本做到心中有数。

② 确定模型的基本构成形状的曲面类型，这关系到相应设计软件的选择和软件模块的确定。对于自由曲面，例如汽车、摩托车的外覆盖件和内饰件等，一般需要采用具有方便调整曲线和曲面的模块；对于初等解析曲面件，如平面、圆柱面、圆锥面等则没必要因为有测量数据而用自由曲面去拟合一张显然是平面或圆柱面的曲面。

（4）逆向工程工作中应该注意的问题　在实际设计中，目前这些软件还存在着较大的局限性。在设计领域中，集中表现为软件智能化低；点云数据的处理方面功能弱；建模过程主要依靠人工干预，设计精度不够高；集成化程度低等问题。例如，Surfacer 软件在读取点云等数据时，系统工作速度较快，并且能较容易地进行点线的拟合。但通过 Surfacer 进行面的拟合时，软件所提供的工具及面的质量却不如其他的 CAD 软件如 Pro/E、UG 等。在很多时候，在 Surfacer 里做成的面，还需要到 UG 等软件中修改。但是，使用 Pro/E、UG 等软件读取点云数据时，却会造成数据庞大的问题，对它们来说，一次读取如此多的点是比较困难的。

在具体工程设计中，一般采用几种软件配套使用、取长补短的方式。例如采用了 Surfacer 与 UG 和 Pro/E 功能结合的方法，在具体操作中，使用 Surfacer 进行点、线处理，得到基本控制曲线，然后使用 UG 和 Pro/E 引入控制线的数据，进行曲面造型。其中，Pro/E 应用的模块主要有 ICEM Surf、Pro/DESIGNER（CDRS）等，UG 使用的模块主要是 UG/Modeling 和 UG/Surface 模块。这几个设计模块都是一般 CAD 设计时常用到的。

在设计过程中，并不是所有的点都是要选取的，因此，在确定基本曲面的控制曲线时，需要找出哪些点或线是可用的，哪些点或线是一些细化特征的，需要在以后的设计中用到，而不是在总体设计中就体现出来的。事实上，一些圆柱、凸台等特征是在整体轮廓确定之后，测量实体模型并结合扫描数据生成的。同时应尽量选择一些扫描质量比较好的点或线，对其进行拟合。

逆向工程是一项开拓性、实用性和综合性很强的技术，逆向工程技术已经广泛应用到新产品的开发、旧零件的还原以及产品的检测中，它不仅消化和吸收实物原型，并且能修改再设计以制造出新的产品。但同时设计过程中系统集成化程度比较低，人工干预的比重大，将来有望形成集成化逆向工程系统，以软件的智能化来代替人工干预的不足。

10.3 网络化制造

10.3.1 网络化制造简述

随着信息技术和计算机网络技术的迅速发展，世界经济正经历着一场深刻的革命。这场革命极大地改变着世界经济面貌，塑造一种“新经济”，即“网络经济”。面对网络经济时代制造环境的变化，需要建立一种按市场需求驱动的、具有快速响应机制的网络化制造系统模式。网络化制造是传统制造业在网络经济中必然要采取的行动，制造企业将利用Internet进行产品的协同设计和制造。通过Internet，企业将与顾客直接接触，顾客将参与产品设计，或直接下订单给企业进行定制生产，企业将产品直接销售给顾客。由于Internet无所不在，市场全球化和制造全球化将是企业发展战略的重要组成部分。由于在Internet上信息传递的快捷性，并由于制造环境变化的激烈性，企业间的合作越来越频繁，企业的资源将得到更加充分和合理的利用。企业内的信息和知识将高度集成和共享，企业的管理模式将发生很大变化。因此，网络化制造将成为制造企业在21世纪的重要制造战略。

10.3.1.1 网络化制造概念

网络化制造技术是将网络技术和制造技术（重点是先进制造技术）相结合的所有相关技术和研究领域的总称，是经济全球化和信息革命时代的必然产物。网络化制造技术不是一项具体技术，也不是一个一成不变的单项技术，而是一个不断发展的动态技术群和动态技术系统，是在计算机网络，特别是Internet/Intranet/Extranet和数据库基础上的所有先进制造技术的总称。网络化制造技术涉及制造业的各种制造经营活动和产品生产周期全过程，因此其技术构成涉及内容多，学科交叉范围大。但一般说来，“基于网络”是它相对其他制造技术的主要特征，该特征表明了网络的基础作用和支撑作用。网络化制造技术既是重要的高新技术，又是信息技术与制造技术的结合，是用信息化带动工业化的重要有效技术。

10.3.1.2 网络化制造系统构成

网络化制造涉及协同、设计、服务、销售和装配等，由下述功能分系统构成：网络化企业动态联盟和虚拟企业组建的优化系统；网络化制造环境下项目管理系统；网络化协同产品开发支持系统；网络化制造环境下产品数据管理及设计制造集成支持系统；网络化制造环境下敏捷供应链管理系统；产品网络化销售与定制的开发与运行支持系统；相应的网络和数据库支撑分系统。这些功能分系统既能集成运行，也能单独应用。在系统层次由下往上依次为：基本的网络传输层（系统可以使用Internet连接、企业内外网连接以及区域宽带网络连接），数据库管理系统，搜索和分析的基础通信平台，项目管理和PDM（功能分系统），面向用户的应用系统和服务。

10.3.1.3 网络化制造的关键技术

（1）制造系统的敏捷基础设施网络（agile infrastructure for manufacturing system, AIMS） AIMSNet包括预成员和预资格论证、供应商信息、资源和伙伴选择、合同与协议服务、虚拟企业运作支持和工作小组合作支持等。AIMSNet是一个开放网络，任何企业都可在其上提供服务，而且这个网络是无缝隙的，因为通过它，企业从内部和外部获得服务没有任何区别。通过 AIMSNet 可以减少生产准备时间，使当前的生产更加流畅，并可开辟企业从事生产活动的新途径。利用 AIMSNet 可把能力互补的大、中、小企业连接起来，形成供应链网络。企业不再是“大而全”、“小而全”，而是更加强调自己的核心专长。通过相互合作，能有效地处理任何不可预测的市场变化。

（2）CAM 网络（CAMNet）　CAMNet 通过 Internet 提供多种制造支撑服务，如产品设计的可制造性、加工过程仿真及产品的试验等，使得集成企业的成员能够快速连接和共享制造信息。建立敏捷制造的支撑环境在网络上协调工作，将企业中各种以数据库文本图形和数据文件存储的分布信息通过使能器集成起来，以供合作伙伴共享，为各合作企业的过程集成提供支持。

（3）网络化制造模式下的 CAPP 技术　CAPP 是联系设计和制造的桥梁和纽带，所以网络化制造系统的实施必须获得工艺设计理论及其应用系统的支持。因此，在继承传统的 CAPP 系统研究成果的基础上，进一步探索网络化制造模式下的集成化、工具化 CAPP 系统是当前网络化制造系统研究和开发的前沿领域。它包括：基于 Internet 的工具化零件信息输入机制建立，基于 Internet 的派生式工艺设计方法，基于 Internet 的创成式工艺设计方法等。

（4）企业集成网络（enterprise integration net）　企业集成网络提供各种增值的服务，包括目录服务、安全性服务和电子汇款服务等。目录服务帮助用户在电子市场或企业内部寻找信息、服务和人员。安全性服务通过用户权限为网络安全提供保障。电子汇款服务支持在整个网络上进行商业往来。通过这些服务，用户能够快速地确定所需要的信息，安全地进行各种业务以及方便地处理财务事务。

10.3.2　模具网络化制造

10.3.2.1　模具全球网络化制造的主要运行模式和特点

（1）模具设计、制造过程的特点　模具设计制造过程的许多环节是可以并行和独立工作的，这为网络制造提供了有利条件。

（2）模具企业出现了新的生产模式

① 传统的金字塔的多层次生产管理结构已向扁平的网络结构转变。

② 模具企业按照模具工艺划分部门的固定组织形式向社会化、动态的、自主管理的小组工作组织形式转变。

③ 紧密型的，即相对固定的协作组织-网络联盟企业形式。

④ 随着市场主导地位的改变（买方主导市场），生产方式已从刚性逐步转向柔性，从计划批量定制的推动式工作法向市场需求的拉动式工作法转变。

10.3.2.2　模具全球网络化制造的条件和关键技术

① 基本的软硬件环境。

② 开发专业的项目管理软件。

③ 建立起相同平台或兼容的设计和制造系统技术环境。

④ 网络制造的灵魂是协作各方实现信息化和数字化。

⑤ 管理技术的创新是网络制造的原动力。管理技术是现代制造技术的重要组成部分，管理技术近年有许多创新理念，如独立制造岛、敏捷制造、精益生产、并行工程、新一代制造、绿色制造等。

习　题

10-1　并行设计与传统串行设计有何区别？

10-2　模具制造并行工程中的关键技术主要包括哪些方面？

10-3　简述逆向工程的概念及其在模具中的应用。

10-4　简述网络化制造的概念和模式。

10-5　模具网络化制造的条件和关键技术是什么？

11.1 模具常用零件制造工艺

模具常用零件是指模具中的导向机构、侧抽机构、脱模机构、模板类等零件，是模具各种功能实现的基础，是模具的重要组成部分，其质量高低直接影响着整个模具的制造质量。本章将具体介绍一些典型的模具常用零件的加工工艺过程。

11.1.1 导向机构零件的制造

模具导向机构零件是指在组成模具的零件中，能够对模具零件的运动方向和位置起着导向和定位作用的零件。因此，模具导向机构零件质量的优劣，对模具的制造精度、使用寿命和成型制品的质量有着非常重要的作用。所以，对模具导向机构零件的制造应予以足够的重视。

模具运动零件的导向，是借助导向机构零件之间精密的尺寸配合和相对的位置精度，来保证运动零件的相对位置和运动过程中的平稳性，所以，导向机构零件的配合表面都必须进行精密加工，而且要有较好的耐磨性。一般导向机构零件配合表面的精度可达 IT6，表面粗糙度 Ra0.8～0.4μm。精密的导向机构零件配合表面的精度可达 IT5，表面粗糙度 Ra0.16～0.08μm。

导向机构零件在使用中起导向作用。开、合模时有相对运动，成型过程中要承受一定的压力或偏载负荷。因此，要求表面耐磨性好，心部具有一定的韧性。目前，如 GCr15，SUJ2，T8A，T10A 等材料较为常用，使用时的硬度为 58～62HRC。

导向机构零件的形状比较简单。一般采用普通机床进行粗加工和半精加工后再进行热处理，最后用磨床进行精加工，消除热处理引起的变形，提高配合表面的尺寸精度，减小粗糙度。对于配合要求精度高的导向机构零件，还要对配合表面进行研磨，才能达到要求的精度和表面粗糙度。

虽然导向机构零件的形状比较简单，加工制造过程中不需要复杂的工艺和设备及特殊的制造技术，但也需采取合理的加工方法和工艺方案，才能保证导向零件的制造质量，提高模具的制造精度。同时，导向机构零件的加工工艺对杆类、套类零件具有借鉴作用。

11.1.1.1 导柱的加工

导柱是各类模具中应用最广泛的导向机构零件之一。导柱与导套一起构成导向运动副，应当保证运动平稳、准确。所以，对导柱的各段台阶轴的同轴度、圆柱度专门提出较高的要求，同时，要求导柱的工作部位轴径尺寸满足配合要求，工作表面具有耐磨性。通常，要求导柱外圆柱面硬度达到58～62HRC，尺寸精度达到IT6～IT5，表面粗糙度 Ra 达到0.8～0.4μm。各类模具应用的导柱其结构类型也很多，但主要为不同直径的同轴圆柱表面。因此，可根据它们的结构尺寸和材料要求，直接选用适当尺寸的热轧圆钢为毛料。在机械加工的过程中，除保证导柱配合表面的尺寸和形状精度外，还要保证各配合表面之间的同轴度要求。导柱的配合表面是容易磨损的表面。所以，在精加工之前要安排热处理工序，以达到要求的硬度。

关于导柱的制造，下面以塑料注射模具滑动式标准导柱为例（见图11-1）进行介绍。

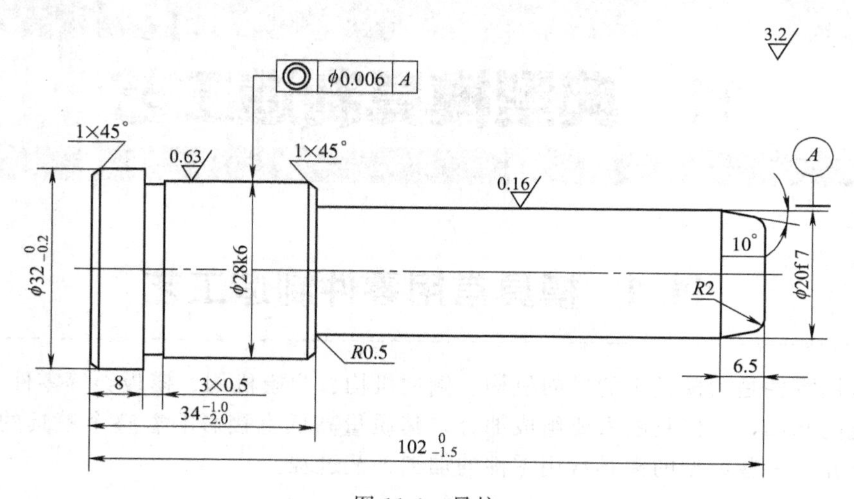

图11-1　导柱

材料：T8A，热处理：HRC50～55

（1）导柱加工方案的选择　导柱的加工表面主要是外圆柱面，外圆柱面的机械加工方法很多。图11-1所示导柱的制造过程为：备料→粗加工→半精加工→热处理→精加工→光整加工。

（2）导柱的制造工艺过程　图11-1所示导柱的加工工艺过程如表11-1。

表11-1　导柱的加工工艺过程

工序号	工序名称	工序内容	设备	工序简图
1	下料	按图样尺寸 φ35×105	锯床	φ35 105
2	车端面打中心孔	车端面保持长度103.5，打中心孔，掉头车端面至尺寸102，打中心孔	车床	102
3	车外圆	粗车外圆柱面至尺寸 φ20.4×68，φ28.4×26，并倒角。调头车外圆 φ32 至尺寸并倒角，切槽 3×0.5 至尺寸	车床	1×45° 10° φ32 φ28.4 3×0.5 26 φ20.4

续表

工序号	工序名称	工序内容	设备	工序简图
4	检验			
5	热处理	按热处理工艺对导柱进行处理，保证表面硬度 50～55HRC		
6	研中心孔	研中心孔，调头研另一端中心孔	车床	
7	磨外圆	磨 ϕ28k6、ϕ20f7 外圆柱面，留研磨余量 0.01，并磨 10°角	磨床	ϕ28.005　ϕ20.0
8	研磨	研磨外圆 ϕ28k6、ϕ20f7 至尺寸，抛光 $R2$ 和 10°角	磨床	10°　ϕ28k6　ϕ20f7
9	检验			

导柱加工过程中的工序划分、工艺方法和设备选用是根据生产类型、零件的形状、尺寸、结构及工厂设备技术状况等条件决定的。不同的生产条件采用的设备及工序划分也不尽相同。

(3) 导柱加工过程中的定位　导柱加工过程中为了保证各外圆柱面之间的位置精度和均匀的磨削余量，对外柱面的车削和磨削一般采用设计基准和工艺基准重合的两端中心孔定位。因此，在车削和磨削之前需先加工中心孔，为后续工序提供可靠的定位基准。中心孔加工的形状精度对导柱的加工质量有着直接影响，特别是加工精度要求高的轴类零件。另外保证中心孔与顶尖之间的良好配合也是非常重要的。导柱中心孔在热处理后需修正，以消除热处理变形和其他缺陷，使磨削外圆柱面时能获得精确定位，保证外圆柱面的形状和位置精度。中心孔的钻削和修正，是在车床、钻床或专用机床上按图纸要求的中心孔的形式进行的。如图 11-2 所示为在车床上修正中心孔示意图。用三爪自定心卡盘夹持锥形砂轮，在被修正中心孔处加入少许煤油或机油，手持工件，利用车床尾座顶尖支撑，利用车床主轴的转动进行磨削。此方法效率高，质量较好，但砂轮易磨损，需经常修整。如果用锥形铸铁研磨头代替锥形砂轮，加研磨剂进行研磨，可达到更高的精度。

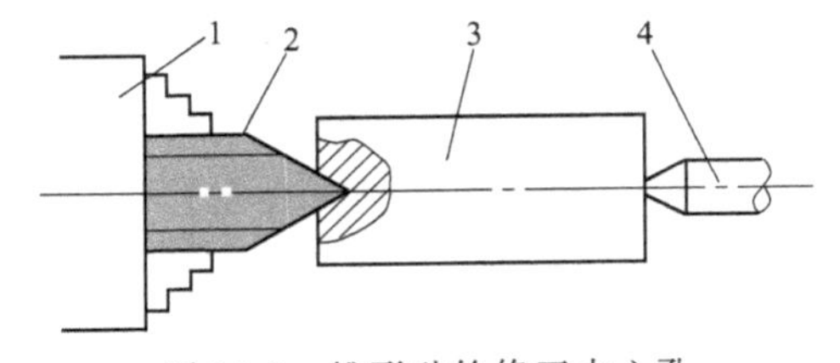

图 11-2　锥形砂轮修正中心孔
1—三爪自定心卡盘；2—锥形砂轮；3—工件；4—尾座顶尖

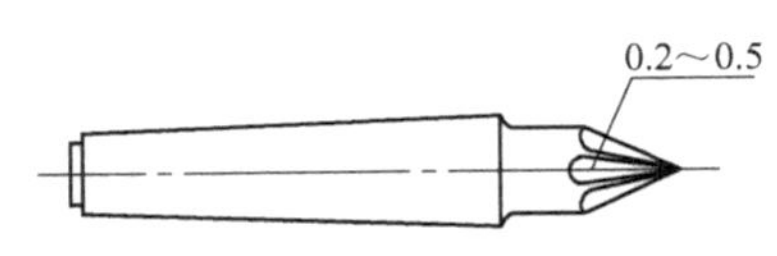

图 11-3　硬质合金梅花棱顶尖

采用图 11-3 所示的硬质合金梅花棱顶尖修正中心定位孔的方法，效率高，但质量稍差，一般用于大批量生产且要求不高的顶尖孔的修正。它是将梅花棱顶尖装入车床或钻床的主轴孔内，利用机床尾座顶尖将工件压向梅花棱顶尖，通过硬质合金梅花棱顶尖的挤压作用，修正中心定位孔的几何误差。

（4）导柱的研磨　研磨导柱是为了进一步提高其表面质量，即降低表面粗糙度，以达到设计的要求。为保证图 11-1 所示导柱表面的精度和表面粗糙度（*Ra*0.16～0.63μm），增加了研磨加工。有关研磨加工工具和工艺参数参见第 8 章的研磨与抛光部分。

11.1.1.2　导套的加工

导套和导柱一样，是模具中应用最广泛的导向零件。尽管其结构形状因应用部位不同而各异，但构成导套的主要表面是内、外圆柱表面，可根据其结构形状、尺寸和材料的要求，直接选用适当尺寸的热轧圆钢为毛坯。

在机械加工过程中，除保证导套配合表面的尺寸和形状精度外，还要保证内外圆柱配合表面的同轴度要求。导套的内表面和导柱的外圆柱面为配合面，使用过程中运动频繁，为保证其耐磨性，需有一定的硬度要求。因此，在精加工之前要安排热处理，以提高其硬度。在不同的生产条件下，导套的制造所采用的加工方法和设备不同，制造工艺也不相同。现以图 11-4 所示的冲压模滑动式导套为例，介绍导套的制造过程。

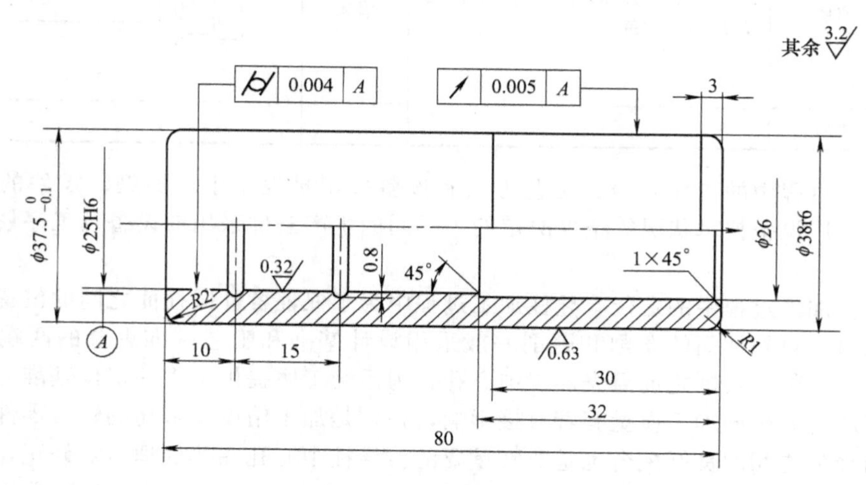

图 11-4　冲压模滑动式导套

材料 20 钢；表面渗碳深度 0.8～1.2mm；58～62HRC

（1）导套加工方案的选择　根据图 11-4 所示导套的精度和表面粗糙度要求，其加工方案可选择为：备料→粗加工→半精加工→热处理→精加工→光整加工。

（2）导套的加工工艺过程　图 11-4 所示冲压模导套的加工工艺过程如表 11-2 所示。

表 11-2　导套的加工工艺过程

工序号	工序名称	工序内容	设备	工序简图
1	下料	按尺寸 ϕ48×85 切断	锯床	ϕ42　85

续表

工序号	工序名称	工序内容	设备	工序简图
2	车外圆及内孔	车端面保证长度 82.5 钻 $\phi25$ 内孔至 $\phi23$ 车 $\phi38$ 外圆至 $\phi38.4$ 并倒角 镗 $\phi25$ 内孔至 $\phi24.6$ 和油槽至尺寸 镗 $\phi26$ 内孔至尺寸并倒角	车床	$\phi24.6$ $\phi26$ $\phi38.4$
3	车外圆倒角	车 $\phi37.5$ 外圆至尺寸，车端面至尺寸	车床	$\phi37.5$ 80
4	检验			
5	热处理	按热处理工艺进行，保证渗碳层深度为 0.8～1.2mm，硬度为 58～62HRC		
6	磨前内、外圆	磨 $\phi38$ 外圆达到图样要求 磨内孔 $\phi25$ 留研模余量 0.01	万能磨床	$\phi25_{-0.01}^{0}$ $\phi38r6$
7	研磨内孔	研磨 $\phi25$ 内孔达图样要求 研磨 $R2$ 圆弧	车床	R2 $\phi25H6$
8	检验			

在磨削导套时正确选择定位基准，对保证内、外圆柱面的同轴度要求是非常重要的。对单件或小批量生产，工件热处理后在万能外圆磨床上利用三爪自定心卡盘夹持 $\phi37.5$ 外圆柱面，一次装夹后磨出 $\phi38$ 外圆和 $\phi25$ 内孔。这样可以避免多次装夹而造成的误差，能保证内外圆柱配合表面的同轴度要求。对于大批量生产同一尺寸的导套，可先磨好内孔，再将导套套装在专用小锥度磨削心轴上。以心轴两端中心孔定位，使定位基准和设计基准重合。借助心轴和导套内表面之间的摩擦力带动工件旋转，磨削导套的外圆柱面，能获得较高的同轴度。这种方法操作简便、生产率高，但需制造专用高精度心轴。

导套内孔的精度和表面粗糙度要求较高。对导套内孔配合表面进行研磨可进一步提高表面的精度和降低表面粗糙度，达到加工表面的质量和设计要求。有关研磨工具和工艺参数参见第 8 章。

11.1.2 模板类零件的加工

模板是组成各类模具的重要零件。因此，模板类零件的加工如何满足模具结构、形状和成型等各种功能的要求，达到所需要的制造精度和性能，取得较高的经济效益，是模具制造的重要问题。

模板类零件是指模具中所应用的平板类零件。如图 11-5 所示，注塑模具中的定模固定板、定模板、动模板、动模垫板、推杆支承板、推杆固定板、动模固定板等。如图 11-6 所示，冲裁模具中的上、下模座，凸、凹模固定板，卸料板，垫板，定位板等，这些都属于模板类零件。因此，掌握模板类零件加工工艺方法是高速优质制造模具的重要途径。

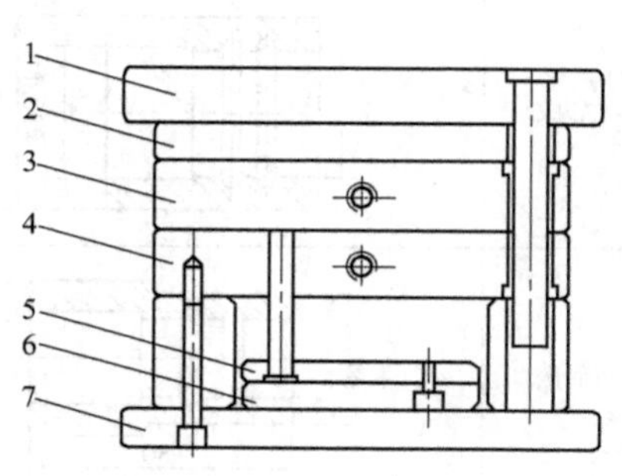

图 11-5　注塑模具模架

1—定模固定板；2—定模板；3—动模板；4—动模垫板；5—推杆支承板；6—推杆固定板；7—动模固定板

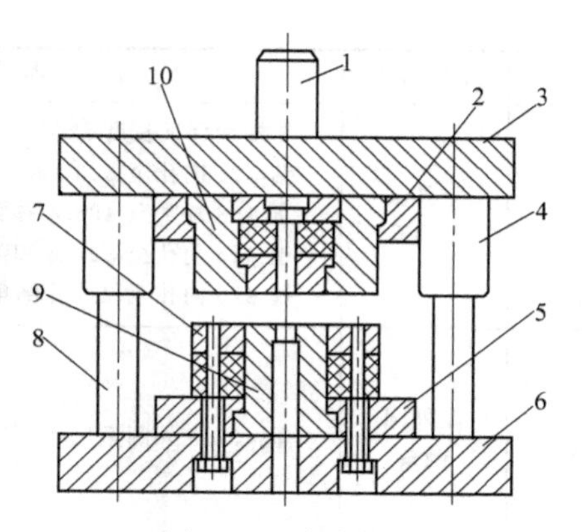

图 11-6　冲裁模具

1—模柄；2—凹模固定板；3—上模座；4—导套；5—凸凹模固定板；6—下模座；7—卸料板；8—导柱；9—凸凹模；10—落料凹模

模板类零件的形状、尺寸、精度等级各不相同，它们各自的作用综合起来主要包括以下几个方面。

① 连接作用。冲压与挤压模具中的上、下模座，注塑模具中动、定模固定板，它们具有将模具的其他零件连接起来，保证模具工作时具有正确的相对位置，使之与使用设备相连接的作用。

② 定位作用。冲压与挤压模具中的凸、凹模固定板，注塑模具中动、定模板，它们将凸、凹模和动、定模的相对位置进行定位，保证模具工作过程中准确的相对位置。

③ 导向作用。模板类零件和导柱、导套相配合，在模具工作过程中，沿开合模方向进行往复直线运动，对模板上所有零件的运动进行导向。

④ 卸料或推出制品。模板中的卸料板、推杆支承板及推杆固定板在模具完成一次成型后，借助机床的动力及时地将成型的制品推出或毛坯料卸下，便于模具顺利进行下一次制品的成型。

模板类零件种类繁多，不同种类的模板有着不同的形状、尺寸、精度和材料的要求。根据模板类零件的作用，可以概括为以下几个方面。

① 材料质量。模板的作用不同对材料的要求也不同，如冲压模具的上、下模座一般用铸铁或铸钢制造，其他模板可根据不同的要求应用中碳结构钢制造，注塑模具的模板大多选用中碳钢。

② 平行度和垂直度。为了保证模具装配后各模板能够紧密配合，对于不同尺寸和不同功能模板的平行度和垂直度，应按 GB 1184—1996 执行。具体公差等级和公差数值应按冲模国家标准（GB/T 2851.1～7—1990）及塑料注射模国家标准（GB/T 4169.1～11—1984）等加以确定。

③ 尺寸精度与表面粗糙度。对一般模板平面的尺寸精度与表面粗糙度应达到 IT8～IT7，$Ra1.6$～$0.63\mu m$ 对于平面为分型面的模板应达到 IT7～IT6，$Ra0.8$～$0.32\mu m$。

④ 孔的精度、垂直度和位置度。常用模板各孔径的配合精度一般为 IT7～IT6，$Ra1.6$～$0.32\mu m$。孔轴线与上下模板平面的垂直度为 4 级精度。对应模板上各孔之间的孔间距应保持一致，一般要求在±0.02mm 以下，以保证各模板装配后达到的装配要求，使各运动模板沿导柱平稳移动。

(1) 冲模模板的加工　在冲模中，板类零件很多，本节仅举两个简单的例子加以说明。

① 冲压模座的加工

a. 冲压模座加工的基本要求。为了保证模座工作时沿导柱上、下移动平稳，无阻滞现象，模座上、下平面应保持平行。上、下模座的导柱、导套安装孔的孔间距应保持一致，孔的轴心线与模座的上、下平面要垂直（对安装滑动导柱的模座其垂直度为 4 级精度）。

b. 冲压模座的加工原则。冲压模座的加工主要是平面加工和孔系加工。在加工过程中为了保证技术要求和加工方便，一般遵循“先面后孔”的原则。冲压模座的毛坯经过刨削或铣削加工后，再对平面进行磨削可以提高模座平面的平面度和上、下平面的平行度，同时容易保证孔的垂直度要求。

上、下模座孔的镗削加工，可根据加工要求和工厂的生产条件，在铣床或摇臂钻等机床上采用坐标法或利用引导元件进行加工。批量较大时可以在专用镗床、坐标镗床上进行加工。为保证导柱、导套的孔间距离一致，在镗孔时经常将上、下模座重叠在一起，一次装夹同时镗出导柱和导套的安装孔。

c. 获得不同精度平面的加工工艺方案。模座平面的加工可采用不同的机械加工方法，其加工工艺方案不同，获得加工平面的精度也不同。具体方案要根据模座的精度要求，结合工厂的生产条件等具体情况进行选择。

d. 加工上、下模座的工艺方案。上、下模座的结构形式较多，现以图 11-7 所示的后侧导柱标准冲模模座为例说明其加工工艺过程。加工上模座的工艺过程如表 11-3，下模座的加工基本同上模座。

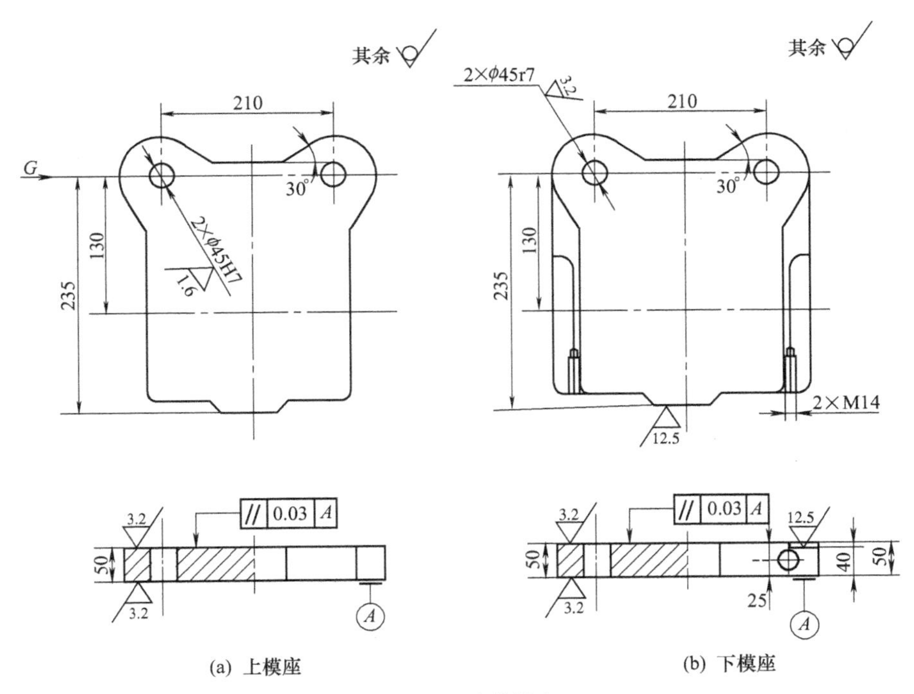

(a) 上模座　　(b) 下模座

图 11-7　冲模模座

表 11-3　模座的加工工艺过程

工序号	工序名称	工序内容	设备	工序简图
1	备料	铸造毛坯		
2	刨平面	刨上、下平面，保证尺寸 50.8	牛头刨床	50.8

续表

工序号	工序名称	工序内容	设备	工序简图
3	磨平面	刨上、下平面，保证尺寸 50	平面磨床	50
4	钳工画线	画前部平面和导套孔中心线		210 135 235
5	铣前部平面	按画线铣前部平面	立式铣床	
6	钻孔	按画线钻导套孔至 $\phi43$	立式钻床	$\phi43$
7	镗孔	和下模座重叠，一起镗孔至 $\phi45H7$	镗床或 立式铣床	$\phi45H7$
8	铣槽	按画线铣 $R2.5$ 的圆弧槽	卧式铣床	
9	检验			

② 凸模固定板。凸模固定板直接与凸模和导套配合，起着固定和导向作用。因此，凸模固定板的制造精度直接影响着冲模的制造质量。如图 11-8 所示为一凸模固定板，材料选用 45 钢，调质处理 26～30HRC，主要加工表面为平面及孔系结构，其中，“$\phi80^{+0.035}$”为模柄固定孔，“$2\times\phi40^{+0.025}$”为导套固定孔，“$2\times\phi10^{+0.015}$”为凸模定位销孔，“$4\times\phi13$”为凸模固定用螺钉过孔，“$4\times\phi17$”为卸料板固定用螺钉过孔，其具体的加工工艺过程可参见表 11-4。

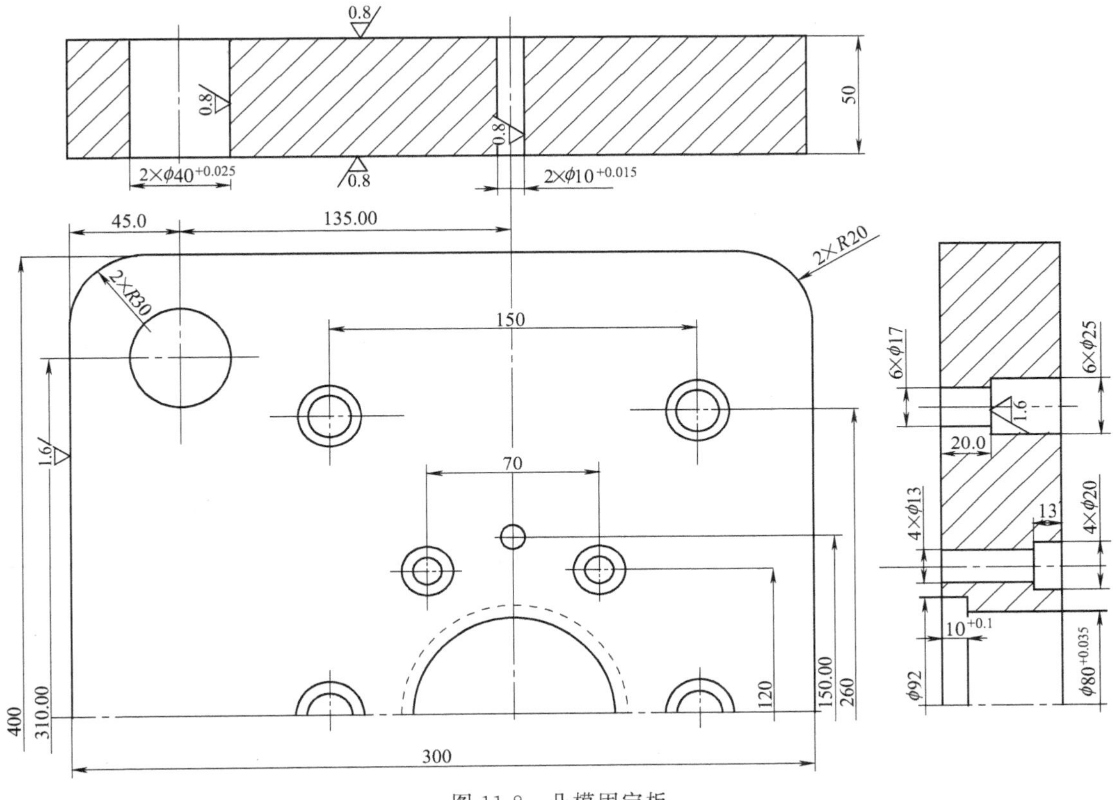

图 11-8 凸模固定板

表 11-4 凸模固定板加工工艺过程

序号	工序	工艺要求
10	备料	锻造毛坯
20	铣	上、下面至 53
30	磨	上、下面见平，且平行
40	铣	四周侧面，至 302×402，且互相垂直、平行
50	钳	中分划线，钻、扩孔；$2\times\phi40^{+0.025}$ 至 $\phi36$，$\phi80^{+0.035}$ 至 $\phi74$
60	热	调质处理 26～30HRC
70	铣	上、下面至 50.4
80	磨	上、下面至尺寸要求，且平行
90	铣	四周均匀去除，至尺寸要求，且互相垂直、平行
100	铣	$2\times R30$、$2\times R20$ 至尺寸要求
110	钳	钻、扩孔；$4\times\phi13$，$4\times\phi20$，$4\times\phi17$ 和 $4\times\phi25$ 至尺寸要求
120	镗	$2\times\phi10^{+0.015}$，$2\times\phi40^{+0.025}$ 和 $\phi80^{+0.035}$ 等各孔至尺寸要求

（2）注塑模具模板的加工　目前，注塑模具的设计与制造选用标准模架已经非常普遍，标准模架的模板一般不需要经过热处理，除非用户有特殊要求。模板的加工工序安排要尽量减少模板的变形。加工去除量大的部分是孔加工，因此，把模板上下两面的平磨加工分为两部分。对于外购的标准模架的模板，首先进行划线、钻孔等粗加工，然后时效一段时间，使其应力充分释放；第一次平磨消除变形量，然后进行其他精加工；第二次平磨至尺寸，并可去除加工造成的毛刺和表面划伤等，使模具的外观质量得以保证。两次平磨在有些场合也可以合二为一。

本节选取3种模板对其加工工艺进行详细介绍，其他的模板加工工艺可参照编制。

① 动模板。结构如图11-9所示。工艺按采用标准模架和自制两种方式给出，分别见表11-5和表11-6。

表11-5　动模板加工工艺过程（采用标准模架）

序号	工序	工艺要求
10	钳	按基准角划线，钻4×ϕ28，4×ϕ32，6×ϕ9，6×ϕ14，18×ϕ8和水道孔至尺寸要求；150×20划线；划线，钻4×ϕ14至4×ϕ13
20	铣	按划线铣，150至尺寸要求，20留磨量0.3；铣让刀槽至尺寸要求
30	磨	以B面为基准，磨20至尺寸要求；磨70±0.02至尺寸要求
40	镗	按基准角，坐标镗4×ϕ14至尺寸要求；4×ϕ16至尺寸要求，4×M8点位
50	钳	按坐标镗点位，钻、铰4×M8至尺寸要求

表11-6　动模板加工工艺过程（自制）

序号	工序	工艺要求
10	备料	＞383×253×73
20	铣	上下面见平，至73.4
30	磨	上下面见平，至73
40	铣	至383×253
50	钳	中分划线，钻4×ϕ35至4×ϕ33，150×20划线
60	铣	按划线铣，150×20至144×18
70	热	热处理至26～30HRC
80	铣	上下面均匀去除，见平，至70.8
90	磨	上下面均匀去除，见平，至70.4
100	铣	中分，均匀去除，380×250至尺寸要求
110	钳	模板四周倒角2×45°，按基准角划线，钻4×ϕ28，4×ϕ32，6×ϕ9，6×ϕ14，18×ϕ8，6×M16和水道孔至尺寸要求；150×20划线；划线，钻4×ϕ14至4×ϕ13
120	铣	按划线铣，150至尺寸要求，20留磨量0.3；铣让刀槽至尺寸要求
130	磨	以B面为基准，磨20±0.02至尺寸要求；磨70±0.02至尺寸要求
140	镗	按基准角，坐标镗4×ϕ14，4×ϕ35，4×ϕ41至尺寸要求；4×ϕ16至尺寸要求，4×M8点位
150	钳	按坐标镗点位，钻、铰4×M8至尺寸要求

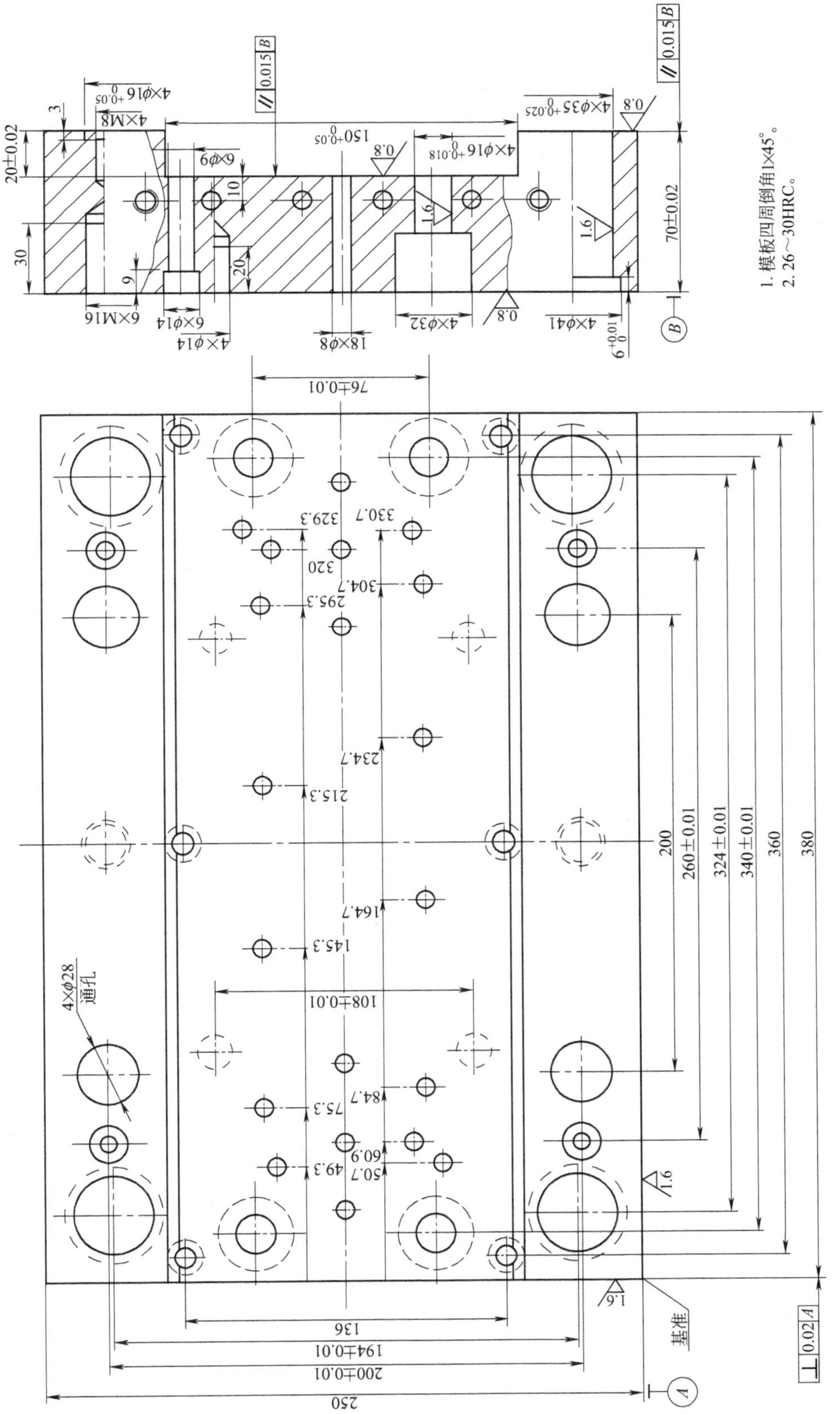

1. 模板四周倒角1×45°。
2. 26～30HRC。

图 11-9 动模板

一般厂家提供的标准模架的模板在厚度方向上都留有加工余量，根据需要，用户在装配前应将它们去除。

型腔槽孔、导柱导套孔等模具重要工作部位，热处理之前要预加工到一定尺寸，这样，可使这些部位的硬度达到均匀一致，避免外硬心软。对于一些较深的孔，不经预加工而直接热处理，在后续加工中，由于轴向硬度不均，很容易形成鼓状而达不到图样要求。

另外，模板一般都大致对称，因而热处理变形各方向基本一致。这样在热处理之前选模板的中心作为加工基准；热处理后，将模板四边均匀去除，将基准由中心转换为基准角，便于后续精加工。

② 定模板。如图 11-10 所示，在采用标准模架的基础上编制其工艺，见表 11-7。

表 11-7　定模板加工工艺过程（采用标准模架）

序号	工序	工艺要求
10	钳	按基准角划线，钻 4×ϕ30 至 4×ϕ28；4×ϕ16，4×ϕ30 至尺寸要求
20	磨	上下面均匀去除，见平，40±0.02 至尺寸要求
30	镗	按基准角，坐标镗 4×ϕ30 至尺寸；4×ϕ10 至尺寸要求
40	加工中心	按基准角，铣 90×30，110×110 至尺寸要求
50	钳	按基准角，钻、铰 4×M5 和水道孔至尺寸要求

如果在镗孔前先完成水道孔的加工，则在镗孔时，不连续切削将会造成刀具跳动，影响加工精度和表面质量。

③ 推杆支承板。如图 11-11 所示，在采用标准模架的基础上编制其工艺，见表 11-8。

表 11-8　推杆支承板加工工艺过程（采用标准模架）

序号	工序	工艺要求
10	钳	按基准角划线，钻 2×ϕ25 至 2×ϕ24，16×ϕ2，8×ϕ3，16×ϕ4.5，3×ϕ6 至尺寸要求
20	磨	上下面见平，15 至尺寸要求
30	镗	按基准角，坐标镗 2×ϕ25 至尺寸要求
40	铣	按各孔中心为基准，16×ϕ5，8×ϕ6，16×ϕ9，3×ϕ11 至尺寸要求

目前，在一些企业已经用数显铣床来代替钻床进行一些孔的加工工作，如表 11-8 中的工序 10，这样，既可以提高孔的位置精度，又可以降低钳工的劳动强度，提高工作效率。

在加工各沉孔（“16×ϕ5”，“8×ϕ16”，“16×ϕ9”，“3×ϕ11”）时，其直径尺寸和深度尺寸大小，一般按实际购买的推杆的台肩尺寸加工。

11.1.3　滑块的加工

滑块和斜滑块是塑料注射模具、塑料压制模具、金属压铸模具等广泛采用的侧向抽芯及分型导向零件，其主要作用是侧孔或侧凹的分型及抽芯导向。工作时滑块在斜导柱的驱动下沿导滑槽运动。随模具不同，滑块的形状、大小也不同，有整体式也有组合式的滑块。由于模具的结构不同，具体的滑块导滑方式也不同，种类较多，如图 11-12 所示。

滑块和斜滑块多为平面和圆柱面的组合。斜面、斜导柱孔和成型表面的形状、位置精度和配合要求较高。加工过程中除保证尺寸、形状精度外，还要保证位置精度。对于成型表面还要保证有较低的表面粗糙度。滑块和斜滑块的导向表面及成型表面要求有较高的耐磨性，其常用材料为工具钢或合金工具钢，锻制毛坯在精加工前要安排热处理以达到硬度要求。

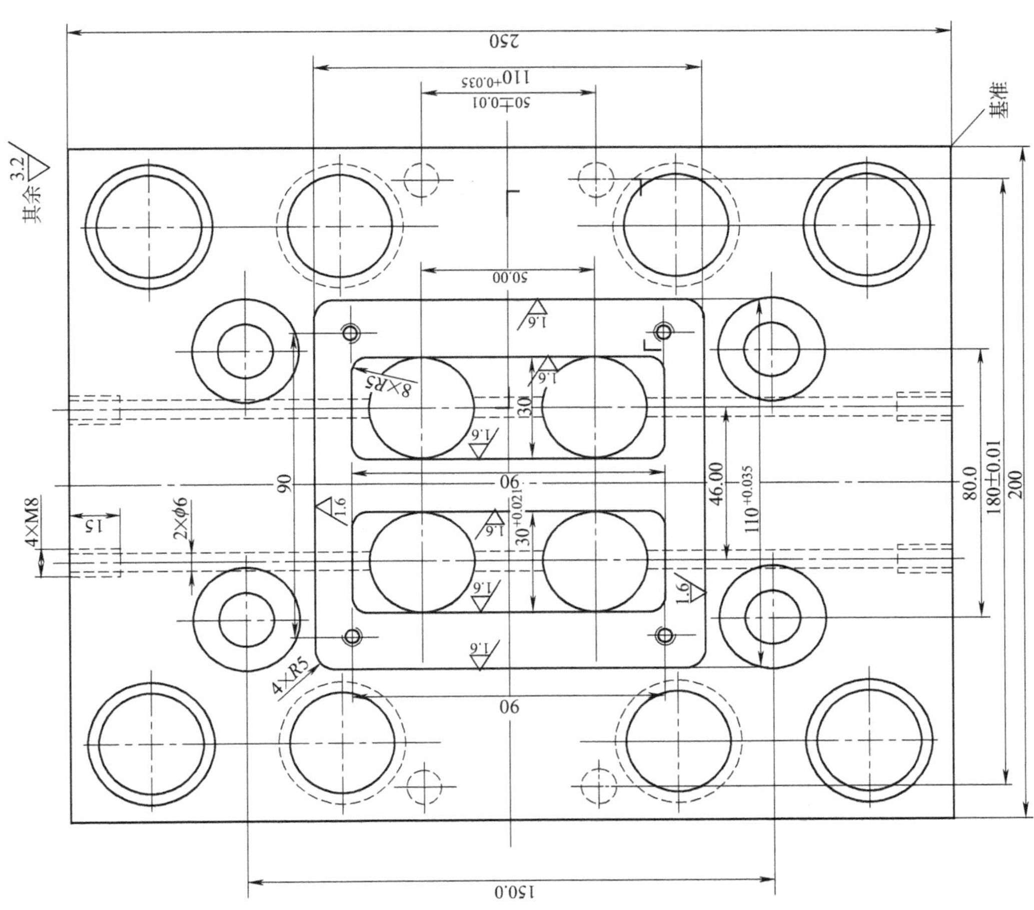

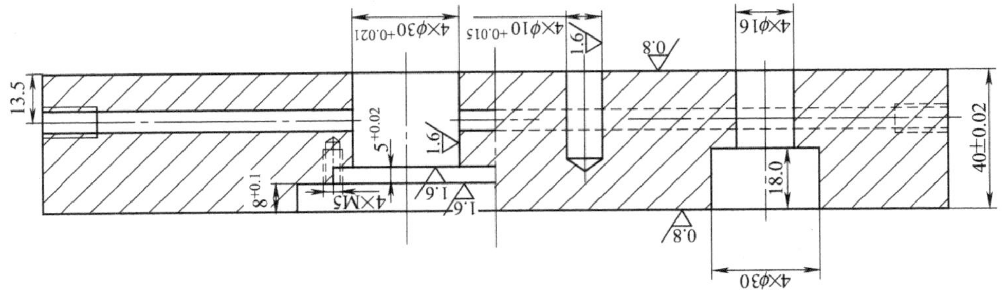

图 11-10 定模板

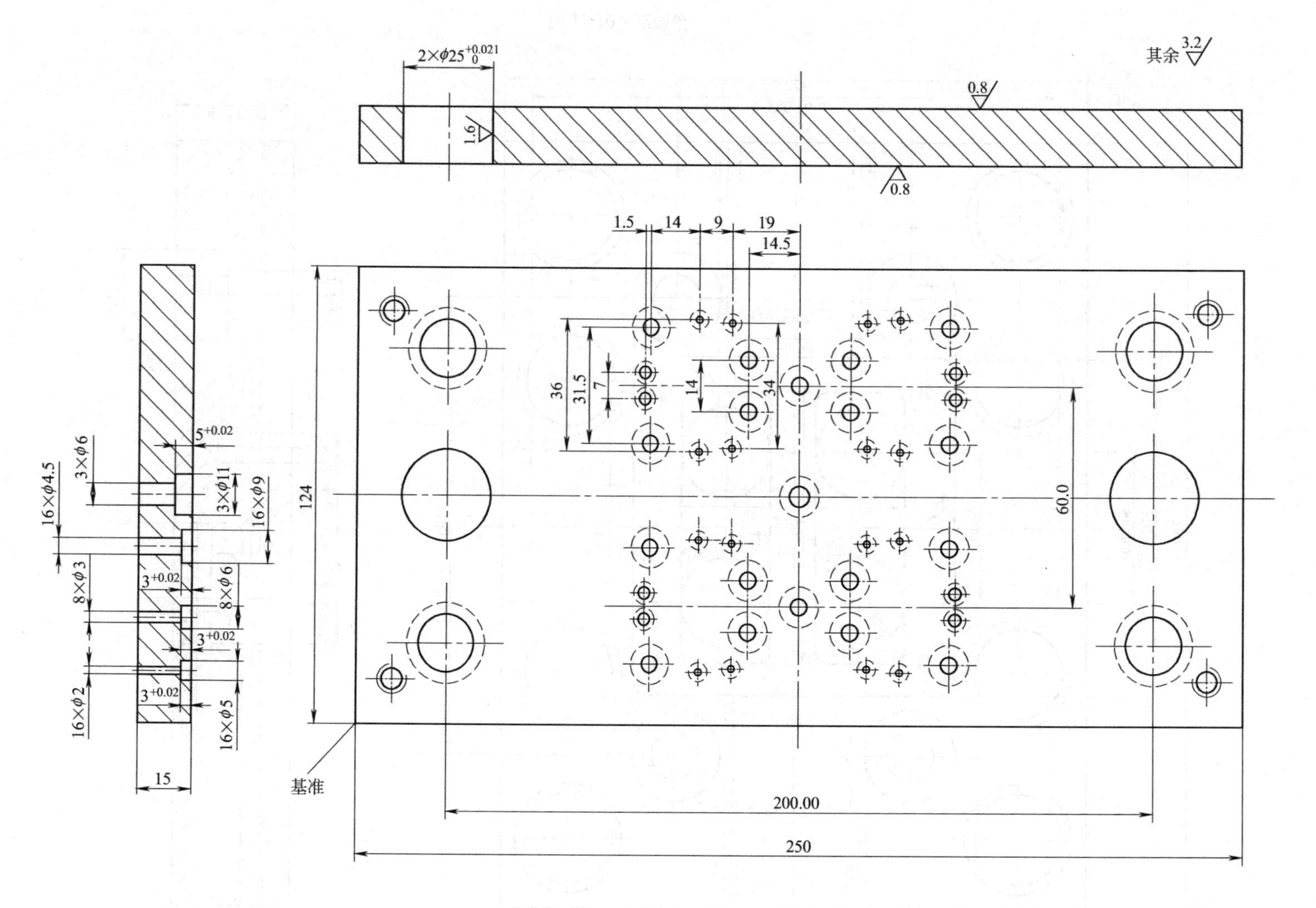
2×φ25$^{+0.021}_{0}$
其余 3.2
0.8
1.6
0.8
1.5
14
9
19
14.5
36
31.5
7
14
34
124
60.0
200.00
250
基准
5$^{+0.02}$
3×φ6
16×φ4.5
3×φ11
16×φ9
8×φ3
3$^{+0.02}$
8×φ6
3$^{+0.02}$
16×φ2
3$^{+0.02}$
16×φ5
15

图 11-11　推杆支承板

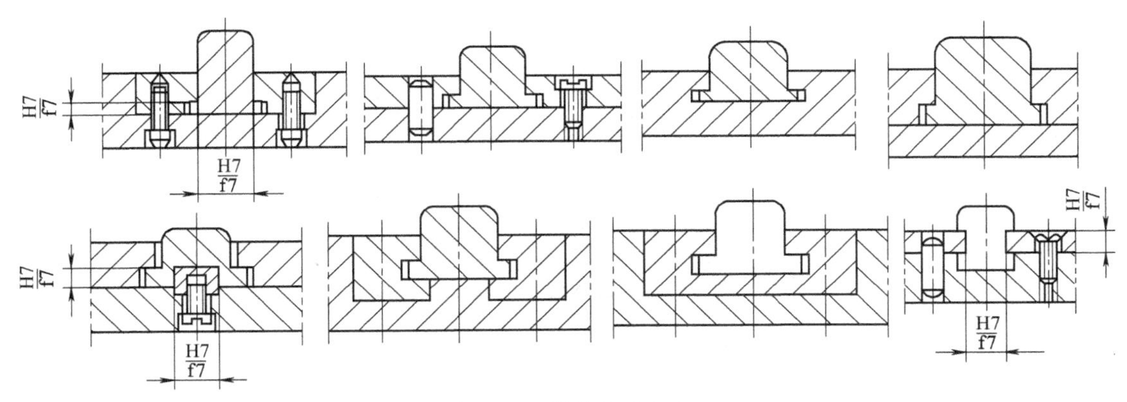

图 11-12 滑块导滑方式

11.1.3.1 滑块的加工

由于模具结构形式不同，因此，滑块的形状和大小也不相同，它可以和型芯设计为整体式，也可以设计成组合式。在组合式滑块中，型芯与滑块的连接必须牢固可靠，并有足够的强度，常见的连接形式如图 11-13 所示。

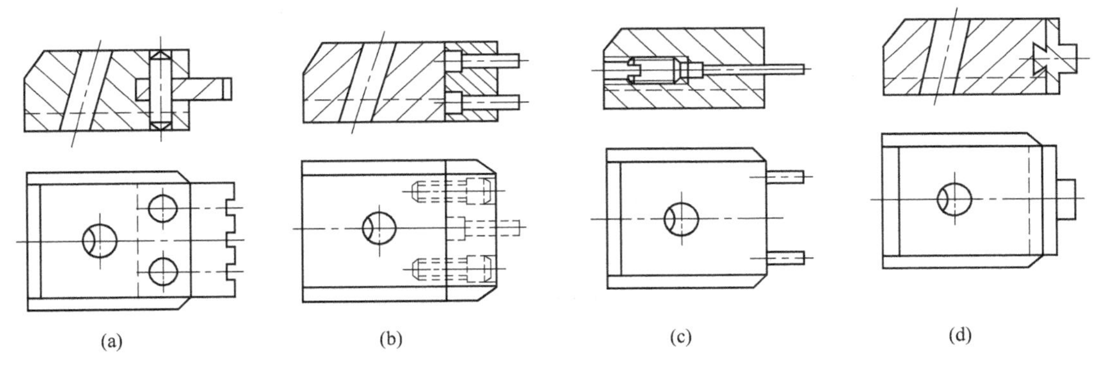

图 11-13 型芯与滑块的连接形式

现以图 11-14 所示组合式滑块为例介绍滑块的加工过程。

(1) 滑块加工方案的选择 图 11-14 所示滑块斜导柱孔的位置和表面粗糙度要求较低，孔的尺寸精度较低，所以主要还是要保证各平面的加工精度和表面粗糙度。另外，滑块的导轨和斜导柱孔要求耐磨性好，必须进行热处理以保证硬度要求。

滑块各组成平面中有平行度、垂直度的要求，对位置精度的保证主要是选择合理的定位基准。图 11-14 所示的组合式滑块在加工过程中的定位基准是宽度为 60mm 的底面和与其垂直的侧面，这样在加工过程中可以准确定位，装夹方便可靠。对于各平面之间的平行度则由机床运动精度和合理装夹保证。在加工过程中，各工序之间的加工余量根据零件的大小及不同加工工艺而定。经济合理的加工余量可查阅有关手册或按工序换算得出。为了保证斜导柱内孔和模板导柱孔的同轴度，可与模板装配后进行配加工。内孔表面和斜导柱外圆表面为滑动接触，其粗糙度值要低并且有一定硬度要求，因此要对内孔研磨以修正热处理变形及降低表面粗糙度。斜导柱内孔的研磨方法基本与导套的研磨方法一样。

(2) 滑块加工工艺过程 根据滑块的加工方案，图 11-14 所示的组合式滑块的加工工艺过程如表 11-9 所示。

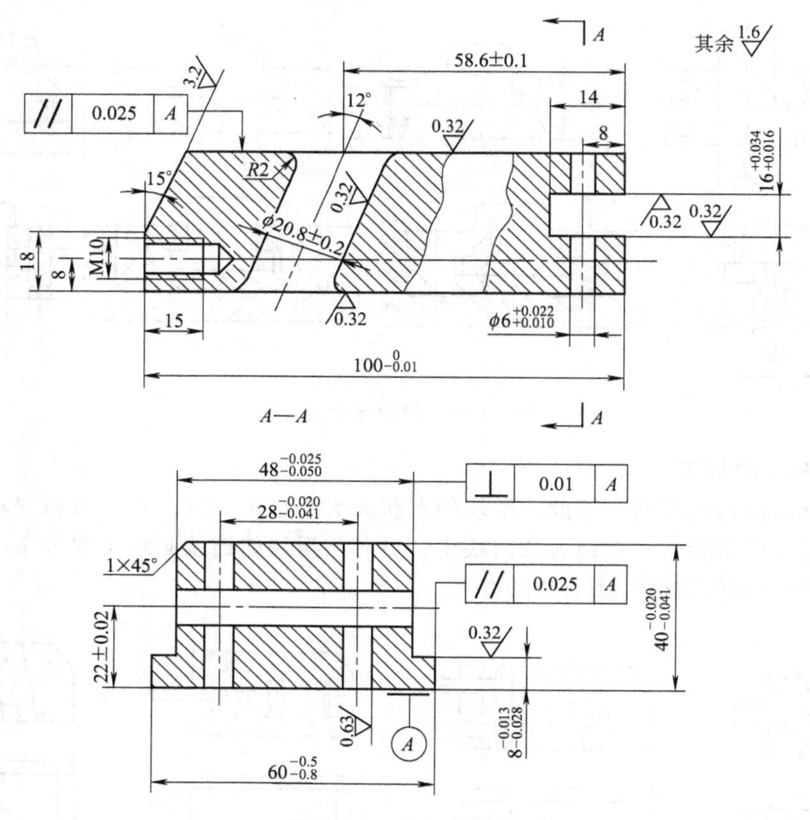

图 11-14　组合式滑块

材料 T8A；热处理后 54～58HRC

表 11-9　滑块的加工工艺过程

工序号	工序名称	工序内容	设备	工序简图
1	备料	锻造毛坯		
2	热处理	退火后硬度≤240HBS		
3	刨平面	刨上、下平面保证尺寸 40.6 刨削两侧面尺寸“60”达图样要求 刨削两侧面保证尺寸 48.6 和导轨尺寸 8 刨削 15°斜面保证距底面尺寸 18.4 刨削两端面保证尺寸 101 刨削两端面凹槽保证尺寸 15.8，槽深达图样要求	刨床	
4	磨平面	磨上、下平面保证尺寸 40.2 磨两端面至尺寸 100.2 磨两侧面保证尺寸 48.2	平面磨床	

续表

工序号	工序名称	工序内容	设备	工序简图
5	钳工画线	画 ϕ20,M10,2×ϕ6 孔中心线画端凹槽线		
6	钻孔镗孔	钻孔攻 M10 螺纹 钻 ϕ20.8 斜孔至 ϕ18,镗 ϕ20.8 斜孔至尺寸,留研磨余量 0.4 钻 2×ϕ6 孔至 ϕ5.9	立式铣床	ϕ20.8
7	检验			
8	热处理	对导轨、15°斜面、ϕ20.8 内孔进行局部热处理,保证硬度为 HRC 53～58		
9	磨平面	磨上、下平面达尺寸要求 磨滑动导轨至尺寸要求 磨两侧面至尺寸要求 磨凹槽至尺寸要求 磨斜角 15°至尺寸要求 磨端面尺寸	平面磨床	$100_{-0.10}^{0}$　15°　$16_{+0.016}^{+0.034}$　$48_{-0.041}^{-0.025}$　$40_{-0.041}^{-0.020}$
10	研磨内孔	研磨 ϕ20.8 至要求(可与模板配装研磨)		
11	钻孔铰孔	与型芯配装后钻 2×ϕ6 孔并配铰孔	钻床	ϕ20.8
12	钳工装配	对 2×ϕ6 安装定位销		
13	检验			

11.1.3.2 导滑槽的加工

导滑槽是滑块的导向装置，要求滑块在导滑槽内运动平稳、无上下窜动和卡紧现象。导滑槽有整体式和组合式两种，结构比较简单，大多数都由平面组成，可采用刨削、铣削、磨削等方法进行加工。其加工方案和工艺过程可参阅板类零件和滑块加工的有关内容。在导滑槽和滑块的配合中，上、下和左、右两个方向各有一对平面是间隙配合，它们的配合精度一般为 H7/f6 或 H8/f7，表面粗糙度 Ra0.63～1.25μm。导滑槽材料一般为 45、T8、T10 等，热处理硬度为 52～56HRC。

11.2 冷冲模制造工艺

11.2.1 凸模、凹模的结构特点和技术要求

凸、凹模是冲裁模的主要工作零件。凸模和凹模都有与制件轮廓一样形状的锋利刃口，凸模和凹模之间存在很小的间隙。在冲裁时，坯料对凸模和凹模刃口产生很大的侧压力，导致凸模和凹模都与制件或废料发生摩擦、磨损。模具刃口越锋利，冲裁件断面质量越好。合理的凸、凹模刃口间隙能保证制件有较好的断面质量和较高的尺寸精度，并且还能降低冲裁力和延长模具使用寿命。凸、凹模的设计有五点要求：结构合理；高的尺

寸精度、形位精度、表面质量和刃口锋利；足够的刚度和强度；良好的耐磨性；一定的疲劳强度。其中第二项要靠模具制造精度来保证，对于后三项，模具材料的选择和热处理规范的制订尤为重要。

凸模属于长轴类零件，从长度上可分为两部分，固定部分和工作部分。固定部分的形状简单，尺寸精度要求不高；工作部分的尺寸精度和表面质量要求高。凹模是板类零件，凹模型孔的尺寸、形状精度和表面质量要求高。凹模外形较简单，一般是圆形或矩形，其尺寸精度要求不高。

对凸模和凹模的技术要求见表 11-10。

表 11-10 冲裁凸、凹模的技术要求

项　　目	加 工 要 求
尺寸精度	达到图样设计要求，凸、凹模间隙合理、均匀
表面形状	凸、凹模侧壁要求平行或稍有斜度，大端应位于工作部分，决不允许有反斜度(图 11-15)
位置精度	圆形凸模的工作部分对固定部分的同轴度误差小于工作部分公差的一半。凸模端面应与中心线垂直 对于连续模，凹模孔与固定板凸模安装孔、卸料板孔孔位应一致，各步步距应等于侧刃的长度 对于复合模，凸凹模的外轮廓和其内孔的相互位置应符合图样中所规定的要求
表面粗糙度	刃口部分的表面粗糙度 Ra 为 0.4μm，固定部分的表面粗糙度 Ra 为 0.8μm，其余为 6.3μm，刃口要求锋利
硬度	凹模工作部分硬度为 60～64HRC，凸模工作部分硬度 58～62HRC，对于铆接的凸模，从工作部分到固定部分硬度逐渐降低，但最低不小于 38～40HRC(图 11-16)

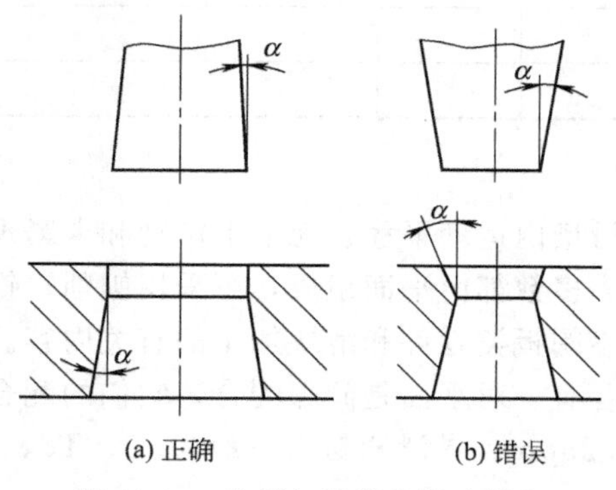

图 11-15　凸模与凹模的侧壁斜度

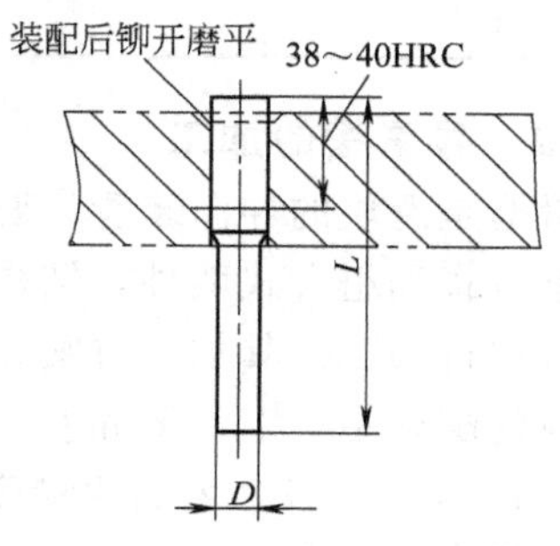

图 11-16　铆接凸模的硬度

11.2.2　冲裁模凸模的制造工艺过程

凸模加工的工艺要点有两个：工作表面的加工精度和表面质量要求高，是加工的关键；热处理变形对加工精度有影响。因此，加工方法的选择和热处理工序的安排尤为重要。

由于冲裁件轮廓的形状种类很多，相应的凸模刃口轮廓形状种类也很多。不同刃口轮廓形状的凸模加工的方法不同。对于圆形凸模，其加工方法较简单，在车床上车削棒料，并留磨削余量，热处理后，在外圆磨床上精磨，工作部分经抛光、刃磨后即可使用。凸模的加工精度不受热处理变形的影响。非圆形凸模的加工比较复杂，生产中常用的加工法有压印锉修、仿形刨、线切割加工和成型磨削。

(1) 压印锉修　压印锉修是一种钳工加工方法。图 11-17 所示的凸模，压印前，根据非圆形凸模的形状和尺寸准备坯料，在车床上或刨床上预加工毛坯各表面，在端面上按刃口轮廓划线，在铣床上按划线粗加工凸模工作表面，并留有压印后的锉修余量0.15～0.25mm（单面）。压印时，在压力机上将粗加工后的凸模毛坯垂直压入已淬硬的凹模型孔内，如图11-18所示。通过凹模型孔的挤压和切削作用，凸模毛坯上多余的金属被挤出，并在凸模毛坯上留下了凹模的印痕，钳工按照印痕锉去毛坯上多余的金属，然后再压印，再锉修，反复进行，直到凸模刃口尺寸达到图样要求为止。压印结束之后，再按照图样要求的间隙值锉小凸模，并留有0.01～0.02mm（双面）的钳工研磨余量，热处理后，钳工研磨凸模工作表面，直到间隙合适。

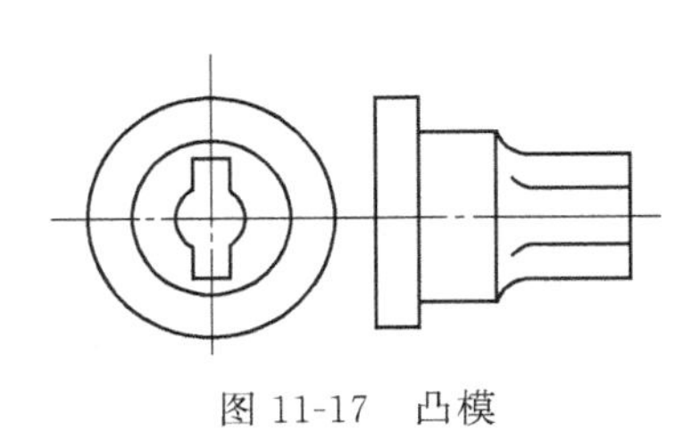
图11-17　凸模

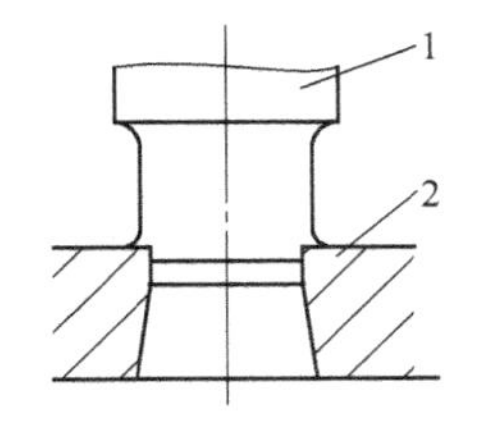

图11-18　用凹模压印
1—凸模；2—凹模

为了减小压印表面的粗糙度值，可用油石将锋利的凹模刃口磨出0.1mm的圆角，以增强挤压作用，并在凸模表面上涂上一层硫酸铜溶液，以减少压印时的摩擦。

压印加工可在手动螺旋压印机或液压压印机上进行。第一次压印深度不宜过大，一般控制在0.2～0.5mm，钳工在锉削时不能碰到压出的表面，锉削后留下的余量要均匀，保持在0.15～0.25mm（单边余量），以免再次压下时出现偏斜。以后各次压下深度可以增加到0.5～1.5mm。

压印加工最适合于无间隙冲裁模的加工，在缺乏先进模具加工设备的情况下，它是模具钳工经常采用的一种方法，而且十分有效。此种方法的缺点是对工人的操作水平要求高，生产效率低，模具精度受热处理影响，因此，它逐渐被其他先进的模具加工方法所代替。

（2）仿形刨床切削　仿形刨床主要用于刨削刃口轮廓由圆弧和直线组成的形状复杂的带有台肩的凸模和型腔冷挤冲头。刨削表面的粗糙度 Ra 可达1.6～0.8μm，尺寸精度可达±0.02mm。在仿形刨削之前，毛坯各表面先在普通机床上加工，然后在端面上划出刃口轮廓线，按线铣削加工，留单边刨削余量0.2～0.3mm，在仿形刨床上精加工，并留研磨余量0.01～0.02mm。若精加工前，凹模已加工好，可利用淬硬的凹模对凸模进行压印，然后，按此印痕用仿形刨床精加工凸模。在仿形刨削之后，凸模要进行热处理，最后研磨和抛光工作表面，使凸模和凹模的间隙达到图样要求。

图11-19所示为仿形刨削凸模的情况，凸模1装夹在卡盘3上，工作台上的卡盘旋转的角度由分度头4控制。通过机动或手动可使工作台作纵向和横向进给运动，借助刨刀2的垂直向下运动以及工作台的纵向、横向进给和卡盘旋转进给，仿形刨削可以加工出各种形状复杂的凸模，如图11-20所示。

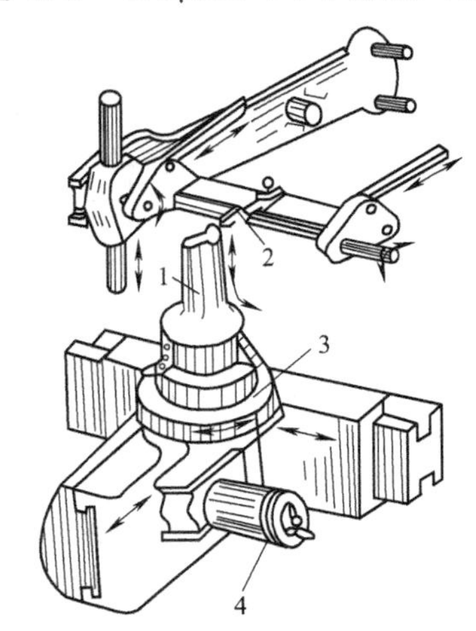

图11-19　仿形刨床上加工凸模示意图
1—凸模；2—刨刀；3—卡盘；4—分度头

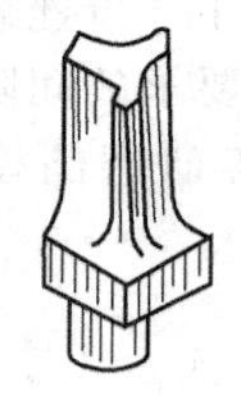
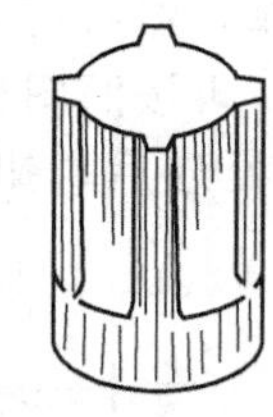
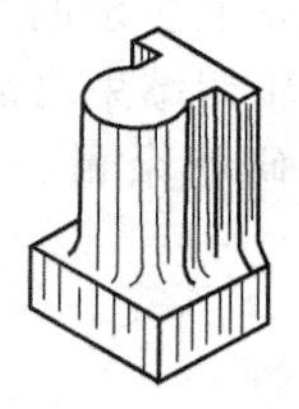

图 11-20 用仿形刨床加工的各种复杂形状的凸模

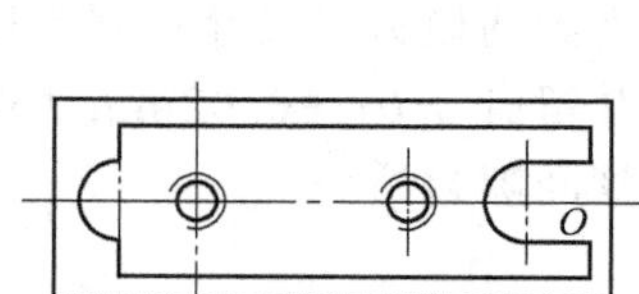

图 11-21 线切割加工凸模

在刨削凸模上的圆弧之前，凸模在卡盘上装夹时，必须将凸模的圆弧中心与卡盘的旋转中心重合，当刨削平面时，必须通过旋转卡盘将刨削平面调整到与工作台纵向进给运动相平行的方向。刨刀除了能作垂直向下运动外，当刨削至凸模根部时，还能产生摆动，因而能刨削凸模根部的圆角。

若采用仿形刨加工，凸模的根部应设计成圆弧形。凸模的固定部分应设计成圆形或方形，凸模固定板孔的形状也为圆形或方形，这样凸模的刚性较好，并且凸模固定部分和凸模固定板孔的加工都容易进行。

仿形刨床加工凸模的生产效率低，对工人的操作水平要求高。由于仿形刨加工是在凸模热处理之前进行，加工后的热处理将引起凸模变形，因此，仿形刨加工逐步被电火花反拷贝加工、光学曲线磨床加工、坐标磨床加工所代替。

(3) 电火花线切割加工　电火花线切割机床在模具加工中的应用很广，特别是自动化编程软件的使用，不仅大大简化了加工过程，提高了自动化程度，缩短了制模周期，降低了成本，而且提高了模具质量。凸模若采用线切割加工，其形状应该设计成直通形式，而且其长度尺寸不应超过线切割机床的加工范围。线切割之前，应准备工件，确定加工路线，以及装夹工件，穿丝等。图 11-21 所示凸模的电火花线切割工艺如下。

① 毛坯准备。将圆形棒料进行锻造，锻成六面体，并进行退火处理。

② 刨或铣六个面。在刨床或铣床上加工锻坯的六个面。

③ 钻穿丝孔。在线切割加工起点（图 11-21 中的 O 点）处钻出直径为 2～3mm 电极丝穿丝孔。

④ 加工螺钉孔。加工固定凸模用的两个螺钉孔（钻孔、攻螺纹）。

⑤ 热处理。将工件淬火、回火，并检查其表面硬度，硬度要求达到 58～62HRC。

⑥ 磨削上、下两平面。磨光上、下两平面，表面粗糙度 Ra 应低于 0.8μm。

⑦ 去除穿丝孔内杂质，并进行退磁处理。

⑧ 线切割加工凸模。装夹工件时，必须使工件的基准面与机床滑板的 x 和 y 方向平行，位置要适当，工件的线切割范围应在机床纵、横滑板的许可行程内。穿入电极丝，并使电极丝的中心与钻孔中心重合。按图样编制程序，并在纸带上钻孔编码，将纸带输入计算机，开动机床进行线切割加工。

⑨ 研磨。线切割后，钳工研磨凸模工作部分，使工作表面粗糙度降低。

(4) 成型磨削　利用成型磨削加工凸模是目前常用的一种最有效的加工方法。经过成型磨削的凸模尺寸精度高、质量好，磨削精度不受热处理的影响，并且生产效率高。

需要成型磨削的凸模一般设计成直通形式。成型磨削前应根据工厂的实际条件选择磨床，有效利用各种工、夹具及成型砂轮。用万能夹具磨削凸模的工艺要点如下。

① 为了简化工艺计算，应选择适当的直角坐标系。一般取工件的设计坐标系为工艺坐标系。

② 将复杂的凸模刃口轮廓分解成数个直线、圆弧段，然后依次磨削。先磨削直线，后磨削斜线及凸圆弧；先磨削凹圆弧，后磨削直线及凸圆弧；先磨削大凸圆弧，后磨削小凸圆弧；先磨削小凹圆弧，后磨削大凹圆弧。用上述磨削顺序便于加工成型，并且容易达到所要求的精度。

③ 选择回转中心，依次调整回转中心与夹具中心重合。

④ 由于成型磨削时的工艺基准不尽一致，需要进行工艺尺寸换算。

图 11-22 所示的凸模的成型磨削加工程序如下。

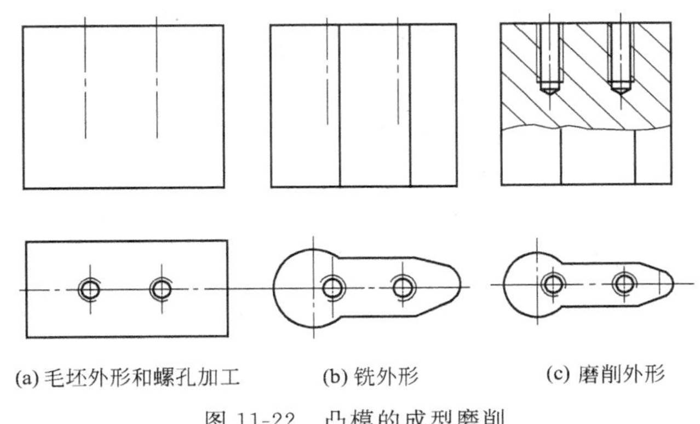

图 11-22 凸模的成型磨削

① 准备毛坯：用圆钢锻成六面体，并退火处理。

② 刨削或铣削六个面。在刨床或铣床上加工锻坯的六个面。

③ 磨上下两平面及基准面。

④ 钳工划线，钻孔、攻螺纹。

⑤ 用铣床加工外形（留磨削余量）。

⑥ 热处理：将凸模淬火、回火处理，并检查表面硬度，硬度要求达到 58～62HRC。

⑦ 磨削上、下两平面。磨光上、下两平面，表面粗糙度 Ra 应低于 0.8μm；成型磨削，按一定的磨削程序磨削凸模的外形。

⑧ 精修。精修凸模外形和凹模配间隙。

11.2.3 冲裁模凹模的制造工艺过程

凹模加工与凸模加工相比有以下特点。

① 在多孔冲裁模或级进模中，凹模上有一系列孔（这些孔称为孔系），凹模孔系位置精度通常要求在±(0.01～0.02) mm 以上，这给孔的加工带来困难。

② 凹模在镗孔时，孔与外形有一定的位置精度要求，加工时，要求确定基准，并准确确定孔的中心位置，这给加工带来很大难度。

③ 凹模内孔加工的尺寸往往直接取决于刃具的尺寸，因此刃具的尺寸精度、刚性及磨损将直接影响内孔的加工精度。

④ 凹模孔加工时，切削区在工件内部，排屑、散热条件差，加工精度和表面质量不容易控制。

凹模型孔的加工方法不仅与其形状有关，而且与型孔的数量有关。下面分别介绍单个圆形型孔、系列圆形型孔和非圆形型孔的加工。

（1）单个圆形型孔的加工　凹模型孔为单个圆孔时，其加工方法比较简单。毛坯外形用车削加工，当凹模型孔直径小于5mm，先钻孔，然后铰孔，热处理后磨削顶面和底面，用砂布抛光型孔即可；当型孔直径大于5mm，一般采用钻削和镗削方法对型孔进行粗加工，经淬火、回火热处理后，利用万能磨床或内圆磨床对型孔精加工，磨孔的精度可达IT5～IT6，孔表面粗糙度 Ra 可达0.8～0.2μm。

（2）系列圆形型孔的加工　凹模型孔为一系列圆孔时，其加工比较困难，应根据工厂现有的加工设备，选择相应的方法。利用坐标法进行孔的加工，可在普通钻床上、铣床上加工出位置精度较高的系列型孔。在坐标镗床上可加工有高精度位置要求的系列型孔。生产中常用的加工方法如下。

① 在普通钻床上加工。在没有坐标镗床的情况下，可在普通钻床上进行系列型孔的加工。凹模毛坯经刨或铣六面，然后磨平六个面，并要保证六面互相垂直，根据图样，在磨好的工件上划线，并将工件夹持在平口钳上，通过在钻床的纵向和横向附加块规和百分表测量装置，控制工件移动的距离，进行系列型孔的加工。由某工厂加工经验，此方法能达到孔间距精度±0.04mm，但是加工效率较低。

② 在铣床上加工。在立式铣床上加工多个凹模型孔，直接利用工作台上的纵、横向位移来确定孔的位置，其加工的孔间距精度较低，一般为0.06～0.08mm。

在立式铣床的纵、横向托板上附加块规组和千分表测量装置，用以准确地控制工作台的移动距离，孔系的孔位精度能大大提高，孔间距精度可达到0.02mm以上。

③ 在精密坐标镗床或坐标磨床上加工。精密坐标镗床具有精密坐标定位装置，它是专门用于镗削尺寸、形状和位置精度要求高的孔系的精密机床。孔位精度一般可达0.005～0.015mm。由于凹模在热处理时易发生变形，导致热处理之前镗好的孔间距精度降低。当凹模孔的精度和孔间距精度要求很高时，经过坐标镗床加工的凹模在热处理之后，还应在坐标磨床上精加工，以保证型孔尺寸精度和孔系的位置精度。

（3）非圆形型孔的加工。非圆形型孔的加工工艺比较复杂。非圆形型孔中心的废料首先要去除，然后进行精加工，非圆形型孔的精加工方法有锉削、压印锉修、电火花线切割和电火花加工。

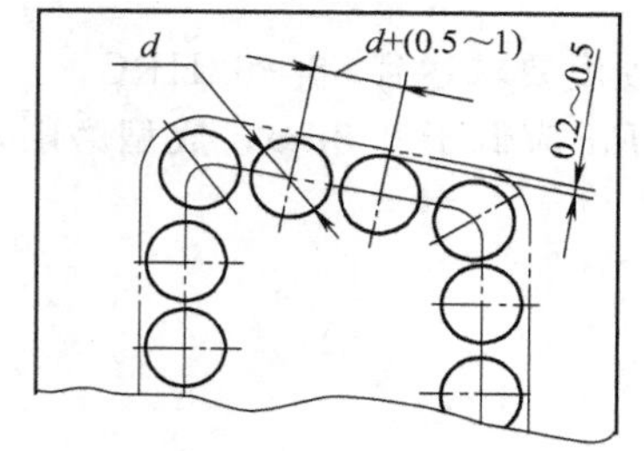

图11-23　沿型孔轮廓钻孔

① 锉削加工。在锉削和压印之前，凹模的外形应先加工出来，钳工按照凹模刃口轮廓线划线，然后在立式铣床或带锯机床上将型孔内部的废料去除，留出0.2～0.8mm（单边）的加工余量。图11-23所示是沿型孔轮廓线内侧依次钻孔后，凿通整个轮廓，去除中心废料。废料去除后，钳工用锉刀修整孔壁，或在铣床、插床上修整孔壁。

型孔内部的废料去除后，可利用锉削方法精加工型孔。钳工先用粗锉锉出形状，最后用细锉精锉成型，并随时用加工好的凸模或样板检查。凹模刃口锉好之后，再锉出凹模孔的后角的大小。注意在锉削过程中，不要碰坏相邻已锉好的表面。

手工锉削的工作量大，效率低。可利用锉刀机来代替手工锉修。用锉刀机床锉修时，必须准备各种形状及尺寸的锉刀，锉削时一般沿工件表面的划线进行。

② 压印锉修。用淬硬的加工好的凸模对未淬硬的并留有一定压印余量的凹模毛坯进行压印，压印方法与凸模的压印方法相同。凹模在压印锉修后，可用油石精细加工，并加工出后角。在缺乏专用模具加工设备的情况下，钳工常利用压印方法加工凹模型孔。此方法加工的凹模型孔尺寸精度高、表面粗糙度低。此方法简单，易于操作。

③ 电火花线切割加工。当凹模形状复杂，带有尖角、窄缝时，电火花线切割加工是常采用的一种精加工凹模型孔的方法。线切割加工可在热处理之后进行，型孔的加工精度高、质量好。线切割后，需要钳工研磨型孔，以保证凸、凹模的间隙均匀。在线切割之前，要对凹模毛坯进行预加工，选择电火花机床，凹模厚度和水平尺寸必须在机床的加工范围内，选择合理的工艺参数（电参数、切割速度等），还要安排好凹模的加工工艺路线，做好切割前的准备工作，如在工件适当位置上加工穿丝孔，仔细检查机床各机构运行状况是否良好，找正工件加工基准，装夹工件等。

图 11-24 所示凹模的材料为 Cr12MoV，凹模厚度为 10mm。由于凹模型孔的长度尺寸为 400mm，故该凹模的切割路线较长，切割面积多，废料重量大，在切割过程中容易变形，并且线切割结束时中间的废料掉下来容易损坏电极丝等。工厂实际加工时，采取的措施是热处理之前，增加一道预加工工序，将凹模型孔各面仅留 2～4mm 的线切割余量，其次工件采用双支撑方式，即在切割结束时，特别是快要结束时，用一块平整的永久磁铁将工件与废料紧紧吸牢，以便使废料在切割过程中位置固定。线切割该模具型孔的工艺参数为：电源电压 95V，加工平均电流 1.8A，脉冲宽度 25μs，脉冲间隔 78μs，钼丝直径 0.12mm，走丝速度 $9\text{m}\cdot\text{s}^{-1}$，切割速度 40～50$\text{mm}^2\cdot\text{min}^{-1}$，工作液为乳化液。其加工过程如下。

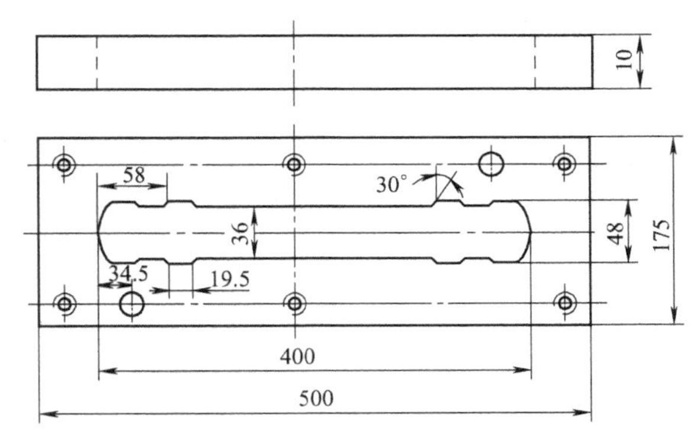

图 11-24　凹模的电火花线切割加工

a. 准备毛坯：用圆钢锻成方形坯料，并退火。

b. 刨六个面，将毛坯刨成六面体。

c. 平磨上、下两平面及角尺面。

d. 钳工划线，并加工销孔（钻孔、铰孔）和螺钉孔（钻孔、攻螺纹）。

e. 去除型孔内部废料：沿型孔轮廓划出一系列孔，然后在钻床上顺序钻孔，钻完后凿通整个轮廓，敲出中间废料。

f. 热处理：淬火与回火，检测表面硬度，要求达到 58～62HRC。

g. 平磨上、下两平面及角尺面。

h. 电火花线切割型孔，步骤与凸模加工相似。

i. 将切割好的凹模进行稳定回火。

j. 钳工研磨销孔及凹模刃口，使型孔达规定的技术要求。

④ 电火花加工。电火花加工在热处理后进行，因而避免了热处理变形带来的不良影响。形状复杂的凹模型孔采用电火花加工时，制模周期短，生产效率高。但是在加工过程中，电极的损耗影响加工精度，也难以达到较小的表面粗糙度。与线切割相比，电火花加工需要制作成型电极，制模成本较高。对于型孔周长比较长、多型孔加工时，电火花加工比较有利，例如电机定、转子硅钢片冲模的加工，大多数工厂采用电火花加工的方法。电火花尤其适合于小孔和小异形孔的加工。

凹模型孔电火花加工有直接配合法、间接配合法、修配凸模法、二次电极法。主要根据凸凹模配合间隙来选用。

图 11-25 所示为电火花加工的凹模，凹模材料为 T10A，与凸模的配合间隙为单边 0.05～0.10mm，加工余量为单边 3～4mm，刃口粗糙度 Ra 要求为 0.8μm，其加工过程如下。

a. 准备毛坯：用圆钢锻成方形毛坯，并退火。

b. 刨削六个面。

c. 平磨：磨上、下两平面和角尺面。

d. 钳工划线：划出型孔轮廓线及螺孔、销孔位置。

e. 切除中心废料：先在型孔适当位置钻孔，然后用带锯机去除中心废料。

f. 螺孔和销孔加工：加工螺孔（钻孔、攻螺纹），加工销孔（钻孔、铰孔）。

g. 热处理：淬火与回火，检查硬度，表面硬度要求达到 58～62HRC。

h. 平磨：磨上、下两平面。

i. 退磁处理。

j. 电火花加工型孔：利用凸模加长一段铸铁后作为电极（如图 11-26 所示，L_1 为凸模长度，L_2 为电极长度），电加工完成后去掉铸铁部分后做凸模用。由于凸、凹模配合间隙较大（单边 0.05～0.10mm），故先用粗规准加工，然后调整平动头的偏心量，再用精规准加工，达到凸、凹模的配合间隙要求。

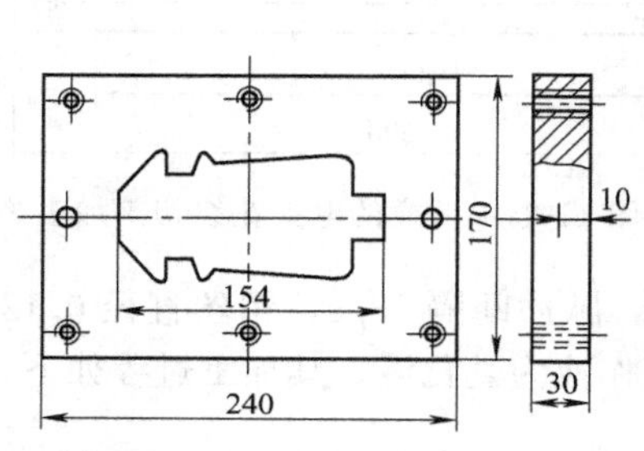

图 11-25　用电火花加工的凹模

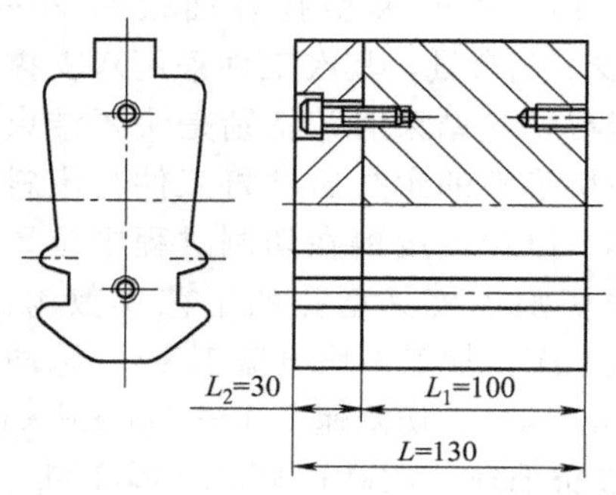

图 11-26　电火花加工用的电极

11.2.4　冷冲模结构的工艺性

冷冲模零件的结构工艺性是指模具零件在满足冲压工艺的前提下，其结构是否便于制造、装配和维修等。在考虑模具结构工艺性时，要特别注意简化其成型表面的加工，以提高模具精度和寿命。不同的制模方法对模具零件结构要求不同，因此，模具结构工艺性的好坏是相对的。例如，某种结构的模具零件用传统的加工方法时工艺性是好的，但对新的加工工艺（如电火花加工）来说，其结构就不一定合理。

对模具设计人员来说，设计冲模时，不仅要保证冲压工艺要求，而且要考虑制造工艺方面的要求。即要全面考虑冲压工艺、模具结构以及制造工艺方法、设备工具等问题。只有这样，才能使设计的模具具有良好的工艺性，才能保证模具零件从加工制造到装配维修各环节都达到生产效率高、成本低等要求。因此模具设计人员不仅要掌握模具设计知识，而且必须具备较强的模具制造工艺基本理论和实践知识。设计冷冲模时，为了改善模具零件结构工艺性，必须考虑以下原则。

（1）模具结构尽量简单。在保证使用要求的前提下，尽可能减少不必要的零件，使模具结构尽量简单。

（2）模具使用过程中的易损件能方便地更换和调整。

（3）尽可能采用标准化零部件。

（4）模具零件，尤其是凸、凹模零件应具有良好的工艺性。如：选择加工性能较好的材料，合理设计零件的精度和表面粗糙度，使零件便于加工，有利于提高模具的精度和寿命。

(5) 模具应便于装配。冷冲模中的凸模、凹模或凸凹模，当采用钳工压印锉修或仿形刨或成型磨削等方法加工时，为了提高模具结构的工艺性，凸模、凹模或凸凹模常常设计成镶拼结构。镶拼结构在加工工艺方面具有以下优点。

①简化制模难度。对于大型冲裁模的凹模，由于其尺寸大，难以锻造大钢料，并且热处理引起变形，可采用镶拼结构。

图 11-27 所示的凹模，刃口槽窄或局部形状复杂，钳工难以加工，也无法用成型磨削加工，若采用镶拼结构，则便于成型磨削。

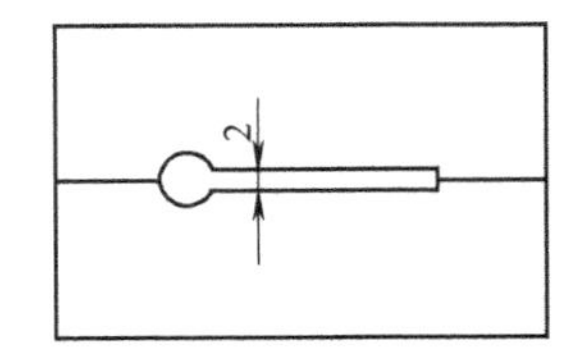

图 11-27　窄槽凹模镶拼结构

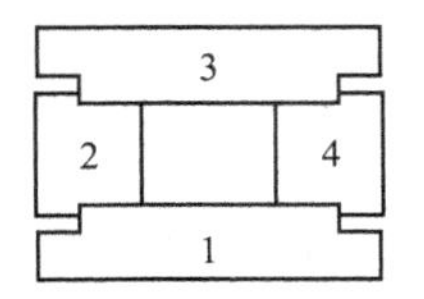

图 11-28　尖角凹模镶拼结构

图 11-28 所示的凹模尖角处不易加工，热处理时，易变形和开裂，可采用镶拼结构。

② 节约贵重模具钢材，避免整体模热处理变形。图 11-29 所示为多孔凹模，刃口部分做成多个镶件，然后镶入普通钢制作的固定板孔内，这样既避免了整体模热处理变形，又节约了贵重模具钢材。

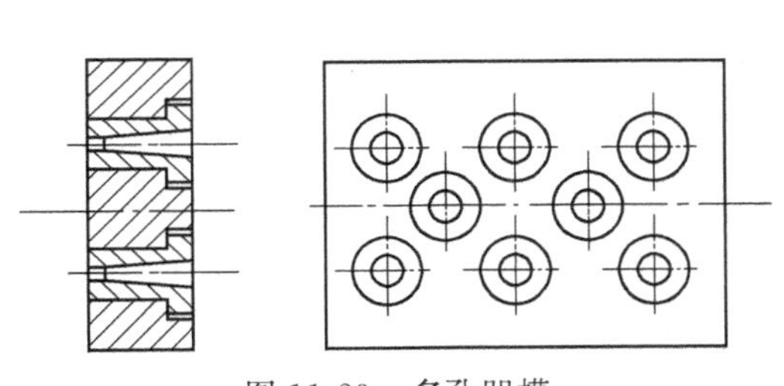

图 11-29　多孔凹模

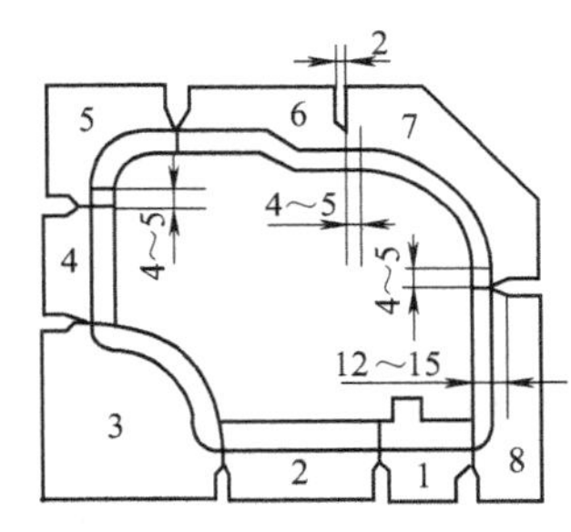

图 11-30　镶拼凹模

③ 便于更换和维修。大型冲裁模凹模或局部形状复杂的凹模，采用镶拼结构，以便易磨损的部分容易加工和更换。图 11-30 所示为镶拼凹模，凸出或凹进的部分应单独制作成一块，以便于加工和更换。

冷冲模的凹模，当采用电火花加工时，凹模结构的特点如下。

① 采用整体结构。采用电火花加工凹模时，镶拼结构可以改为整体结构。这是由于凹模上的小孔、尖角和窄槽等对机械加工来说是十分困难的，甚至难以加工，而对于电火花加工来说并不困难。采用整体结构，模具的体积可以减小，刚度和强度增加，设计和制造模具的工作量减少。

② 可减薄模板厚度。当采用电火花加工模具时，模具板厚可减薄，理由如下。

a. 由于电火花加工在热处理之后进行，避免了热处理的影响，原来考虑为了减小变形而增加的厚度已无必要。

b. 电火花加工后的凹模型孔，刃口平直，间隙均匀，耐磨性能好，使用寿命长，减少了刃磨次数。

c. 从电火花加工工艺来说，减薄凹模厚度可以减少每副模具的加工工时，缩短制模周期。

d. 可以节省贵重的模具材料。

必须注意：挖台阶时要沿着凹模型孔周边挖，以便台阶孔与型孔相似，其周边扩大量约为1～2mm，不可过大，否则凹模强度和刚度会大大降低，影响凹模寿命，采用挖台阶的方法，可大大缩短电火花加工工时，但多了一道铣削工序（挖台阶），并且带来了电火花加工时定位不方便等问题。

③ 凹模型孔的尖角改为小圆角。采用电火花加工凹模时，凹模型孔的尖角在无特殊要求的情况下最好改为小圆角。这是因为，当电火花加工凹模型孔时，电极尖角部分总是腐蚀较快。即使将电极的尖角部分做得很尖，在放电加工时，加工出的凹模也会有小圆角，其半径约为0.15～0.25mm。除此之外，小圆角还有利于减少应力集中，提高模具强度。

④ 刃口及落料斜度小。利用电火花加工的模具，其型孔刃口形式如图11-31所示（其中α_1为刃口斜度，α_2为落料斜度）。电火花加工的落料模型孔的刃口斜度小于10′，复合模的刃口斜度为5′左右，落料斜度一般为30′～50′。对于落料模而言，刃口斜度和落料斜度均比钳工做的小（钳工做的斜度$\alpha_1=15'\sim30'$，$\alpha_2=1°\sim3°$）。因电火花加工的斜度在各个方向都比较均匀，故冲压时落料仍很顺利。

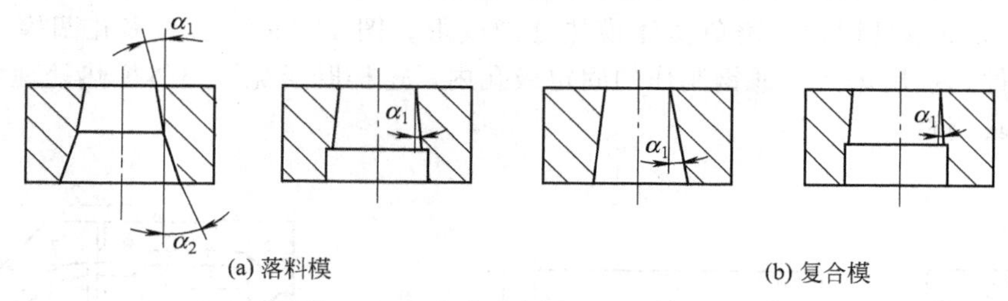

图11-31　电火花加工模具的斜度

⑤ 标出凸模的基本尺寸和公差。为了便于凸模和电极配套成型磨削，在图样上，应标注出凸模的名义尺寸和公差。

⑥ 刃口表面变质层的处理。电火花加工后的凹模刃口表面存在一层变质层。变质层硬度高，并且其表面有无数小坑，特别有利于保存润滑油，因而耐磨性能好。对于要求耐磨性为主的凹模，应保留变质层；对于承受很大冲击力的凹模，电火花加工后，必须进一步进行磨削和研磨加工，以便去掉变质层，降低表面粗糙度，延长其疲劳寿命。

采用线切割加工冷冲模时，在模具材料的选用和模具结构的设计方面，都应考虑线切割加工工艺的特点，以保证模具的加工精度，提高模具的使用寿命。

① 选择淬透性好、热处理变形小的材料。用于冷冲模的材料有碳素工具钢和合金工具钢。若采用碳素工具钢（T8A、T10A）制造模具，由于其淬透性差，线切割加工所得的凸模或凹模刃口的淬硬层较浅，经过数次修磨后，硬度显著下降，模具的使用寿命缩短。另一方面，在线切割加工过程中，放电产生的高温使加工区域的温度很高，又有工作液的不断冷却，加工区相当于局部淬火，引起凸模或凹模的柱面变形，直接影响凸模或凹模的线切割加工精度。

合金工具钢的淬透性好，线切割时不会使凸模或凹模的柱面再产生变形，而且凸模或凹模的刃口表面基本上全部淬硬，经多次修磨后，刃口的硬度不会降低，故采用合金工具钢做模具材料能提高线切割模具的加工精度和使用寿命。常用的合金工具钢有Cr12、CrWMn、Cr12MoV、GCr15等。

② 对于形状复杂、带有尖角窄缝的小型模具，不必采用镶拼结构。如图11-32所示的固体电路冲件，在未采用线切割时，其凸凹模采用镶拼结构，加工工时多，精度要求高，对工人的

技术要求高。应用线切割后，采用整体结构，强度高，质量好，简化了模具设计和制造。

③ 线切割加工的凸模为直通型，为了便于凸模与固定板的装配，凸模固定板也采用线切割加工。为了保证连接强度，小型凸模与凸模固定板采用过盈配合，过盈量为 0.01～0.03mm；若凸模工作型面较大，则可采用螺钉紧固。

④ 由于一般线切割机不具有切割斜度功能，因此切割出的凹模为直通型。为了使冲压时落料容易，应采用在凹模背面铣削台阶的方法适当减薄凹模刃口厚度（图 11-33），或在线切割加工之后，用电火花加工出漏料斜度（图 11-34）。

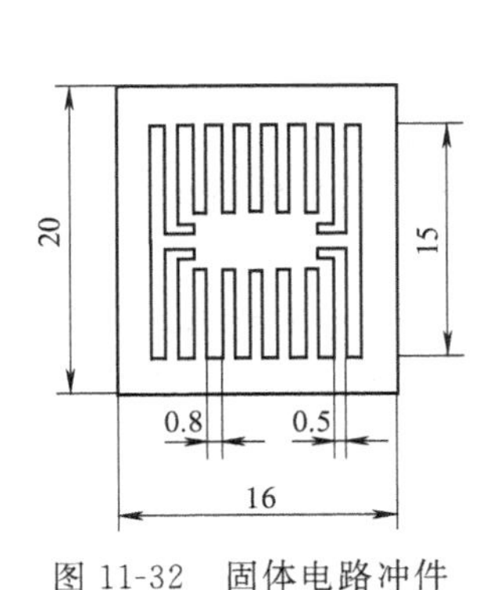

图 11-32　固体电路冲件

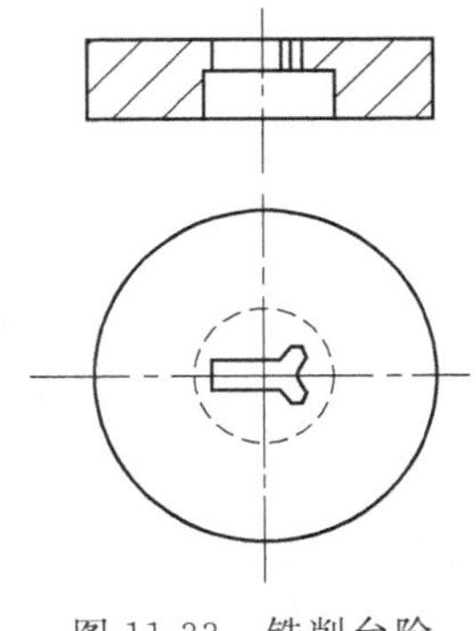

图 11-33　铣削台阶

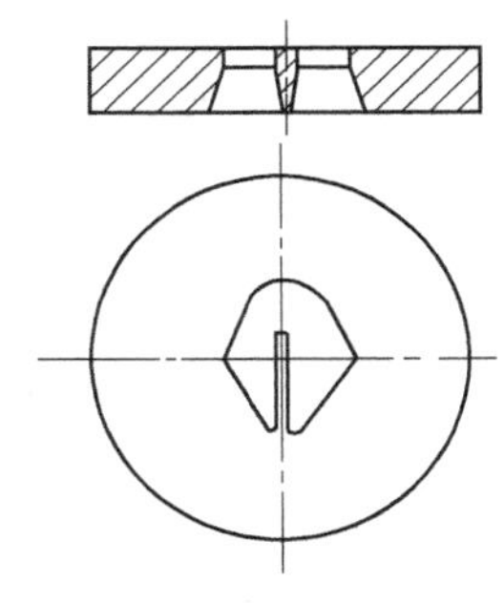

图 11-34　电火花加工凹模背面

11.3　塑料模制造工艺

塑料模具的种类很多，包括塑料注射模具、压缩模具（压塑模具）、压注模具、挤出模具、吹塑模具、吸塑模具及发泡模具等。各类模具的结构组成、功能特点与成型工艺条件要求不同，其制造工艺与技术要求也不一样，所选用的材料差别也很大。如塑料注塑模具和压缩模具的成型零件一般要选用优质钢材，并需进行较复杂的三维形面加工和表面的精细研磨、抛光或皮纹处理，有些零件还需涂覆、氮化和淬火处理等。而对于塑料吹塑模具、吸塑模具和发泡模具等，不论是选材还是加工要求，都没有这么复杂，这类模具的结构零件一般都选用 20 钢或 45 钢即可，其成型零件也大多采用铝合金、锌合金、环氧树脂等材料浇铸而成。因此，不同的模具零件，其加工方法、精度要求及制造成本各不相同。塑料模具的制造就是要通过合理的工艺方法与制造技术，高质量、短周期、低成本加工出合格的模具，以大批量成型各种塑料制品。

11.3.1　塑料模具成型零件的加工

11.3.1.1　塑料模具成型零件的特点与加工要求

（1）塑料模具成型零件的特点　塑料模具的组成零件种类很多，加工要求也各不相同。通常将模具中直接参与成型塑件内、外表面或结构形状的零件，称为成型零件。如注射模具与压缩模具的型腔、型芯、侧向抽芯和成型滑块、成型斜顶杆、螺纹型环和螺纹型芯等，挤出模具的口模、芯棒、定型套等，吹塑模具的型腔及成型型坯的型芯，以及吸塑模具的凸模与凹模等。这些零件都直接与成型制品相接触，它们的加工质量将直接影响到最终制品的尺寸与形状精度和表面质量，因此，成型零件加工是模具制造中最重要的零件加工。

按照成型零件的结构形式，通常可将其分为整体式与镶拼式两大类。整体式结构又可分为圆形或矩形的型腔和型芯；镶拼式结构也可分为圆形和矩形的整体镶拼和局部镶拼，或者是两者的组合。

模具成型零件与一般结构零件相比，其主要特点是：

① 结构形状复杂，尺寸精度要求高；

② 大多为三维曲面或不规则的形状结构，零件上细小的深、盲孔及狭缝或窄凸起等结构较多；

③ 型腔表面要求光泽而粗糙度低或为皮纹腐蚀表面及花纹图案等；

④ 材料性能要求高，热处理变形小。

零件结构的复杂性与高质量要求，决定了其加工方法的特殊性和使用技术的多样性与先进性，也使得其制造过程复杂，加工工序多，工艺路线长。

（2）塑料模具成型零件的加工要求　成型零件是模具结构中的核心功能零件，模具的整体制造精度与使用寿命，以及成型制品的质量都是通过成型零件的加工质量体现的，因此，成型零件的加工应满足以下要求。

① 形状准确。成型零件的轮廓形状或局部结构，必须与制品的形状完全一致，尤其是具有复杂的三维自由曲面或有形状精度与配合要求的制品，其成型零件的形状加工必须准确，曲面光顺，过渡圆滑，轮廓清晰，并应严格保证形位公差要求。

② 尺寸精度高。成型零件的尺寸是保证制品的结构功能和力学性能的重要前提。成型零件的加工精度低，会直接影响到制品的尺寸精度。一般模具成型零件的制造误差应小于或等于制品尺寸公差的1/3，精密模具成型零件的制造精度还要更高，一般要求达到微米级。此外，还应严格控制零件的加工与热处理变形对尺寸精度的影响。

③ 表面粗糙度低。多数模具型腔表面粗糙度的要求都在$Ra0.1\mu m$左右，有些甚至要求达到镜面，尤其对成型有光学性能要求的制品，其模具成型零件必须严格按程序进行光整加工与精细地研磨、抛光。

要满足成型零件的加工要求，首先必须正确地选择零件材料。材料的加工性能、热处理性能与抛光性能是获得准确的形状、高的加工精度和良好表面质量的前提。

11.3.1.2　塑料模型腔的加工

塑料模型腔往往由于形状比较复杂，而且要求尺寸精度高，表面粗糙度小，因此型腔的加工是制造的难点。型腔的加工方法有以下三种。

（1）用通用机床加工　通用机床可以加工形状简单的型腔，如圆形型腔、方形型腔。此种方法生产效率低、成本高，质量也不易保证。

（2）用仿形铣床加工　使用靠模或数控仿形铣加工型腔，其自动化程度较高，生产效率高，能加工出形状较复杂的型腔，加工后一般需要修整仿形铣留下的刀痕、凹角及狭窄的沟槽等部位。

（3）采用型腔加工新工艺　随着模具制造技术的发展和模具新材料的出现，目前，冷挤压、电加工、精密铸造等新工艺在型腔加工中得到了广泛的运用。这些新的型腔加工方法缩短了制模周期，提高了模具的精度以及降低了模具成本。

① 型腔冷挤压

a. 开式挤压。开式挤压是将模具毛坯置于冲头下面加压，如图11-35所示，在冲头的作用下金属向四周自由流动，冲头压入毛坯形成型腔。这种方法较简单，但是毛坯上表面出现内陷，挤压后需要机械加工。对于加工精度要求不高的浅型腔宜采用这种挤压方法加工。

b. 闭式挤压。闭式挤压是将毛坯放入凹模内进行挤压加工，如图11-36所示。坯料在冲头的作用下由于受凹模壁的限制，迫使金属与冲头紧密贴合，型腔轮廓清晰，提高了型腔的成型精度，但也造成挤压力增大，此种方法适合于精度要求较高、深度较大的型腔加工。

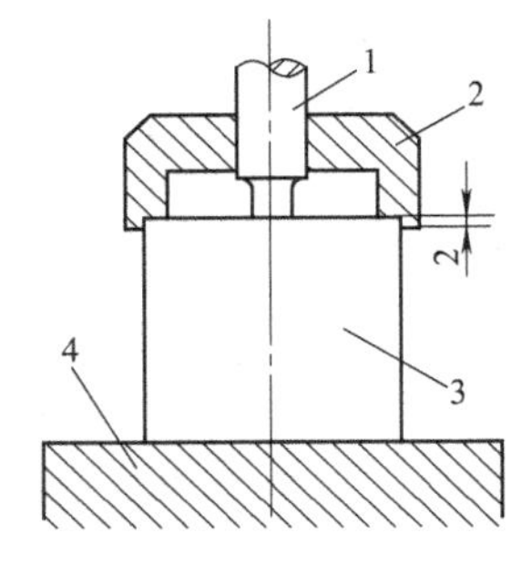

图 11-35 开式挤压
1—冲头；2—导套；3—毛坯；
4—压力机工作台

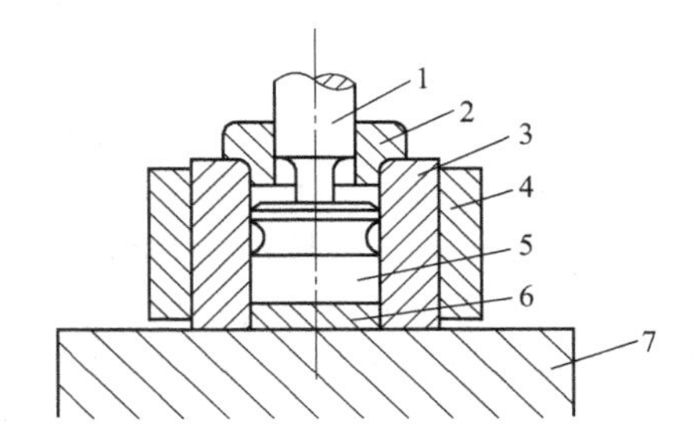

图 11-36 闭式挤压
1—冲头；2—导套；3—凹模；4—加强圈；
5—毛坯；6—垫块；7—压力机工作台

② 电加工

a. 电火花加工。电火花加工可以加工切削困难的小孔、窄缝或带有文字花纹的部位，其加工精度高。但电火花加工后的表面呈粒状麻点，需手工抛光或机械抛光，由于表面为硬化层，手工抛光较费时。

b. 电火花线切割加工。电火花线切割加工适合于加工镶拼结构的型腔，线切割后的表面粗糙度若不能达到要求，还需抛光型腔。

③ 精密铸造法。精密铸造方法较多，如：陶瓷型铸造、失蜡铸造和壳型铸造等，生产中应用较广的是陶瓷型铸造。

陶瓷型铸造是在砂型铸造和熔模铸造的基础上发展起来的铸造工艺。陶瓷型铸造是把颗粒状耐火材料和粘接剂等配制而成的陶瓷浆料浇注到母模上，在催化剂的作用下，陶瓷浆结胶硬化而形成陶瓷层，然后再进行拔模、喷烧和焙烧等工序，就形成了耐火度、尺寸精度以及表面质量都很高的精密铸型，再经过合箱、浇注等操作，就可获得铸件，如图 11-37 所示。

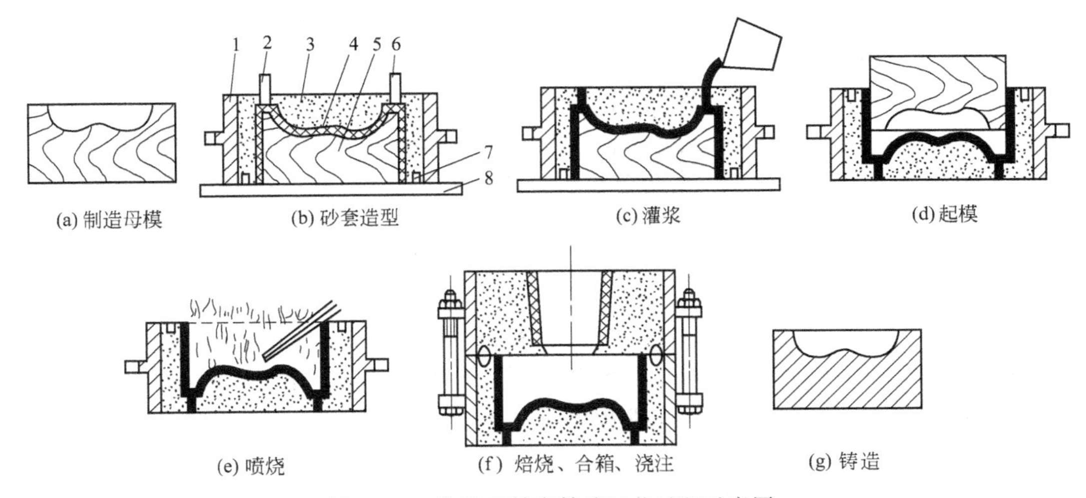

图 11-37 陶瓷型精密铸造工艺过程示意图
1—砂箱；2—排气孔木模；3—水玻璃砂；4—橡皮泥；5—精母模；6—灌浆口木模；7—定位销；8—平板

11.3.1.3 塑料模具成型零件的加工方法

成型零件包括型芯、型腔镶块、侧向抽芯等与制品成型直接相关的零件。除使用预硬钢外，成型零件一般均需要进行热处理，硬度一般可达 45～55HRC，甚至更高，热处理之后可采用的加工手段局限于磨削、高速加工、电加工和化学腐蚀等加工，所以工艺设计要重点考虑合理划分热处理前后的加工内容，以最大限度地降低成本、提高效率且保证质量。工艺顺序安排还要考虑如何消除热处理变形的影响，在制定工艺时要将去除量大的加工工序安排在热处理之前，既使加工成本最低，又使零件经热处理后得到充分的变形，残余应力最小。对于较小的零件，可在热处理之前一次加工到位，真空热处理后经过简单的抛光即为成品件；对于一般的零件，螺钉孔、水道孔、推杆预孔等都需在热处理前加工出来，型腔、型芯表面留出精加工余量。型腔件的工艺路线可定为粗、半精车或铣→热处理→精磨→电加工或表面处理→抛光等。

常见的成型零件，大致可分为回转曲面和非回转曲面两种类型。前者可以用车削→镗削→内外圆磨削和坐标磨床磨削，工艺过程相对比较简单。而后者则复杂得多，本节举两个例子说明。

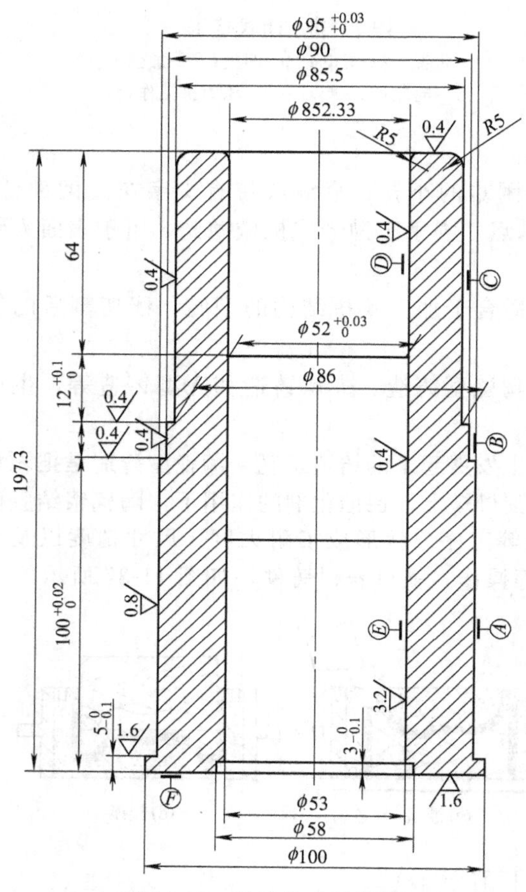

图 11-38 回转体成型零件

（1）回转体成型零件的加工　如图11-38所示为一注射模的主型芯，是典型的回转体零件，其尺寸公差与表面粗糙度要求如图中所示，材料为 3Cr13，热处理要求硬度50HRC。图中 *B*，*C* 和 *D* 表面为成型表面，*A*，*E*，*F* 表面为零件的安装固定用表面。加工过程中 *B*，*C* 和 *D* 面采用粗车和精车，最后进行表面抛光的方法。图中“*R*5”圆弧面采用成型车刀车削。*A* 面和 *E* 面均为过渡配合表面，其中，*A* 面为外圆柱表面，采用粗、半精车后再磨削的加工工艺，磨削后，表面粗糙度可达 *Ra*0.8μm，同时也保证了尺寸精度；*E* 面为内圆柱表面，可先钻后镗再磨削。*F* 面为零件安装基准，可采用精车或粗车、磨削加工，表面粗糙度要求不低于 *Ra*1.6μm。整个零件的加工工艺过程如下。

① 毛坯备料，圆棒料或锻料；棒料可备 ϕ102mm × 220mm；若用锻制坯料，可备 ϕ110mm×220mm，锻后回火。

② 去皮粗车，普通车床装夹工件大端找正，车端面，粗车 *A*，*B*，*C* 各外圆表面及其台肩端面，直径方向留余量 0.8mm，台肩面留 0.5mm；钻中心孔 ϕ50mm 钻通；车镗内孔 *D* 和 *E* 面，留余量 0.6mm。车“*R*5”至“*R*3”。然后，掉头重新装夹，车 *F* 面并留余量 0.5mm，车“ϕ100”外圆及空刀；扩孔“ϕ58”和“ϕ53”至尺寸要求，控制“$\phi58\times3_{-0.1}^{\ 0}$”的尺寸。

③ 真空热处理，硬度 50HRC。

④ 磨外圆 A 面、台肩和内孔 *E* 面，保证各尺寸公差和表面粗糙度。

⑤ 选用 YT 或 YW 系列刀具，精车外圆 *B*，*C* 面及其台肩；车内孔 *D* 面；保证各面尺寸精度；成型刀车“*R*5”至尺寸。然后精车另一端面，保证 5mm 台肩尺寸公差。

⑥ 抛光 *B*，*C*，*D* 各成型表面至要求的表面粗糙度。

（2）非回转体成型零件的加工　如图 11-39 所示的是一注射模型腔镶块。为说明问题，以下按预硬钢和淬火钢两种方式给出其加工工艺过程，见表 11-11 和表 11-12。

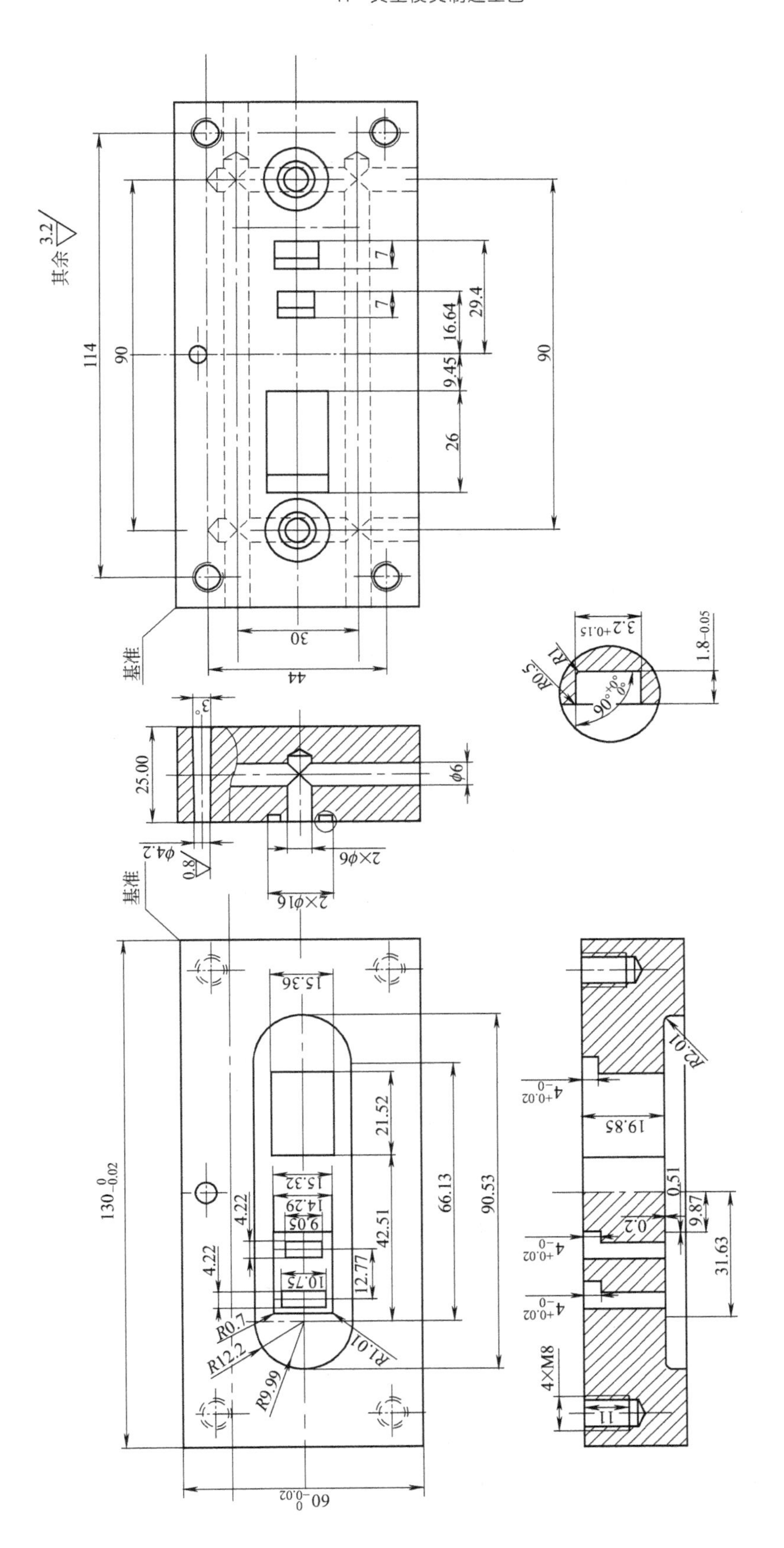

图 11-39　注射模型腔镶块

表 11-11　型腔镶块加工工艺过程（使用预硬钢）

序号	工序	工艺要求
10	备料	＞131×61×26
20	铣	至 130.8×60.8×26,且各面间保持垂直、平行
30	磨	至 130.4×60.4×25.6,且各面间保持垂直、平行
40	钳	中分划线,钻、铰 4×M8×11,水道孔 ϕ6 至尺寸要求;钻 10.75×4.22,9.05×4.22,21.52×15.36 和 ϕ4.2×3°线切割穿丝孔 ϕ2
50	铣	以水道孔中心为基准,铣 4×ϕ16×$1.8_{-0.05}$至 4×ϕ16×$2_{-0.05}$
60	磨	各面均匀去除,型腔面留量 0.2,其余各面至尺寸要求
70	加工中心	型腔面 90.53×R9.99×19.85 至尺寸要求
80	钳	抛光型腔面
90	电	0.51×0.2 槽至尺寸要求
100	线	10.75×4.22,9.05×4.22,21.52×15.36 和 ϕ4.2×3°至尺寸要求
110	加工中心	各止口 $4^{+0.02}$至尺寸要求
120	钳	精抛光型腔面
130	磨	去掉型腔面留量,25.00 至尺寸要求

表 11-12　型腔镶块加工工艺过程（使用淬火钢）

序号	工序	工艺要求
10	备料	＞131×61×26
20	铣	至 130.8×60.8×26,且各面间保持垂直、平行
30	磨	至 130.4×60.4×25.6,且各面间保持垂直、平行
40	钳	中分划线,钻、铰 4×M8×11,水道孔 ϕ6 至尺寸要求;钻 10.75×4.22,9.05×4.22,21.52×15.36 和 ϕ4.2×3°线切割穿丝孔 ϕ2
50	铣	以水道孔中心为基准,铣 4×ϕ16×$1.8_{-0.05}$至 4×ϕ16×$2_{-0.05}$;铣 90.53×R9.99×19.85,单边留量 0.5
60	热	热处理至 50～55HRC
70	磨	各面均匀去除,型腔面留量 0.2,其余各面至尺寸要求
80	电	90.53×R9.99×19.85 至尺寸要求
90	钳	抛光型腔面
100	线	10.75×4.22,9.05×4.22,21.52×15.36 和 ϕ4.2×3°至尺寸要求
110	电	0.51×0.2 槽至尺寸要求;各止口 $4^{+0.02}$至尺寸要求
120	钳	精抛光型腔面
130	磨	去掉型腔面留量,25.00 至尺寸要求

在可能的情况下，在抛光后对分型面进行精磨，可以去除抛光时产生的边缘倒角，使塑件的分型线更为整洁。在线切割加工前先进行抛光也是同理。

如果有条件，表 11-12 中的 80 项和 110 项也可以采用高速切削加工。

由上述工艺过程可以看出，采用淬火钢，由于要消除热处理变形对工件的影响，所以工序增多了。

11.3.2　塑料注射模具制造工艺要点

注射模具是塑料模具中结构最复杂、制造难度最大、制造周期最长、涉及的加工方法与设备最多、加工精度要求最高的一类模具。注射模具的加工难点主要体现在成型零件的结构复杂、形状不规则，大多为三维曲面，而且尺寸与形状精度和表面粗糙度要求高，很难用较少的几道工序或简单的加工方法完成，往往需要多道工序反复加工才能达到要求。注射模具的制造内容主要包括模架的制造、成型零件的制造和其他辅助结构件的制造。

11.3.2.1　模架的制造要点

在注射模具中，模架是整套模具的基础部件，对模具的总体质量和使用寿命具有非常重要的作用。模架的制造分为两种情况：一种是自制模架；另一种是采用标准模架，进行局部的二次加工。

（1）自制模架的加工　模架主要由模板和定位导向与紧固件组成，紧固件常用标准件，不需加工。因此，模架的制造主要是模板和导向定位件的加工。模板的加工主要是面和孔或槽的加工。模板的上下面要求平行，侧面要求与上、下面垂直。模板加工时，以互相垂直的两个相邻侧面作为基准，所有其他孔、槽加工与测量都要以此为依据。基准面的粗糙度应达到 $Ra1.6\mu m$。各模板的基准面方位应保持一致，最终装配时也是以此为基准，形成模具的基准角。

模板材料常用45钢，重要的模板应进行调质处理，硬度值为240～270HB。模板各面以刨削或铣削、磨削加工为主，上下面一般先铣（或刨）后磨削，表面粗糙度应达到 $Ra1.6\sim0.8\mu m$。动、定模板分型面的加工精度要高些，要求模具装配后分型面的贴合间隙值应在0.02～0.04mm之间。模板上的导柱、导套孔和固定圆柱形型芯的孔，以及复位杆和推出杆孔等有配合精度要求，一般采用钻、铰、镗削加工，并按H7精度制造，其位置要求准确并应以模板基准面进行测量。孔轴线要求与模板上、下面垂直，孔表面粗糙度一般在 $Ra1.6\sim0.8\mu m$。模板上固定非圆柱形型芯或镶块的方槽也有配合要求，一般采用铣削加工，可分为粗铣和精铣。通常采用精铣加工保证槽底面与模板上、下面平行，保证侧面与模板上、下面的垂直度要求。对于固定细小型芯且无法铣削的窄槽，可以采用电加工方法完成。通槽常用线切割加工，盲槽可用电火花加工。槽的加工与测量均应以模板的基准面为准。其他非配合类型的孔、槽等通过钻、铣削加工完成即可。对模板上有侧向型芯或滑块以及锁紧楔的孔、槽安装或固定表面，根据有无配合要求和具体结构，可采用类似的加工方法。

动、定模板上的流道或浇口加工，应保持尺寸与截面形状准确一致，否则影响熔体流动效果，进而影响制品质量。常用流道截面形状一般为圆形、梯形和U形。多型腔模具的流道较长，加工时要求同一级流道各处截面形状与尺寸应相等。流道加工常用成型铣刀，先粗铣大部分余量，后用经过修形的成型铣刀进行小余量的精铣。流道表面粗糙度要求一般为 $Ra1.6\sim0.8\mu m$。精铣后可进行简单的抛光。

一般注射模具很少直接在模板上加工型腔，大多采用镶块式结构。因此，浇口通常设计在镶块上。若需在模板上加工浇口，其要求与流道一致。多型腔模具各浇口应保证尺寸与截面形状相同。浇口按截面形状分，主要有圆形、圆锥形和矩形。浇口尺寸一般很小，圆形和圆锥形常用成型电火花加工，粗精规准分开，以保证尺寸和表面粗糙度要求。矩形浇口可以铣削或电火花加工，最后抛光满足要求。

（2）标准模架的加工　采用标准模架时，主要是针对不同模具结构进行补充加工，如镶嵌成型零件的孔或槽、定位件孔或槽、推杆孔、冷却水道及其他辅助零件安装固定表面的加工。其加工过程、方法和要求，与自制模架部分相同。但加工前，应先将标准模架拆开，检测各模板的尺寸和基准的精度。若精度不满足要求，应先修整基准的精度，后进行各部位的补充加工，以保证模具的制造精度要求。

11.3.2.2 成型零件加工要点

注射模具成型零件主要是指型腔、型芯、镶块、侧向型芯等直接参与制品成型的零件。成型零件的型腔表面加工主要是进行各种形状的凹面加工。对于回转体型腔零件，不管是成型表面还是配合表面，粗加工时都是以车削为主，热处理之后可对配合表面采用磨削加工，而成型表面则可用成型磨削或电火花加工。最后进行抛光，抛光纹路的方向要与制品脱模方向一致。

回转体型腔的零件轮廓为矩形时，轮廓加工以铣、磨削为主。成型零件加工过程中，应保证基准统一，定位准确，尽量减少装夹变形和切削应力引起的变形，并保证一定的型腔脱模斜度要求。

非回转体型腔表面，可采用先粗铣，热处理后磨削，再用电火花成型加工。对非回转体轮廓的圆形型腔表面，也可采用车削加工去除余量，热处理后再进行成型磨削或电火花加工。当型腔表面的局部结构影响车削或采用铣削、磨削与电火花加工也难以保证形状与尺寸精度要求时，应将局部结构改为镶拼件，使零件加工方便，且易于保证精度。对成型表面由多个零件拼合的组合式型腔，各拼块的加工要严格保证尺寸公差及成型表面的形状准确，拼装后形面连接光顺。

型芯零件的成型表面和配合表面同样有回转体或非回转体之分。型芯成型表面的加工主要是凸形面加工。其加工过程要点与型腔零件一致。对以回转体配合面与非回转体成型表面组成的零件，加工时应先加工配合面，并在配合表面上加工出一个基准平面，作为成型表面上局部结构的加工与测量基准。对以非回转体配合面与回转体成型表面组成的零件，加工时应先加工成型表面，后加工配合表面。成型表面上的局部沟槽、曲面等结构应在主要成型表面加工完成后再加工，以保证其位置、尺寸与形状的准确。型芯零件成型表面也需要有脱模斜度，并进行抛光，有利于制品脱模。

成型零件上的冷却水道加工，应保证水道距成型表面的距离均匀相等。对于型腔尺寸较大或多型腔整体镶块的水道加工，应避免钻孔倾斜过大，造成模具温度分布不均或漏水。尤其是当水道孔较长而采取两端分别钻削时，要保证两孔中心一致，否则将阻碍水的流动，进而影响热量传递。加工细长水道孔时，采用深孔钻床加工可保证孔的直线性。需用管式加热器进行加热的模具，其安装加热管的孔不可从两端分别钻，应从一端加工至需要深度，否则影响加热管的安装。

成型零件上的流道加工，一般可在热处理之前采用成型铣刀加工成型，并应保证截面形状与长度尺寸一致，热处理后再经抛光使表面粗糙度达到 $Ra1.6 \sim 0.8\mu m$。也可在热处理后采用电火花加工成型。成型零件上的浇口，一般尺寸都很小，常用电火花加工。对于平衡式布局的多型腔模具，其点浇口或潜伏式浇口加工时，应准确控制浇口直径和深度，并保证各型腔浇口尺寸相等。潜伏式浇口加工时，还应保证各型腔浇口的锥角和斜角一致。

11.3.2.3 模具辅助结构件的加工

注射模具的辅助零件主要包括各类控制模具开合模顺序的限位拉杆、限位螺钉，侧向抽芯机构的滑块、压板、锁紧楔，精定位机构的定位锥、套和定位块，以及定位圈、浇口套等。

这些零件一般形状规整、结构简单，其加工方法以普通的车、铣和磨削加工为主，加工精度与表面粗糙度要求不是很高。零件材料大多以中碳钢为主，热处理硬度要求视其具体使用要求而定，如滑块的硬度一般要求在35～40HRC，而锁紧楔则要求淬火硬度达45HRC以上。精定位机构的定位锥、套一般要求加工精度高，粗、精车之后，还需成对研配，表面粗糙度要小于$Ra0.8\mu m$，硬度要求在55HRC以上。

浇口套是一种特殊零件，虽不参与制品成型，但却接触塑料熔体，负责将来自注射机料筒的塑料熔体引入模具。其材料选择可与成型零件相同，或为中碳钢，可根据模具精度与使用寿命的要求确定。热处理硬度一般在35～40HRC。浇口套属回转体零件，其外圆轮廓及球面的加工以车削为主，但主流道锥孔的加工可有两种方法：一是采用普通的钻、铰加工，热处理后抛光；二是采用电火花线切割加工方法。主流道锥孔的抛光应沿着主流道凝料脱出方向进行，不可采取周向旋转抛光，其表面粗糙度要小于$Ra0.8\mu m$。

11.3.3 塑料压缩模具制造工艺要点

塑料压缩模具主要用于热固性塑料压塑成型。它是将热固性塑料原料，直接加入敞开的模具型腔内，然后闭合模具，并加压加热。热固性塑料在热和压力作用下转变成黏流态充满型腔，并在模具内固化定型为制品。这类模具没有浇注系统，模具结构主要由成型零件、结构零件、机构件和紧固件组成。另一种与压缩模具类似的成型模具称为塑料压注模具（也称传递模塑成型模具）。这种模具有浇注系统和单独的加料室，热固性塑料原料是放在加料室加热至黏流态，然后在压力机柱塞压力作用下，将熔融态的塑料通过浇注系统压入模具型腔并固化为制品。其结构与原理与压塑模具基本相同。两者都是在压力机上完成制品成型的。塑料压缩成型模具和压注成型模具的结构如图11-40和图11-41所示。

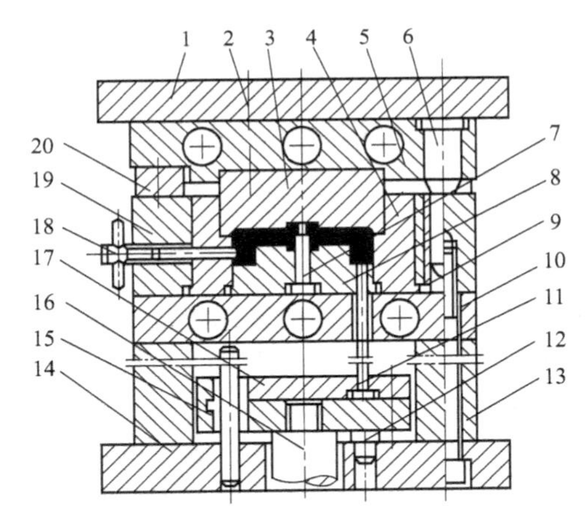

图11-40　压缩成型模具结构

1—上模板；2—螺钉；3—上凸模；4—凹模；5,10—加热板；6—导柱；7—型芯；8—下凸模；9—导套；11—推杆；12—挡钉；13—垫板；14—下模板；15—推杆支承板；16—拉杆；17—推杆固定板；18—侧型芯；19—型腔固定板；20—承压板

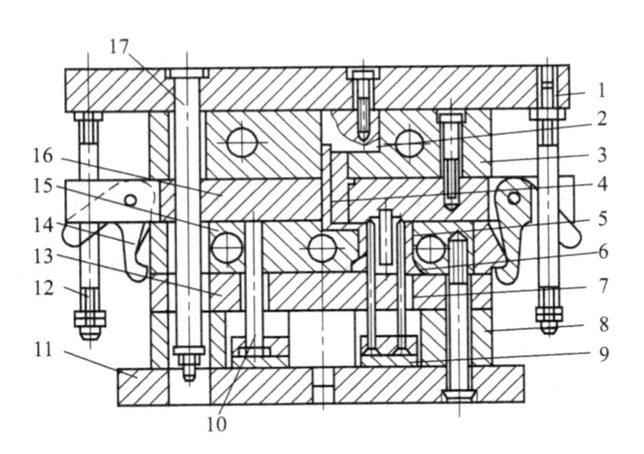

图11-41　压注成型模具结构

1—上模板；2—压料柱塞；3—加料室；4—主流道套；5—型芯；6—型腔；7—推杆；8—垫块；9—推板；10—复位杆；11—下模板；12—拉杆；13—垫板；14—拉钩；15—型芯固定板；16—上凹模板；17—定距拉杆

(1) 压缩模具结构零件的加工　这类零件包括上下模板、加热板、推出板、推出和导向零件等。板类零件一般用45钢、35钢、50钢制作，其加工精度与表面粗糙度要求不很高，但上、下面要平行。常用铣、刨、磨削加工，工作表面$Ra1.6\sim0.8\mu m$。板上的各种孔，主

要采用钻、铰或镗削加工。对于导向类零件，一般用 T7、T8、T10、T10A 类材料，硬度要求45～50HRC，加工精度要求高，表面粗糙度一般为 Ra1.6～0.8μm。其加工工艺过程主要以车、磨或镗削加工为主。

(2) 压缩模具成型零件的加工　压缩模具的成型零件主要是指凸模、凹模、型芯和镶块。其结构形状较为复杂，加工精度要求高，零件寿命长，表面粗糙度低。零件加工和热处理变形要小。成型零件工作时，要求安装牢固可靠，不得松动或窜动。结构要便于加工，一般凸模与凹模可采用整体结构或组合结构，整体凸模适用于形状简单的小型件，复杂零件一般应采用整体镶拼或组合结构。成型零件常用 T8、T10A、CrWMn、5CrMnMo 等高强度钢，硬度要求 45～50HRC 或更高，成型表面粗糙度 Ra0.2～0.025μm，配合表面 Ra1.6～0.8μm。

整体的回转体凸模、凹模或小型芯，常以车、磨削加工方法为主。凸、凹模上的特殊型面或局部结构，可采用铣削或电加工成型。非回转体的凸、凹模或镶拼零件，则以铣、磨削和电加工为主，复杂的凸、凹模型面常用数控铣削和多电极电火花成型加工，局部的镶拼件则以铣、磨削或线切割加工完成。对于机械切削加工难以成型的复杂、细小结构，可采用电铸成型的方法实现。机械加工后的成型表面，都需要抛光至 Ra0.2～0.025μm，电铸成型后的表面一般不需抛光即可使用。

(3) 压缩模具的制造特点　压缩模具的工作温度较高，一般要加热至 120～180℃以上，模具成型零件加工时，除需按制品图样要求的尺寸考虑相应的收缩率外，还应考虑热膨胀量和磨损量对制品尺寸影响的补偿。模具制造时不可忽视。

压缩模具制造时，凸模与凹模应配合加工。加工后可用熔化石蜡浇注或用胶泥压形检查，边检测边修整加工。直至制品尺寸形状合格后，再进行最后的淬火、修研、抛光。

压缩模具的上模与下模的相对位置是靠导柱和导套配合保证的。因此，要求加工时导柱与导套孔位置要一致，应用统一的加工基准，配合间隙要适当，并应充分考虑热膨胀对配合间隙的影响，以保证模具工作时运动灵活可靠。

模具制造时，对凸、凹模的成型表面，都应加工出一定的脱模斜度，便于制品脱模。斜度大小依制品要求而定。成型表面的研磨、抛光纹路也应与制品脱模方向一致。

11.3.4　塑料吹塑模具制造工艺要点

吹塑模具的结构比较简单，零件数量少，加工也相对容易。吹塑模具用于成型各种中空制品，如各类塑料桶、罐、瓶、压力容器和汽车零件等。模具结构主要由两半型腔、容器颈部和底部镶块等成型零件及导向零件组成。吹塑模具的典型结构如图 11-42 所示。

吹塑模具的制造主要是针对型腔零件的加工。型腔形状一般比较复杂，除了整体的曲面形状外，还有某些特殊的局部结构和花纹、图案、螺纹等。型腔表面常用数控铣削、加工中心加工和电火花成型，型腔的局部或特殊表面可用雕刻或化学腐蚀方法加工。要求光泽的型腔表面，需经最终抛光加工。两半型腔的对合面要求平整，对合后在制品表面上不应有明显的合模线。加工时，可采用精磨或研磨来达到。

吹制瓶类制品的模具，其瓶口处的螺纹镶件通常是两半的。螺纹型腔加工时，可将其对合在一起采用数控车削加工，以保证螺纹的连续性。或用电火花一次装夹分别加工，但要保证两半螺纹接合处不错位。

吹塑模具型腔的加工，除了成型表面与合模面外，还有冷却水道和排气孔或排气槽的加工，对吹塑件质量至关重要。冷却水道孔通常采用钻削加工，或将铜管围制成型腔形状，在型腔块浇铸时预埋在里面。水道加工时要求保证各水道孔至型腔面的距离处处相等，以保证

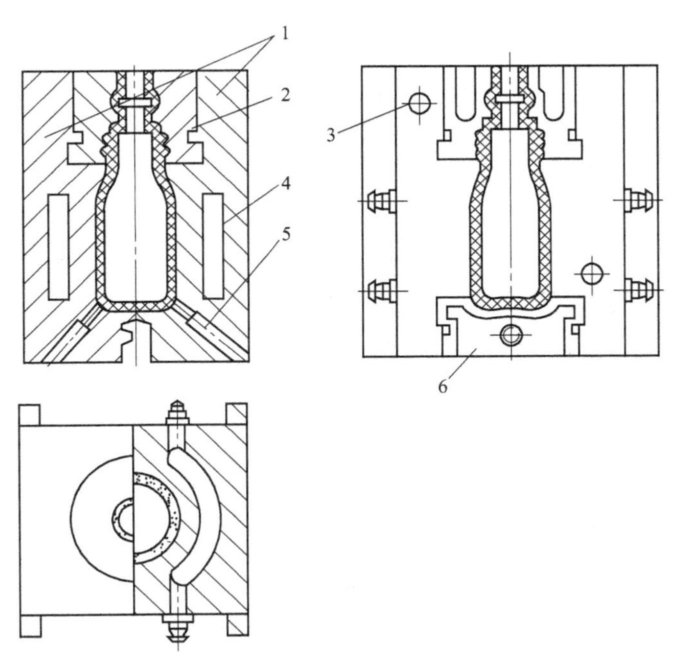

图 11-42 中空吹塑模具结构设计

1—左右半合模型腔；2—上模口；3—导柱；4—冷却装置；5—排气孔；6—截坯嵌件

热量传递均匀。吹塑成型时，为使膨胀的型坯和型腔之间积存的空气容易排出，应在型腔两半模成型表面的圆弧或拐角等排气困难的部位，钻阶梯孔进行排气。排气孔在距型腔表面深度为0.5～1.5mm处，其直径为0.1～0.3mm，其余部分孔径可大些，以使排气顺畅。还可在型腔分模面的侧刃口处开设排气槽，其宽度一般为10～20mm，槽深在0.03～0.05mm，加工时需精确控制槽深尺寸，但其效果不如钻孔。钻孔时不能钻破冷却水道。

吹塑模具的常用材料是铍铜合金、浇铸铝合金、锌合金和普通钢材。与有色合金相比，钢的导热性能和加工性能都比较差。同一个模具应选择相同的材料，保证传热速率一致。但有时为得到所需的强度和特殊冷却条件，可将几种不同的合金用在同一个模具上。使用不同材料时，型腔的材料和截坯嵌件必须用同一种材料制成。

11.3.5 塑料挤出模具制造工艺要点

挤出成型是一种连续生产塑料制品的高效率的成型方法，挤出模具（也称挤出机头）是挤出成型的关键部件，它的作用是将来自挤出机料筒的熔融塑料转变成各种截面形状的连续制品。挤出成型的制品类型很多，相应的挤出模具种类也很多，但其结构形式有一定共性。常用的有管材模具、棒材模具、板材模具、片材模具、异型材模具、吹塑薄膜模具等。典型的管材挤出模具基本结构如图11-43所示。

管材挤出模具主要由口模、芯棒、过滤板、分流器及支架、机头体和定形套等结构零件组成，以芯棒和口模为主要成型零件形成的均匀环形间隙，保证了制品的连续成型。

管材挤出模具零件大多为回转体结构，其加工则以车削、钻削、镗削和磨削方法为主。局部的特殊结构如窄槽或凸起等，可采用铣削加工或电加工成型。机头体是管材挤出模具的主体零件，用于安装机头的其他核心零件，其内部的锥孔部分还是流道壁的主体。流道是渐变截面的型腔，最后过渡到模口处的形状与制品相似。流道壁的加工要求以平滑的流线形过

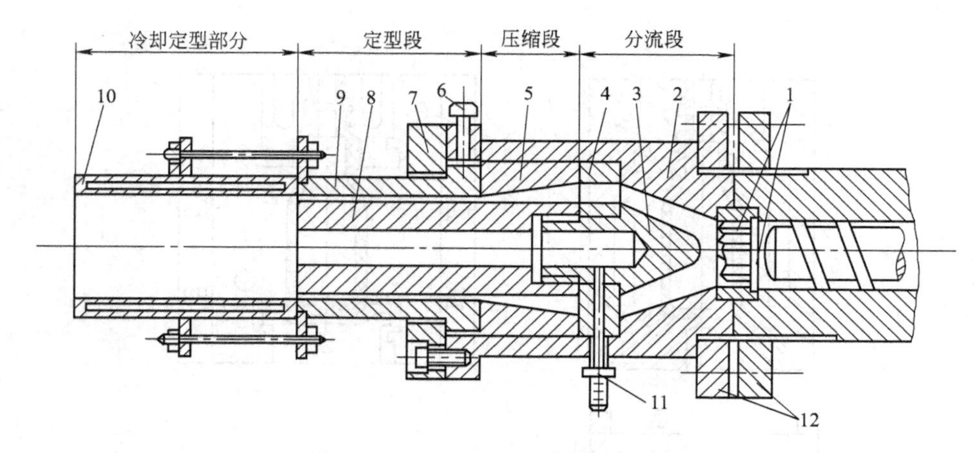

图 11-43 管材挤出模具的基本结构

1—过滤板；2—机头体；3—分流锥；4—分流梭；5—连接套；6—调节螺钉；7—压环；8—芯棒；9—口模；10—定型套；11—通气嘴；12—连接法兰

渡，不允许有死角或凹槽。流道壁的表面粗糙度 *Ra* 应在 0.8μm 以下。

芯棒和口模分别是成型管材的内表面和外表面的主要成型零件，加工精度要求高，表面要求光滑，不能有死角，截面变化处均应平滑过渡。口模定形段的表面粗糙度要求 *Ra*0.32～0.16μm。要求较高的透明薄膜制品，其定形段的粗糙度应达到 *Ra*0.05～0.025μm。

用于板材和片材成型的挤出模具，其模口形状是以矩形平行缝隙为特征。按照具体结构形式的不同，这类模具可分为鱼尾式、支管式、螺杆式和衣架式等几种类型。其上下模体的流道和模唇成型表面，主要采用数控铣削和电加工方法加工，最后进行光整加工。全部流道和模唇表面均应光滑过渡，保证物料以稳定均匀的速度挤出。

挤出模具的材料应满足耐腐蚀、耐磨损，在熔体压力作用下有足够的强度和刚度，易于表面处理和高温下不变形等性能要求。机头体、机颈、连接法兰等零件常用中碳钢和 40Cr 等钢材。芯棒、口模、分流锥等常用 40Cr，T8A，5CrMnMo，Cr12MoV 等类型的钢材制造。阻流块和模唇等件，常用 65Mn，60Si2MnA 等材料。挤出成型 HPVC 等具有腐蚀性的塑料制品时，模具常用 2Cr13，3Cr13 等耐腐蚀钢制造，或采用电镀硬铬与化学镀 Ni-P 合金等表面处理技术，提高模具的耐蚀能力。挤出模具零件的硬度要求一般在 30HRC 左右，可进行调质处理。

11.3.6 塑料热成型模具制造工艺要点

塑料热成型是以热塑性塑料片材为原料来制造塑料制品的一种成型方法。其模具结构简单，通常是由凸模、凹模和片材夹持框架与加热器组成。凸模与凹模是主要的模具成型零件，一般都是整体结构，没有侧向型芯。

模具成型表面形状不很复杂，但其表面上的某一凸起或凹陷形状规则排列的重复结构较多，加工相对容易，通常都是采用铣削加工。形状与位置尺寸要求不高的模具，采用普通铣削即可。形状复杂与精度要求高的凸、凹模零件，可用数控铣削加工。凸、凹模成型表面上的气孔，采用一般钻孔方法加工。成型表面均需加工一定的脱模斜度，为便于气顶脱模，模具型面最好能形成无数的微凹，为此，模具形面加工至 *Ra*0.8μm 后，通常都要进行喷砂或麻纹处理，过低的表面粗糙度不利于脱模。当成型的制品较大时，模具常用水冷却，水道孔距凸模或凹模型面应在 8mm 以上。

热成型模具常用的金属材料有铝合金、锌合金和锑锡等低熔点合金。这类材料传热性能好，模温调节容易，耐磨损，耐蚀，易加工，模具成本低。也有用非金属材料制造热成型模具的，如木材、石膏和塑料等，一般用于小批量生产或产品试制。轻合金材料的性能优于非金属材料。

11.4 压铸模的制造

11.4.1 压铸模技术要求

压铸模主要用于较高温度或高温条件下，使有色或黑色液态金属在模具型腔内凝固成合格的制件。由于模具型腔在较高温度下工作，因此压铸模的特点为：在模具寿命内，必须保持在高温或较高温度条件下的型面精度和质量。因此压铸模模具材料除了应具有塑料模具的特点外，还应具有较高的高温强度、硬度、抗氧化性、抗回火稳定性和冲击韧性，具有良好的导热性和抗疲劳性。常用于制造压铸模型腔、型芯的材料有 3Cr2W8V、5CrMnMo、4CrW2Si、4Cr5MoSiV。

压铸模的主要技术要求如下。

① 压铸模型腔或型芯的制造精度，取压铸件尺寸公差的 1/5～1/4。

② 在分型面上，动、定模镶块平面应分别与动、定模板齐平，允许高出量不超过 0.05mm。

③ 动、定模合模后分型面应紧密贴合，其允许间隙值不超过 0.05mm（排气槽除外）。

④ 模具分型面对定、动模座板安装平面的平行度，见表 11-13。

表 11-13 模具分型面对定、动模座板安装平面的平行度 单位：mm

被测面最大直线长度	≤160	>160～250	>250～400	>400～630	>630～1000	>1000～1600
公差值	0.06	0.08	0.10	0.12	0.16	0.20

⑤ 导柱、导套对定、动模座板安装平面的垂直度，见表 11-14。

表 11-14 导柱、导套对定、动模座板安装平面的垂直度 单位：mm

导柱、导套有效长度	≤40	>40～63	>63～100	>100～160	>160～250
公差值	0.015	0.020	0.025	0.030	0.040

11.4.2 压铸模的制造

对小型和简单的压铸模，通常是直接在定模或动模板上加工出型腔，即所谓整体式模板；对于形状复杂的大型模具，一般采用镶拼式模板，即把加工好的型腔镶块装入模板的型孔内。

（1）整体式模板的加工　整体式模板一般采用锻件作为毛坯，其加工程序为：锻造→退火→粗加工→退火处理消除内应力→调质处理→机械加工→型腔精加工。图 11-44 所示的零件 16 为整体式模板，其加工程序如下。

① 备料：按下料长度将圆棒料在锯床上切断。

② 锻造：将圆形棒料锻成六面体。

③ 退火：消除锻件的内应力，改善毛坯的切削性能。

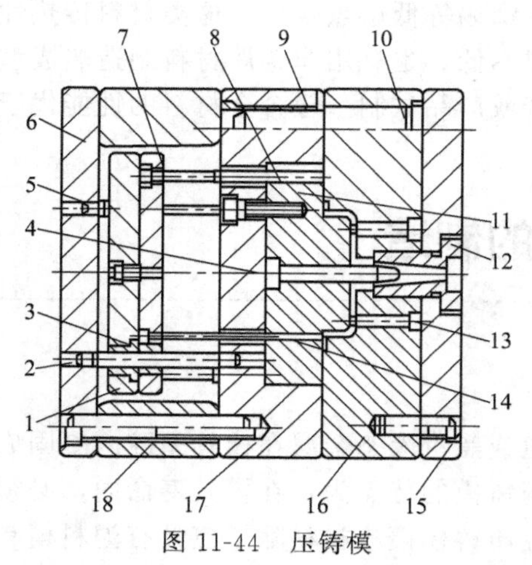

图 11-44　压铸模

1—垫板；2—推板导柱；3—推板导套；4,13—型芯；5—限位钉；6—动模座板；7—推杆固定板；8—复位杆；9—导套；10—导柱；11—镶块；12—浇口套；14—推杆；15—定模座板；16—定模；17—动模套板；18—垫块

④ 粗加工：在铣床或刨床上粗加工上、下两个平面，然后以这两个平面为基准，加工四个侧面，留 1mm 左右的精加工余量。

⑤ 退火及调质处理：粗加工的切削用量较大。可能由于内应力不均匀而发生变形，所以在精加工前要退火处理，以消除内应力引起的变形。调质处理一般要求硬度为 35～40HRC。

⑥ 磨平面：在平面磨床上，磨削上下两平面及互相垂直的两侧面。

⑦ 划线：以垂直的两侧面为基准，划出型腔中心位置及其轮廓、型芯位置等。

⑧ 镗孔：用坐标镗床加工导柱孔、型芯孔或浇口套的安装孔。

⑨ 型腔的加工：若型腔为矩形时，需在立式铣床上加工。

⑩ 抛光型腔。

(2) 镶拼式模板的加工　镶拼结构给型腔的加工带来许多便利，但镶拼结构的设计应合理，否则会影响制件质量。图 11-44 中镶块 11 的设计是合理的（图 11-45）。若将它安排在动模上面，则镶块与动模的接缝 A 处由于接合不紧密或螺钉的松弛等原因，有可能产生横向毛刺。此时，为了消除横向毛刺，必须将整套模具拆开。另外，制造时，必须保证镶块与模板的配合精度，否则压铸时可能出现漏料。加工镶块时尽量不要直接用圆钢，坯料必须经过锻造，锻成方形毛坯，以消除材料组织的方向性。

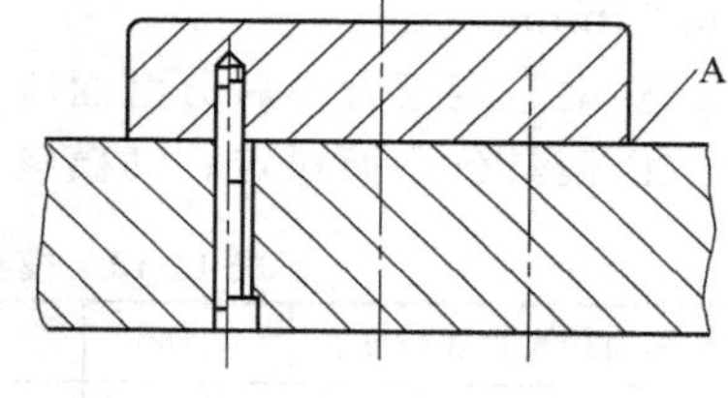

图 11-45　镶块的设计

(3) 压铸模的装配

① 镶件与模板一般采用 H7/h6 配合，必须保证零件间紧密配合。

② 安装导柱、导套要保证垂直度。

③ 手工抛光动模、定模镶件的成型表面、型芯的表面、浇道、进料口、排气槽和溢料槽表面，其中型腔和型芯表面及浇道等表面的粗糙度应达 $Ra0.2\sim0.1\mu m$。

④ 装配。

⑤ 检查：用硫磺、塑料或石蜡进行浇注，取出铸件后，测量铸件的尺寸，以判断型腔的精度。

⑥ 试模：在生产条件下进行试模，并根据试模的情况进行修模，直至压铸出合格的产品为止。

11.5 简易模具制造工艺

模具的结构在一定程度上取决于产品的生产批量。对于大批量生产的零件，模具制造的要求是制造精度高、使用寿命长、生产效率高；对于小批量生产或新产品试制的零件，则要求在短时间内，用简易的方法以低成本制造模具。

简易模具在模具材料、结构形式以及冲压机理等方面都与常规模具有所区别，因此，简易模具的制造工艺与常规模具有所不同。本节对低熔点合金模具和锌基合金模具制造工艺加以介绍。

11.5.1 低熔点合金模具

(1) 概述 低熔点合金模具主要指工作零件刃口或型面材料采用低熔点合金，制造工艺采用铸造代替机械加工的模具。低熔点合金模具具有以下优点。

① 制造方便、制模周期短。低熔点合金模具与钢模具相比，可节约大量机械加工工时，制模周期短，并可成型机械加工难以完成的复杂型面，还可以用所谓的自铸法在熔箱内一次铸出拉深成型的凹、凸模，凸、凹模间隙均匀，省略了研配、调整型腔间隙等工作。

② 可简化模具的保管工作。利用低熔点合金易重熔的特点，对于一次使用后到下次再用时间较长的模具，可以不必保存，而只要保存样件即可，因此可大量节约仓库存储面积。

低熔点合金模具的硬度低，模具使用寿命低，只适用于小批量冲压生产。低熔点合金一般适用于制作弯曲、拉深、成型等模具，尤其适用于新产品的试制、老产品改型，在飞机、汽车、拖拉机等行业中较大尺寸、立体形状复杂的薄板零件的冲压模具制造中得到广泛运用。用低熔点合金模具冲压的材料可以是铝、铜、不锈钢和一般碳钢，厚度可达 1～3mm，冲压 1mm 厚 08A 钢板可达 3000 多件。

(2) 制模用低熔点合金的成分和性能 低熔点合金常由熔点较低的有色金属铋、铅、锡、锑等组成，配成的合金熔点比原来金属的熔点更低，而强度较高。常用的三种低熔点合金的成分见表 11-15。

表 11-15 三种低熔点合金的成分

金属元素符号		Bi	Pb	Sn	Sb
金属元素熔点/℃		271	327	232	630.5
合金	合金熔点/℃	金属元素成分/%			
Ⅰ	120	48.00	28.5	14.5	9.00
Ⅱ	138.5	58		42	
Ⅲ	100	45	35	15	5

表 11-15 中合金Ⅰ的性能最佳，不仅浇注性能好，而且有足够的强度。模具制造中常选用合金成分Ⅰ，其浇注温度为 150～200℃，抗拉强度为 91.2MPa，伸长率 δ 小于 1%，抗压强度为 111.2MPa，硬度为 19HBS，密度为 9.04g/cm^2，冷胀率为 0.002。

(3) 低熔点合金模具的铸模工艺 低熔点合金模具铸造工艺有两大类：自铸模工艺和浇注模工艺。

① 自铸模工艺。这是指熔箱本身带有熔化合金的加热装置，以样件为基准，通过样件使液态合金分隔，冷却凝固后，同时铸出凸模、凹模和压边圈等零件，铸模工艺可以在专用压力机或通用压力机上进行，也可以在压力机外专用的铸模装置上进行。

铸模用的样件是用与零件厚度相同的金属板材或塑料、玻璃钢等非金属材料制成的铸模工艺零件。图 11-46 为一专用压力机上自铸模工艺过程示意图。

图 11-46(a) 表示合金熔化。在压力机滑块上安装凸模架和样件，在压力机工作台上安装熔箱、电加热器，使合金熔化。铸模时合金温度应高于熔点 30～50℃，温度过高易氧化及产生气孔，温度过低会产生夹渣及气孔。

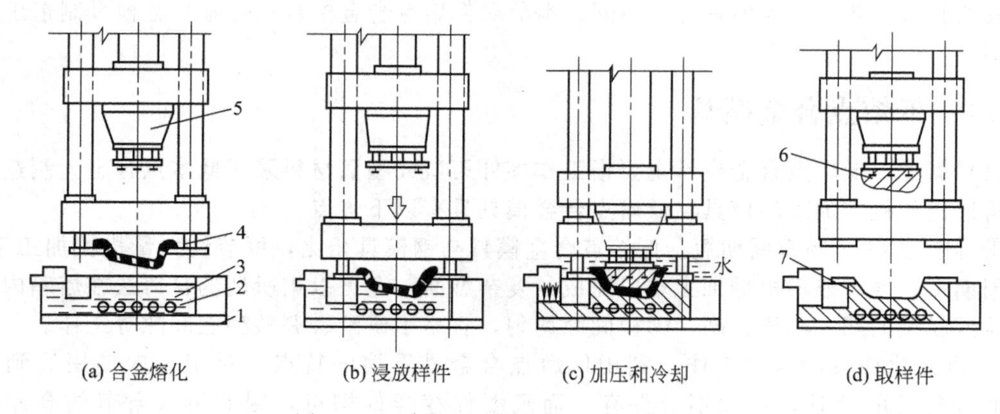

图 11-46　专用压力机上自铸模工艺过程

1—熔箱；2—电加热器；3—合金；4—样件；5—凸模架；6—合金凸模；7—合金凹模

图 11-46(b) 表示浸放样件。刮去合金液面的薄层氧化皮，滑块下降，样件浸入合金液。合金液从样件的通孔中流入样件内腔，直到样件内外合金液面相平。

图 11-46(c) 表示通气加压和冷却。通压缩空气调节合金液面升至需要高度，将凸模板与合金液面贴实后，保压约 6kPa，以增强合金密度，自然冷却 30min。当合金表面凝固结成硬壳时，即通入冷水，加速合金凝固，并继续通气加压。

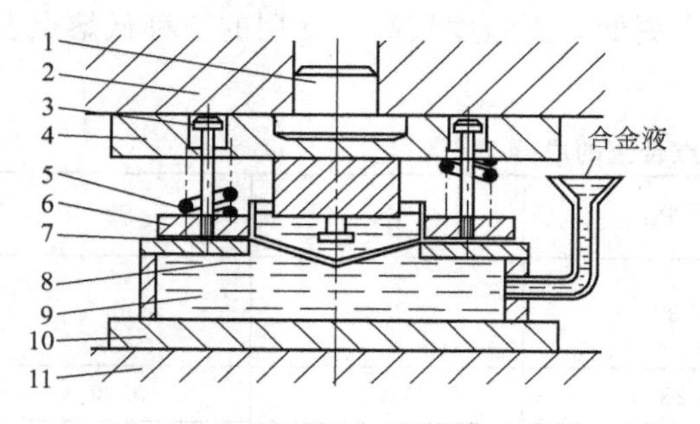

图 11-47　压力机上浇注模示意图

1—模柄；2—压力机滑块；3—螺杆；4—连接板；5—弹簧；6—卸料板；7—样件；8—合金凸模；9—合金凹模；10—熔箱；11—压力机工作台

图 11-46(d) 表示分模取样件。合金完全凝固后，压力机滑块上升，凸、凹模分开，取出样件，铸模即完成。清理掉模具上的溢流柱，即可进行冲压工作。

② 浇注模工艺。浇注法可以在压力机上或压力机外进行浇注。浇注前，先将熔箱与样件、模架组装好后，通过另外的加热装置将合金熔化，然后把液态合金浇注在熔箱内制模。

图 11-47 所示为一压力机上浇铸模示意图。首先，将凸模架安装在滑块上，将熔箱安装在工作台上，然后将样件放入熔箱内，再将滑块下降到适当的位置固定。由另外的熔化装置熔化合金，达到浇注温度后，便可以浇注到熔箱内，自然冷却，压力机滑块上升，凸、凹模分开，取出样件，铸模即完成。

11.5.2　锌基合金模具

(1) 锌基合金模具的特点　以锌为基体的锌、铜、铝三元合金，加入微量镁称为锌基合金，用锌基合金材料制造的模具称为锌基合金模具。锌基合金模具使用铸造方法制成，制模周期短，工艺简单，成本低。据统计，锌基合金模具成本仅为钢模具成本的 1/10～1/7。锌基合金冲裁模具有补偿磨损的性能，锌基合金拉深模具有独特的自润滑性和抗黏结性，有利于提高拉深件质量。还可利用锌基合金的超塑性在模具表面压制出复杂的图案、花纹等。

锌基合金铸造凝固后的收缩率约为 1%，影响模具精度；锌基合金材料的强度、硬度较低，因而限制了它在热塑模具、厚板冲压模具方面的应用，冲件厚度一般不大于 4mm，同时，模具寿命不如钢模具长。

(2) 锌基合金的成分和性能　用于制造模具工作零件的锌基合金必须具有一定的强度、硬度、耐磨性，较低的熔点和良好的流动性。通过理论分析和大量实验研究，能满足制模要求的锌基合金材料的标准成分见表 11-16。锌基合金模具材料的性能见表 11-17。

表 11-16　模具用锌基合金的标准成分

合金有效成分(质量分数)/%				不纯物(质量分数)/%			
w_{Zn}	w_{Cu}	w_{Al}	w_{Mg}	w_{Pb}	w_{Cd}	w_{Fe}	w_{Sn}
92～93	2.85～3.55	3.90～4.30	0.03～0.08	<0.003	0.001	<0.020	微量

表 11-17　锌基合金模具材料的性能

密度/(g/cm³)	熔点/℃	凝固收缩率/%	抗拉强度/MPa	抗压强度/MPa	布氏硬度(HBS)
6.7	380	1.1～1.2	240～290	550～600	120～130

锌是一种质软、在常温下呈脆性的金属。在锌基合金中，铜可以提高合金的硬度和冲击韧性，铝和镁影响合金的流动性并起到细化晶粒的作用，合金在熔炼过程中，应避免铝、镁的烧损，同时避免铁、铅、锡等杂质的混入。杂质的混入会导致力学性能下降。

(3) 锌基合金模具的铸造工艺　锌基合金模具的铸造方法有砂型铸造、金属型铸造、石膏型铸造等多种方法。应用时可根据模具的用途和要求以及工厂设备条件的不同来选择经济上合理的方法。下面介绍用砂型铸造制作一副拉深模的过程。利用模样（或者石膏模）制作砂型，将熔化的锌基合金浇注到砂型中，获得拉深凸模或凹模。图 11-48 所示为用砂型铸造法制造一副拉深模的工艺过程示意图。

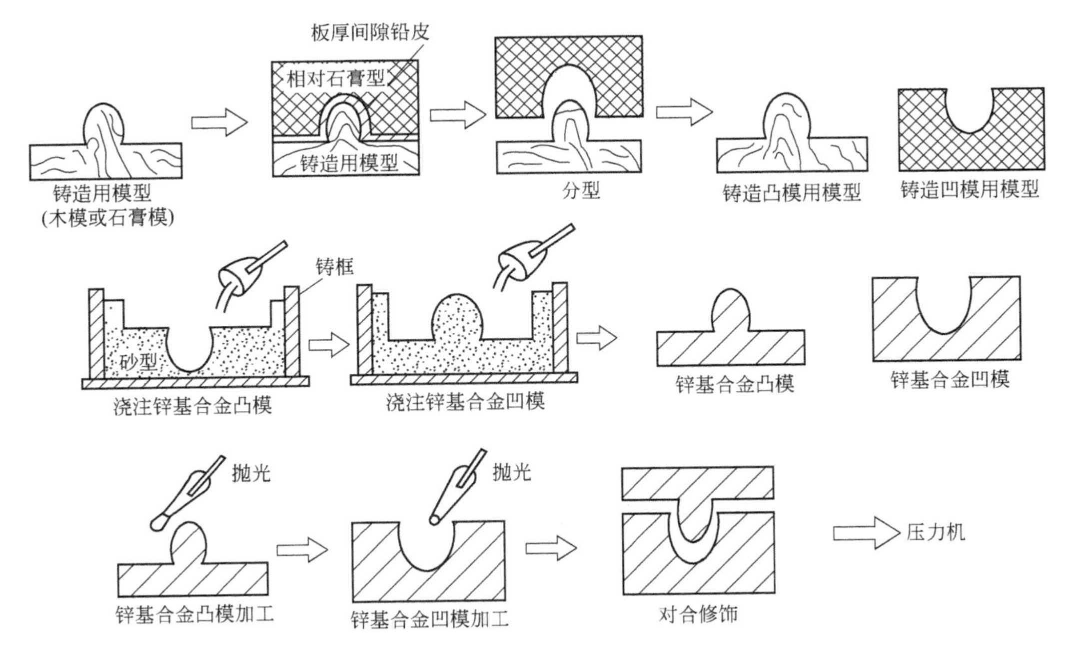

图 11-48　锌基合金模具制造过程示意图

凸模的制造方法是：将制好的模样放在固定板上，放好砂箱，填入型砂并桩实，翻转砂箱即可起模，检查并修整砂型，浇注熔化的锌基合金，冷却清理后，凸模制造工作完成。

凹模的制造是在凸模模样贴上一层相当拉深间隙厚度的材料（如铅皮），浇注石膏过渡样，待石膏凝固后合模并烘干，把过渡样放在砂箱内造型，起模修型后，浇注锌基合金，冷却清理后，凹模制造完成。

习　题

11-1　导柱、导套加工的工艺路线是怎样安排的？对导柱、导套的技术要求有哪些？

11-2　对冲裁模凸模和凹模的主要技术要求有哪些？

11-3　非圆形凸模的加工方法有哪几种？不同的加工方法各有什么特点？

11-4　系列圆孔的加工方法有哪些？不同的加工方法的加工精度如何？

11-5　非圆形型孔的加工方法有哪些？如何选用这些加工方法？

11-6　为了提高模具结构的工艺性，设计模具时必须考虑哪几个主要原则？

11-7　塑料模型腔的加工方法有哪些？各种加工方法的特点及适用范围是什么？

11-8　压铸模具材料应具备哪些性能？常用于制造压铸模型腔、型芯的材料有哪些？

11-9　简易模具制造方法有哪些？锌基合金模具的特点是什么？简述用砂型铸造法制造锌基合金拉深模的过程。

11-10　简述低熔点合金自铸模工艺过程。浇注模工艺与自铸模工艺相比有什么特点？

12 典型模具的装配与调试

12.1 概　　述

模具装配是模具制造过程的最后阶段，装配质量的好坏将影响模具的精度、寿命和各部分的功能。要制造出一副合格的模具，除了保证零件的加工精度外还必须做好装配工作。同时模具装配阶段的工作量比较大，又将影响模具的生产制造周期和生产成本。因此模具装配是模具制造中的重要环节。

模具或其他机械产品的装配，就是按规定的技术要求，将零件或部件进行配合和连接，使之成为半成品或成品的工艺过程。

当许多零件装配在一起（构成零件组）直接成为产品的组成时，称为部件；当零件组是部件的直接组成时，称为组件。把零件装配成组件、部件和最终产品的过程分别称为组件装配、部件装配和总装。根据产品的生产批量不同，装配过程可采用表 12-1 所列的不同组织形式。

表 12-1　装配的组织形式

形　　式		特　　点	应用范围
固定装配	集中装配	从零件装配成部件或产品的全过程均在固定工作地点，由一组(或一个)工人来完成。对工人技术水平要求较高，工作地面积大，装配周期长	①单件和小批生产 ②装配高精度产品，调整工作较多时适用
	分散装配	把产品装配的全部工作分散为各种部件装配和总装配，各分散在固定的工作地上完成，装配工人增多，生产面积增大，生产率高，装配周期短	成批生产
移动装配	产品按自由节拍移动	装配工序是分散的。每一组装配工人完成一定的装配工序，每一装配工序无一定的节拍。产品是经传送工具自由地(按完成每一工序所需时间)送到下一工作地点，对装配工人的技术要求较低	大批生产
	产品按一定节拍周期移动	装配的分工原则同前一种组织形式。每一装配工序是按一定的节拍进行的。产品经传送工具按节拍周期性(断续)地到下一工作地点，对装配工人的技术水平要求低	大批和大量生产
	产品按一定速度连续移动	装配分工原则同上。产品通过传送工具以一定速度移动，每一工序的装配工作必须在一定的时间内完成	大批和大量生产

12.1.1 模具装配的特点、内容及精度要求

（1）模具装配的特点　模具装配属单件小批装配生产类型，特点是工艺灵活性大，工序集中，工艺文件不详细，设备、工具尽量选通用的。组织形式以固定式为多，手工操作比重大，要求工人有较高的技术水平和多方面的工艺知识。

（2）模具装配的内容　模具装配的内容有：选择装配基准、组件装配、调整、修配、总装、研磨抛光、检验和试冲（试模）等环节，通过装配达到模具的各项指标和技术要求。通过模具装配和试冲也将考核制件的成型工艺、模具设计方案和模具制造工艺编制等工作的正确性和合理性。在模具装配阶段发现的各种技术质量问题，必须采取有效措施妥善解决，以满足试制成型的需要。

模具装配工艺规程是指导模具装配的技术文件，也是制订模具生产计划和进行生产技术准备的依据。模具装配工艺规程的制定根据模具种类和复杂程度，各单位的生产组织形式和习惯做法视具体情况可简可繁。模具装配工艺规程包括：模具零件和组件的装配顺序，装配基准的确定，装配工艺方法和技术要求，装配工序的划分以及关键工序的详细说明，必备的二级工具和设备，检验方法和验收条件等。

（3）模具装配的精度要求　模具装配精度包括以下几个方面的内容。

① 相关零件的位置精度。例如定位销孔与型孔的位置精度；上、下模之间，动、定模之间的位置精度；型腔、型孔与型芯之间的位置精度等。

② 相关零件的运动精度。包括直线运动精度、圆周运动精度及传动精度。例如，导柱和导套之间的配合状态，顶块和卸料装置的运动是否灵活可靠，进料装置的送料精度。

③ 相关零件的配合精度。相互配合零件的间隙或过盈量是否符合技术要求。

④ 相关零件的接触精度。例如，模具分型面的接触状态如何，间隙大小是否符合技术要求，弯曲模、拉深模的上下成型面的吻合一致性等。

由于模具由许多零件装配而成，因此，零件精度将直接影响产品的精度。若干个零件的制造精度决定模具某项装配精度，这就出现误差累积问题。要分析模具的有关组成零件的精度对装配精度的影响，就要用到装配尺寸链。

12.1.2 装配尺寸链

（1）装配尺寸链的概念　装配模具时，将与某项精度指标有关的各个零件尺寸依次排列，形成一个封闭的链形尺寸组合，称为装配尺寸链。组成装配尺寸链的有关尺寸按一定顺序首尾相接构成封闭图形，如图 12-1(b) 所示。

组成装配尺寸链的每一个尺寸称为装配尺寸链环。如图 12-1(a) 所示，共有五个尺寸链环（A_0，A_1，A_2，A_3，A_4）。尺寸链环可分为封闭环和组成环两大类。

① 封闭环的确定。在装配过程中，间接得到的尺寸称为封闭环，它往往是装配精度要求或是技术条件要求的尺寸，用 A_0（或 A_Σ）表示，如图 12-1 中的 A_0 尺寸。在尺寸链的建立中，首先要正确地确定封闭环，封闭环找错了，整个尺寸链的解也就错误了。

② 组成环的查找。在装配尺寸链中，直接得到的尺寸称为组成环，用 A_i 表示，如图 12-1 中 A_1，A_2，A_3，A_4，由于尺寸链是由一个封闭环和若干个组成环所组成的封闭图形，故尺寸链中组成环的尺寸变化必然引起封闭环的尺寸变化。当某组成环尺寸增大（其他组成环尺寸不变），封闭环尺寸也随之增大时，则该组成环为增环，以 $\vec{A}_i$ 表示，如图 12-1 中的 A_3，A_4，当某组成环尺寸增大（其他组成环不变），封闭环尺寸随之减小时，则该组成环

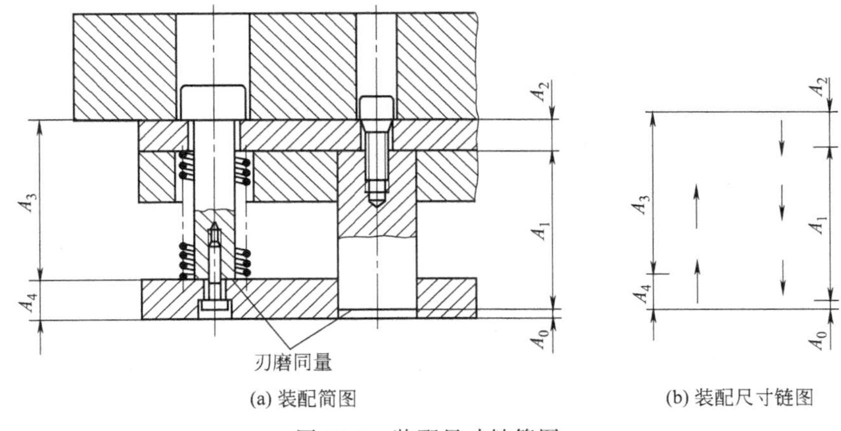

(a) 装配简图　　(b) 装配尺寸链图

图 12-1　装配尺寸链简图

称为减环，用$\overleftarrow{A}_i$ 表示，如图 12-1 中的 A_1，A_2。

(2) 用极值法解装配尺寸链　计算装配尺寸链的目的是求出装配尺寸链中某些环的基本尺寸、上下偏差及极限尺寸。

例 12-1　已知图 12-1 中尺寸 $A_1=25^{+0.052}_{0}$，$A_2=5^{0}_{-0.30}$，$A_3=23^{0}_{-0.052}$，$A_4=7^{0}_{-0.051}$。为保证卸料板顺利卸料，须使 $A_0=0.3\sim0.5$mm，试根据已知条件对 A_0 的数值进行验证。

解：

$$A_0=(A_3+A_4)-(A_1+A_2)=(23+7)-(25+5)=0$$

得

$$ES_{A_0}=(ES_{A_3}+ES_{A_4})-(EI_{A_1}+EI_{A_2})=(0+0)-(0-0.30)=0.3\ (\text{mm})$$

$$EI_{A_0}=(EI_{A_3}+EI_{A_4})-(ES_{A_1}+ES_{A_2})=(-0.052-0.051)-(0.052+0)=-0.155\ (\text{mm})$$

结果 $A_0=-0.155\sim0.30$mm，不满足装配精度 $A_0=0.3\sim0.5$mm 的要求，必须对组成环进行调整。从此例可知，装配精度与相互配合零件的制造精度有直接关系。

事实上，装配精度不仅与零件的尺寸及其精度有关，还与装配过程中所采用的方法有关，装配方法不同，零件的尺寸及其精度对装配精度的影响关系不同，所以，为保证机械的装配精度，应选择适当的装配方法并合理地确定零件的加工精度。

12.1.3　模具装配的工艺方法

模具装配的工艺方法有互换法、分组法、修配法和调整法。模具生产属单件小批生产，又具有成套性和装配精度高的特点，所以目前模具装配以修配法及调整法为主，互换法应用较少。今后随着模具技术和设备的现代化，零件制造精度将满足互换法的要求，互换法的应用将会越来越多。

(1) 互换装配法　互换装配法的实质是通过控制零件加工误差来保证装配精度。按互换程度可分为完全互换装配法和不完全互换装配法。

① 完全互换法。完全互换法是在装配时各配合零件不经修理、选择和调整即可达到装配精度要求。要使被装配的零件达到完全互换，就要求有关零件的制造公差之和小于或等于装配公差，即

$$T_{\Sigma}=T_1+T_2+\cdots+T_{n-1}=\sum_{i=1}^{n-1}T_i$$

式中　T_{Σ}——装配精度所允许的误差范围，即装配公差，μm；

T_i——影响装配精度的零件尺寸的制造公差，μm；

n——装配尺寸链的总环数。

显然在这种装配中，零件是可以完全互换的。就是说对于加工合格的零件，不需经过任何选择、修配或调整，经装配后就能达到预定的装配精度和技术要求。例如：某 ϕ56mm 定、转子硅钢片硬质合金多工位级进模，凹模是由 12 个拼块镶拼而成，制造精度达微米级，不需修配就可以装配，就是采用精密加工设备来保证的。

互换法的优点是：

a. 装配过程简单，生产率高；

b. 对工人技术水平要求不高，便于流水作业和自动化装配；

c. 容易实现专业化生产，降低成本；

d. 备件供应方便。

另外采用完全互换法进行装配时，零件加工精度要求较高。当装配的精度要求较高（T_Σ 较小时），且装配尺寸链的组成环较多时，各组成环的公差必然很小，将使零件加工困难。因此，完全互换法适用于大批量生产高精度少环尺寸链或低精度的多环尺寸链。

② 不完全互换法。采用完全互换装配法是按 $T_\Sigma = \sum_{i=1}^{n-1} T_i$ 分配装配尺寸链中各组成环的尺寸公差。但在某些情况下计算出的零件尺寸公差，往往使精度要求偏高，制造困难。而不完全互换法则是按 $T_\Sigma = \sqrt{\sum_{i=1}^{n-1} T_i^2}$ 分配尺寸链中各组成零件的尺寸公差，这样可使尺寸链中各组成环的公差增大，使产品零件的加工变得容易和经济。但结果是将有少量的零件（0.27%）不能互换，不过这一数值是很小的。所以，这种方法被称为不完全互换装配法。

不完全互换法充分考虑了零件尺寸的分布规律，适用于成批和大量生产高精度少环尺寸链。

（2）分组装配法　在成批和大量生产中，将产品各配合副的零件按实测尺寸分组，装配时按各对应组进行互换装配以达到装配精度的方法，称为分组装配法。

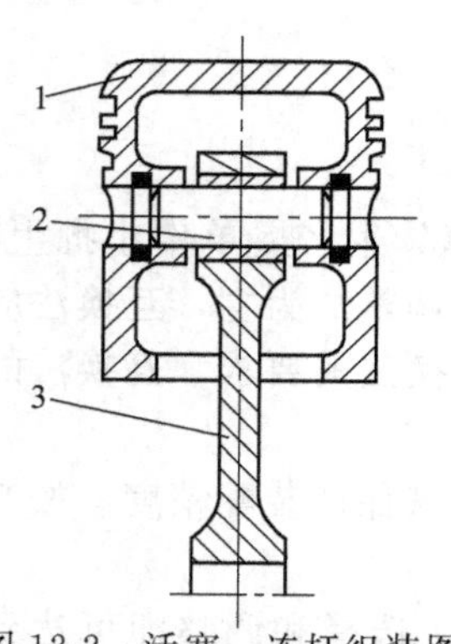

图 12-2　活塞、连杆组装图
1—活塞；2—活塞销；3—连杆

当产品的装配精度要求很高时，装配尺寸链中各组成环的公差必然很小，致使零件加工困难。还可能使零件的加工精度超出现有工艺所能实现的水平，在这种情况下可采用分组装配法。先将零件的制造公差扩大数倍，按经济精度进行加工，然后将加工出来的零件按扩大前的公差大小分组进行装配。图 12-2所示为汽车发动机活塞和连杆，活塞销与连杆小头孔的配合间隙最大为 0.0055mm，最小为 0.0005mm。按配合要求确定活塞销外径的尺寸及偏差为 $\phi25_{-0.0125}^{-0.0100}$ mm，连杆小头的孔径尺寸及偏差为 $\phi25_{-0.0095}^{-0.0070}$ mm。这样高的精度，加工很困难，往往因生产率太低，很难满足大量生产的需要。因此，在生产中可将两者的公差都扩大 4 倍，即活塞销的直径尺寸及偏差为 $\phi25_{-0.0125}^{-0.0025}$ mm，连杆小头孔径尺寸及偏差为 $\phi25_{-0.0095}^{-0.0005}$ mm。公差扩大以后，活塞销外径可采用无心磨床加工，连杆小头孔可以用金刚镗等高效率的加工方法来达到其精度要求。对加工出来的零件再采用气动量仪进行测量，并按尺寸大小分成四组，用不同颜色区别，以便按组别进行装配。其分组情况如表 12-2 所示。

表 12-2　分组装配零件的尺寸分组　　单位：mm

组别	标志颜色	活塞销尺寸	连杆小头孔尺寸	配合情况	
				最大间隙	最小间隙
第一组	白	$\phi25_{-0.0050}^{-0.0025}$	$\phi25_{-0.0020}^{+0.0005}$	0.0055	0.0005
第二组	绿	$\phi25_{-0.0075}^{-0.0050}$	$\phi25_{-0.0045}^{-0.0020}$		
第三组	黄	$\phi25_{-0.0100}^{-0.0075}$	$\phi25_{-0.0070}^{-0.0045}$		
第四组	红	$\phi25_{-0.0125}^{-0.0100}$	$\phi25_{-0.0095}^{-0.0070}$		

由表 12-2 可以看到，各组零件的尺寸公差和配合间隙与原设计的装配精度要求相同，所以分组装配法扩大了组成零件的制造公差，使加工容易。在同一个装配组内既能完全互换，又能达到很高的装配精度要求。

采用分组装配法时应注意以下几点。

① 每组配合尺寸的公差要相等，以保证分组后各组的配合精度和配合性质都能达到原来的设计要求。因此，扩大配合尺寸的公差时要向同方向扩大，扩大的倍数就是以后分组的组数，如图 12-3 所示。

② 分组不宜过多（一般分为 4～5 组），否则零件的测量、分类和保管工作复杂。

③ 分组装配法不宜用于组成环很多的装配尺寸链。因为尺寸链的环数如果太多，也和分组过多一样会使装配工作复杂化，一般只适宜尺寸链的环数 $n<4$ 的情况。

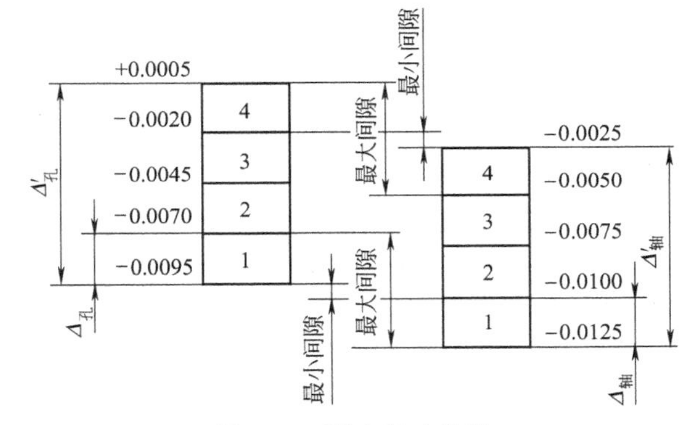

图 12-3　配合尺寸分组

另外采用分组装配法还应当严格零件的检测、分组、识别、储存和运输等方面的管理工作。

（3）修配装配法　在装配时修去指定零件上的预留修配量以达到装配精度的方法，称为修配装配法。这种装配方法在单件、小批生产中被广泛采用。常用的修配方法有以下两种。

① 指定零件修配法。指定零件修配法是在装配尺寸链的组成环中预先指定一个零件作为修配件（修配环），装配时再用切削加工改变该零件尺寸以达到装配精度要求。

如图 12-4 所示，热固性塑料压缩模装配后要求上、下型芯在 B 面上，凹模的上、下平面与上下固定板在 A、C 面上同时保持接触。为了使零件的加工和装配简单，选凹模为修配环。在装配时，先完成上、下型芯与固定板的装配，并测量出型芯对固板的高度尺寸。按型芯的实际高度尺寸修磨 A、C 面。凹模的上、下平面在加工中应留适当的修配余量，其大小可根据生产经验或计算确定。

在指定零件修配法中，选定的修配件应是易于加工的零件，在装配时它的尺寸改变对其他尺寸链不产生影响。由此可见，上例选凹模为修配环是恰当的。

② 合并加工修配法。合并加工修配法是将两个或两个以上的配合零件装配后，再进行机械加工，以达到装配精度要求的方法。

零件组合后所得到的尺寸作为装配尺寸链中的一个组成环对待，从而使尺寸链的组成环数减少，公差扩大，更容易保证装配精度的要求。图 12-5 中，当凸模和固定板组合后，要求凸模上端面和固定板的上平面为同一平面。采用合并修配法，在单独加工凸模和固定板时，对A_1、A_2尺寸并不严格控制，而是将两者组合在一起后，进行磨削上平面，以保证装配要求。

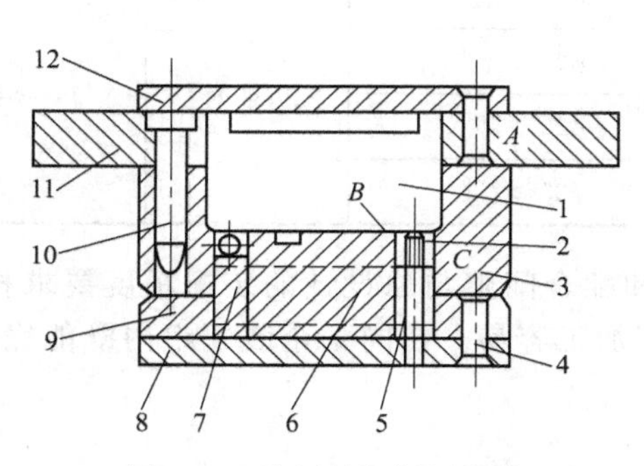

图 12-4　热固性塑料压缩模

1—上型芯；2—嵌件螺杆；3—凹模；4—铆钉；5—型芯拼块；6—下型芯；7—型芯拼块；8,12—支承板；9—下固定板；10—导柱；11—上固定板

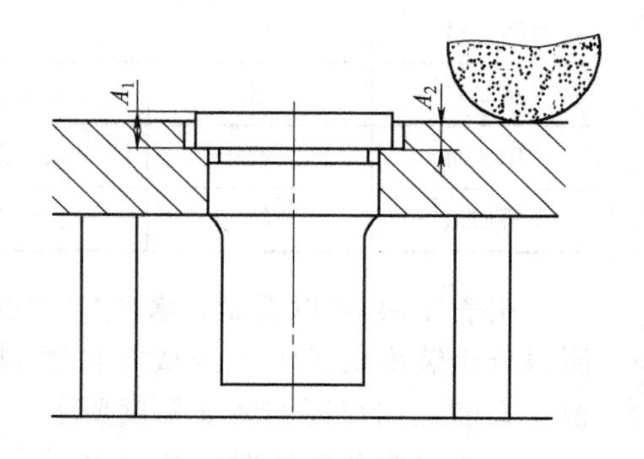

图 12-5　合并加工修配

修配装配法能够获得很高的装配精度，而零件的制造精度可以放宽。但在装配中增加了修配工作量，工时多且装配质量依赖于工人技术水平、生产率低。

(4) 调整装配法　调整法是用改变模具中可调整零件的相对位置或变化一组固定尺寸零件（如垫片、垫圈）来达到装配精度要求的方法，其实质与修配法相同。常用的调整装配法有以下两种。

① 可动调整法。可动调整法是在装配时，用改变调整件的位置来达到装配要求的方法。图 12-6 所示为冷冲模上出件的弹性顶件装置，通过旋转螺母，压缩橡皮，使顶件力增大。

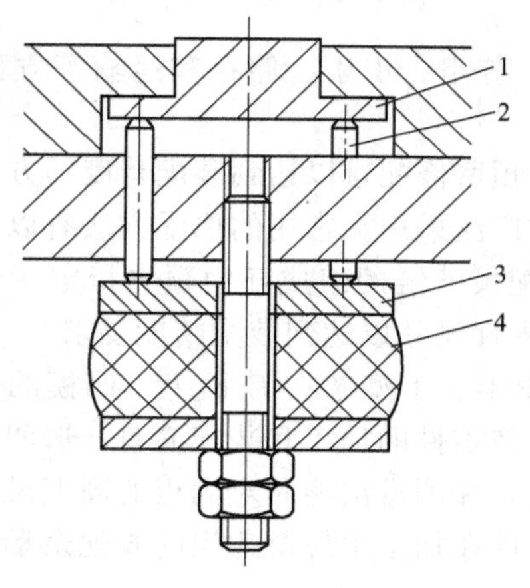

图 12-6　弹性顶件装置

1—顶料板；2—顶杆；3—垫板；4—橡皮

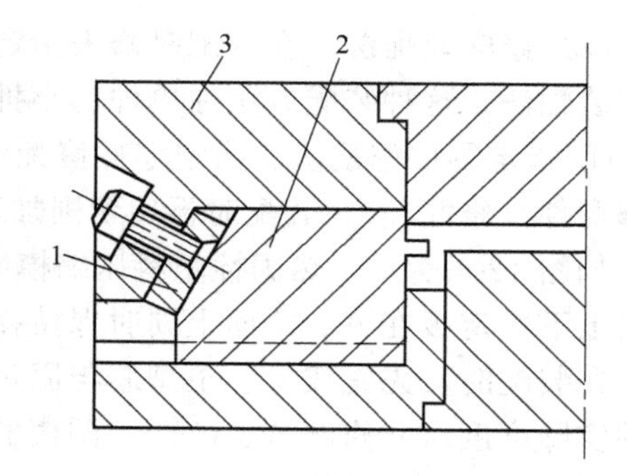

图 12-7　固定调整法

1—调整垫；2—滑块型芯；3—定模板

② 固定调整法。固定调整法是在装配过程中选用合适形状、尺寸的调整件，达到装配要求的方法。图 12-7 所示为塑料注射模滑块型芯水平位置的调整，可通过更换不同厚度的调整垫来达到装配精度的要求。需预先制成若干个不同厚度尺寸的调整垫，根据预装配时对间隙的测量结果，选择一个适当厚度的调整垫进行装配，以达到所要求的型芯位置。

调整装配法可以放宽零件的制造公差，但装配时与修配法一样费工费时，并要求工人有较高的技术水平。

不同的装配方法对零件的加工精度、装配的技术水平要求不同，生产效率也不相同，因此，在选择装配方法时，应从产品装配的技术要求出发，根据生产类型和实际生产条件合理选择。

12.2 模具零件的固定方法

模具和其他机械产品一样，各个零件、组件通过定位、固定连接在一起组成模具产品，因此必须掌握常用的模具零件的固定方法。

12.2.1 紧固件法

紧固件法是利用紧固零件将模具零件固定的方法，其特点是工艺简单、紧固方便，常用的方式有螺钉紧固式和斜压块紧固式。

(1) 螺钉紧固式 如图 12-8 所示，主要通过定位销和螺钉将零件相连接，图 12-8(a) 主要适用于大型截面成型零件的连接，其圆柱销的最小配合长度 $H_2 \leqslant 2d_2$，螺钉拧入连接长度，对于铸铁，$H_1 = 1.5d_1$ 或稍长，图 12-8(b) 为螺钉吊装固定方式，凸模定位部分与固定板配合孔采用基孔制配合（H7/m6 和 H7/n6)，或采用小间隙配合（H7/n6)，螺钉直径大小视卸料力大小而定。

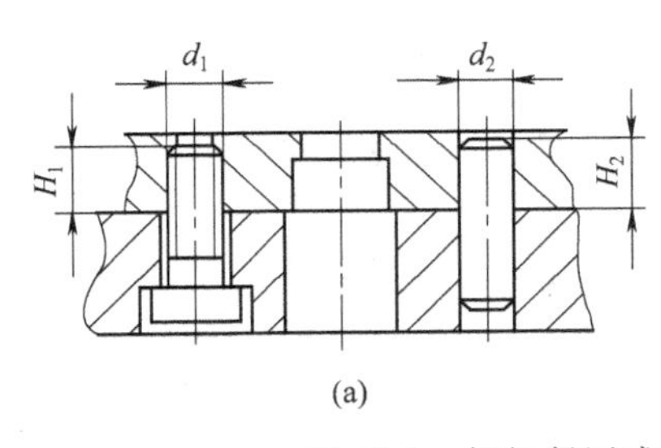

图 12-8 螺钉紧固式

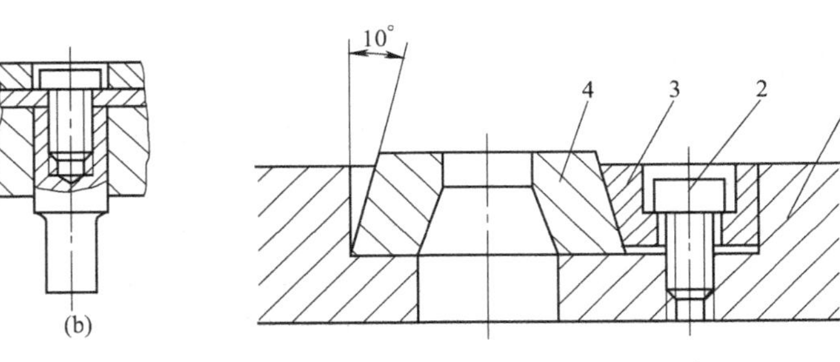

图 12-9 斜压块紧固式

1—模座；2—螺栓；3—斜压块；4—凹模

(2) 斜压块紧固式 如图 12-9 所示，它是将凹模（或固定零件）放入固定板带有 10°锥度的孔内，调整好位置，用螺栓压紧斜压块使凹模固紧。要求凹模与固定板配合的 10°锥度要准确。

12.2.2 压入法

压入法如图 12-10(a) 所示，定位配合部位采用 H7/m6、H7/n6 或 H7/r6 配合，适用于冲裁板厚 $t \leqslant 6$mm 的冲裁凸模与各类模具零件，压入时利用台阶结构限制轴向移动，台阶结构尺寸，应为 $H > \Delta D$（$\Delta D \approx 1.5 \sim 2.5$mm，$H = 3 \sim 8$mm)。

压入法的特点是连接牢固可靠，对配合孔的精度要求较高，因此加工成本高，装配压入过程如图 12-10(b) 所示，将凸模固定板型孔台阶向上，放在两个等高垫铁上；将

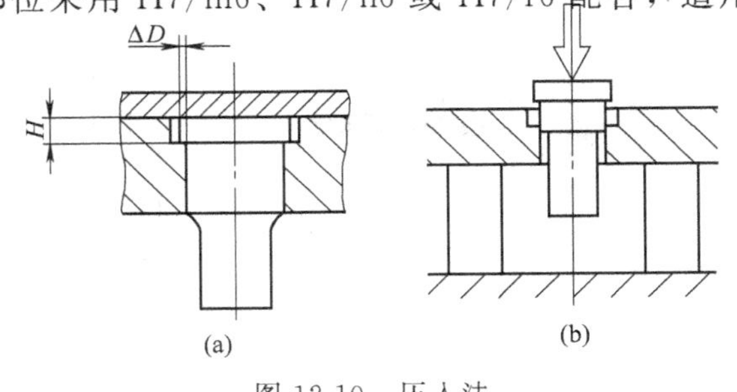

图 12-10 压入法

凸模工作端向下放入型孔对正，用压力机慢慢压入；要边压入边检查凸模垂直度，并注意过盈量、表面粗糙度、导入圆角和导入斜度；压入后凸模台阶端面与模板孔的台阶端面相接触，然后将凸模尾端磨平。

12.2.3 铆接法

铆接法如图 12-11 所示。主要适用于冲裁板厚 $t \leqslant 2$mm 的冲裁凸模和其他轴向拉力不太大的零件。凸模和凸模固定板型孔配合部分保持 0.01～0.03mm 的过盈量，铆接端凸模硬度小于 30HRC，固定板型孔铆接端周边倒角 $C0.5 \sim C1$。

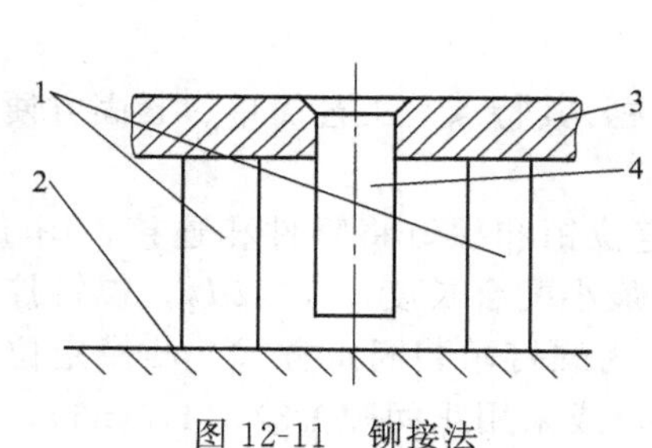

图 12-11 铆接法

1—等高垫铁；2—平板；3—凸模固定板；4—凸模

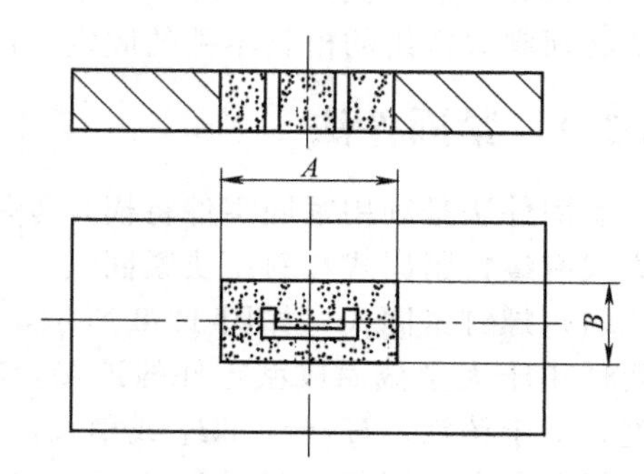

图 12-12 热套固定硬质合金凹模

12.2.4 热套法

热套法是应用金属材料热胀冷缩的物理特性对模具零件进行固定的方法。常用于固定凸模、凹模拼块及硬质合金模块。

图 12-12 为热套固定硬质合金凹模，凹模和固定板配合孔的过盈量为 0.001～0.002mm。固定时将其配合面擦净，放入箱式电炉内加热后取出，将凹模块放入固定板配合孔中，冷却后固定板收缩即将凹模固定。固定后再在平面磨床上磨平并进行型孔精加工。其加热温度硬质合金凹模块为 200～250℃，固定板为 400～450℃（对于钢质拼块一般不预热）。

12.2.5 焊接法

焊接法如图 12-13 所示。主要用于硬质合金模，焊接前要在 700～800℃进行预热，并清理焊接面，再用火焰钎焊或高频钎焊，在 1000℃左右焊接，焊缝为 0.2～0.3mm，焊料为黄铜并加入脱水硼砂。焊后放入木炭中缓冷，最后在 200～300℃保温 4～6h 去应力处理。

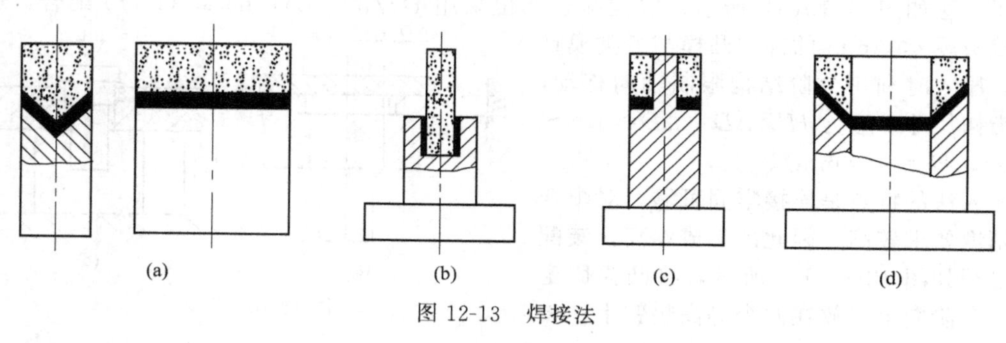

图 12-13 焊接法

12.2.6 低熔点合金法

低熔点合金浇注法是将熔化的低熔点合金浇入固定零件的间隙中，利用合金冷凝时的体积膨胀将零件固定的方法，又称冷胀法。如图 12-14 所示。

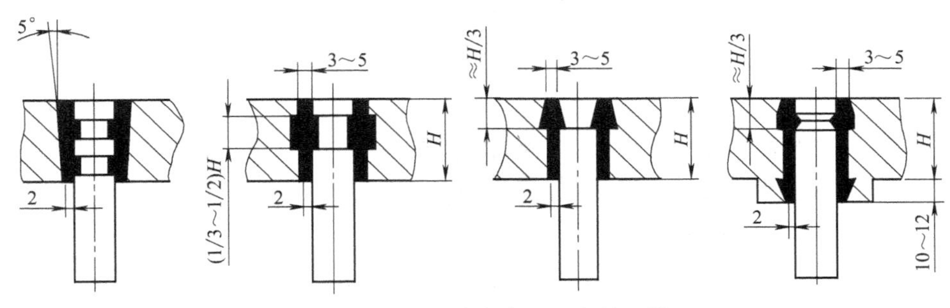

图 12-14 用低熔点合金固定的凸模

低熔点合金浇注实例见图 12-15，浇注前先将固定零件进行清洗，去除油污，利用辅助工具和配合零件进行定位找正。然后将浇注部位预热至 100～150℃并浇注低熔点合金，放置 24h 进行充分冷却固化。

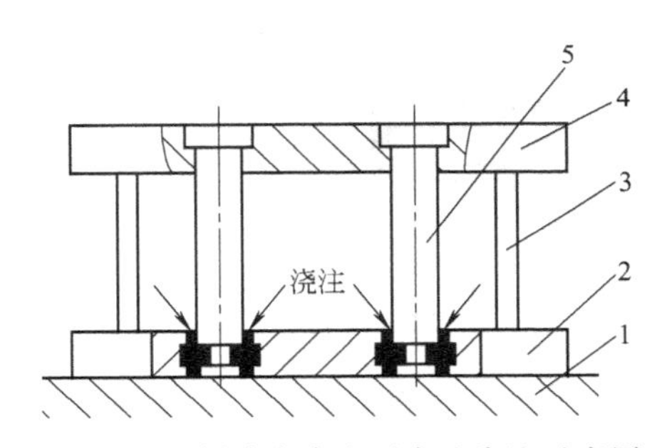

图 12-15 低熔点合金固定法浇注示意图

1—平板；2—上模固定板；3—等高垫铁；4—凹模；5—凸模

低熔点合金固定法主要用于凸模、凹模、导柱和导套以及浇注成型卸料板型孔等，具有工艺简单，操作方便，有足够强度，合金可重复使用，被固定零件浇注部分的加工精度要求低等特点。低熔点合金配方见表 12-3。

表 12-3 低熔点合金配方 单位：%（质量分数）

配方	Sb	Pb	Bi	Sn	合金熔点/℃	浇注温度/℃
	630.5	327.4	271	232		
Ⅰ	9	28.5	48	14.5	120	150～200
Ⅱ	5	32	48	15	100	120～150

12.2.7 黏结法

（1）环氧树脂黏结法 环氧树脂黏结法是将环氧树脂黏结剂浇入固定零件的间隙内，经固化后固定模具零件的方法。

环氧树脂在硬化状态下，对各种金属和非金属表面附着力非常强，连接强度高，化学稳定性好，能耐酸碱。但环氧树脂脆性大，硬度低，不耐高热，使用温度低于 100℃。环氧树脂黏结法常用于固定模具的凸模、导柱和导套以及浇注成型的卸料孔等。适用固定冲裁板厚 $t \leqslant 0.8$mm 板料的凸模。采用环氧树脂黏结法可降低固定板连接孔的制造精度，尤其对于多凸模及形状复杂的凸模固定效果显著。

环氧树脂黏结固定凸模的形式见图 12-16，其中图 12-16(a)、(b) 适用于固定冲裁板厚 $t \leqslant 0.8$mm，图 12-16(c) 适用于固定冲裁板厚 $t \geqslant 0.8$mm 的板料，黏结固定导柱和导套的结构形式见图 12-17。

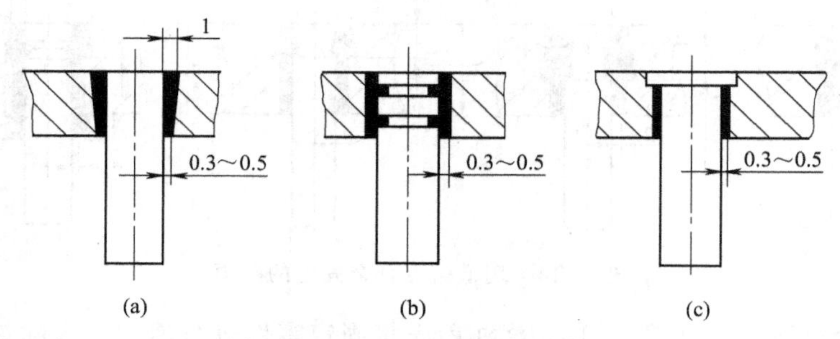

图 12-16　环氧树脂黏结固定凸模

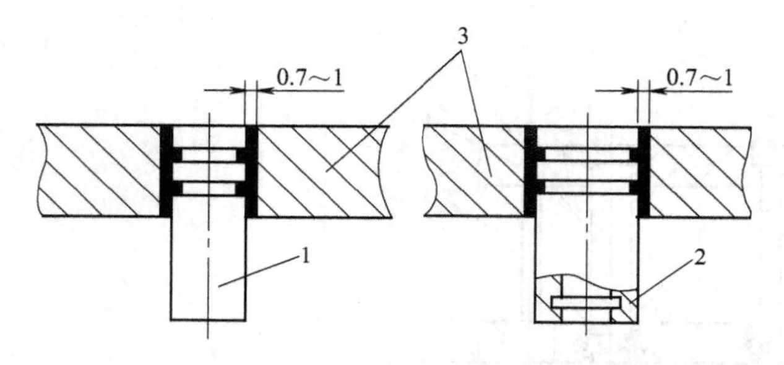

图 12-17　环氧树脂黏结固定导柱导套

1—导柱；2—导套；3—模板

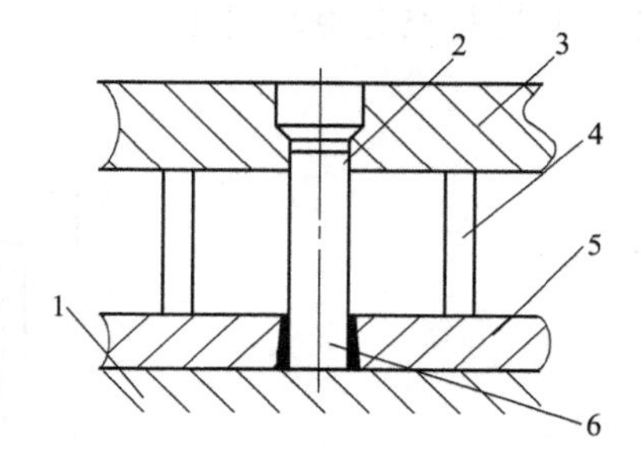

图 12-18　黏结固化示意图

1—平板；2—垫片；3—凹模；4—垫块；5—固定板；6—凸模

环氧树脂黏结剂的配方见表 12-4。按照配方中的用量，先将环氧树脂和磷苯二甲酸二丁酯放于干净烧杯内搅拌均匀，然后放入氧化铝粉搅拌，过 2～3min 后加入乙二胺，迅速搅拌均匀在流动性最好状态，立即浇入缝隙中，经过 4～6h 后，环氧树脂便凝固硬化，12h 后即可使用。为了使黏结牢固，黏结表面尽量粗糙些，$Ra \geqslant 6.3\mu$m 并控制好缝隙的大小。

表 12-4　环氧树脂黏结剂的配方

组成部分	名称	配比（按质量比）	备注	组成部分	名称	配比（按质量比）	备注
黏结剂	环氧树脂 6101 环氧树脂 634 环氧树脂 637	100 100 100	任选一种	增塑剂	邻苯二甲酸二丁酯	15～20	
填充剂	铁粉 200 目 三氧化铝 200 目 石英粉 200 目	250 40 20	任选一种	固化剂	β-羟乙基乙二胺 聚酰胺 200 间苯二胺 邻苯二甲酸酐 α-甲基咪唑	16～18 50～100 12～16 5～10	任选一种

当黏结固化好的模具需要更换或修理时，将模具局部加热，使环氧树脂黏结剂软化，将凸模卸下清理残余黏结剂后，重新黏结固化（图 12-18）。

（2）无机黏结固定法　无机黏结固定法是采用氢氧化铝的磷酸溶液与氧化铜粉混合为黏结剂，填充在被固定零件的间隙内，经化学反应固化，从而使零件固定的方法。

无机黏结剂固定方法具有工艺简单、黏结强度高、不变形、耐高温的特点，但其韧性较低，不适宜承受较大的冲击载荷。

无机黏结剂的配方见表12-5。其配制方法为：将100mL磷酸所需加入的氢氧化铝先与10mL左右的磷酸置于烧杯中，搅拌均匀，再倒入其余磷酸进行搅拌并加热至200～240℃，使其呈淡茶色，冷却后即可待用。氧化铜粉在使用前应进行200℃恒温30min的干燥处理，黏结剂中氧化铜与磷酸溶液加入量之比$R=3\sim4.5\mathrm{g}\cdot\mathrm{mL}^{-1}$。$R$越大，黏结强度越高，凝固速度也越快。当$R>5$时，黏结剂化学反应极快，快速凝固，使用困难。黏结时，被黏结零件的单面间隙为0.1～0.3mm，对于较大尺寸的单边间隙取1～1.25mm，黏结表面的粗糙度$Ra\geqslant12.5\sim20\mu\mathrm{m}$，被黏结表面要彻底清除油污、灰尘、锈斑等，并且要按照装配要求进行安装定位和保证配合间隙（图12-19）。

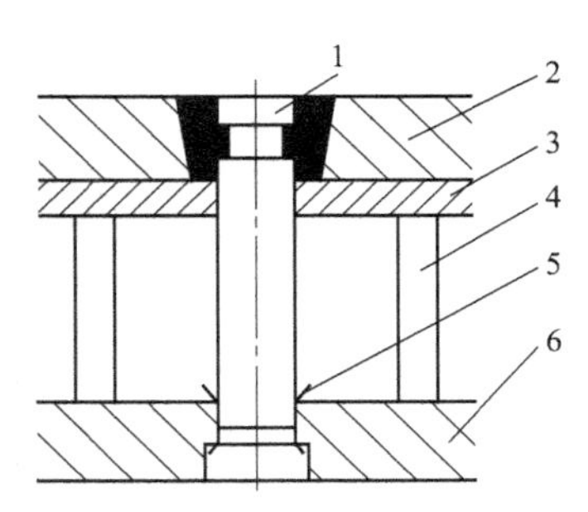

图12-19　凸模黏结固定
1—凸模；2—固定板；3—垫板；4—垫铁；5—间隙垫片；6—凹模

表12-5　无机黏结剂配方

原料名称	配比	说　明
氧化铜	4～5g	黑色粉末状220目，二、三级试剂含量大于90%
磷酸	100mL	密度要求在1.7～1.9g/cm³范围内，二、三级试剂含量不小于85%
氢氧化铝	5～8g	白色粉末状，二、三级试剂

调制黏结剂应按照黏结剂配方比例将氧化铜粉放在干净的铜板上（中间留一凹坑），并倒入调配好的磷酸溶液，用竹签调成浓胶状，当达到能拉出10～20mm的长丝时，即为磷酸氧化铜无机黏结剂。

将调好的黏结剂涂于零件的需黏结表面并上下移动排气，然后固定零件位置，保证间隙。在室温保持1～2h后，再加热到60～80℃，保温3～8h即可完全固化。

12.3　间隙（壁厚）的控制方法

（1）垫片法　垫片控制法如图12-20所示。将厚度均匀，其值等于间隙值的纸片、金属片或成型制件，放在凹模刃口四周的位置，然后慢慢合模，将等高垫块垫好，使凸模进入凹模刃口内，观察凸、凹模的间隙状况，如果间隙不均匀，用敲击凸模固定板的方法调整间隙，直至均匀为止。然后拧紧上模紧固螺钉，再放纸片试冲，观察纸片冲裁情况，直至调整到间隙均匀为止。最后将上模座与凸模固定板夹紧后同钻、铰定位销孔，然后打入圆柱销定位。

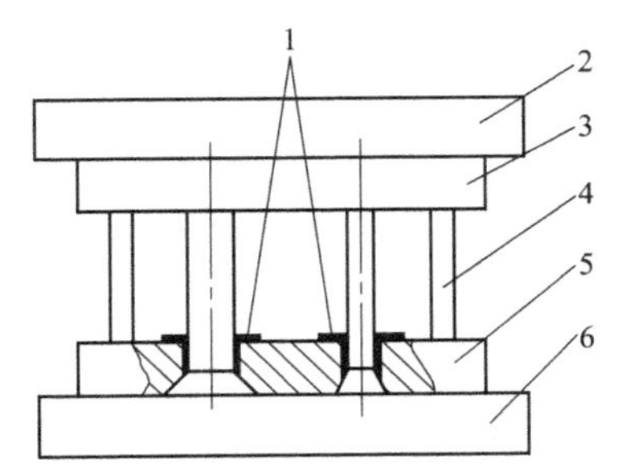

图12-20　用垫片法调整凹模配合间隙
1—垫片；2—上模座；3—凸模固定板；4—等高垫铁；5—凹模；6—下模座

（2）镀铜法　对于形状复杂、凸模数量较多的冲裁模，可以将凸模表面镀上一层金属，如镀铜。镀层厚度等于单边冲裁间隙值。然后按上述方式调整、固定、定位。镀层在装配后不必去除，冲裁时可自行脱落。

（3）透光法　透光法是将上、下模合模后，用灯光从底面照射，观察凸、凹模刃口四周的光隙大小，来判断冲裁间隙是否均匀（图 12-21）。如果间隙不均匀，再进行调整、固定、定位。这种方法适合于薄料冲裁模。如用模具间隙测量仪表检测和调整，效果会更好。

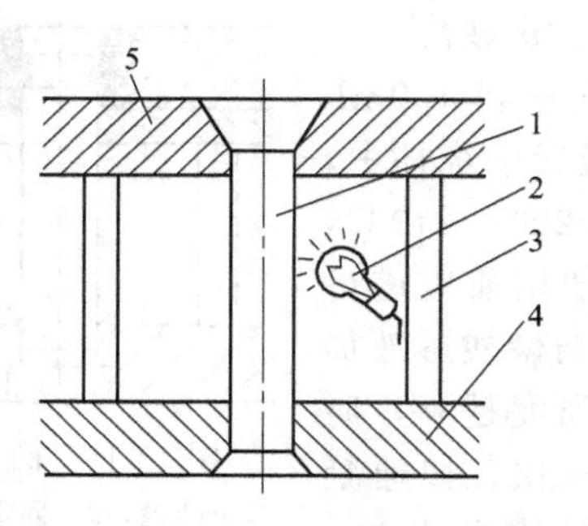

图 12-21　透光调整配合间隙

1—凸模；2—光源；3—垫铁；4—固定板；5—凹模

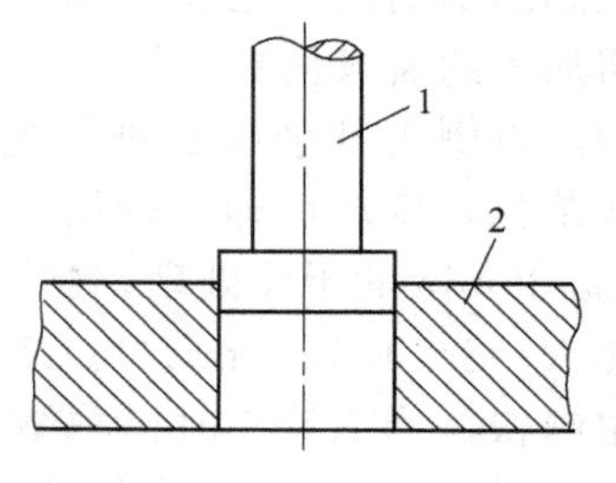

图 12-22　工艺尺寸法

1—凸模；2—凹模

（4）涂层法　涂层法是在凸模表面涂上一层如瓷漆或氨基醇酸漆之类的薄膜，涂漆时应根据间隙大小选择不同黏度的漆，或通过多次涂漆来控制其厚度，涂漆后将凸模组件放入温度 100～120℃的烘箱内烘烤 0.5～1h，直到漆层厚度等于冲裁间隙值，并使其均匀一致。然后调整、固定、定位工件。

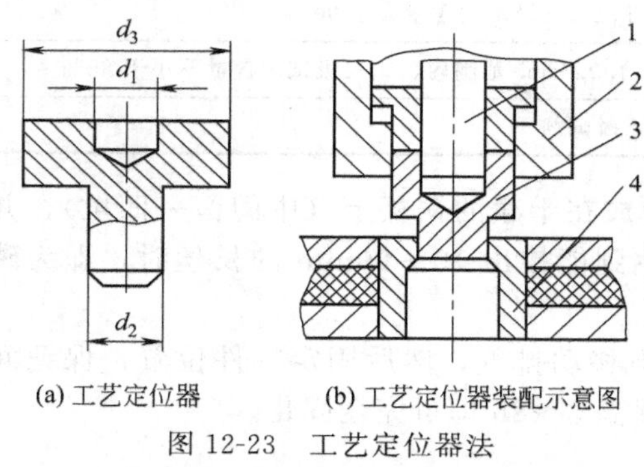

图 12-23　工艺定位器法

1—凸模；2—凹模；3—工艺定位器；4—凸凹模

（5）工艺尺寸法　工艺尺寸法如图 12-22 所示。在制造冲裁凸模时，将凸模长度适当加长，其截面尺寸加大到与凹模型孔滑配。装配时，凸模前端进入凹模型孔，自然形成冲裁间隙，然后将其固定、定位。再将凸模前端加长段磨去即可控制间隙。

（6）工艺定位器法　工艺定位器法控制冲裁间隙实例如图 12-23 所示。装配之前，做一个工艺定位器，图示的 d_1 与冲孔凸模滑配，d_2 与冲孔凹模滑配，d_3 与落料凹模滑配，d_1、d_2、d_3 和尺寸在一次装夹中加工成型，以保证其同轴度。装配时利用工艺定位器来保证各部位的间隙。

12.4　冷冲模的装配

12.4.1　冲压模具装配的技术要求

模具装配是按照模具的设计要求，把模具零件连接或固定起来，达到模具装配的技术要求，并保证加工出合格的制件。冲压模具的装配一般应达到以下技术要求。

① 装配好的冲模，其闭合高度应符合设计要求。

② 模柄（活动模柄除外）装入上模座后，其轴心线对上模座上平面的垂直度误差，在全长范围内不大于 0.05mm。

③ 导柱和导套装配后，其轴心线应分别垂直于下模座的底平面和上模座的上平面，其垂直度误差应符合模架分级技术指标的规定。

④ 上模座的上平面应和下模座的底平面平行，其平行度误差应符合模架分级技术指标的规定。

⑤ 装入模架的每一对导柱和导套的配合间隙值（或过盈量）应符合导柱、导套配合间隙的规定。

⑥ 装配好的模架，其上模座沿导柱移动应平稳，无阻滞现象。

⑦ 装配后的导柱，其固定端面与下模座下平面应留有1～2mm的距离，选用B型导套时，装配后其固定端面应低于上模座上平面1～2mm。

⑧ 凸模和凹模的配合间隙应符合设计要求，沿整个刃口轮廓应均匀一致。

⑨ 定位装置要保证定位正确可靠。

⑩ 卸料及顶件装置活动灵活、正确，出料孔畅通无阻，保证制件及废料不卡在冲模内。

⑪ 模具应在生产的条件下进行试验，冲出的制件应符合设计要求。

由于模具制造属于单件小批生产，在装配工艺上多采用修配法和调整法来保证装配精度。对于连续模，由于在一次冲程中有多个凸模同时工作，保证各凸模与其对应型孔都有均匀的冲裁间隙，是装配的关键所在。为此，应保证固定板与凹模上对应孔的位置尺寸一致，同时使连续模的导柱、导套比单工序冲模有更好的导向精度。为了保证模具有良好的工作状态，卸料板与凸模固定板上的对应孔的位置尺寸也应保持一致。所以在加工凹模、卸料板和凸模固定板时，必须严格保证孔的位置尺寸精度，否则将给装配造成困难，甚至无法装配。在可能的情况下，采用低熔点合金和黏结技术固定凸模，以降低固定板的加工要求，或将凹模做成镶拼结构，以使装配时调整方便。

为了保证冲裁件的加工质量，在装配连续模时要特别注意保证送料长度和凸模间距（步距）之间的尺寸要求。

冲模的装配，最主要的是保证凸模和凹模的对中，使其间隙均匀。为此总装前必须认真考虑上、下模的装配顺序。通常是看上、下模的主要零件中哪一个零件位置所受的限制大，就作为基准件先装，再以它调整另一个零件的位置。一般冲模的装配顺序如下。

① 无导向装置的冲模。由于凸模与凹模的间隙是在模具安装到机床上进行调整的，故上、下模的装配顺序没有严格要求，可以按上、下模分别进行装配。

② 有导向装置的冲模。装配前要先选择基准件，如导板、凸模、凹模或凸凹模等。在装配时，先装基准件，再按基准件装配有关零件，然后调整凸、凹模间隙，使其保证间隙均匀，而后再装其他辅助零件。如果凹模是安装在下模上的，一般先装下模，再以下模为基准安装上模较为方便。

③ 有导柱的复合模。对于有导柱的复合模，一般先安装上模，再借助上模的冲孔凸模及落料凹模孔，找正下模凸凹模的位置及调整好间隙后，固紧下模。

④ 上、下模工作零件是分别装入上、下模板窝座的导柱模。此时则分别按图样要求，把工作零件装入上、下模板窝座内后，在坐标镗床上分别以上、下模工作零件刃口为基准件，镗上、下模座的导柱、导套孔。或者将组装好的上模与下模合模后，调整凸、凹模间隙均匀后再紧固，然后再合镗导柱和导套孔。

⑤ 有导柱的连续模。对于有导柱的连续模（级进模），为了便于调整准确步距，在装配时应先将凹模拼块装入下模后，再以凹模为基准件安装下模部分。

12.4.2 模架的装配

12.4.2.1 模架技术要求

冲压模模架技术标准（GB/T 2854—1990）的主要内容如下。

① 装入模架的每对导柱和导套的配合状况应符合表 12-6 的规定。

表 12-6　导柱和导套的配合要求

配合形式	导柱直径/mm	符合精度		配合后的过度量/mm
		H6/h5(Ⅰ级)	H7/h6(Ⅱ级)	
		配合后的间隙量/mm		
滑动配合	≤18	≤0.010	≤0.015	—
	>18～25	≤0.011	≤0.017	
	>28～50	≤0.014	≤0.021	
	>50～80	≤0.016	≤0.025	
滚动配合	>18～35	—	—	0.01～0.02

② 装配成套的滑动导向模架的精度等级分为Ⅰ级和Ⅱ级，装配成套的滚动导向模架精度分别为0Ⅰ级和0Ⅱ级，各级精度的模架必须符合表 12-7 中的规定。

表 12-7　模架分级技术指标

项	检查项目	被测尺寸/mm	精度等级	
			0Ⅰ级、Ⅰ级	0Ⅱ级、Ⅱ级
			公差等级	
A	上模座上平面对下模座下平面的平行度	≤400	5	6
		>400	6	7
B	导柱轴心线对下模座下平面的垂直度	≤160	4	5
		>160	4	5

③ 装配后的模架，上模相对下模上下移动时，导柱和导套之间应滑动平稳，无阻滞现象。装配后，导柱固定端面与下模座下平面保持1～2mm 的空隙，导套固定端端面应低于上模座上平面 1～2mm。

④ 在保证使用质量情况下，允许采用新工艺方法（如环氧树脂黏结、低熔点合金）固定导柱和导套，零件结构尺寸允许做相应变动。

12.4.2.2　模架的装配方法

（1）压入式模架的装配方法　按照导柱、导套的安装顺序，压入式模架有以下两种装配方法：

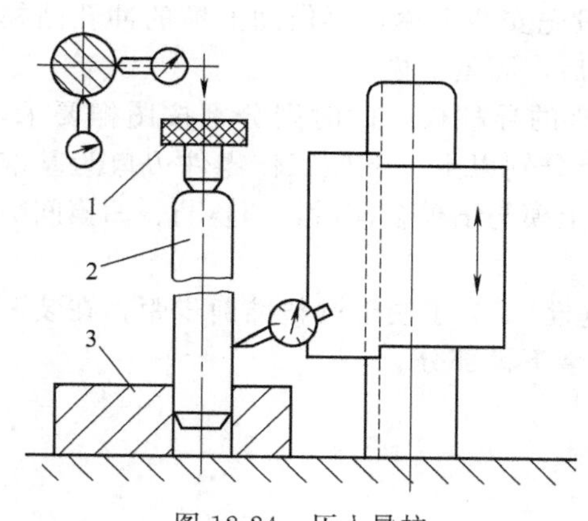

图 12-24　压入导柱
1—压块；2—导柱；3—下模座

①先压入导柱的装配方法其装配过程如下。

a. 选配导柱和导套。按照模架精度等级规定，选配导柱和导套，使其配合间隙符合技术要求。

b. 压入导柱。压入导柱时（图 12-24），在压力机平台上将导柱置于模座孔内，用百分表在两个垂直方向检验和校正导柱的垂直度，边检验校正边压入，将导柱慢慢压入模座。

c. 检测导柱与模座基准平面的垂直度。应用专用工具或宽座角尺检测垂直度，不合格时退出，重新压入。

d. 装导套。将上模座反置装上导套，转动导套，用千分表检查导套内外圆配合面的同轴度误差，如图 12-25(a) 所示，然后将同轴度最大误差 Δ_{max} 调至两导套中心连线的垂直方向，使由于同轴度误差引起的中心距变化最小。

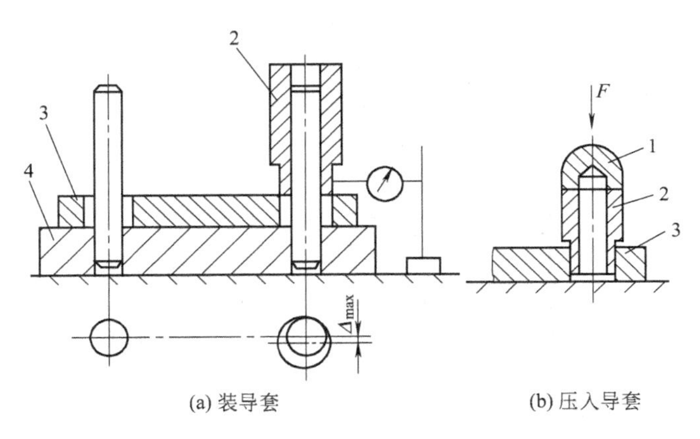

图 12-25 压入导套

1—帽形垫块；2—导套；3—上模座；4—下模座

e. 压入导套 [图 12-25(b)]。将帽形垫块置于导套上，在压力机上将导套压入上模座一段长度，取走下模部分，用帽形垫块将导套全部压入模座。

f. 检验。将上模与下模对合，中间垫上等高垫块，检验模架平行度精度。

② 先压入导套的装配方法。其装配过程如下。

a. 选配导柱和导套。

b. 压入导套。如图 12-26 所示，将上模座放在专用工具 4 的平板上，平板上有两个与底面垂直且与导柱直径相同的圆柱，将导套 2 分别装入两个圆柱上，垫上等高垫铁 1，在压力机上将两导套压入上模座 3。

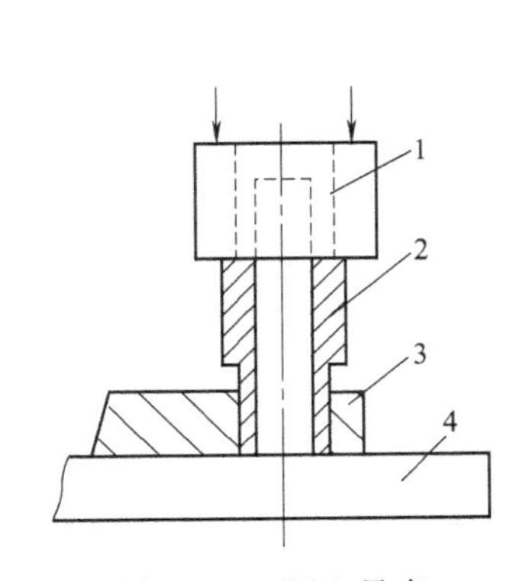

图 12-26 压入导套

1—等高垫铁；2—导套；3—上模座；4—专用工具

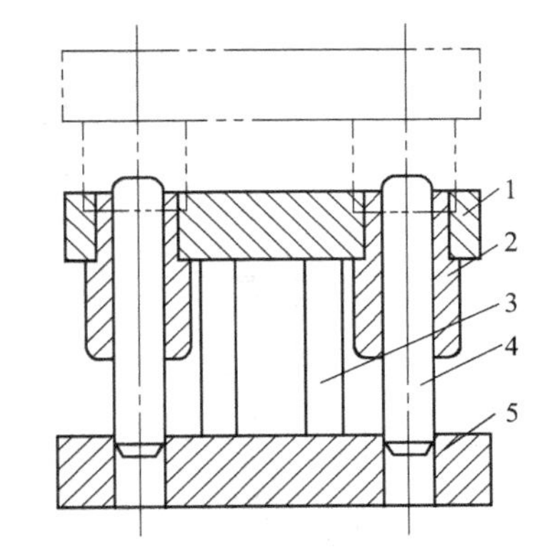

图 12-27 压入导柱

1—上模座；2—导套；3—等高垫铁；4—导柱；5—下模座

c. 装导柱。如图 12-27 所示，在上、下模座之间垫入等高垫铁，将导柱插入导套内，在压力机上将导柱压入下模座 5～6mm，然后将上模提升到导套不脱离导柱的最高位置，即图 12-27 中双点画线所示位置，然后轻轻放下，检验上模座与等高垫块接触的松紧是否均匀，如松紧不均匀，应调整导柱，直至松紧均匀。

d. 压入导柱。

e. 检验模架平行度精度。

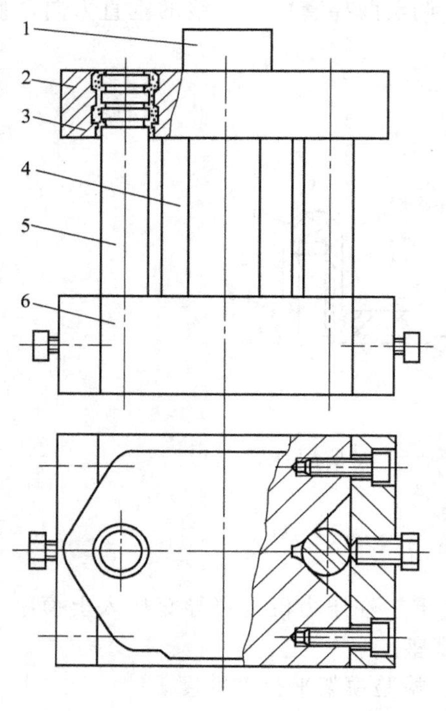

图 12-28 粘接导柱

1—压块；2—下模座；3—塑料垫圈；4—等高垫铁；5—导柱；6—专用工具

(2) 粘接式模架的装配方法

粘接式模架的导柱和导套（或衬套）与模座以粘接方式固定。粘接材料有环氧树脂粘接剂、低熔点合金和厌氧胶等。

粘接式模架对上下模座配合孔的加工精度要求较低，不需精密设备。模架的装配质量和粘接质量有关。

粘接式模架有导柱不可卸式和导柱可卸式两种。

① 导柱不可卸式粘接模架的装配方法。粘接式模架的上、下模座的上、下平面的平行度要求符合技术条件，对模架各零件粘接面的尺寸精度和表面粗糙度的要求不高。其装配过程如下。

a. 选配导柱和导套。

b. 清洗。用汽油或丙酮清洗模架各零件的粘接表面，并自然干燥。

c. 粘接导柱。粘接导柱如图 12-28 所示，将专用工具 6 放于平板上，将两个导柱非粘接面夹持在专用工具上，保持导柱的垂直度要求。然后放上等高垫铁 4，在导柱 5 上套上塑料垫圈 3 和下模座 2，调整导柱与下模座孔的间隙，使间隙基本均匀，并使下模座与等高垫块压紧，然后在粘接缝隙内浇注粘接剂。待固化后松开工具，取出下模座。

d. 粘接导套。粘接导套如图 12-29 所示，将粘好导柱的下模座平放在平板上，将导套套入导柱，再套上上模座。在上、下模座之间垫上等高垫铁，垫块距离尽可能大些，调整导套与上模座孔的间隙，使间隙基本均匀。调整支承螺钉，使导套台阶面与模座平面接触。检查模架平行度精度，合格后浇注黏结剂。

e. 检验模架装配质量。

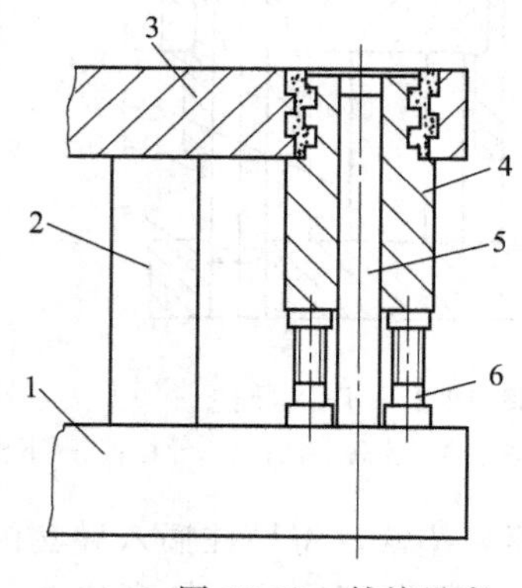

图 12-29 粘接导套

1—下模座；2—等高垫铁；3—上模座；4—导套；5—导柱；6—支承螺钉

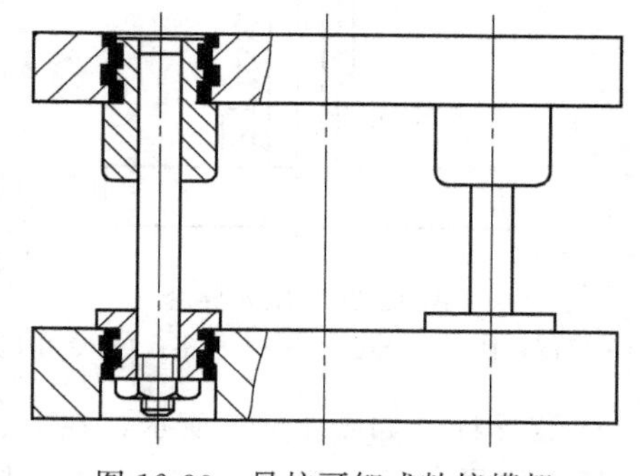

图 12-30 导柱可卸式粘接模架

② 导柱可卸式粘接模架的装配方法。这种模架的导柱以圆锥面与衬套相配合，衬套粘在下模座上，导柱是可拆卸的，如图 12-30 所示。这种模架要求导柱的圆柱部分与圆锥部分

有较高的同轴度精度，导柱和衬套有较高的配合精度，衬套台阶面与下模座平面相接触后，衬套锥孔有较高的垂直度精度。其装配过程如下。

a. 选配导柱和导套。

b. 配磨导柱与衬套。先配磨导柱与衬套的锥度配合面，其吻合面在80%以上。然后将导柱与衬套装在一起，以导柱两端中心孔为基准磨削衬套 A 面（图 12-31），达到 A 面与导柱轴心线的垂直度要求。

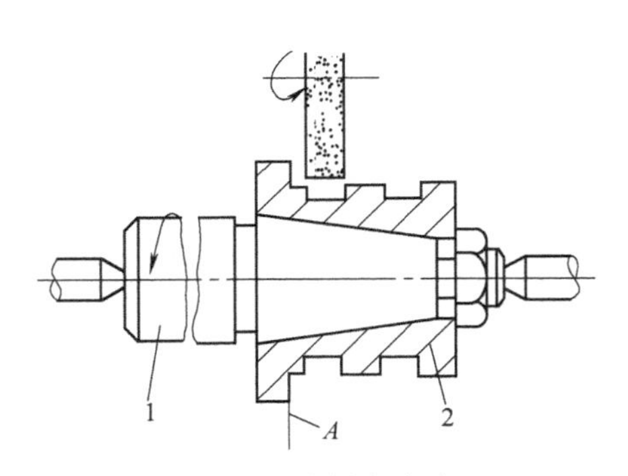

图 12-31 磨衬套台阶面

1—导柱；2—衬套

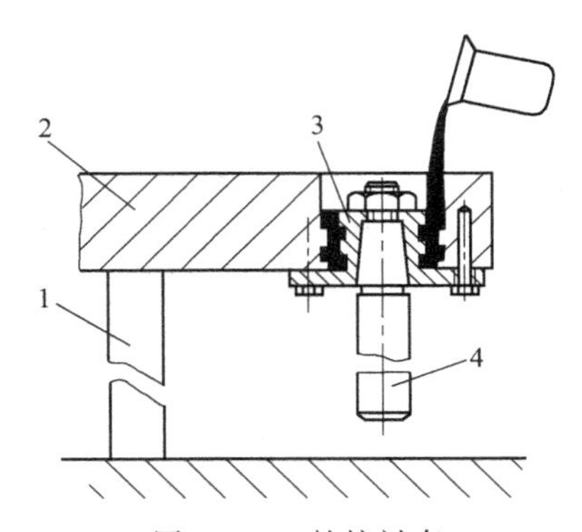

图 12-32 粘接衬套

1—等高垫铁；2—下模座；3—衬套；4—导柱

c. 清洗与去毛刺。首先锉去零件毛刺及棱边倒角，然后用汽油或丙酮清洗零件的待粘接表面并干燥。

d. 粘接衬套。将导套与导柱装入下模座孔，如图 12-32 所示。调整衬套与模座孔的粘接间隙，使粘接间隙基本均匀，然后用螺钉固紧，垫上等高垫铁，浇注粘接剂。

e. 粘接导套。粘接导套的工艺方法和过程与前述同。

f. 检验模架装配质量。

由于导柱对模座底面的垂直度具有方向性，因此，要对其垂直度分别在两个互相垂直的方向上进行测量，导柱垂直度测量方法如图 12-33(b) 所示。测量前将圆柱角尺置于平板上，对测量工具进行校正，如图 12-33(a) 所示。导柱最大误差值 Δ 可按下式计算：

$$\Delta=\sqrt{\Delta X^2+\Delta Y^2}$$

式中　ΔX，ΔY——在互相垂直的方向上测量的垂直度误差，μm；

Δ——导柱的垂直度误差，μm。

采用类似的方法，导套孔轴线对上模座顶面的垂直度可在导套孔内插入锥度 200∶0.015 的芯棒进行检查，如图 12-33(c) 所示。但计算误差时应扣除被测尺寸范围内芯棒锥度的影响。

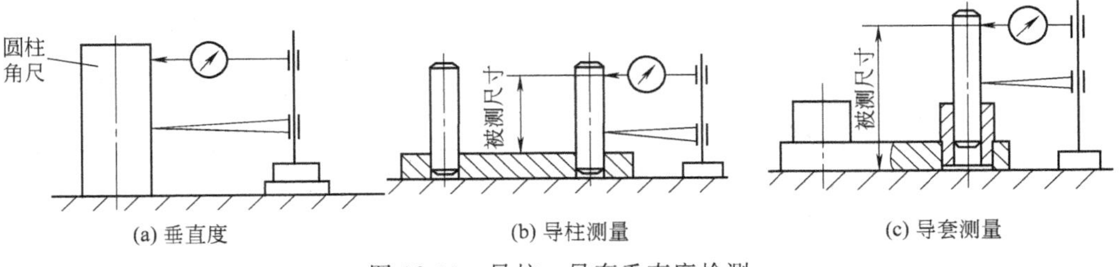

图 12-33 导柱、导套垂直度检测

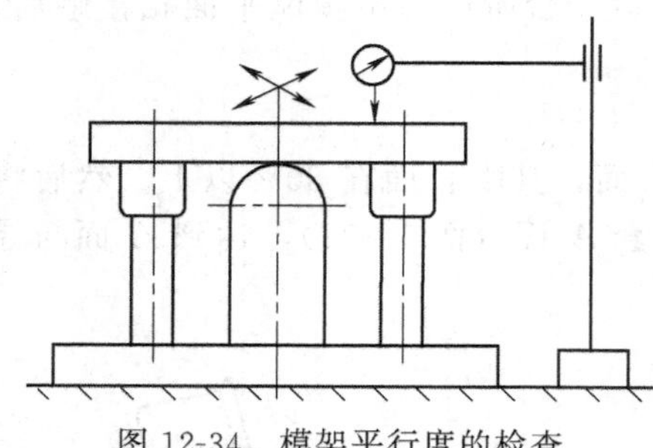

图 12-34　模架平行度的检查

对模架上下模座的平行度也要进行检查，如图 12-34 所示。

12.4.3　冲裁模的装配

12.4.3.1　组件装配

（1）凸模、凹模与固定板的装配（凸模组件、凹模组件）

① 铆接式凸模与固定板的装配。铆接式凸模与固定板的装配过程如图 12-35 所示，装配时将固定板 2 置于等高垫铁 3 上，将凸模放入安装孔内，在压力机上慢慢压入，边压入边检验凸模垂直度。压入后用凿子和锤子将凸模端面铆合，然后在磨床上将其端面磨平，如图 12-36（a）所示。为保持凸模刃口锋利，以固定板定位，磨削凸模工作端面，如图 12-36（b）所示。

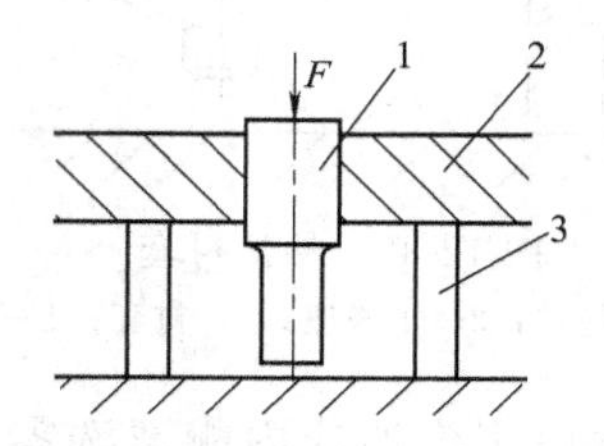

图 12-35　铆接式凸模与固定板的装配
1—凸模；2—固定板；3—等高垫铁

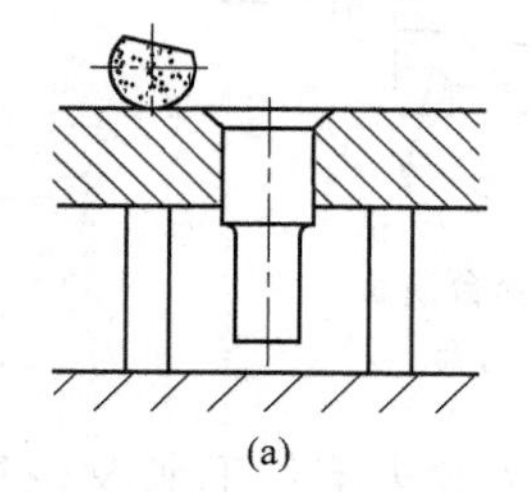

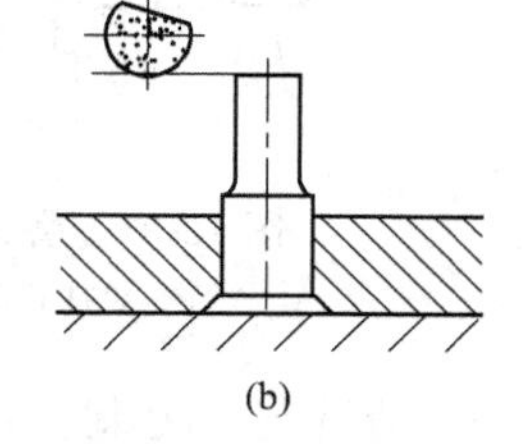

图 12-36　磨削凸模端面

② 压入式凸模与固定板的装配。压入式凸模与固定板的装配过程如图 12-37 所示。其装配过程和要点与模柄的装配相同。

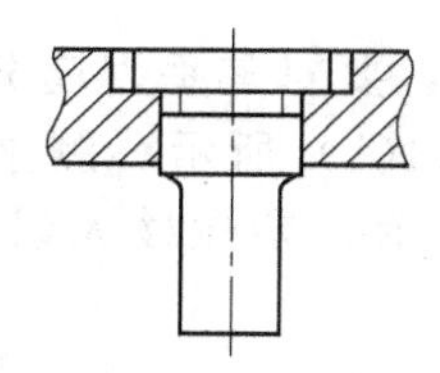

图 12-37　压入式凸模与固定板的装配

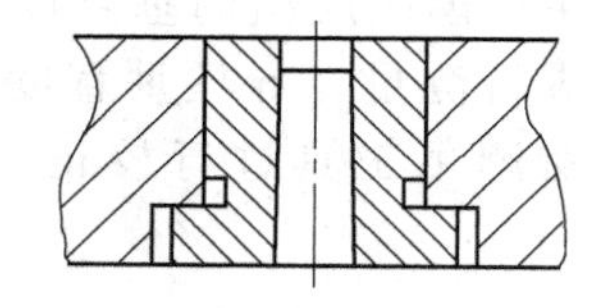

图 12-38　凹模镶块与固定板的装配

③ 凹模镶块与固定板的装配。凹模镶块与固定板的装配过程和模柄的装配过程相近（见模柄的装配），如图 12-38 所示。装配后在磨床上将组件的上、下平面磨平，并检验型孔中心线与平面的垂直度精度。

（2）模柄的装配（模柄组件）　压入式模柄和装配过程如图 12-39 所示。装配前要检查模柄和上模座配合部位的尺寸精度和表面粗糙度，并检验模座安装面与平面的垂直度精度。装配时将上模座平放在压力机上，将模柄慢慢压入（或用铜棒打入）模座，要边压边检查模柄垂直度，直至模柄台阶面与安装孔台阶面接触为止。合格后，加工骑缝销孔，安装骑缝销，最后磨平端面。

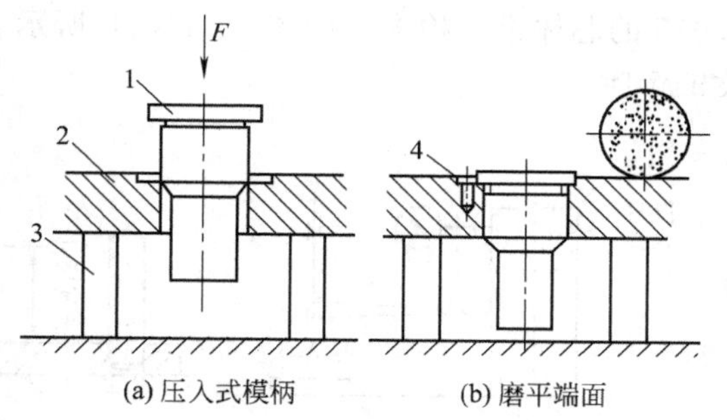

图 12-39　压入模柄装配
1—模柄；2—上模座；3—等高垫铁；4—骑缝销

12.4.3.2　冲模总装配要点

（1）选择装配基准　装配前首先确定装配基准件，根据模具主要零件的相互关系，以及装配方便和易于保证装配精度要求，确定装配基准件。依据模具类型不同，导板模以导板作为装配基准件，复合模以凸凹模作为装配基准件，级进模以凹模作为装配基准件，模座有窝槽结构的以窝槽为装配基准面。

（2）确定装配顺序　根据各个零件与装配基准件的依赖关系和远近程度确定装配顺序。先装配零件要有利于后续零件的定位和固定，不得影响后续零件的装配。

（3）控制间隙　装配时要严格控制凸、凹模之间的间隙并保证间隙均匀。

（4）位置正确，动作无误　模具内各活动部件必须保证位置尺寸准确，活动配合部位动作灵活可靠。

（5）试冲　试冲是模具装配的重要环节，通过试冲发现问题，并采取措施排除故障。

12.4.3.3　单工序模装配

（1）装配前的分析　图 12-40 所示为单工序冲模，在使用时下模座部分被压紧在压力机

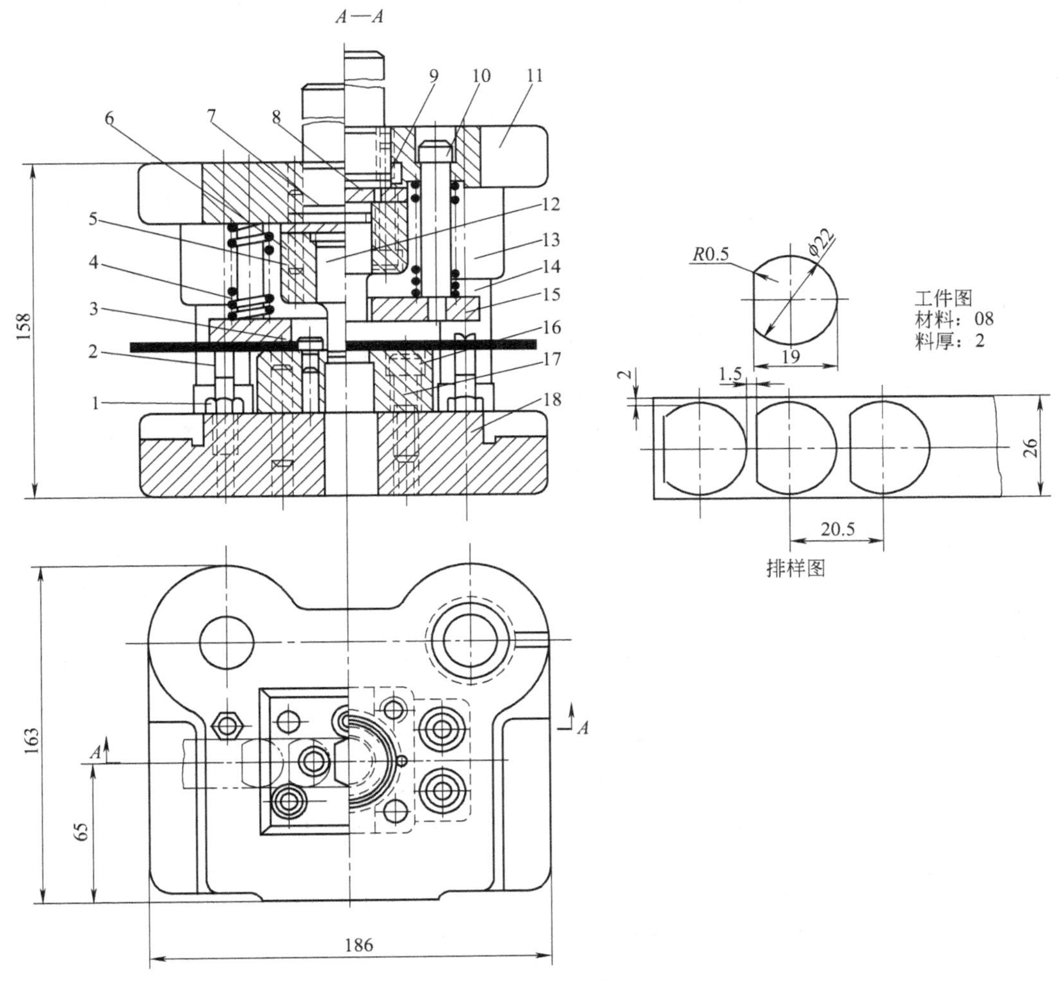

图 12-40　导柱式落料模

1—螺母；2—螺钉；3—挡料销；4—弹簧；5—凸模固定板；6—销钉；7—模柄；8—垫板；9—止动销；10—卸料螺钉；11—上模座；12—凸模；13—导套；14—导柱；15—卸料板；16—凹模；17—内六角螺钉；18—下模座

的工作台上，是模具的固定部分。上模座部分通过模柄与压力机的滑块连成一体，是模具的活动部分。模具工作时安装在活动部分和固定部分上的模具零件，必须保证正确的相对位置，才能使模具获得正常的工作状态。装配模具时为了方便地将上、下两部分的零件调整到正确位置，使凸、凹模具有均匀的冲裁间隙，应正确安排上、下模的装配顺序。

（2）组件装配

① 将模柄 7 装配于上模座 11 内，磨平端面。

② 将凸模 12 装入凸模固定板 5 内，磨平凸模固定端面。

（3）确定装配基准

① 对于无导柱冲模，其凸、凹模间隙是在模具安装到压力机上进行调整，上、下模的装配先后顺序对装配过程影响不大，但应注意压力中心的重合。

② 对于有导柱冲模，根据装配顺序方便和易于保证精度的要求，确定以凸模或凹模作为基准。如图 12-40 所示导柱式落料模中，可选择凹模作为基准，先装下模部分。

（4）装配的步骤

① 将凹模 16 放在下模座上，按中心线找正凹模的位置，用平行夹头夹紧，通过螺钉孔在下模座 18 上钻出锥窝。拆去凹模，在下模座 18 上按锥窝钻螺纹底孔并攻丝。再重新将凹模板置于下模座上校正，用螺钉紧固。钻铰销钉孔，打入销钉定位。

② 在凹模上安装挡料销 3，在下模座上安装螺钉 2。

③ 配钻卸料螺钉孔。将卸料板 15 套在已装入固定板的凸模 12 上，在凸模固定板 5 与卸料板 15 之间垫入适当高度的等高垫铁，并用平行夹头将其夹紧。按卸料板上的螺钉孔在固定板上钻出锥窝，拆开平行夹头后按锥窝钻固定板上的螺钉过孔。

④ 将已装入固定板的凸模 12 插入凹模的型孔中。在凹模 16 与凸模固定板 5 之间垫入适当高度的等高垫铁，将垫板 8 放在凸模固定板 5 上，装上上模座，用平行夹头将上模座 11 和凸模固定板 5 夹紧。通过凸模固定板在上模座 11 上钻锥窝，拆开后按锥窝钻孔。然后用螺钉稍加紧固上模座、垫板、凸模固定板。

⑤ 调整凸、凹模的配合间隙。将装好的上模部分套在导柱上，用手锤轻轻敲击凸模固定板 5 的侧面，将凸模插入凹模的型孔，再将模具翻转，用透光调整法调整凸、凹模的配合间隙，使配合间隙均匀。

⑥ 将卸料板 15 套在凸模上，装上弹簧和卸料螺钉，装配后要求卸料板运动灵活并保证在弹簧作用下卸料板处于最低位置时，凸模的下端面应缩进卸料板 15 的孔内 0.3～0.5mm。

冲模装配完成后，在生产条件下进行试冲，可以发现模具在设计和制造时存在的一些问题，经调整及修正以冲出合格的制件。

（5）冲裁模的调整及修正　冲裁模常见的一些问题及解决办法如下。

① 冲裁断面质量不符合要求。表现在冲裁件的断面圆角太大，毛刺太大；或者与此相反，冲裁件的断面光亮带太大，甚至出现双光亮带；或者断面质量沿周边分布不均匀。

对于上述情况，表明冲裁模间隙不合理。冲裁件的断面圆角太大说明凸、凹模间隙太大，应更换凸模，加大凸模尺寸或者将凹模加热至 800℃左右，用压柱对刃口部分加压，缩小刃口尺寸，然后进行消除热应力处理，再重新加工凹模。冲裁件出现双光亮带，说明间隙过小，应加大间隙，可以根据工件尺寸情况采取修磨凸模或凹模的办法，局部间隙太大或太小则应局部进行修正。

② 卸料不顺利。产生卸料不顺利的原因及修正办法如下：

a. 由于卸料板与凸模配合过紧，或因卸料板倾斜而卡紧，这时应重新修磨卸料板、顶板等零件或重新装配；

b. 凹模存在倒锥度造成工件堵塞，这时应修磨凹模；

c. 顶出杆过短或长短不一，应加长顶出杆，或修整各顶出杆，使其长度一致。

③ 凸、凹模刃口相咬。产生原因及修正办法如下：

a. 凸、凹模与安装面不垂直或不同轴，应重磨安装面或重装凸、凹模；

b. 上、下模座不平行，这时应以下模座底面为基准，修磨上模座的上平面；

c. 卸料板的孔位不正或孔壁不垂直，导致凸模位移或倾斜，这时应修整或更换卸料板。

12.4.4 复合模的装配

复合模是压力机的一次行程中完成两个或两个以上的冲压工序的模具。复合模结构紧凑，冲裁件的内外型表面相对位置精度高，冲压生产效率高，因此对复合模装配精度的要求也高。现以图 12-41 所示的落料冲孔复合模为例，说明复合模的装配过程。

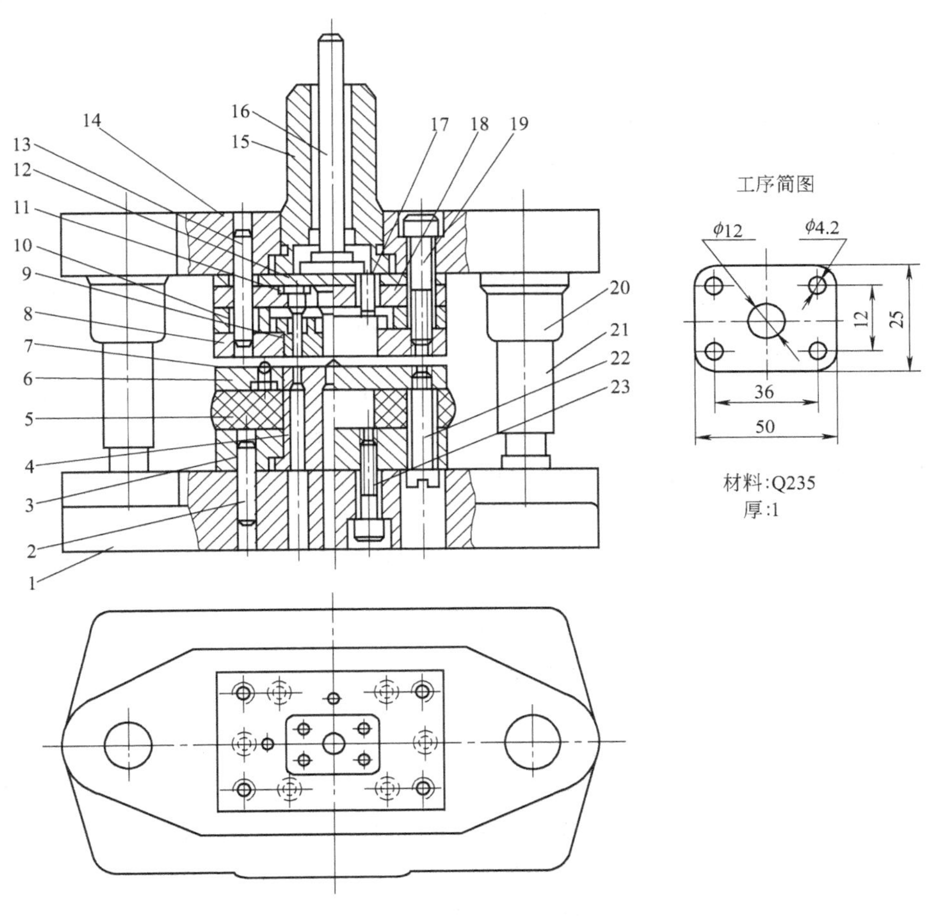

图 12-41 落料冲孔复合模

1—下模座；2,7,13—定位销；3—凸凹模固定板；4—凸凹模；5—橡胶；6—卸料板；8—凹模；9—推板；10—空心垫板；11—凸模；12—垫板；14—上模座；15—模柄；16—打料杆；17—顶料销；18—凸模固定板；19,22,23—螺钉；20—导套；21—导柱

(1) 组件装配　模具总装配前，将主要零件如模架、模柄、凸模等进行组装。

① 将压入式模柄 15 装配于上模座 14 内，并磨平端面。

② 将凸模 11 装入凸模固定板 18 内，成为凸模组件。

③ 将凸凹模 4 装入凸凹模固定板 3 内，成为凸凹模组件。

④ 将导柱、导套压入上、下模板，成为模架。导柱、导套之间滑动要平稳，无阻滞现象，并且上、下模板之间应平行。

(2) 确定装配基准件　落料冲孔复合模应以凸凹模为基准件，首先确定凸凹模在模架中的位置。

① 安装凸凹模组件，加工下模座漏料孔。确定凸凹模组件在下模座上的位置，然后用平行夹板将凸凹模组件和下模座夹紧，在下模座上画出漏料孔线。

② 加工漏料孔。下模座漏料孔尺寸应比凸凹模漏料孔尺寸单边大 0.5～1mm。

③ 安装凸凹模组件。将凸凹模组件在下模座重新找正定位，并用平行夹板夹紧。钻铰销孔、螺孔，安装定位销 2 和螺钉 23。

(3) 安装上模部分

① 检查上模各个零件尺寸是否能满足装配技术条件要求。如推板 9 顶出端面应突出落料凹模端面等。打料系统各零件尺寸是否合适，动作是否灵活等。

② 安装上模，调整冲裁间隙。将上模系统各零件分别装于上模座 14 和模柄 15 孔内，用平行夹板将落料凹模 8、空心垫板 10、凸模组件、垫板 12 和上模座 14 轻轻夹紧，然后调整凸模组件和凸凹模 4 及冲孔凹模的冲裁间隙，以及调整落料凹模 8 和凸凹模 4 及落料凸模的冲裁间隙。可采用垫片法调整，并用纸片进行试冲、调整，直至各冲裁间隙均匀。再用平行夹板将上模各板夹紧。

③ 钻铰上模销孔和螺孔。上模部分用平行夹板夹紧，在钻床上以凹模 8 上的销孔和螺钉孔作为引钻孔，钻铰销孔和螺钉孔。然后安装定位销 13 和螺钉 19。

(4) 安装弹压卸料部分

① 安装弹压卸料板。将弹压卸料板套在凸凹模上，弹压卸料板和凸凹模组件端面垫上平行垫铁，保证弹压卸料板端面与凸凹模上平面的装配位置尺寸，用平行夹板将弹压卸料板和下模夹紧。然后在钻床上同钻卸料孔。最后将下模各板上的卸料螺钉孔加工到规定尺寸。

② 安装卸料橡胶和定位销。在凸凹模组件上和弹压卸料板上分别安装卸料橡胶 5 和定位销 7，拧紧卸料螺钉 22。

(5) 检验　按冲模技术条件进行装配检查。

(6) 试冲　按生产条件试冲，合格后入库。

12.4.5　级进模的装配

级进模是在送料方向上设有多个冲压工位，可以在不同工位上进行连续冲压完成多道冲压工序。这些工序可以是冲裁、弯曲和拉深等。级进模对步距精度和定位精度要求比较高，装配难度大，对零件的加工精度要求也比较高。现以图 12-42 中的游丝支片的级进冲裁模为例说明其装配过程。游丝支片的工件图及冲裁方式见图 12-43。

(1) 级进冲裁模装配精度要点

① 凹模上各型孔的位置尺寸及步距要求加工正确、装配准确，否则冲压制件很难达到规定要求。

② 凹模型孔板、凸模固定板和卸料板的型孔位置尺寸必须一致，即装配后各组型孔的中心线必须一致。

③ 各组凸、凹模的冲裁间隙均匀一致。

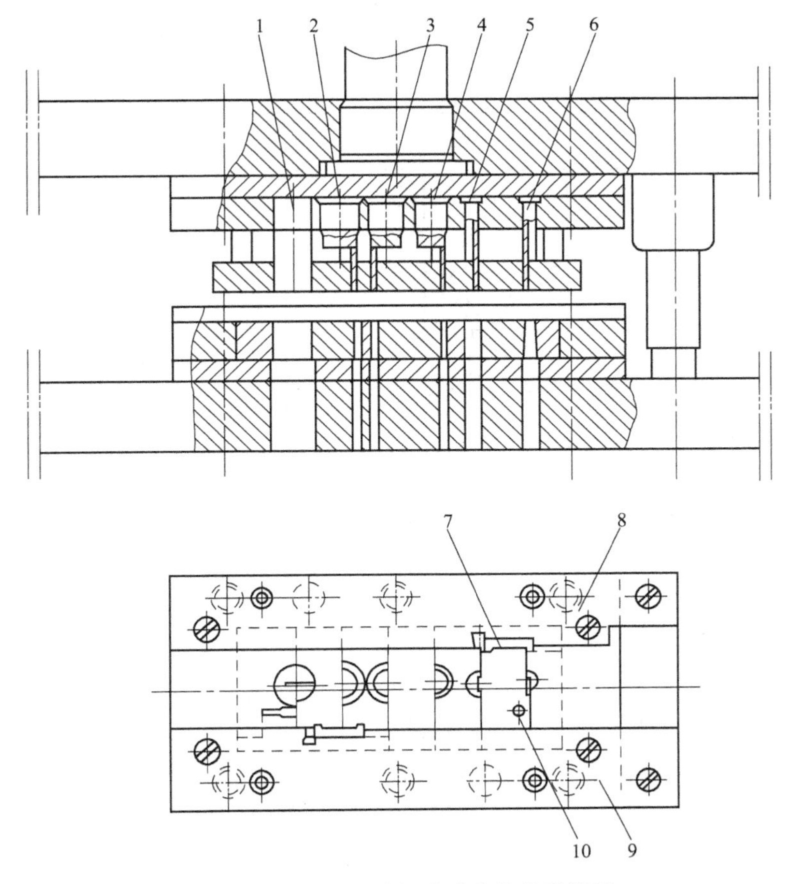

图 12-42 游丝支片级进冲裁模装配简图

1—落料凹模；2～6—凸模；7—侧刃；8,9—导料板；10—冲孔凹模

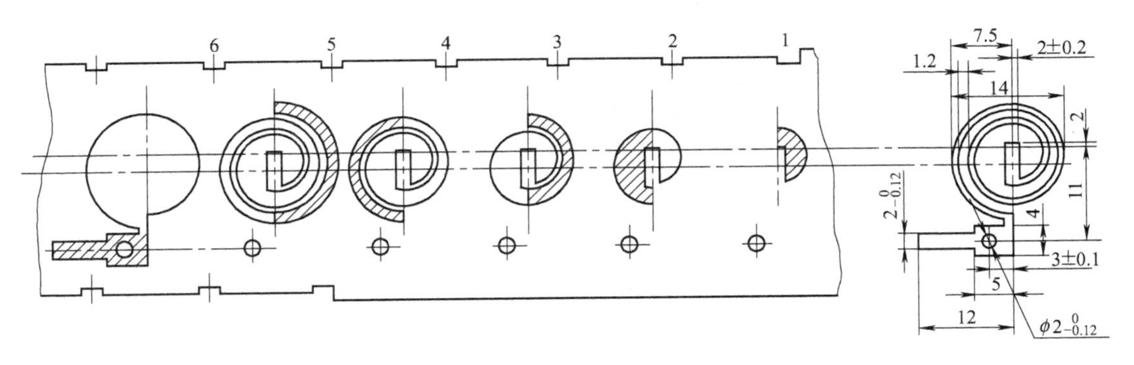

图 12-43 游丝支片及冲裁方式

（2）装配基准件　级进冲模应该以凹模为装配基准件。级进模的凹模分为两大类：整体凹模和拼块凹模。整体凹模各型孔的孔径尺寸和型孔位置尺寸在零件加工阶段都已经保证；拼块凹模的每一个凹模拼块虽然在零件加工阶段已经很精确了，但是装配成凹模组件后，各型孔的孔径尺寸和型孔位置尺寸不一定符合规定要求。因此必须在凹模组件上对孔径和孔距尺寸重新检查、修配和调整，并且与各凸模实配和修整，保证每个型孔的凸模和凹模都有正确尺寸和冲裁间隙。经过检查、修配和调整合格的凹模组件才能作为装配基准件。

（3）组件装配

① 凹模组件。现以图 12-44 中的凹模组件为例说明凹模组件的装配过程。

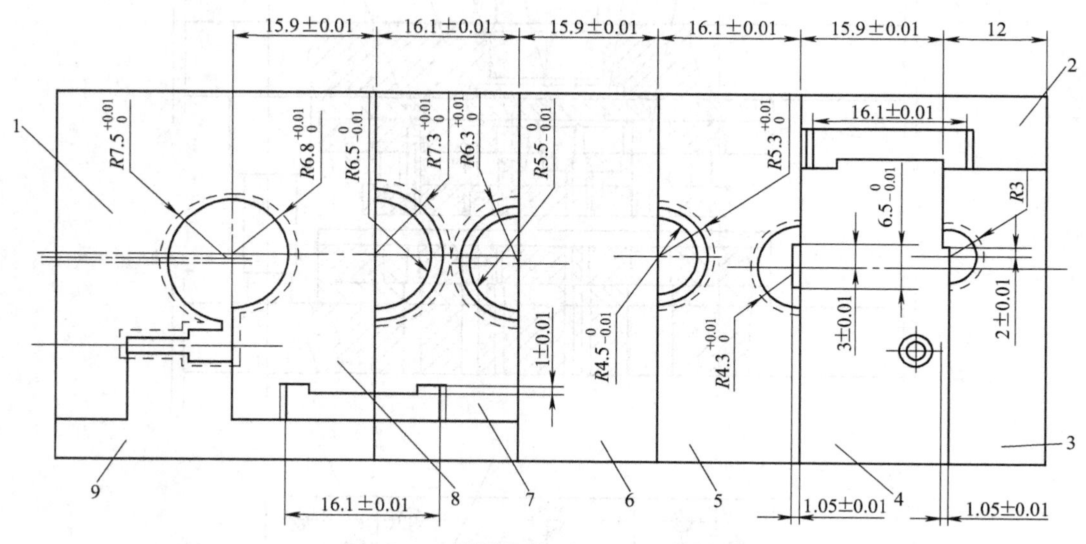

图 12-44 凹模组件（1～9）凹模拼块

该凹模组件由 9 个凹模拼块和 1 个凹模模套拼合而成，形成 6 个冲裁工位和 2 个侧刃孔，各个凹模拼块都以各型孔中心分段，即拼块宽度尺寸等于步距尺寸。

a. 初步检查修配凹模拼块，组装前检查修配各个凹模拼块的宽度尺寸（即步距尺寸）和型孔孔径的位置尺寸。并要求凹模、凸模固定板和卸料板的相应尺寸要一致。

b. 按图示要求拼接各凹模拼块，并检查相应凸模和凹模型孔的冲裁间隙，不妥之处进行修配。

c. 组装凹模组件。将各凹模拼块压入模套（凹模固定板）并检查实际装配过盈量，不当之处修整，将凹模组件上、下面磨平。

d. 检查修配凹模组件。对凹模组件各型孔的孔径和孔距尺寸再次检查，发现不当之处即进行修配，直至达到图样规定要求。

e. 复查修配凸凹模冲裁间隙。在组装凹模组件时，应先压入精度要求高的凹模拼块，后压入易保证精度要求的凹模拼块。例如有冲孔、冲槽、弯曲和切断的级进模，可先压入冲孔、冲槽和切断凹模拼块，后压入弯曲凹模拼块。视凹模拼块和模套拼合结构不同，也可按排列顺序依次压入凹模拼块。

② 凸模组件。级进模中各个凸模与凸模固定板的连接方法，依据模具结构不同有单个凸模压入法、单个凸模粘接法和多个凸模整体压入法。

a. 单个凸模压入法。凸模压入固定板顺序：一般先压入容易定位又能作为其他凸模压入安装基准的凸模，再压入难定位凸模。如果各凸模对装配精度要求不同时，先压入装配精度要求较高和较难控制装配精度的凸模，再压入容易保证装配精度的凸模。如不属上述两种情况，对压入的顺序无严格要求。

图 12-45 所示的多凸模的压入顺序是：先压入半圆凸模 6 和 8（连同垫块 7 一起压入），再依次压入半环凸模 3、4 和 5，然后压入侧刃凸模 10 和落料凸模 2，最后压入冲孔圆凸模 9。首先压入半圆凸模（连同垫块），是因为压入容易定位，而且稳定性好。在压入半环凸模 3 时，以已压入的半圆凸模为基准，并垫上等高垫铁，插入凹模型孔，调整好间隙，同时将

半环凸模以凹模型孔定位进行压入（图 12-46）。用同样办法依次压入其他凸模，压入凸模时，要边检查凸模垂直度边压入。

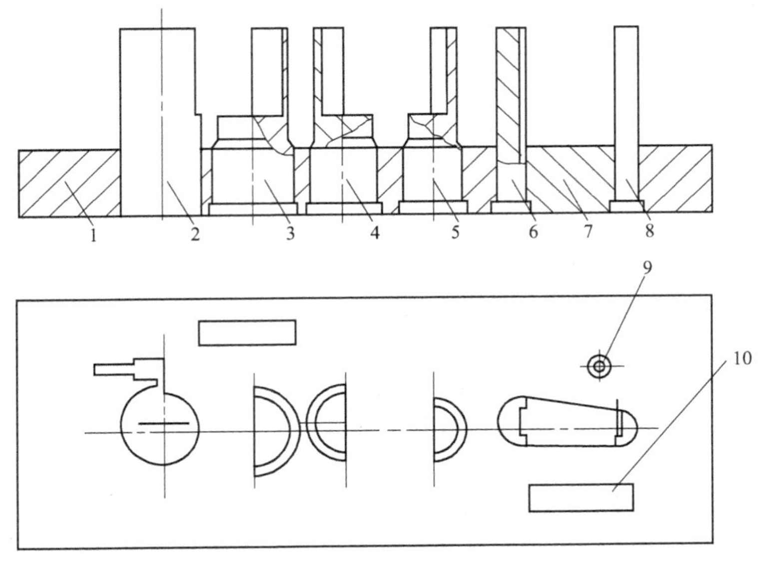

图 12-45　单个凸模压入法

1—固定板；2—落料凸模；3,4,5—半环凸模；6,8—半圆凸模；7—垫块；9—冲孔圆凸模；10—侧刃凸模

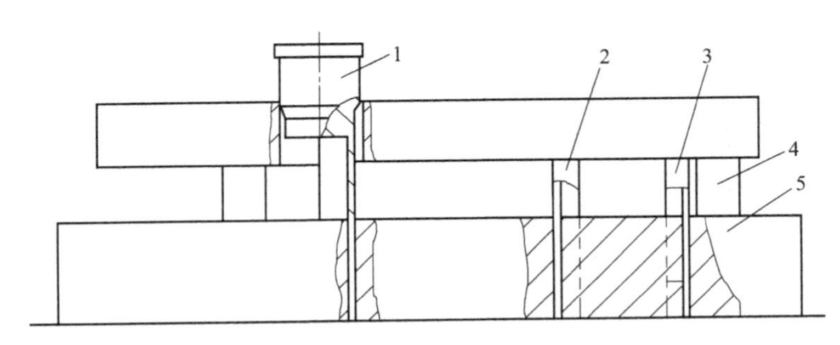

图 12-46　压入半环凸模

1—半环凸模；2,3—半圆凸模；4—等高垫铁；5—凹模

凸模压入后应复查凸模与固定板的垂直度，检查凸模与卸料板型孔配合状态以及固定板和卸料板的平行度。最后磨削凸模组件上下端面。

b. 单个凸模粘接法。单个凸模粘接固定法的优点是：固定板型孔的孔径和孔距精度要求低，减轻了凸模装配后的调整工作量。

单个凸模粘接前，将各个凸模套入相应凹模型孔并调整好冲裁间隙，然后套入固定板，检查粘接间隙是否合适，最后进行浇注固定，其他要求与前述相同。

c. 多个凸模整体压入法。多凸模整体压入法的凸模拼接位置和尺寸，原则上和凹模拼块相同。在凹模组件已装配完毕并检查修配合格后，以凹模组件的型孔为定位基准，多个凸模整体压入后，检查位置尺寸，有不当之处应进行修配直至全部合格。

(4) 总装配的步骤及要点

① 装配基准件。首先以凹模组件为基准安装固定凹模组件。

② 安装固定凸模组件，以凹模组件为基准安装固定凸模组件。

③ 安装固定导料板，以凹模组件为基准安装导料板。

④ 安装固定承料板和侧压装置。

⑤ 安装固定上模弹压卸料装置。

⑥ 自检，钳工试冲。

⑦ 检验。

⑧ 试冲。

12.4.6 其他冲模装配特点

12.4.6.1 弯曲模

（1）弯曲模特点　弯曲模的作用是使坯料在塑性变形范围内弯曲，由弯曲后材料产生的永久变形，获得所要求的形状及尺寸，与冲裁模相比，弯曲模具有以下特点。

① 在弯曲时由于材料回弹影响，弯曲件会有回弹现象。在制造弯曲模时，必须考虑弯曲件的回弹并加以修正，修正值的大小根据经验或反复试模而定。

② 弯曲模工作件的热处理，在试模合格后才进行。

③ 弯曲模的导柱、导套的配合要求低于冲裁模。

（2）弯曲模的调整与修正　弯曲模试模常见问题及解决办法如下。

① 弯曲角度不合要求。工件回弹会使工件弯曲角度发生变化，此时，需要对弯曲角度进行修正。在实际生产中，还应通过正确调整压力机滑块的下止点位置，保证弯曲模弯曲件符合要求。例如，当发现弯曲角度不足时，则应把滑块下止点调低些，使弯曲模凸模对板料的弯曲力加大些，以便加大弯曲角度。

② 弯曲件的偏移。由于弯曲件的形状不对称，弯曲后产生偏移，使弯曲件各部分相互位置的尺寸精度受到影响。产生偏移的原因主要是弯曲毛坯在弯曲模上定位不准确；凹模入口两侧圆角大小不等；没有压料装置或压料力不足等。修正的办法是增加定位销、导正销或定位板；修磨弯曲模两侧模口，使凹模圆角大小一致；增加压料块等。

12.4.6.2 拉深模

（1）拉深模特点　拉深是使金属板料（或空心坯料）在模具作用下产生塑性变形，变成开口的空心制件。与冲裁模相比，拉深模具有以下特点。

① 拉深凹模圆角的大小应根据试冲来确定。通常，拉深凹模圆角在开始拉深时不宜加工得太大，应通过试模后逐渐修磨，加大圆角，直到加工出合格工件。

② 由于材料弹性变形的影响，即使拉深模的组成零件制造得很精确，装配得很好，拉出的制件也不一定合格。通常要对拉深模进行修整加工。

（2）拉深模的调整与修正　由于毛坯尺寸、毛坯材料性能、润滑等方面的影响，拉深模试模时工件质量常出现一些问题，从模具角度考虑，解决方法如下。

① 拉深件起皱。若拉深件在拉深时起皱，则需要增加拉深模的压边力，减少拉深模间隙，减少凹模圆角半径。

② 拉深件拉裂。拉深时工件拉裂，则可采取加大拉深模间隙、加大凹模圆角半径、降低凹模圆角部分表面粗糙度等措施。

③ 拉深件尺寸不符合要求。拉深件可能出现侧壁鼓凸、高度过大的情况。若凸、凹模之间的间隙过大，则使拉深件侧壁鼓凸；间隙过小则使材料变薄、拉深件高度过大。所以应分别修正凸、凹模，保持凸、凹模的合理间隙。

④ 拉深件表面质量差。若发现拉深件表面有拉痕等，则应检查凸、凹模之间的间隙是否均匀并加以修正。同时应清洁模具表面、毛坯表面以及注意润滑剂的清洁。另外，进一步

修整凹模圆角，使凹模圆角与直壁部分光滑连接并降低凹模圆角处粗糙度值。

⑤ 拉深件底部凸起。产生的原因可能是空气被封闭在底部，解决办法可在凸模上开设通气孔。

12.5 冲压模具的调试

12.5.1 冲模试模与调整的目的

冲模的试冲与调整简称调试。调试的主要目的如下。

（1）鉴定制件和模具的质量　在模具生产中，试模的主要目的是确保制件的质量和模具的使用性能。制件从设计到批量生产需经过产品设计、模具设计、模具零件加工、模具组装等多个环节，任一环节的失误都会引起模具性能不佳或制件不合格。因此，冲模组装后，必须在生产条件下进行试冲，并根据试冲后制出的成品，按制件设计图，检查其质量和尺寸是否符合图样规定，模具动作是否合理可靠。根据试冲时出现的问题，分析产生的原因，并设法加以修正，使模具不仅能生产出合格的零件，而且能安全稳定地投入生产。

（2）确定成型制件的毛坯形状、尺寸及用料标准　冲模经过试冲制出合格样品后，可在试冲中掌握模具的使用性能和制件的成型条件、方法及规律，从而可对模具能成批生产制件时的工艺规程制订提供可靠的依据。

（3）确定冲压工艺设计中的某些设计尺寸　在冲压生产中，有些形状复杂或精度要求较高的弯曲、拉深、成型、冷挤压等制件，很难在设计时精确地计算出变形前的毛坯尺寸和形状。较准确的毛坯形状和尺寸及用料标准，只有通过反复地调试模具后，使之制出合格的零件才能确定。

（4）确定模具设计中的某些设计尺寸　对于一些在模具设计和工艺设计中，难以用计算方法确定的工艺尺寸，如拉深模的复杂凸、凹模圆角，以及某些部位几何形状和尺寸，必须边试冲、边修整，直到冲出合格零件后，此部位形状和尺寸方能最后确定。通过调试后将暴露出来的有关工艺、模具设计与制造等问题，连同调试情况和解决措施一并反馈给有关设计及工艺部门，供下次设计和制造时参考，以提高模具设计和加工水平。然后，验证模具的质量和精度，作为交付生产使用的依据。

12.5.2 冲裁模的调整要点

（1）凸、凹模配合深度调整　冲裁模的上、下模要有良好的配合，即应保证上、下模的工作零件（凸、凹模）相互咬合深度适中，不能太深与太浅，应以能冲出合适的零件为准。凸、凹模的配合深度，是依靠调节压力机连杆长度来实现的。

（2）凸、凹模间隙调整　冲裁模的凸、凹模间隙要均匀。对于有导向零件的冲模，其调整比较方便，只要保证导向件运动顺利而无发涩现象即可保证间隙值；对于无导向冲模，可以在凹模刃口周围衬以纯铜皮或硬纸板进行调整，也可以用透光及塞尺测试等方法在压力机上调整，直到上、下模的凸、凹模互相对中，且间隙均匀后，用螺钉将冲模紧固在压力机上，进行试冲。试冲后检查一下试冲的零件，看是否有明显毛刺，并判断断面质量，如果试冲的零件不合格，应松开下模，再按前述方法继续调整，直到间隙合适为止。

（3）定位装置的调整　检查冲模的定位零件（如定位销、定位块、定位板）是否符合定位要求，定位是否可靠。假如位置不合适，在调整时应进行修整，必要时要更换。

（4）卸料系统的调整　卸料系统的调整主要包括卸料板或顶件器是否工作灵活；卸料弹簧及橡胶弹性是否足够；卸料器的运动行程是否足够；漏料孔是否畅通无阻；打料杆、推料杆是否能顺利推出制件与废料。若发现故障，应进行调整，必要时可更换。

12.5.3　弯曲模的调整与试冲

（1）弯曲模上、下模在压力机上的相对位置调整　对于有导向的弯曲模，上、下模在压力机上的相对位置，全由导向装置来决定；对于无导向装置的弯曲模，上、下模在压力机上的相对位置，一般采用调节压力机连杆的长度的方法调整。在调整时，最好把事先制造的样件放在模具的工作位置上（凹模型腔内），然后，调节压力机连杆，使上模随滑块调整到下极点时，既能压实样件又不发生硬性顶撞及咬死现象，此时，将下模紧固即可。

（2）凸、凹模间隙的调整　上、下模在压力机上的相对位置粗略调整后，再在凸模下平面与下模卸料板之间垫一块比坯料略厚的垫片（一般为弯曲坯料厚度的1～1.2倍），继续调节连杆长度，一次又一次用手扳动飞轮，直到使滑块能正常地通过下死点而无阻滞时为止。

上、下模的侧向间隙，可采用垫硬纸板或标准样件的方法来进行调整，以保证间隙的均匀性。

间隙调整后，可将下模板固定，试冲。

（3）定位装置的调整　弯曲模定位零件的定位形状应与坯件一致。在调整时，应充分保证其定位的可靠性和稳定性。利用定位块及定位钉的弯曲模，假如试冲后，发现位置及定位不准确，应及时调整定位位置或更换定位零件。

（4）卸件、退件装置的调整　弯曲模的卸料系统行程应足够大，卸料用弹簧或橡胶应有足够的弹力，顶出器及卸料系统应调整到动作灵活，并能顺利地卸出制件，不应有卡死及发涩现象。卸料系统作用于制件的作用力要调整均衡，以保证制件卸料后表面平整，不至于产生变形和翘曲。

12.5.4　拉深模的调整与试冲

12.5.4.1　拉深模的安装与调整方法

（1）在单动冲床上安装与调整冲模　拉深模的安装和调整，基本上与弯曲模相似。拉深模的安装调整要点主要是压边力调整。压边力过大，制件易被拉裂；压边力过小，制件易起皱，因此，应边试边调整，直到合适为止。

如果冲压筒形零件，则在安装调整模具时，可先将上模紧固在冲床滑块上，下模放在冲床的工作台上，先不必紧固。先在凹模侧壁放置几个与制件厚度相同的垫片（注意要放置均匀，最好放置样件），再使上、下模吻合，调好间隙。在调好闭合位置后，再把下模紧固在工作台面上，即可试冲。

（2）在双动冲床上安装与调整冲模　双动冲床主要适于大型双动拉深模和覆盖件拉深模，其模具在双动冲床上安装和调整的方法与步骤如下。

① 模具安装前的准备工作。根据所用拉深模的闭合高度，确定双动冲床内、外滑块是否需要过渡垫板和所需要过渡垫板的形式与规格。

过渡垫板的作用：

a. 连接拉深模和冲床，即外滑块的过渡垫板与外滑块和压边圈连接在一起，此外还有连接内滑块与凸模的过渡垫板，工作台与下模连接的过渡垫板；

b. 调节内、外滑块不同的闭合高度，因此，过渡垫板有不同的高度。

② 安装凸模。首先预装：先将压边圈和过渡垫板、凸模和过渡垫板分别用螺栓紧固在一起，然后安装凸模。

a. 操纵冲床内滑块，使它降到最低位置。

b. 操纵内滑块的连杆调节机构，使内滑块上升到一定位置，并使其下平面比凸、凹模闭合时的凸模过渡垫板的上平面高出 10～15mm。

c. 操纵内、外滑块使其上升到最上位置。

d. 将模具安放到冲床工作台上，凸、凹模呈闭合状态。

e. 再使内滑块下降到最低位置。

f. 操纵内滑块连杆长度调节机构，使内滑块继续下降到与凸模过渡垫板的上平面相接触。

g. 用螺栓将凸模及其过渡垫板紧固在内滑块上。

③ 装配压边圈。压边圈内装在外滑块上，其安装程序与安装凸模类似，最后将压边圈与过渡垫板用螺栓紧固在外滑块上。

④ 安装下模。操纵冲床内、外滑块下降，使凸模、压边圈与下模闭合，由导向件决定下模的正确位置，然后用紧固零件将下模与过渡垫板紧固在工作台上。

⑤ 空车检查。通过内、外滑块的连续几次行程，检查其模具安装的正确性。

⑥ 试冲与修整。由于制件一般形状比较复杂，所以要经过多次试模、调整、修整后，才能试出合格的制件及确定毛坯尺寸和形状。试冲合格后，可转入正常生产。

12.5.4.2 拉深模调试要点

（1）进料阻力的调整　在拉深过程中，若拉深模进料阻力较大，则易使制件拉裂；进料阻力小，则又会使制件起皱。因此，在试模时，关键是调整进料阻力的大小。拉深阻力的调整方法是：

① 调节压力机滑块的压力，使之处于正常压力下工作；

② 调节拉深模的压边圈的压边面，使之与坯料有良好的配合；

③ 修整凹模的圆角半径，使之适合成型要求；

④ 采用良好的润滑剂及增加或减少润滑次数。

（2）拉深深度及间隙的调整

① 在调整时，可把拉深深度分成 2～3 段来进行调整，即先将较浅的一段调整后，再往下调深一段，一直调到所需的拉深深度为止。

② 在调整时，先将上模固紧在压力机滑块上，下模放在工作台上先不固紧，然后在凹模内放入样件，再使上、下模吻合对中，调整各方向间隙，使之均匀一致后，再将模具处于闭合位置，拧紧螺栓，将下模固紧在工作台上，取出样件，即可试模。

12.6 塑料模的装配

12.6.1 塑料模的装配顺序

塑料模的装配顺序没有严格的要求，但有一个突出的特点是：零件的加工和装配常常是同步进行的，即经常边加工边装配，这是与冷冲模装配所不同的。

塑料模的装配基准有两种：一种是当动、定模在合模后有正确配合要求，互相之间易于对中时，以其主要工作零件如型芯、型腔和镶件等作为装配基准，在动、定模之间对中后才加工导柱、导套；另一种是当塑料件结构形状使型芯、型腔在合模后很难找正相对位置，或者是模具设有斜滑块机构时，通常是先装好导柱、导套作为模具的装配基准。

12.6.2 组件的装配

12.6.2.1 型芯的装配

塑料模具的种类较多，模具的结构也各不相同，型芯在固定板上的装配固定方式也不一样。

（1）小型芯的装配 图 12-47 为小型芯的装配方式。图 12-47(a) 的装配方式为：将型芯压入固定板。在压入过程中，要注意校正型芯的垂直度，以防止型芯切坏孔壁心及使固定板变形。小型芯被压入后应在平面磨床上用等高垫块支撑，以磨平底面。

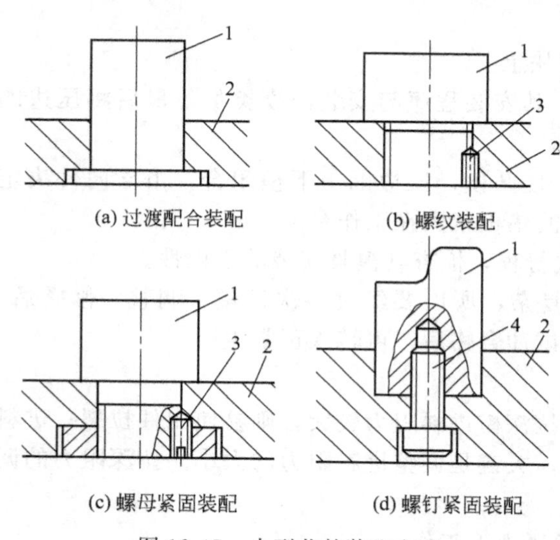

图 12-47 小型芯的装配方式

1—型芯；2—固定板；3—骑缝螺钉；4—螺钉

图 12-47(b) 的装配方式常用于螺纹连接型芯的压塑模中。装配时应将型芯拧紧后，用骑缝螺钉定位。

图 12-47(c) 为螺母装配式，型芯连接段采用 H7/k6 或 H7/m6 配合与固定板孔配合定位，两者的连接采用螺母紧固，简化了装配过程，适合安装有方向性要求的型芯。当型芯位置固定后，用定位螺钉定位。这种装配方式适合外形为任何形状的型芯固定及多个型芯的同时固定。

图 12-47(d) 所示为螺钉紧固装配。它是将型芯和固定板采用 H7/h6 或 H7/m6 配合将型芯压入固定板，经校正合格后用螺钉紧固。在压入过程中，应对型芯压入端的棱边修磨成小圆弧，以免切坏固定板孔壁而失去定位精度。

图 12-47(b) 的装配方式在螺纹拧紧后会使某些有方向性要求的型芯的实际位置与理想位置之间出现误差，如图 12-48 所示。图 12-48 中，α 是理想位置与实际位置之间的夹角，型芯的位置误差可通过修磨固定板 a 面或型芯 b 面来消除。修磨前要进行预装并测出 α 角度大小。a 或 b 的修磨量 Δ 按下式计算：

$$\Delta = P\alpha/360°$$

式中 α——误差角度，(°)；

P——连接螺纹的螺距，mm。

（2）大型芯的装配 大型芯与固定板装配时，为了便于调整型芯和型腔的相对位置，减少机械加工工作量，对面积较大而高度较低的型芯一般采用图 12-49 的装配方式，其装配顺序如下。

① 在加工好的型芯 1 上压入实心的定位销套。

② 在型芯螺孔口部抹红丹粉，根据型芯在固定板 2 上的要求位置，用定位块 4 定位后，将型芯与固定板合拢。用平行夹板 5 夹紧在固定板上，将螺钉孔位置复印到固定板上，取下型芯，在固定板上钻出螺钉过孔及锪沉孔，并用螺钉将型芯初步固定。

③ 在固定板的背面划出销孔位置并与型芯一起钻、铰销钉孔，压入销钉。

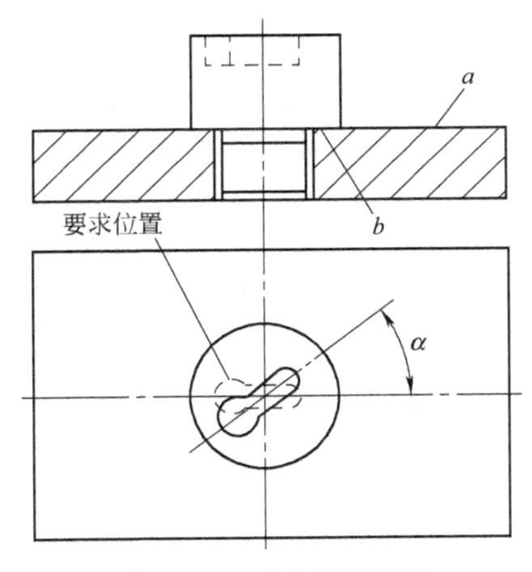

图 12-48 型芯位置误差

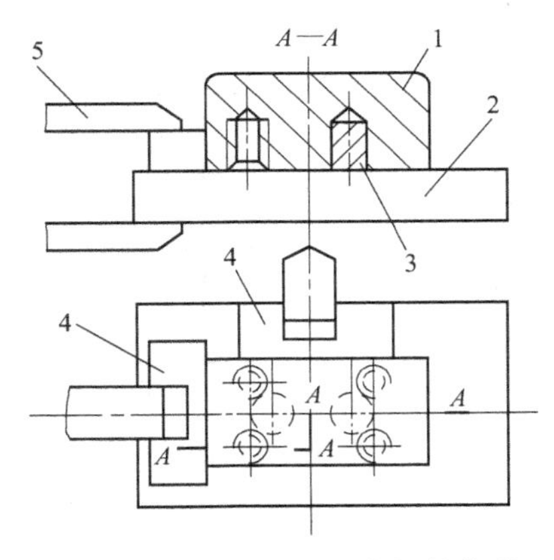

图 12-49 大型芯与固定板的装配

1—型芯；2—固定板；3—销钉；4—定位块；5—平行夹板

12.6.2.2 型腔的装配及修整

（1）型腔的装配　塑料模的型腔一般多采用镶嵌式或拼块式。在装配后要求动、定模板的分型面接合紧密、无缝隙，而且同模板平面一致。装配型腔时一般采取以下措施。

① 型腔压入端不设压入斜度，而将压入斜度设在模板孔上。

② 对有方向性要求的型腔，为了保证其位置要求，一般先压入一小部分后，借助型腔的平面部分用百分表进行位置校正，经校正合格后，再压入模板。为了装配方便，型腔与模板之间应保持 0.01～0.02mm 的配合间隙。型腔装配后，找正位置并用定位销固定，如图 12-50 所示。最后在平面磨床上将两端面和模板一起磨平。

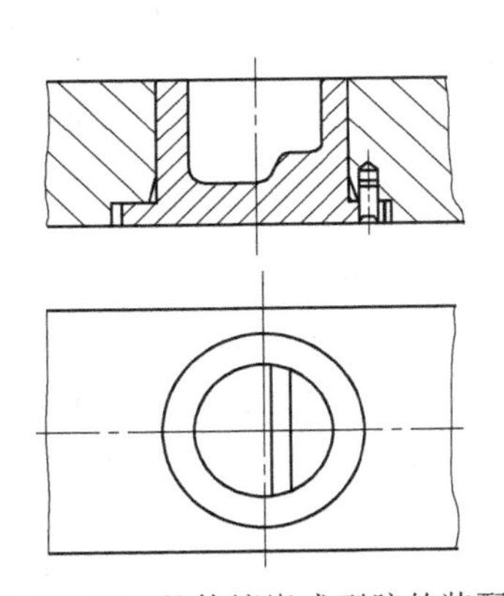

图 12-50 整体镶嵌式型腔的装配

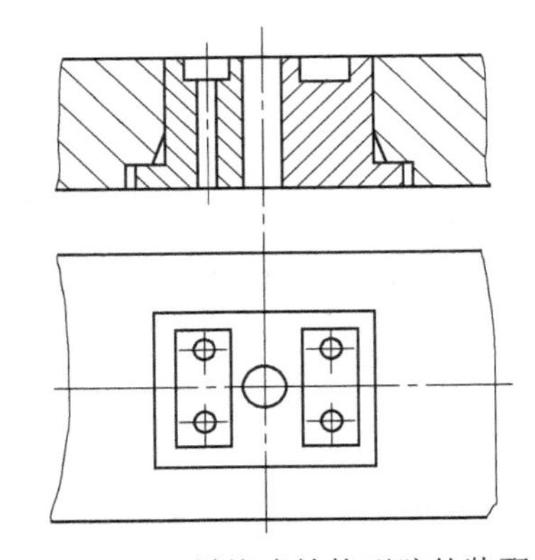

图 12-51 拼块式结构型腔的装配

③ 拼块式型腔的装配：一般拼块的拼合面在热处理后要进行磨削加工，以保证拼合后紧密无缝隙。拼块两端应留余量，装配后同模板一起在平面磨床上磨平，如图 12-51 所示。

④ 对工作表面不能在热处理前加工到尺寸的型腔，如果热处理后硬度不高（如调质处理），可在装配后用切削方法加工到要求的尺寸。如果热处理后硬度较高，只有在装配后采用电火花线切割、坐标磨削等方法对型腔进行精修使之达到精度要求。但无论采用哪种方法，型腔两端面都要留余量。装配后同模具一起在平面磨床上磨平。

⑤ 拼块式型腔在装配压入过程中，为防止拼块在压入方向上相互错位，可在压入端垫一块平垫板。通过平垫板将各拼块一起压入模板中，如图 12-52 所示。

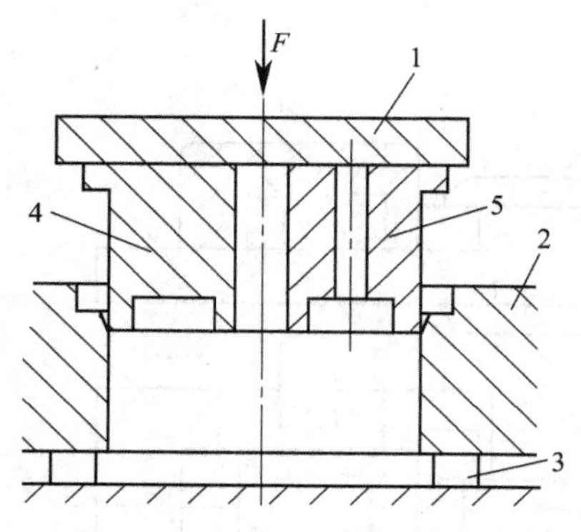

图 12-52　拼块式型腔的装配

1—平垫板；2—模板；3—等高垫铁；4,5—型腔拼块

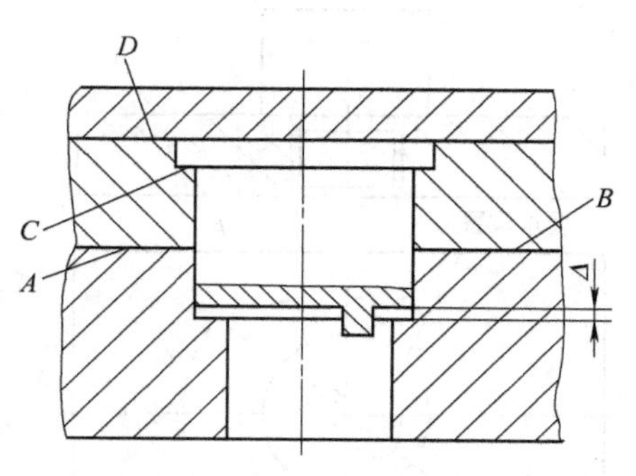

图 12-53　型芯与型腔端面间隙的消除

(2) 型腔的修整　塑料模具装配后，部分型芯和型腔的表面或动、定模的型芯之间，在合模状态下要求紧密接触。为了达到这一要求，一般采用装配后修磨型芯端面或型腔端面的修配法进行修磨。

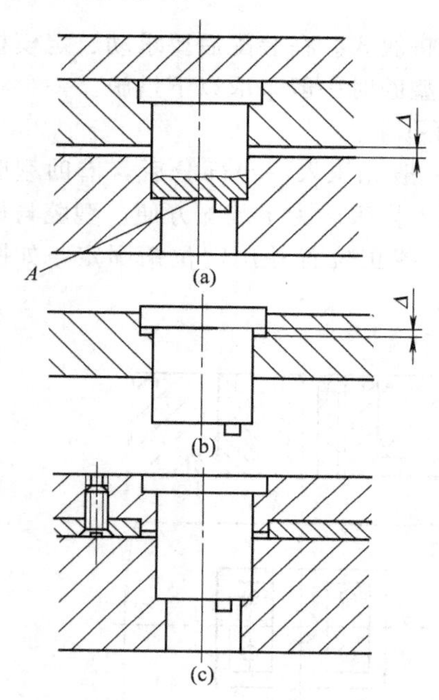

图 12-54　型腔板与固定板间隙的消除

① 图 12-53 中的型芯端面和型腔端面出现了间隙 Δ，可以用以下几种方法进行修整，消除。

a. 修磨固定板平面 A。拆去型芯，并将固定板磨去等于间隙 Δ 的厚度。

b. 将型腔上平面 B 磨去等于间隙 Δ 的厚度。此法不用拆去型芯，比较方便。

c. 修磨型芯台肩面 C。拆去型芯，并将 C 面磨去等于间隙 Δ 的厚度。但重新装配后需将固定板 D 面与型芯一起磨平。

② 图 12-54(a) 中，装配后型腔端面与型芯固定板之间出现了间隙 Δ。为了消除间隙 Δ，可采用以下修配方法。

a. 在型芯定位台肩和固定板孔台肩之间垫入厚度等于间隙 Δ 的垫片，如图 12-54(b) 所示。然后再一起磨平固定板和型芯台肩面，此法只适用于小型模具。

b. 在型腔上表面与固定板下表面之间增加垫片，如图 12-54(c) 所示。但当垫板厚度小于 2mm 时不适用。这种修配方法一般适用于大、中型模具。

c. 当型芯工作面 A 是平面时，也可采用修磨 A 面的方法。

12.6.2.3 浇口套和顶出机构的装配

(1) 浇口套的装配　浇口套与定模板的装配一般采用过盈配合（H7/m6）。要求装配后浇口套与模板配合孔紧密、无缝隙，浇口套和模板孔的定位台肩应紧密贴实。装配后浇口套要高出模板平面 0.02mm，如图 12-55 所示，为了达到以上装配要求，浇口套的压入外表面不允许设置压入斜度。压入端要磨成小圆角，以免压入时切坏模板孔壁。同时压入的轴向尺寸应留有去圆角的修磨余量 H。

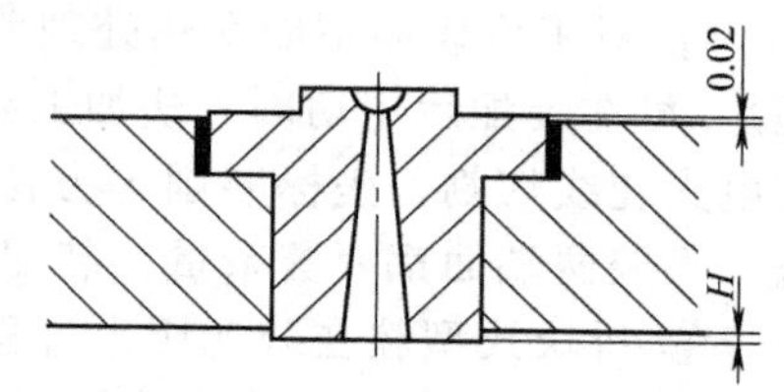

图 12-55　装配后的浇口套

在装配时，将浇口套压入模板孔，使预留余量 H 凸出模板之外。在平面磨床上磨平预留余量，如图 12-56 所示。使磨平的浇口套稍稍退出。再将模板磨去 0.02mm，重新压入浇口套，如图 12-57 所示。台肩相对定模板的高出量为 0.02mm，可由零件的加工精度保证。

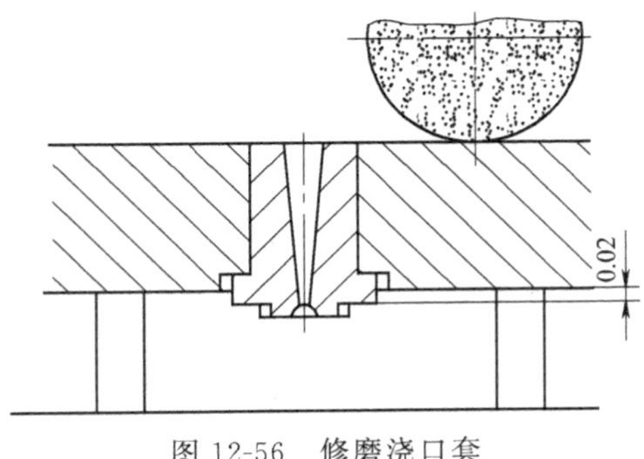

图 12-56 修磨浇口套

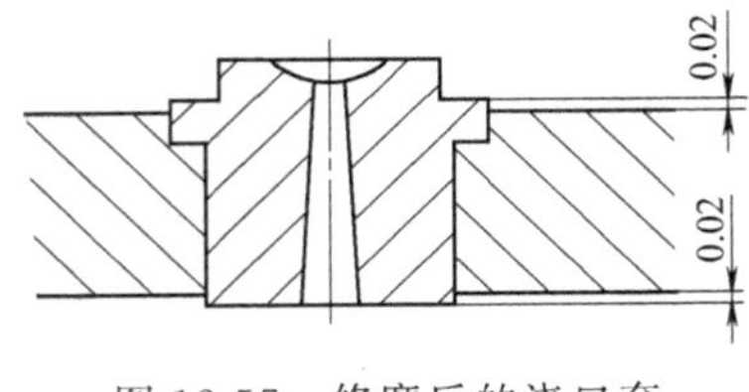

图 12-57 修磨后的浇口套

（2）顶出机构的装配 塑料模制件的顶出机构，一般是由顶板、顶杆固定板、顶杆、导柱和复位杆组成，如图 12-58 所示。其装配技术要求为：装配后顶出机构运动灵活，无卡阻现象。顶杆在顶杆固定板孔内每边都应有 0.5mm 的间隙；顶杆工作端面应高出型面 0.05～0.10mm；完成顶出制件后，顶杆应能在合模后自动退回原始位。

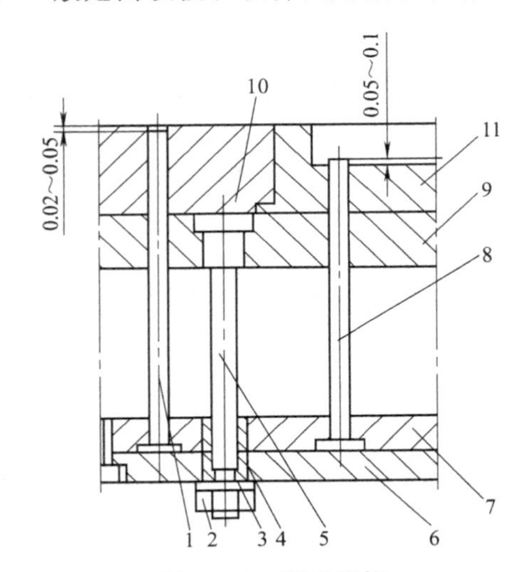

图 12-58 顶出机构

1—螺母；2—复位杆；3—垫圈；4—导套；5—导柱；6—顶板；7—顶杆固定板；8—顶杆；9—支承板；10—动模板；11—型腔镶板

顶出机构的装配顺序如下。

① 先将导柱垂直压入支承板 9，并将端面与支承板一起磨平。

② 将装有导套 4 的顶杆固定板 7 套装在导柱上，并将顶杆 8、复位杆 2 穿入顶杆固定板 7、支承板 9 和型腔镶板 11 的配合孔中，盖上顶板 6，用螺钉拧紧，调整后使顶出杆、复位杆能灵活运动。

③ 修磨顶杆和复位杆的长度。如果顶板和垫圈 3 接触时，复位杆、顶杆低于型面，则修磨导柱的台肩和支承板的上平面；如果顶杆、复位杆高于型面则修磨顶板 6 底面。

④ 顶杆和复位杆在加工时稍长一些，装配后将多余部分磨去。

⑤ 修磨后的复位杆应低于型面 0.02～0.05mm，顶杆应高于型面 0.05～0.10mm，顶出杆、复位杆顶端可以倒角。

当顶杆数量较多时，装配时应注意两个问题：一是应将顶杆与顶杆孔选配，防止组装后，出现顶杆动作不灵活，卡紧现象；二是必须使各顶杆端面与制件相吻合，防止顶出点的偏斜，推力不均匀，使制件顶出时变形。

12.6.2.4 滑块抽芯机构的装配

滑块抽芯机构是在模具开模后，在制品被顶出之前先行抽出的侧向型芯机构。装配时的主要工作是侧向型芯的装配和锁紧位置的装配。

（1）侧向型芯的装配 一般是在滑块和滑道、型腔和固定板装配后，再装配滑块上的侧向型芯。图 12-59 中抽芯机构侧向型芯的装配一般采用以下方式。

① 根据型腔侧向孔的中心位置测量出尺寸 a 和尺寸 b，在滑块上划线，加工出型芯装配孔，并保证型芯和型腔侧向孔的位置精度，最后装配型芯。

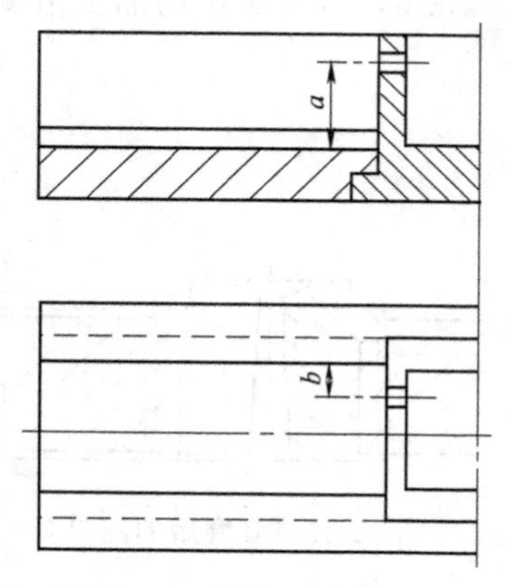

图 12-59　侧向型芯的装配

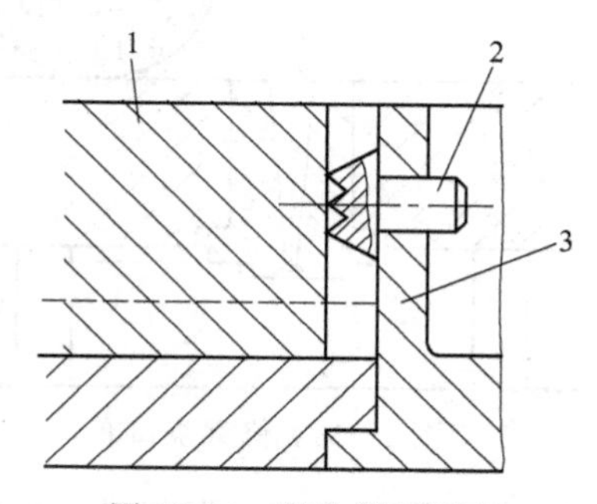

图 12-60　滑块端面压印

1—滑块；2—压印工具；3—型腔

② 以型腔侧向孔为基准，利用压印工具对滑块端面压印，如图 12-60 所示。然后以压印为基准加工型芯配合孔，保证型芯和侧向孔的配合精度，再装入型芯。

③ 为达到非圆形侧向型芯和侧向孔的配合精度，型芯可采用在滑块上先装配留有加工余量的型芯，然后对型腔侧向孔进行压印并修磨型芯，以保证配合精度。同理，在型腔侧向孔的硬度不高、可以修磨加工的情况下，也可在型腔侧向孔留修磨余量，以型芯对型腔侧向孔压印，修磨型腔侧向孔，以达到配合要求。

(2) 锁紧位置的装配　在滑块型芯和型腔侧向孔修配密合后，便可确定锁紧块的位置。锁紧块的斜面和滑块的斜面必须均匀接触。由于锁紧块及滑块在加工和装配中存在误差，所以装配时需进行修磨。为了修磨方便，一般对滑决的斜面进行修磨。

模具闭合后，为保证锁紧块和滑块之间有一定的锁紧力，一般要求锁紧块及滑块斜面接触时，在分模面之间留有 0.2mm 的间隙进行修配，如图 12-61 所示。

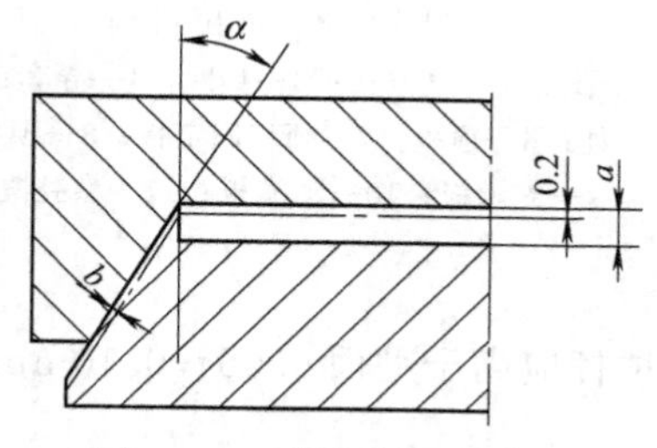

图 12-61　滑块斜面修磨量

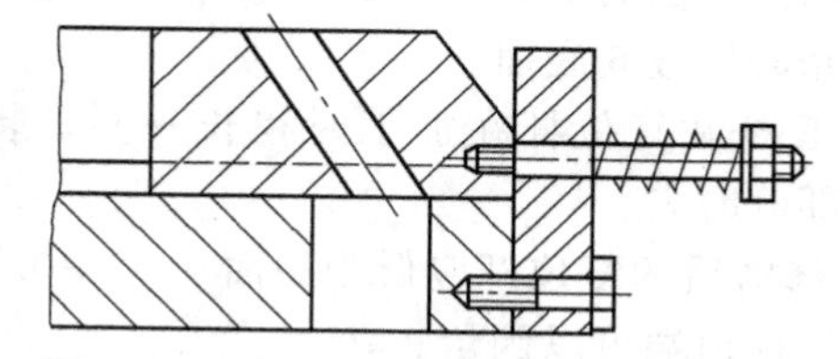

图 12-62　用定位板作滑块复位时的定位

(3) 滑块的复位、定位　模具开模后，滑块在斜导柱作用下侧向抽出。为了保证合模时斜导柱能正确地进入滑块的斜导柱孔，必须对滑块设置复位、定位装置，图 12-62 为用定位板作滑块复位的定位装置。滑块复位的准确位置可以通过修磨定位板的接触平面得到。

滑块复位用滚珠、弹簧定位时（见图 12-63），一般在装配时需在滑块上配钻滚珠定位锥窝，达到正确定位的目的。

12.6.2.5　导柱、导套的装配

导柱、导套是模具合模和开模的导向装置，它们分别安装在塑料模的动、定模部分。装

配后，要求导柱、导套垂直于模板平面并达到设计要求的配合精度，具有良好的导向定位作用。一般采用压入式将导柱、导套装配到模板的导柱、导套孔内。

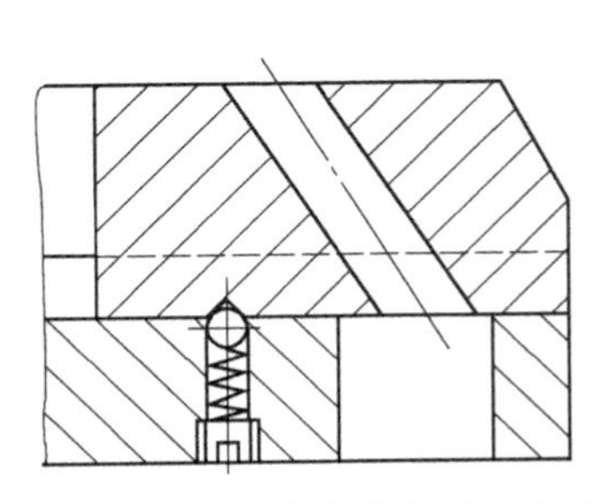

图 12-63 用滚珠作滑块复位时的定位

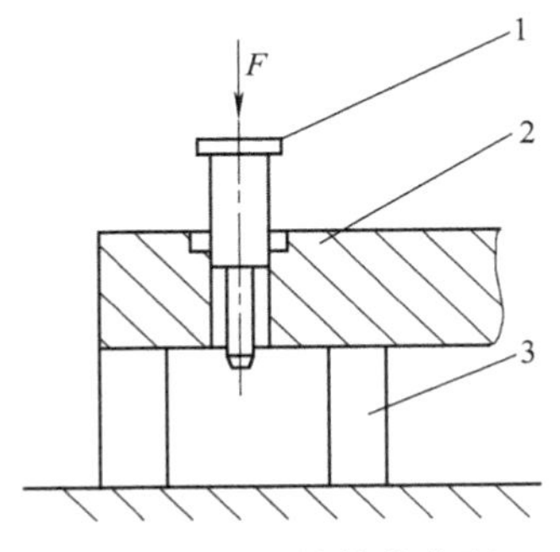

图 12-64 短导柱的装配

1—短导柱；2—模板；3—等高垫铁

较短导柱可采用图 12-64 中的方式，较长导柱应在模板装配导套后以导套导向压入模板孔内，如图 12-65 所示。导套压入模板时可采用图 12-66 中的压入方式。

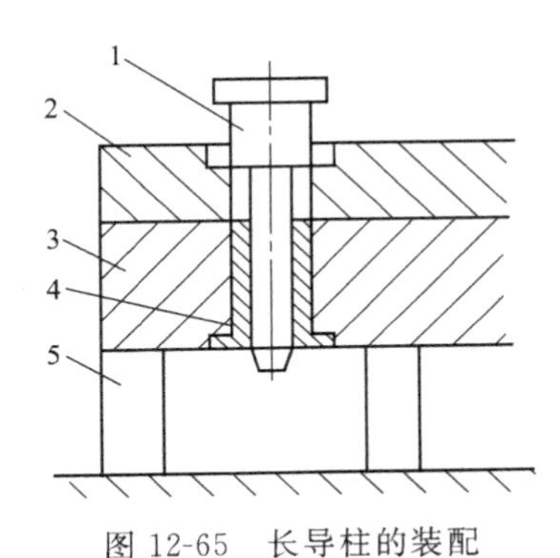

图 12-65 长导柱的装配

1—导柱；2—固定板；3—定模板；4—导套；5—等高垫铁

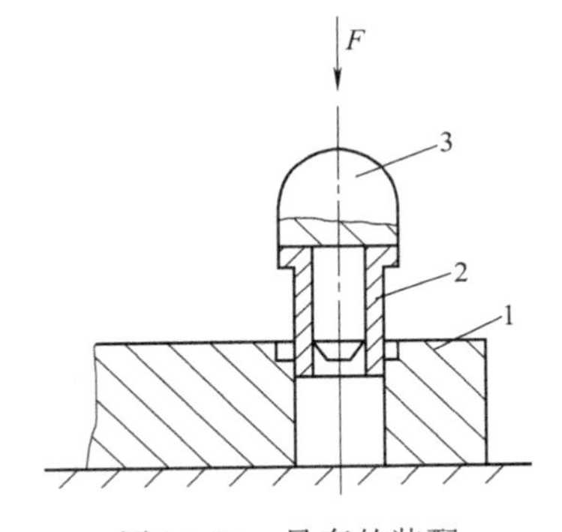

图 12-66 导套的装配

1—模板；2—导套；3—压块

导柱、导套装配后，应保证动模板在开模及合模时滑动灵活，无卡阻现象。如果运动不灵活，有阻滞现象，可用红丹粉涂于导柱表面并往复拉动，观察阻滞部位，分析原因后重新装配。装配时，应先装配距离远的两根导柱，合格后再装配其余两根导柱。每装入一根导柱都要进行上述的观察，合格后再装下一根导柱，这样便于分析、判断不合格的原因，以便及时修正。

对于滑块型芯抽芯机构中的斜导柱装配，如图 12-67 所示。

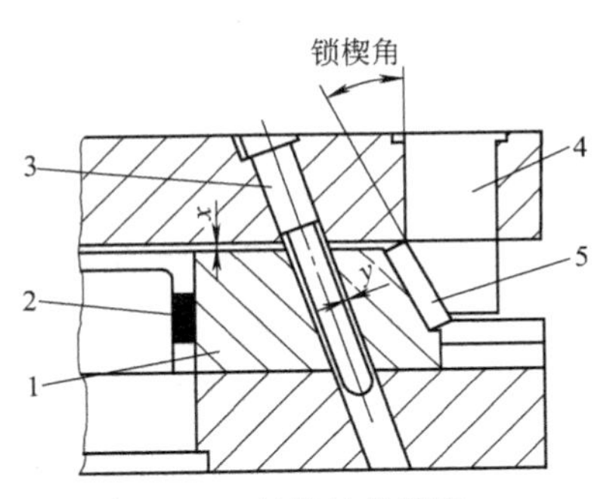

图 12-67 斜导柱的装配

1—滑块；2,5—垫片；3—斜导柱；4—锁楔块

(1) 技术要求

① 闭模后，滑块的上平面与定模平面必须留有 $x=0.2\sim0.5$mm 的间隙。这个间隙在注塑机上闭模时被锁模力消除，转移到斜楔和滑块之间。

② 闭模后，斜导柱外侧与滑块斜导柱孔留有 $y=0.2\sim0.5$mm 的间隙。在注塑机上闭模后锁力把模块推向内侧，如不留间隙会使导柱受侧向弯曲力。

(2) 装配步骤

① 将型芯装入型芯固定板组成型芯组件。

② 安装导块。按设计要求在固定板上调整滑块和导块的位置，待位置确定后，用夹板将其夹紧，钻削导块安装孔和动模板上的螺孔，安装导块。

③ 安装定模板锁楔块。保证楔斜面与滑块斜面有70%以上的面积吻合（如侧向型芯不是整体式，则在侧向型芯位置垫以相当制件壁厚的铝片或钢片）。

④ 合模。检查间隙 x 值是否合格（通过修磨和更换滑块尾部垫片保证 x 值）。

⑤ 镗削导柱孔。将定模板、滑块和型芯组件一起用夹板夹紧，在卧式镗床上镗斜导柱孔。

⑥ 松开模具，安装斜导柱。

⑦ 修正模块上的导柱孔口为圆锥状。

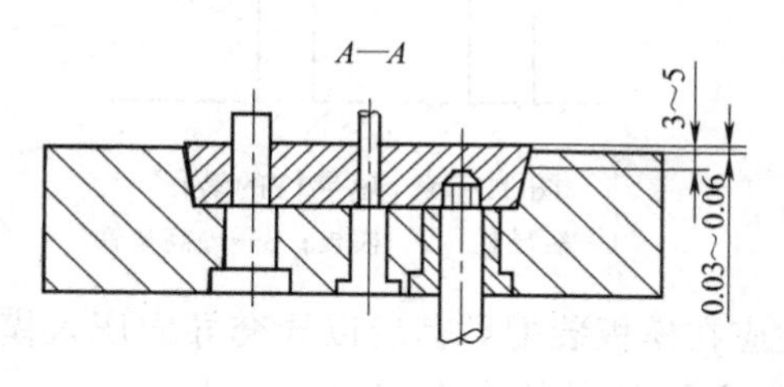

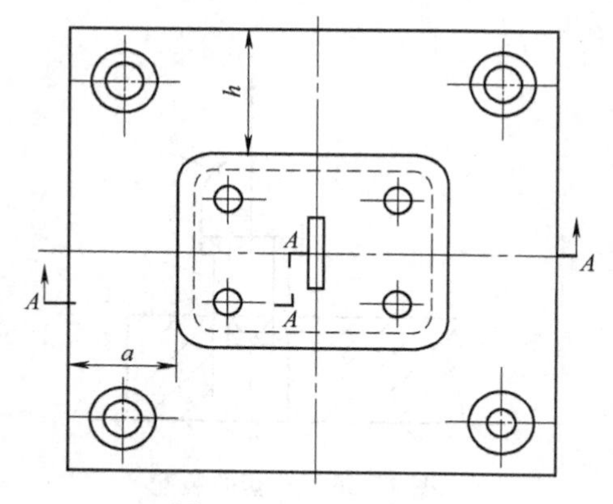

图 12-68　埋入式推板

⑧ 调整导块，使之与滑块松紧适应；钻导块销孔，安装定位销。

⑨ 镶侧向型芯。

12.6.2.6　埋入式推板的装配

埋入式推板结构是将推板埋入固定沉坑内，如图12-68所示。

（1）装配的主要技术要求　既要保证推板与型芯和沉坑的配合要求，又要保持推板上的螺孔与导套安装孔的同轴度要求。

（2）装配步骤

① 修配推板与固定板沉坑的锥面配合。首先修正推板侧面，使推板底面与沉坑底面接触，同时使推板侧面与沉坑侧面保持图示位置的3～5mm的接触面，而推板上平面高出固定板0.03～0.06mm。

② 配钻推板螺孔。将推板放入沉坑内，用平行夹板夹紧。在固定板导套孔内安装的二级工具钻套（其内径等于螺孔底孔尺寸），通过二级工具钻套钻孔、攻螺纹。

③ 加工推板和固定板的型芯孔。采用同镗法加工推板和固定板的型芯孔，然后将固定板型芯孔扩大。

12.6.3　塑料模总装配程序

由于塑料模结构比较复杂、种类多，故在装配前要根据其结构特点拟定具体装配工艺。塑料模常规装配程序如下。

① 确定装配基准。

② 装配前要对零件进行测量，合格零件必须去磁并擦拭干净。

③ 调整各零件组合后的累积尺寸误差，如各模块的平行度要校验修磨，以保证模板组装密合；分型面处吻合面积不得小于80%，间隙不得超过溢料极小值，防止产生飞边。

④ 装配时尽量保持原加工尺寸的基准面，以便总装合模调整时检查。

⑤ 组装导向系统，保证开模、合模动作灵活，无松动和卡滞现象。

⑥ 组装修整顶出系统，并调整好复位及顶出位置等。

⑦ 组装修整型芯、镶件，保证配合面间隙达到要求。

⑧ 组装冷却或加热系统，保证管路畅通，不漏水、不漏电，阀门动作灵活。

⑨ 组装液压或气动系统，保证运行正常。

⑩ 紧固所有连接螺钉，装配定位销。

⑪ 试模，合格后打上模具标记，如模具编号、合模标记及组装基准面等。

⑫ 最后检查各种配件、附件及起重吊环等零件，保证模具装备齐全。

12.6.4 塑料模装配实例

12.6.4.1 热固性塑料移动式压缩模装配实例

如图 12-69 所示为热固性塑料移动式压缩模。

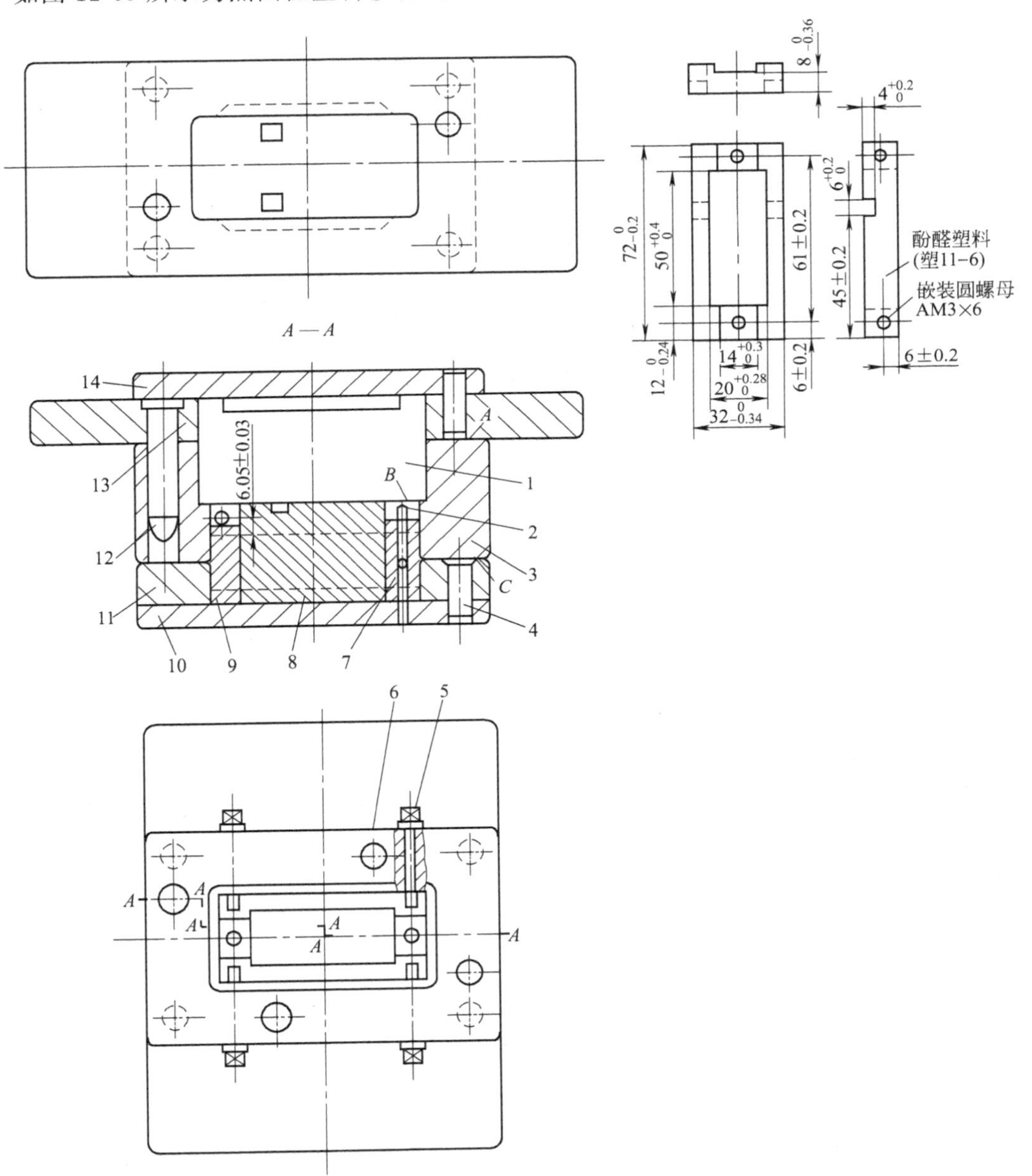

图 12-69 热固性塑料移动式压缩模

1—上型芯；2,5—嵌件螺钉；3—凹模；4—铆钉；6,12—导钉；7,9—型芯拼块；8—下型芯；10,14—支承板；11—下固定板；13—上固定板

(1) 装配要求

① 模具上、下平面的平行度偏差不大于 0.05mm。

② A 面和 B 面必须同时接触。

③ 保证尺寸“6.05±0.03”。

(2) 装配步骤

① 修制凹模，如图 12-70 所示。

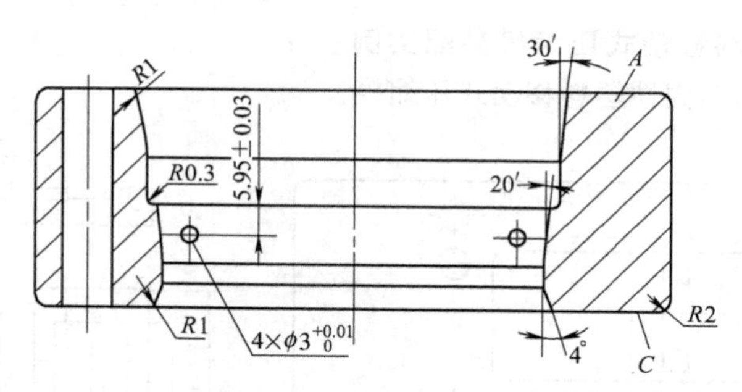

图 12-70 凹模加工要求

a. 凹模前道工序加工情况：四周加工完毕；上下两平面留有修磨余量；型腔内表面留有修配余量；加料腔留精修量，斜度已铣出。

b. 用全部加工完成并经淬硬的压印冲头压印后，在锉刀机上修锉型腔部分，使之与型芯紧配。然后再铣削型腔斜度。型腔角部的斜度由钳工修出。最后用锉刀精修型腔配合面到要求尺寸（注意保持和加料腔的对称度)。

c. 精修加料腔的配合面和斜度。

d. 按划线钻、铰导钉孔。

e. 测量加料腔的实际深度，换算嵌件螺杆孔的位置。以 A 面为基准锉削嵌件螺杆孔，镗孔后进行精铰。

f. 外形锐边倒圆角。

g. 热处理。

h. 研光型腔工作部分。

② 修正固定板的固定孔

a. 上固定板 13 用上型芯 1 压印，下固定板 11 用压印冲头压印，用锉刀机修正固定孔到配合尺寸。

b. 修制斜度和压入口圆角。

③ 将型芯压入固定板

a. 将上型芯 1 压入上固定板 13。

b. 将下型芯 8 及型芯拼块 7、9 压入下固定板 11。

④ 按型芯与固定板装配后的实际高度修磨凹模 A 面和 C 面，达到上、下型芯相接触并使上型芯和加料腔台肩相接触。

⑤ 在固定板上复钻并铰制导钉孔。

a. 将凹模与上型芯配合，两者之间插入垫片，使四周间隙均匀。然后复钻上固定板的导钉孔，如图 12-71 所示，拆开后铰孔并锪台肩沉孔。

b. 与上述方法相同，钻、铰下固定板导钉孔。

⑥ 将导钉压入固定板。

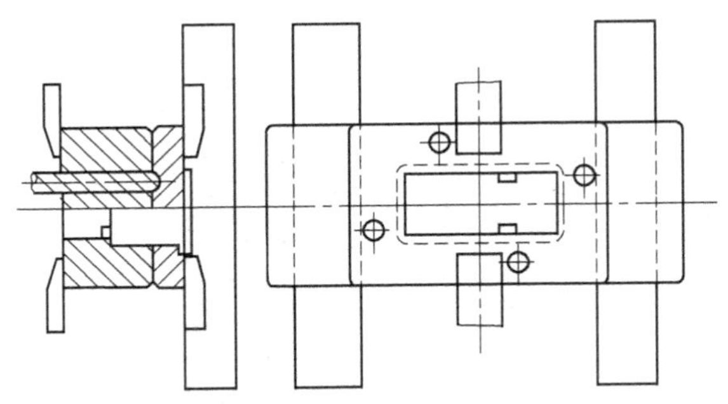
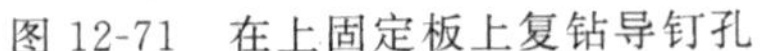

图 12-71　在上固定板上复钻导钉孔

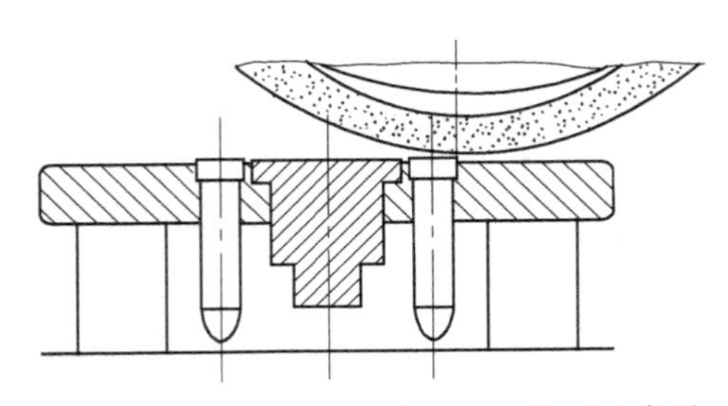

图 12-72　型芯、导钉和固定板装配后磨平

⑦ 将固定板底面磨平（图 12-72）。

⑧ 型芯和凹模镀铬及研光。

a. 将在前工序中已全部加工完成并经热处理的凹模 3、上型芯 1 及型芯拼块 7、9 的工作表面进行镀铬（型芯和型芯拼块应从固定板内拆下）。

b. 将镀铬面研光至表面粗糙度 Ra 小于 0.1μm。

⑨ 将上型芯 1 装入上固定板 13，盖上支承板 14 铆合。

a. 支承板和固定板铆合。

b. 将下型芯 8 和型芯拼块 7、9 组合后装入下固定板 11，盖上支承板 10 铆合。

12.6.4.2　热塑性塑料注射模装配实例

图 12-73 所示为热塑性塑料注射模。

（1）装配要求

① 模具上、下平面的平行度偏差不大于 0.05mm，分型面处需密合。

② 顶件时，顶杆和卸料板动作必须保持同步。上、下模的型芯必须紧密接触。

（2）装配工艺

① 按图样要求检验各零件尺寸。

② 修磨定模与卸料板分型曲面，使之密合。

③ 将定模、卸料板和支承板叠合在一起并用夹板夹紧，镗削导柱、导套孔，在孔内压入工艺定位销后加工侧面的垂直基准。

④ 利用定模的侧面垂直基准确定定模上实际型腔中心，作为以后加工的基准，分别加工定模上的小型芯孔、镶块型孔和镶块台肩面，修磨定模型腔部分，并把镶块压入型孔内进行镶块组装。

⑤ 利用定模型腔的实际中心，加工型腔固定孔的线切割穿丝孔，并线切割型孔。

⑥ 在定模、卸料板和支承板上分别压入导柱、导套，并保持导向可靠，滑块灵活。

⑦ 用螺孔压印法和压销钉套法，将型芯紧固定位于支承板上。

⑧ 过型芯引钻、铰削支承板上的顶杆孔。

⑨ 过支承板引钻顶杆固定板上的顶杆孔。

⑩ 加工限位螺钉孔、复位杆孔，组装顶杆固定板。

⑪ 组装模脚与支承板。

⑫ 在定模板上加工螺孔、销钉孔和导柱孔，并将浇口套压入定模板上。

⑬ 装配定模部分。

⑭ 装配动模部分，并修正顶杆和复位杆长度。

⑮ 装配完毕进行试模，试模合格后打标记并交验入库。

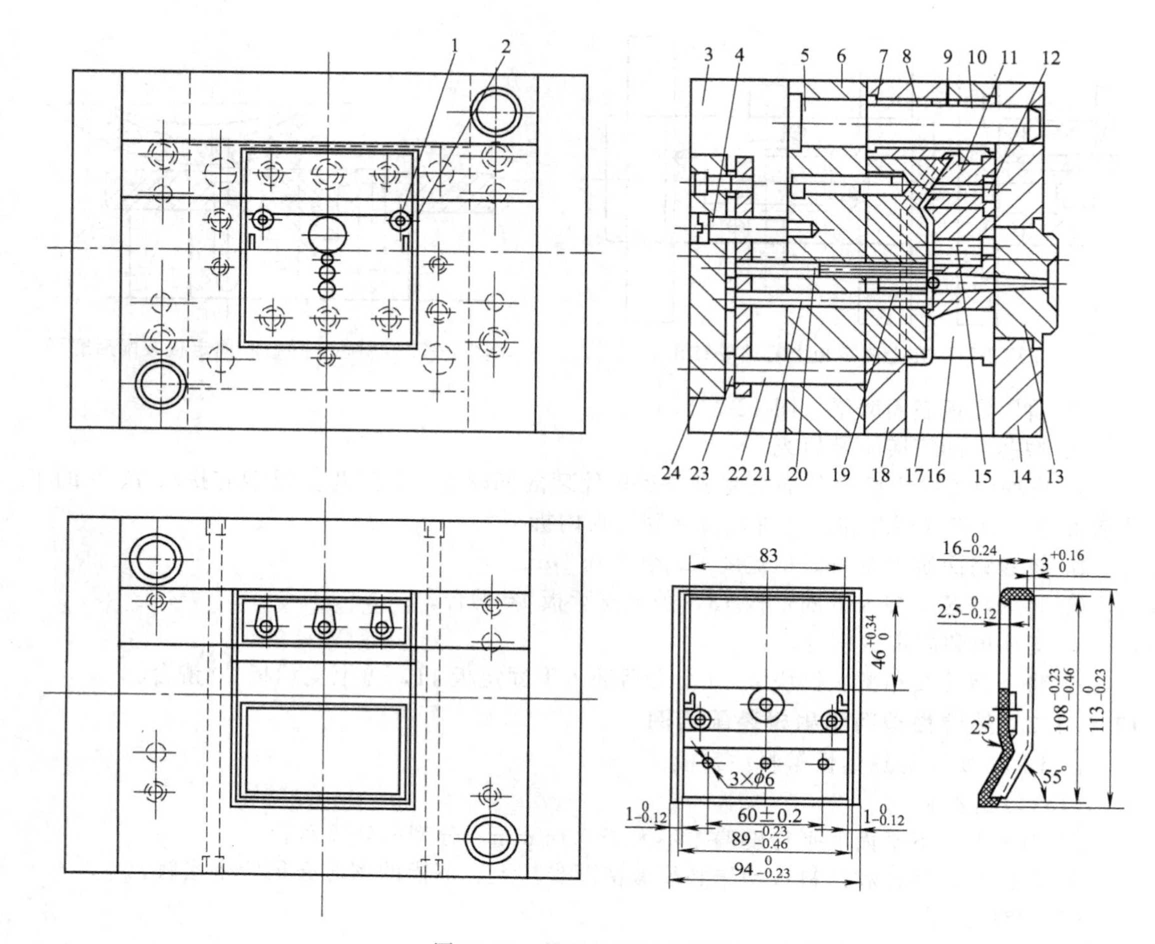

图 12-73 热塑性塑料注射模

材料：塑料（ABS）

1—嵌件螺杆；2—矩形推杆；3—模脚；4—限位螺钉；5—导柱；6—支承板；7—销套；8,10—导套；9,12,15—型芯；11,16—镶块；13—浇口套；14—定模座板；17—定模；18—卸料板；19—拉杆；20,21—推杆；22—复位杆；23—推杆固定板；24—推板

12.6.5 其他塑料模具的装配要点

（1）挤出模具的装配要点 挤出模具装配前，应对各零件进行认真地清除毛刺、检测与清洗工作，同时应将流道表面涂上一薄层有机硅树脂，以防流道表面划伤。装配过程中流道表面可能相互触及，因此，最好在其中放一张纸或塑料薄膜加以保护。装配时，先安装与机筒连接的法兰，然后安装机头体、分流器支架及分流器、芯棒、口模、定型套和紧固压盖等。

装配中对于相互连接的零件结合面或拼合面要保证严密贴合，整个流道的接缝处或截面变化的过渡处，均应平滑光顺地过渡，不得有滞料死角、台肩、错位或泄漏。流道表面需抛光，其粗糙度 Ra 不大于 0.4μm。芯棒与口模、芯棒与定型套之间的间隙要调整均匀，间隙的测量也应用软的塞规（如黄铜塞规）测量，以防止划伤口模表面。芯棒与分流器及其支架要保持同轴。机头上安装的电加热器与机头体应接触良好，保持传热均匀。对需经常拆卸的零件，其配合部位应保证合理的装配间隙。

模头上连接各零件的螺栓，装配时应涂上高温脂，如钼脂或石墨脂，以保证模头工作过程中和以后拆卸方便。

(2) 吹塑模具的装配　通常吹制容器类制品的模具型腔，其底部和口部往往都是采用镶拼式结构。装配时要求各拼块的结合面应严密贴合，组合的型腔表面应平滑光顺，不应有明显的接缝痕迹，并要求具有很低的表面粗糙度。

整体的型腔沿口不应有塌边或凹坑，合模后型腔沿口周边10mm范围内应接触严密，可用红丹检查接触是否均匀。导柱、导套的安装应垂直于两半模的分型面，保证定位与导向精度。装配时应先装对角线上的两个，经合模检验合格后再装其余两个，每装一个都应进行合模检验，确保合模后两半模型腔不产生错位。模具冷却水道的连接件与型腔模板要密封可靠，避免渗漏，水道应畅通无阻。模具的排气孔道不应有杂质、铁屑等堵塞，保持排气通畅。

12.7　塑料模具的试模

模具装配完成以后，在交付生产之前应进行试模。试模的目的是检查模具在制造上存在的缺陷，并查明原因加以排除。

12.7.1　注射模具的试模

热塑性塑料注射模具的试模，一般按下列顺序进行。

(1) 装模

① 装模前的检查。热塑性塑料注射模具在安装到注塑机之前，应按设计图对模具进行检查，发现问题及时排除。对模具的固定部分和活动部分进行分开检查时，要注意模具上的方向记号，以免合模时混淆。

② 模具的安装。热塑性塑料注射模具应尽量采用整体安装。吊装时要特别注意安全。当模具的定位台肩装入注射机定模板的定位孔后，要以极慢的合模速度用动模板将模具压紧，然后再拆去吊模具用螺钉，并把模具固定在注塑机的动、定模板上。如果用压板固定时，装上压板后通过调整螺钉，使压板与模具的安装基面平行，并拧紧固定，如图12-74所示。压板的数量一般为4～8块，视模具的大小来选择。

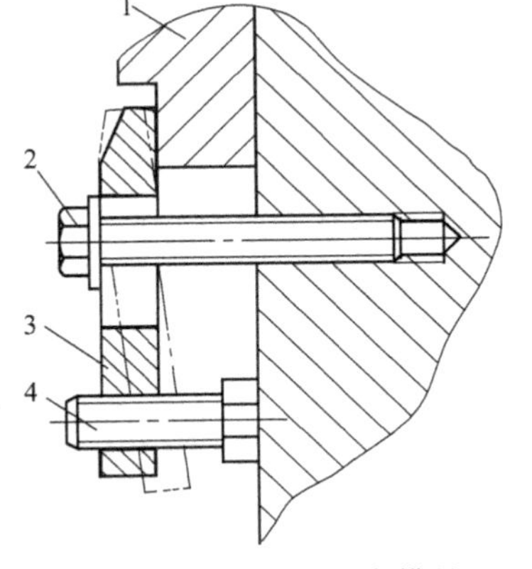

图12-74　用压板固定模具
1—模具固定板；2—压紧螺钉；3—压板；4—调节螺钉

③ 模具的调整。主要指模具的开模距离、顶出距离和锁模力等的调整。

a. 开模距离与制品高度有关，一般开模距离要大于制品高度5～10mm，使制品能自由脱落。

b. 顶出距离的调整。主要是对注塑机顶杆长度的调整。调节时，启动设备开启模具，使动模板达到停止位置后，调节注塑机顶杆长度，使模具上的顶板和顶出杆之间距离不小于5mm，以免顶坏模具。

c. 锁模力的调整。锁模力的大小对防止制品溢边和保证型腔适当的排气是非常重要的。对有锁模力显示的设备，可根据制品的物料性质、形状复杂程度、流长比的大小等选择合适的锁模力进行试模。对无锁模力显示的设备主要以目测和经验调节，如对液压柱塞肘节式锁模机构，在合模时肘节先快后慢。对需要加热的模具，应在模具加热到所需温度后，再校正合模的松紧程度。

(2) 试模操作

① 物料塑化程度的判断。在正式开机试模前，要根据制品所选用原料和推荐的工艺温度。对注塑机料筒、喷嘴进行加热。由于注塑机料筒、喷嘴的大小、形状、壁厚不同，设备上热电偶检测精度和温度仪表的精度不同，因此其温度控制的误差也不相同。一般是先选择制品物料的常规工艺温度进行加热，再根据设备的具体条件进行试调。常用的判断物料温度是否合适的方法是将料筒、喷嘴和浇口主流道脱开，用低压、低速注射，使料流从喷嘴中慢慢流出；观察料流情况，如果没有气泡、银丝、变色且料流光滑、明亮即表明料筒和喷嘴温度合适，便可开机试模。

② 试模注射压力、时间、注射温度的调整。开始注射时，对注射压力、注射时间、注射温度的调整顺序为：先选择较低的注射压力和较长的时间进行注射成型。如果制品充不满，再提高注射压力。当提高注射压力较大仍然效果不好时，再考虑变动注射时间和温度。注射时间的增加，等于使塑料在料筒内的时间延长，提高了塑化程度。这样再注射几次，如果仍然无法充满型腔，再考虑提高料筒的温度。料筒温度要逐渐提高，以免使物料过热（经过一定时间才能使料筒内外温度一致）。根据设备大小及加热装置不同，所需加热时间也不同。一般中、小设备需15min左右，在达到所需温度后应保温一段时间。

③ 注射速度、背压、加料方式的选择。一般注塑机有高速注射和低速注射两种速度。在薄壁、大面积制品成型时，采用高速注射；对壁厚、面积小的制品则采用低速注射。如果高速和低速注射都可以充满型腔，除纤维增强的塑料外，均宜采用低速注射。加料方式及背压的大小，主要与物料黏度及热稳定性有关。对黏度高、热稳定性差的物料，宜采用较低的螺杆转速和低的背压加料及预塑；对黏度低、热稳定性好的物料，宜采用较高的螺杆转速和略高的背压加料。

在喷嘴温度合适的情况下，固定喷嘴加料可提高生产效率。但当喷嘴温度太低或太高时，宜采用每次注射完毕，注射系统向后移动后加料。

试模时，物料性质、制品尺寸、形状、工艺参数差异较大，应根据不同的情节仔细分析后，确定各个参数。

热塑性塑料注射模试模中常见问题及解决办法见表12-8所示。

表12-8 热塑性塑料注射模试模中常见问题及解决办法

试模中常见问题	解决问题的方法与顺序
主流道粘模	抛光主浇道→喷嘴与模具中心重合→降低模具温度→缩短注射时间→增加冷却时间→检查喷嘴加热圈→抛光模具表面→检查材料是否污染
塑件脱模困难	降低注射压力→缩短注射时间→增加冷却时间→降低模具温度→抛光模具表面→增大脱模斜度→减小镶块间隙
尺寸稳定性差	改变料筒温度→增加注射时间→增大注射压力→改变螺杆背压→升高模具温度→降低模具温度→调节供料量→减小回料比例
表面波纹	调节供料量→升高模具温度→增加注射时间→增大注射压力→提高物料温度→增大注射速度→增加浇道与浇口的尺寸
塑件翘曲和变形	降低模具温度→降低物料温度→增加冷却时间→降低注射时间→降低注射压力→增加螺杆背压→缩短注射时间
塑件脱皮分层	检查塑料种类和级别→检查材料是否污染→升高模具温度→物料干燥处理→提高物料温度→降低注射速度→缩短浇口长度→减小注射压力→改变浇口位置→采用大孔喷嘴
银丝斑纹	降低物料温度→物料干燥处理→增大注射压力→增大浇口尺寸→检查塑料的种类和级别→检查塑料是否污染

续表

试模中常见问题	解决问题的方法与顺序
表面光泽差	物料干燥处理→检查材料是否污染→提高物料温度→增大注射压力→升高模具温度→抛光模具表面→增大浇道与浇口的尺寸
凹痕	调节供料量→增大注射压力→增大注射时间→降低流料速度→降低模具温度→增加排气孔→增大浇道与浇口尺寸→缩短浇道长度→改变浇口位置→降低注射压力→增大螺杆背压
气泡	物料干燥处理→降低物料温度→增大注射压力→增加注射时间→升高模具温度→降低注射速度→增大螺杆背压
塑料充填不足	调节供料量→增大注射压力→增加冷却时间→升高模具温度→增加注射速度→增加排气孔→增大浇道与浇口尺寸→增加冷却时间→缩短浇道长度→增加注射时间→检查喷嘴是否堵塞
塑件溢边	降低注射压力→增大锁模力→降低注射速度→降低物料温度→降低模具温度→重新校正分型面→降低螺杆背压→检查塑件投影面积→检查模板平直度→模具分型面是否锁紧
熔接痕	升高模具温度→提高物料温度→增加注射速度→增大注射压力→增加排气孔→增大浇道与浇口尺寸→减少脱模剂用量→减少浇口个数
塑件强度下降	物料干燥处理→降低物料温度→检查材料是否污染→升高模具温度→降低螺杆转速→降低螺杆背压→增加排气孔→改变浇口位置→降低注射速度
裂纹	升高模具温度→缩短冷却时间→提高物料温度→增加注射时间→增大注射压力→降低螺杆背压→嵌件预热→缩短注射时间
黑点及条纹	降低物料温度→喷嘴重新对正→降低螺杆转速→降低螺杆背压→采用大孔喷嘴→增加排气孔→增大浇道与浇口尺寸→降低注射压力→改变浇口位置

在试模过程中应做详细记录，并将结果填入试模记录卡，注明模具是否合格。如需返修，则应提出返修意见。在记录卡中应摘录成型工艺条件及操作注意要点，最好能附上加工出的制件，以供参考。试模后，将模具清理干净，涂上防锈油，然后入库或返修。

12.7.2 压缩模具的试模

压缩成型通常使用立式压力机，模具安放在压力机工作台上，根据模具与压力机的连接关系分为可移动式模具和固定式模具两种。可移动式模具是机外装卸的，装料、闭模、开模、脱模均是将模具从压力机上取下进行操作。固定式模具是将模具的上、下模板分别与压力机的上、下压板连接固定。模具的加料、闭模、压制及制品脱模均在压力机上进行，模具自身带有加热装置。压塑模具的试模过程较为简单，主要包括材料的预压或预热、试模操作、试模工艺参数的调整等环节。

（1）材料的预压和预热　为加料方便、准确，降低物料压缩率，改善传热条件及流动性，压制某些平面较大或带有嵌件的制品等，可根据物料的性能及模具结构等因素，采用预压方法将粉料压制成一定形状的型坯，加料时直接将型坯放入型腔或加料室。预压可在普通压力机上进行，但最好是采用专用的压模和压力机。压制试模前，物料都需进行预热处理，以改善物料的成型性能，减小物料与模具的温差。预热温度与时间，需根据物料的不同品种和采用的预热方法合理确定，保证物料能够快速均匀地升至预定的温度。

（2）试模过程的操作与工艺参数调整　试模过程的操作主要包括安放嵌件、加料、闭模、排气、脱模和清理模具等。嵌件放入模腔前应清除毛刺与污物，并需预热至规定的温度。

加料是压缩模具试模中的一个重要环节，无论是溢式模具还是不溢式模具，都应根据制品的结构尺寸与物料性能准确地计算加料量，溢式模具允许的加料过量不应超过制品质量的5%。

试模时应根据制品的成型要求和结构特点合理选定加料方法。若成型要求加料准确时，应选择重量法称重加料。容积法加料不够准确，但它可用粉料直接加料，操作方便。计数法加料只能用事先预压好的型坯。无论哪种方法，加料前都应将型腔或加料室清理干净。加料之后即可闭合模具并进行加热。闭模时应分段控制合模速度，当凸模未触及物料前，应快速闭模；触及物料时，应适当减慢闭模速度，逐渐增大压力。加压后需将上模稍稍松开一下，然后再加压以排除型腔内气体和水分。试模操作时应掌握好加压和排气时机。压塑模具也需控制保压时间，保证制品完全硬化成型，但不能过硬化。制品脱模可用手工取出或用模具推出机构。使用推出机构时应调整好推出行程，并要求制品脱模平稳。

压缩模具试模工艺参数的调整，主要是针对制品的材料与结构形状及壁厚大小、模具结构等，对模压温度、压力和时间进行合理地调整，以获得合格的制品。模压温度的调整应以原料生产商提供的标准试样的模压温度范围为依据，结合制品的结构特点逐步调整。使用预热过的物料，可用较高的模压温度。如果制品的壁厚较大，应适当降低模压温度。试模时每调节一次温度，应保持模温升到规定的温度后再进行试压。模压压力的调整应在低压状态下进行，逐渐升压到所需的压力，不应在高压状态下调整。压力的大小随材料的品种、制品结构等因素确定。模压时间与模温、物料预热、制品壁厚等有关，使用预热的物料可以降低模压时间，而成型壁厚大的制品，则需要较长的模压时间。

模压温度、压力、时间3个参数相互影响，试模调整时，一般先凭经验确定一个，然后调整其余两个。如果这样调整仍不能获得合格的试件，可对先确定的那个参数再进行调整。如此反复，直至调出最佳的工艺参数。

（3）注意事项　压塑模具试模过程中的各项操作应由试模人员手动控制，仔细操作。每次压制前，都应对型腔进行清理，常用压缩空气或木制刮刀清除残料及杂物，绝不能刮伤型腔表面。

脱模困难的制品，压制前可在型腔上涂脱模剂，但不能用得太多。

试模中，如果制品发生缺陷，应全面分析缺陷产生的原因，尽量通过工艺调整解决，不可盲目修改模具结构。

试模中的工艺参数及其调整过程、所用压力机的规格型号等相关数据，应做详细、完整的记录，以备修模、再次试模或正式生产使用。

12.7.3　挤出模具的试模

挤出模具的试模过程与注塑模具的类似，也包括原材料和挤出设备及其辅机的准备及工艺参数调整等过程。

（1）原材料和挤出设备的准备　用于试模的物料要组分均匀，无杂质异物，并应达到所需的预热、干燥要求。挤出机及其辅助设备的工作性能均应调整至最佳状态，挤出模具应准确可靠地安装到挤出机上，口模间隙要均匀正确，挤出机与其辅机的中心线要对准并保持一致。同时还需对模具、挤出机及辅机进行均匀加热升温，待达到所需温度后，应保持恒温30～60min，使机器各部分温度趋于均匀稳定。

开机前还应仔细检查润滑、冷却、电气及温度控制等系统是否运转正常，并需将模头各部分的连接螺栓趁热拧紧，以免开机后螺栓不紧产生漏料。

（2）试模操作与工艺参数调整　开机操作是试模过程的重要环节，控制不好将会造成螺杆或模具的损伤。料筒温度过高，还可能引起物料分解。因此，试模操作应按规范进行。

① 开机时应以低速启动，然后逐渐提高转速，并进行短时的空运转，以检查螺杆、电

机等有无异常，各显示仪表是否正常，各辅机的运动关系与主机是否匹配协调。

② 开始挤出时，要逐渐少量加料，且要保持加料均匀。物料挤出口模，并将其慢慢引入正常运转的冷却及牵引设备后，方可正常加料。然后根据各指示仪表的显示值和制品的质量要求，对整个挤出设备的各部分进行相应的调整，使其与挤出模具匹配良好，协调工作。

③ 切片取样。检查制品外观与内部质量及尺寸大小是否符合要求，然后根据质量变化适当调整挤出工艺参数。

④ 试模过程中各工艺参数的调整。主要是依据对制品质量和各控制仪表显示数据变化的观察与分析，适当调整温度、压力和速度等参数，使其达到与合格的制品质量相匹配。调整时应逐渐地小幅度改变参数值，否则将引起制品质量的较大波动，尤其是模头温度对制品质量至关重要。

（3）注意事项　对试模中出现的制品缺陷，要全面分析其产生的原因，尽量通过工艺调整来消除，不可轻易修改模头结构形状和尺寸，切忌把一套成功的模具修成废品。

试模结束停机时，一般需将挤出机内的塑料挤出排净，以免物料氧化或受热分解。清理机头或螺杆头部时，需用软质工具，以免划伤机头工作表面。

试模中装卸模具时，应按挤塑模具的装配技术要求进行，做到轻拿轻放。修模中的模具拆卸尽量保证能不拆的就不拆，尤其是拼块结构。

试模过程中发生的问题或制品缺陷，以及解决的对策和效果等都应做详细的现场记录，以备修模或再次试模参考。

12.7.4　吹塑模具的试模

吹塑模具的试模一般包括型坯的成型和制品的吹制两个过程。型坯的成型常用挤出和注射成型两种方法，制品可以是连续的挤出-吹塑（或注射-吹塑）型，也可以是间歇的进行。注射吹塑方法还可以先成型型坯，达到一定数量后，再进行制品的吹制。不管哪种方法，试模前都应将所用吹塑设备及其辅助装置和模具调整好，检查设备的水、气、电等系统是否工作正常，模具的型腔表面或沿口是否有损伤，排气道是否通畅，试模原材料是否清洁、无杂质异物，尤其是吹制透明制品。如采用连续工作的多工位注射-拉伸-吹塑机组，应保证各部分动作灵活，定位准确，相互协调，节拍一致。

试模时要严格控制型坯的温度和模具温度及吹气压力，并根据不同的吹塑工艺方法和制品壁厚等调整吹胀比。芯棒与型坯模具和吹塑模具的颈圈要紧密配合，保证芯棒与模具型腔的同轴度。模具的安装与定位要牢固、准确，锁模力要足够。试模中要根据吹制的制品质量变化情况，正确分析并合理地调整工艺参数或模具，且对工艺参数的调整过程与制品质量改善情况应做详细记录，以便用于制品质量分析与修模使用。

习　　题

12-1　模具常用的装配工艺方法有哪些？各有何特点？

12-2　常见冷冲模的装配顺序是怎样的？

12-3　模具成型零件的固定方法有哪些？各用于哪类模具？

12-4　调整凸凹模间隙的方法有哪些？各用于什么场合？

12-5　与冷冲模相比，塑料注射模的装配有何特点？

12-6　在塑料模的装配中，小型芯常用什么方法装配？

参 考 文 献

[1] 杜昌松．数模造型及数据扫描在汽车模具制造中的应用．机电一体化，1998，(4).
[2] 许志清．模具造型的数字化扫描及数控加工技术．制造技术与机床，1996，(9).
[3] 赵葛霄．仿形技术在模具设计制造中的应用研究．模具工业，2001，(2).
[4] 王都．欧美模具企业考察报告．电加工与模具，2001，(2).
[5] 周雄辉等．现代模具设计制造理论与技术．上海：上海交通大学出版社，2002.
[6] 李发致．模具先进制造技术．北京．机械工业出版社，2003.
[7] 俞子晓．产品设计模具制造及并行工程．金属成形工艺，2000，(2)：4-8.
[8] 施于庆，任志宇．并行工程环境下的冲压模 CAD/CAM. 机电工程，2001，(5)：75-77.
[9] 张钟．实施并行工程缩短模具制造周期．模具工业，1999，(2)：9-11.
[10] 林建平，彭颖红等．基于并行工程的模具计算机辅助设计系统集成框架．上海交通大学学报，2000，(10).
[11] 曾小雁，吴懿平．表面工程学．北京：机械工业出版社，2008.
[12] 刘忠伟．先进制造技术．北京：国防工业出版社，2006.
[13] 王隆太．先进制造技术．北京：机械工业出版社，2003.
[14] 李奇．模具材料及热处理．北京：北京理工大学出版社，2007.
[15] 莫健华．快速成形及快速制模．北京：电子工业出版社，2006.
[16] 祁红志．机械制造基础．北京：电子工业出版社，2010.
[17] 王敏杰，宋满仓．模具制造技术．北京：电子工业出版社，2004.
[18] 胡石玉，于敏建．精密模具制造工艺．南京：东南大学出版社，2004.
[19] 涂序斌．模具制造技术．北京：北京理工大学出版社，2007.
[20] 徐慧民．模具制造工艺学．北京：北京理工大学出版社，2007.
[21] 傅建军．模具制造工艺．北京：机械工业出版社，2004.
[22] 甄瑞麟．模具制造技术．北京：机械工业出版社，2005.
[23] 吕琳．模具制造技术．北京：化学工业出版社，2009.